Zielformulierung auf den Arbeitsseiten

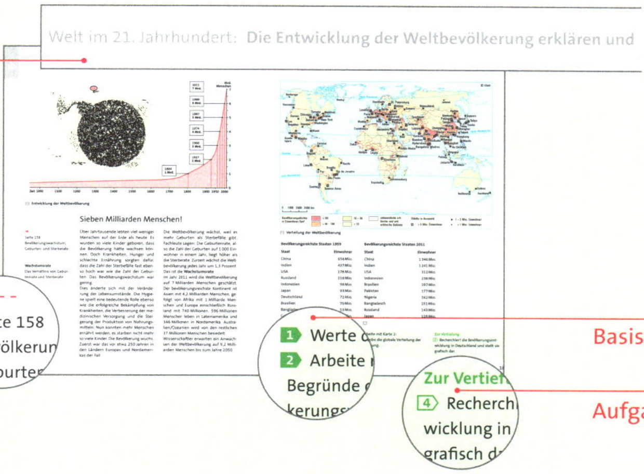

Mit dem Pfeil wird auf andere Seiten in deinem Buch verweisen.

Basis-Aufgaben

Aufgaben zur Vertiefung

Überprüfe deine Kompetenzen selbstständig auf den Trainingsseiten!

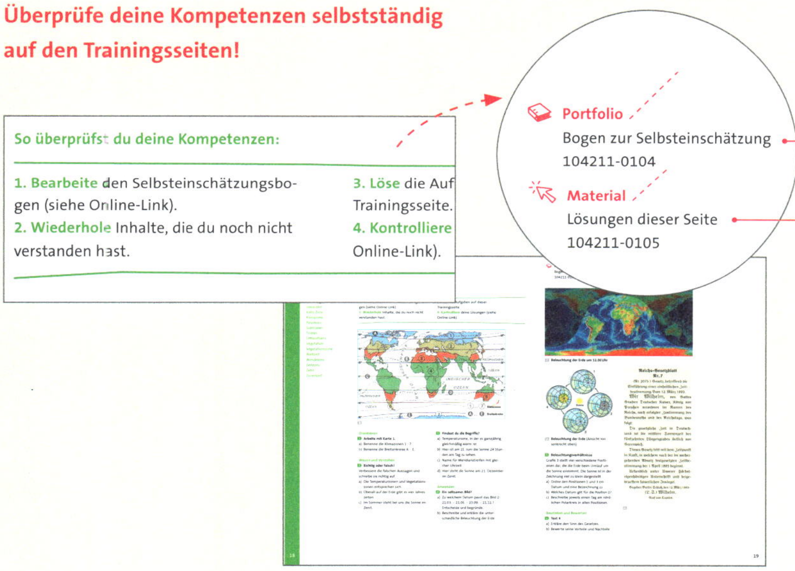

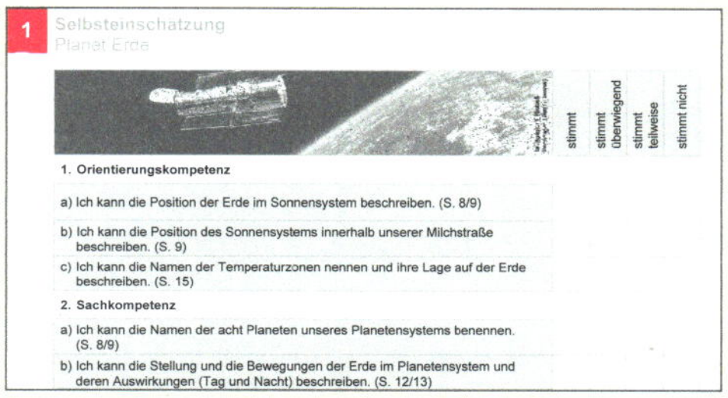

1 Selbsteinschätzung
Planet Erde

	stimmt	stimmt überwiegend	stimmt teilweise	stimmt nicht
1. Orientierungskompetenz				
a) Ich kann die Position der Erde im Sonnensystem beschreiben. (S. 8/9)				
b) Ich kann die Position des Sonnensystems innerhalb unserer Milchstraße beschreiben. (S. 9)				
c) Ich kann die Namen der Temperaturzonen nennen und ihre Lage auf der Erde beschreiben. (S. 15)				
2. Sachkompetenz				
a) Ich kann die Namen der acht Planeten unseres Planetensystems benennen. (S. 8/9)				
b) Ich kann die Stellung und die Bewegungen der Erde im Planetensystem und deren Auswirkungen (Tag und Nacht) beschreiben. (S. 12/13)				

Selbsteinschätzungsbogen

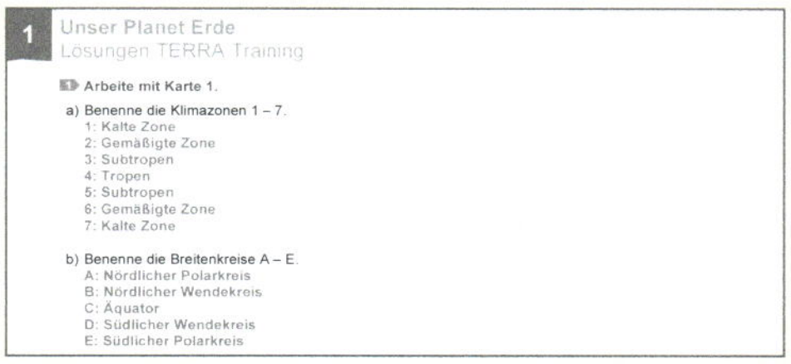

1 Unser Planet Erde
Lösungen TERRA Training

1 Arbeite mit Karte 1.

a) Benenne die Klimazonen 1 – 7.
1: Kalte Zone
2: Gemäßigte Zone
3: Subtropen
4: Tropen
5: Subtropen
6: Gemäßigte Zone
7: Kalte Zone

b) Benenne die Breitenkreise A – E.
A: Nördlicher Polarkreis
B: Nördlicher Wendekreis
C: Äquator
D: Südlicher Wendekreis
E: Südlicher Polarkreis

Lösungen dieser Trainingsseite

Extraseiten

Sie bieten dir ergänzende Themen zu den Kernlehrplaninhalten. Mit diesen Seiten kannst du selbstständig arbeiten.

Medienverbund TERRA Hessen:
TERRA Erdkunde Hörbuch 2, Klasse 7/8, ISBN 3-12-104292-0
Haack Weltatlas für Sekundarstufe I mit CD-ROM und Arbeitsheft Kartenlesen, Ausgabe Hessen, ISBN 978-3-623-49628-3
Haack Verbundatlas Fächerübergreifende Ausgabe mit Arbeitsheft Kartenlesen, Ausgabe Hessen, ISBN 978-3-12-828314-2
Haack Weltatlas Differenzierende Ausgabe mit Arbeitsheft Kartenlesen, Ausgabe Hessen, ISBN 978-3-12-828374-6

1. Auflage 1 6 | 20

Alle Drucke dieser Auflage sind unverändert und können im Unterricht nebeneinander verwendet werden.
Die letzte Zahl bezeichnet das Jahr des Druckes.

Autoren: Nina Grünberg, Gießen; Eberhard Pyritz, Schloß Holte-Stukenbrock; Simone Schappel, Asslar
Mit Beiträgen von: Dr. Egbert Brodengeier, Lichtenberg; Prof. Dr. Jürgen Bünstorf, Altenberge; Dr. Michael Geiger, Landau; Christian Helmut Grosscurth, Siesbach; Andreas Haunstetter, Weilheim; Prof. Dr. Michael Hemmer, Münster; Corina Jackowski, Potsdam; Robert Jansen, Gilrath; Rainer Kalla, Spenge; Thomas Kastner, Düsseldorf; Rüdiger Klein, Koblenz; Britta Klingenburg, Soest; Olaf Menke, Bad Honnef; Herbert Paul, Asperg; Marcus Perabo, Nussbaum; Christian Pfefferer, Hagen; Guido Rotermann, Haselünne; Hans Joachim Salmen, Bochum; Dr. Petra Sauerborn, Bonn; Barbara Smielowski, Bochum; Dr. Simone Volkmann, Großröhrsdorf; Dietmar Wagener, Hofgeismar; Michael Wehmöller, Ascheberg; Kai Zimmermann, Viersen
Redaktion: Susanne Heise, Leipzig; Mandy Görner, Oederan
Herstellung: Anja Kaschubowski

Gestaltung: Nathanaël Gourdin & Katy Müller GbR, Leipzig
Umschlaggestaltung: Nathanaël Gourdin & Katy Müller GbR, Leipzig
Illustrationen: Steffen Butz, Karlsruhe; Rudolf Hungreder, Leinfelden-Echterdingen; Diana Jäckel, Erfurt; Olaf Menke, Bad Honnef; Wolfgang Schaar, Stuttgart; Ursula Wedde, Göppingen
Karten: Klett-Perthes, Gotha (Dr. Henry Waldenburger; Thomas Hönicke)
Satz: Druckmedienzentrum Gotha GmbH, Gotha
Reproduktion: Druckmedienzentrum Gotha GmbH, Gotha
Druck: FIRMENGRUPPE APPL, aprinta druck, Wemding

Printed in Germany
ISBN: 978-3-12-104211-1

9 783121 042111

Erdkunde 2

Hessen

TERRA

Nina Grünberg
Eberhard Pyritz
Simone Schappel

Ernst Klett Verlag
Stuttgart · Leipzig

Inhalt

Farblegende:
TERRA **METHODE**
TERRA **ORIENTIERUNG**
TERRA **TRAINING**

extra Extraseiten

1 

2 

3 

4

5

6

Inhalt

10 

Welt im 21. Jahrhundert 184

11 

Arbeitsanhang 206

12 

Haack-Kartenteil 232

Unsere Erde

Ohne Licht und Wärme der Sonne gäbe es kein Leben auf unserer Erde. Während am Äquator das ganze Jahr hohe Temperaturen herrschen, sind die Pole ganzjährig mit Eis bedeckt. Wie lassen sich diese Unterschiede erklären? Wie wirkt sich die unterschiedliche Erwärmung auf das Leben und Wirtschaften der Menschen aus?
Wie passen sich Pflanzen an diese Bedingungen an?
Antworten darauf erhältst du in diesem und den folgenden Kapiteln.

1

2

3

4

5

1 In der Eiswüste der Arktis
2 Ackerfläche in Süddeutschland
3 In der Wüste Taklimakan
4 Savannenlandschaft in Kenia
5 Regenwald in Thailand

TERRA **ORIENTIERUNG**

Du richtest dich nach deiner Uhr, wenn du pünktlich in der Schule, im Kino oder bei Freunden sein willst. Aber wenn du zur Schule gehst, liegen Schüler in den USA noch im Bett und in Japan ist die Schule bereits zu Ende, denn auf der Erde herrschen ganz unterschiedliche Uhrzeiten. Auch bei Reisen mit dem Flugzeug musst du unterschiedliche Uhrzeiten berücksichtigen.

Im Zeitalter der Postkutsche:
Die Uhren wurden nach dem Stand der Sonne gestellt. Stand die Sonne am höchsten, war es 12.00 Uhr mittags. Kirchturmuhr oder Rathausuhr zeigten die gültige **Ortszeit** an. Weil die Sonne über München ihren Höchststand früher als über Stuttgart erreicht, unterschied sich die Ortszeit zwischen diesen Städten um zehn Minuten. Jeder Ort hatte also seine eigene Zeit.

Im Zeitalter der Eisenbahn:
Beim Neubau der Eisenbahn führten die Strecken durch Orte mit unterschiedlicher Ortszeit. Damit einheitliche Fahrpläne für ein größeres Gebiet gelten konnten, wurde die **Zonenzeit** eingeführt. 1884 einigten sich 27 Staaten auf die heute gültigen Zeitzonen. 1893 wurde in Deutschland die MEZ als Zonenzeit eingeführt. Die Menschen richteten sich nun nach der Bahnhofsuhr.

Im Zeitalter des Düsenflugzeugs:
Für Flugverkehr und Nachrichtenaustausch der Medien ist eine weltweit gültige, einheitliche Zeit notwendig. Hierzu dient die international gültige **Weltzeit**.

1

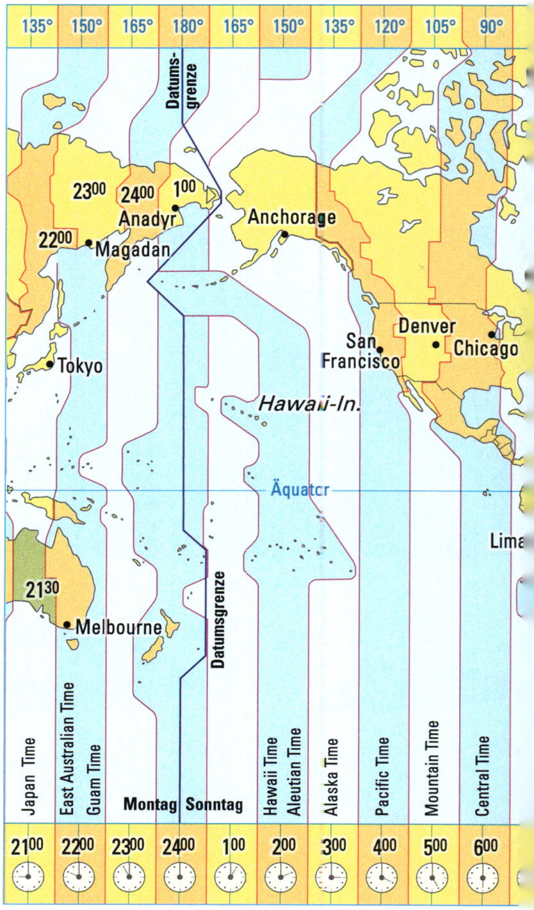

3 **Die Zeitzonen der Erde**

Uhrzeiten auf der Erde

Nimm einen Globus und an Stelle der Sonne eine starke Lichtquelle: Damit kannst du dir einiges erklären. Die Sonne beleuchtet immer nur eine Hälfte der Erde. Dort herrscht Tag, auf der gegenüberliegenden Seite Nacht. Da sich die Erde um ihre Achse dreht, wird ständig ein anderer Teil des Planeten Erde direkt von der Sonne beleuchtet. Dort herrscht dann gerade Mittag, an den Rändern des Lichtscheins entweder Morgen oder Abend. Tag und Nacht sind also eine Folge der **Erdrotation**.

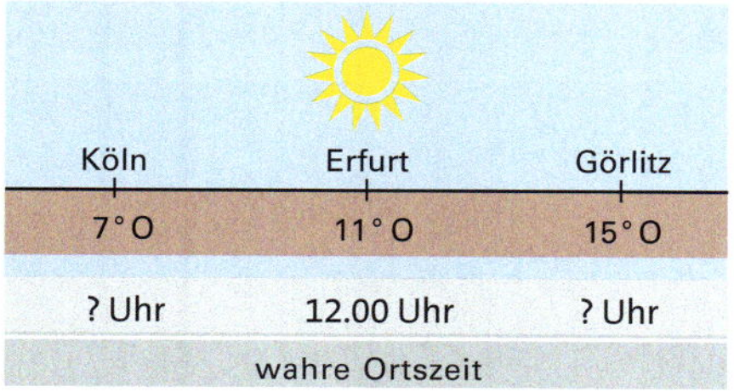

2 **Höchststand der Sonne und wahre Ortszeit**

Viele Uhrzeiten auf der Erde
International hat man sich darauf geeinigt, die Erde in 24 **Zeitzonen** einzuteilen. Von einer Zeitzone zur nächsten unterscheidet sich die Uhrzeit um eine Stunde. Innerhalb einer Zeitzone gilt allerorts dieselbe **Zonenzeit**.
In Deutschland gilt seit 1. April 1893 die Mitteleuropäische Zeit, kurz MEZ. Am

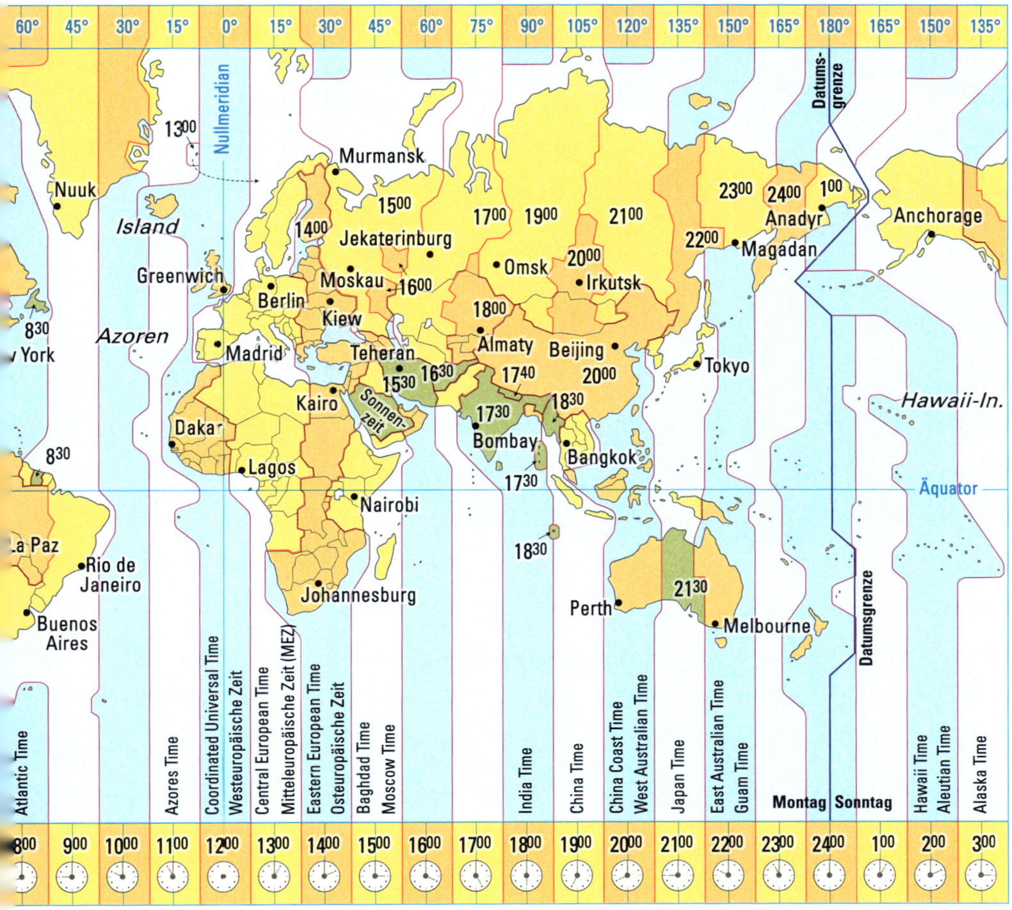

Nullmeridian, der durch Greenwich in England verläuft, gilt die Weltzeit oder die Universal Time Coordinated, kurz UTC genannt.

Im Bereich des 180. Meridians verläuft die Datumsgrenze. Überquert man diese, so ändert sich neben der Uhrzeit auch das Datum.

1 Erkläre, warum es 24 Zeitzonen gibt.

2 Die Orientierung mithilfe der Zeitzonen der Erde ist für dich bedeutsam. Begründe.

3 Arbeite mit Karte 3.

a) Bestimme die Anzahl der Zeitzonen in Europa, den USA, China und Russland.

b) Nenne drei Zeitzonen, die in mehr als einem Kontinent gelten.

Zur Vertiefung

4 Demonstriere mit einem Globus und einer Lichtquelle die Entstehung von Tag und Nacht. Wie musst du die Erde richtigerweise drehen?

5 Kirchturmuhr, Bahnhofsuhr und Flughafenuhr stehen für Epochen. Begründe.

6 Grafik 2 zeigt die wahre Ortszeit für Erfurt. Berechne für diesen Zeitpunkt die wahre Ortszeit von Köln und Görlitz.

7 Wahr oder unwahr?
Abflug in San Francisco am 3. Januar – Flugzeit 14 Stunden – Ankunft in Melbourne am 5. Januar? Begründe deine Entscheidung.

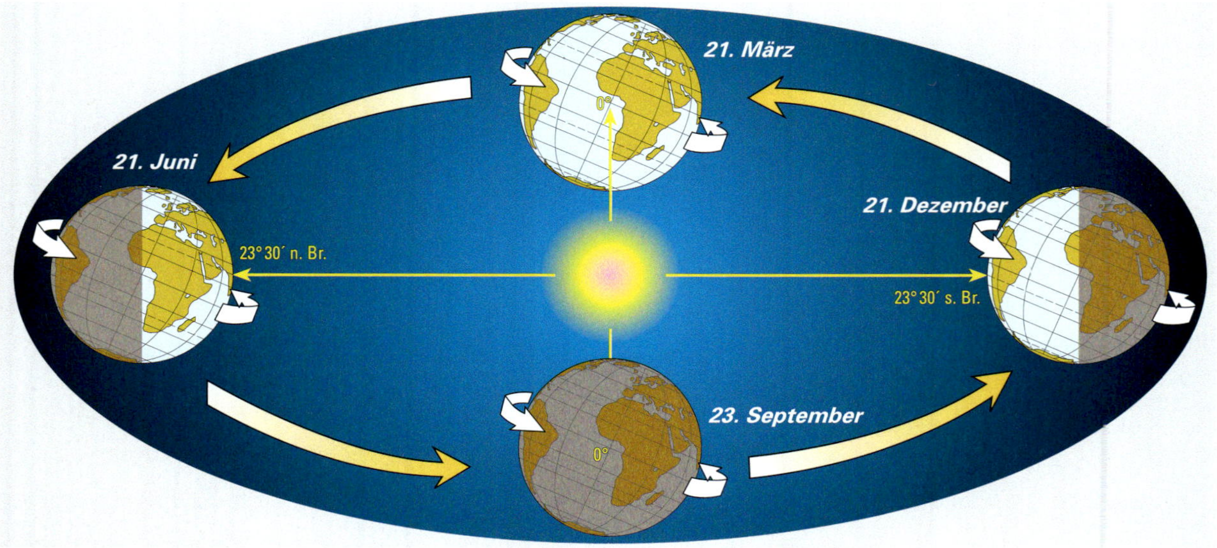

1 Umlaufbahn der Erde um die Sonne

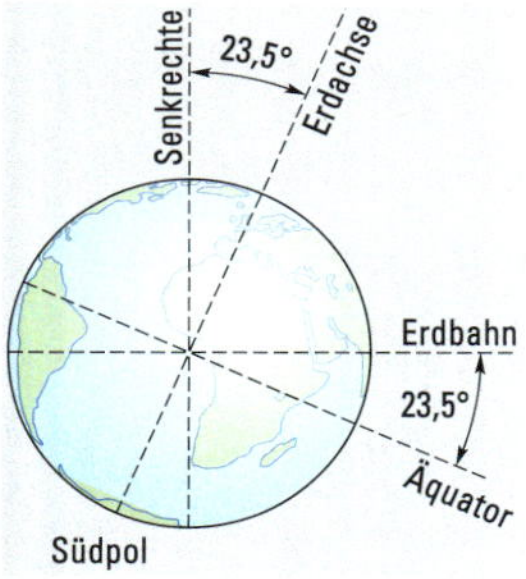

2 Neigung der Erdachse

Tageslängen und Jahreszeiten

Im Winter ist es noch dunkel, wenn du zur Schule gehst, und im Sommer gehst du ins Bett, wenn es noch hell ist. Tag und Nacht sind bei uns verschieden lang, je nach Jahreszeit, besser gesagt: je nach Sonnenstand. Zu Sommeranfang am 21. Juni, wenn bei uns der Tag am längsten ist, steht die Sonne am höchsten. Zu Winteranfang am 21. Dezember steht sie am tiefsten und der Tag ist am kürzesten. Weshalb ist das so?

Jeder Globus zeigt die Ursache: Die Erdachse steht schräg zur Ebene, auf der die Erde um die Sonne kreist, **Umlaufbahn** genannt. Diese Schrägstellung führt dazu, dass in der einen Jahreshälfte die Nordhalbkugel, in der anderen die Südhalbkugel stärker beschienen wird. So „pendelt" für uns die Sonne scheinbar zwischen Nord- und Südhalbkugel. Am 21. Juni hat sie ihren nördlichsten Punkt erreicht: Sie steht dann über dem Breitenkreis 23,5° N im **Zenit**, dem Punkt des Himmels senkrecht über dem Beobachter (von arabisch = Scheitelpunkt). Weil die Sonne ihren Lauf nun scheinbar wieder nach Süden wendet, nennt man diesen Breitenkreis „Nördlicher **Wendekreis**". Dem scheinbaren Wandern des Sonnenstandes zwischen Nördlichem und Südlichem Wendekreis verdanken wir die Entstehung der **Jahreszeiten**.

Alle Orte im Bereich zwischen den Wendekreisen, den Tropen, erleben jährlich zwei Zenitstände. Deshalb gibt es hier keine temperaturbedingten Jahreszeiten. Jenseits der Wendekreise zu den Polen hin gibt es keine Zenitstände der Sonne mehr. Zwischen den Wendekreisen und den **Polarkreisen** bestimmen vier Jahreszeiten mit ganz unterschiedlichen Tageslängen den Lebensrhythmus. In den Polarzonen zwischen Polarkreis und Pol treten Polartag und Polarnacht auf. An den Polarkreisen dauert der Polartag 24 Stunden, an diesem Tag scheint die Sonne auch zur Mitternacht. An den Polen selbst dauern der Polartag und die Polarnacht jeweils genau ein halbes Jahr.

Lernen im Netz
Animation „Lauf der Erde"
104211-0101

Lernen im Netz
Quiz Jahreszeiten
104211-0102

3 Winterberg im Juli ... und im Dezember

4 In Guatemala im Juli ... und im Dezember

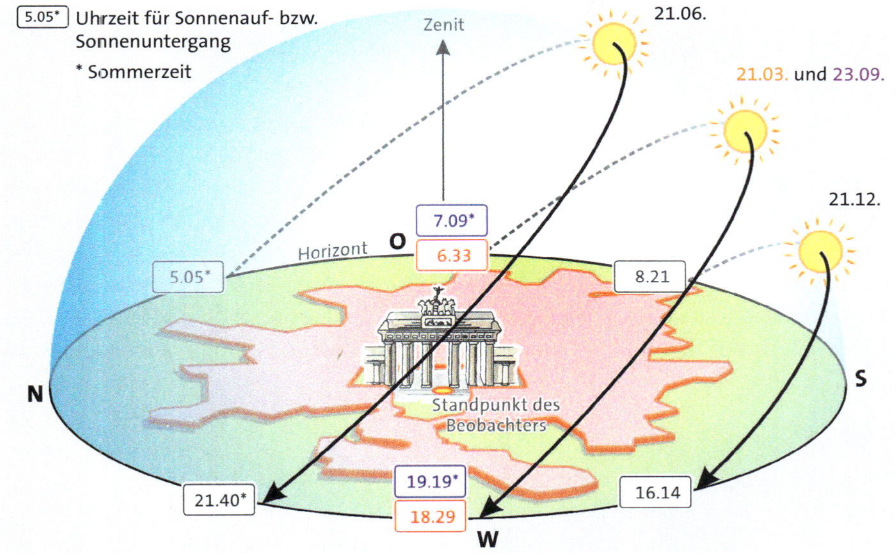

5 Der „Sonnenbogen" (scheinbarer Sonnenlauf) zu verschiedenen Jahreszeiten

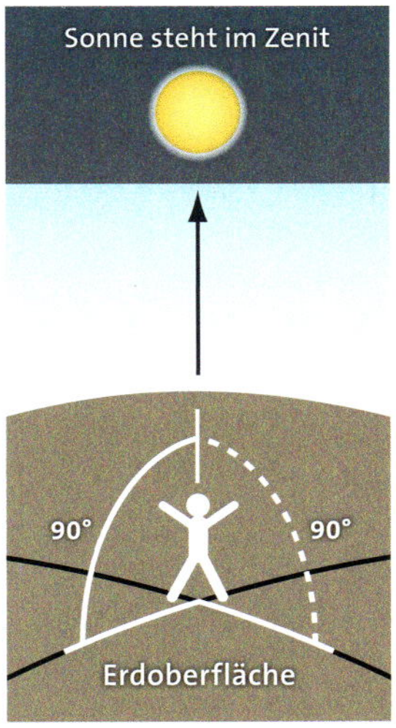

6 Zenitstand der Sonne

1 Grafik 5: Bestimme die Tages- und Nachtlänge für Berlin an den vier genannten Zeitpunkten.

2 Grafiken 1 und 2: Beschreibe die Beleuchtung der Erde im Jahreslauf.

3 Text, Fotos 3 und 4: Erkläre, warum es bei uns temperaturbedingte Jahreszeiten gibt und in den Tropen nicht.

Zur Vertiefung

4 Was wäre anders, wenn die Erdachse nicht geneigt wäre?

1

2

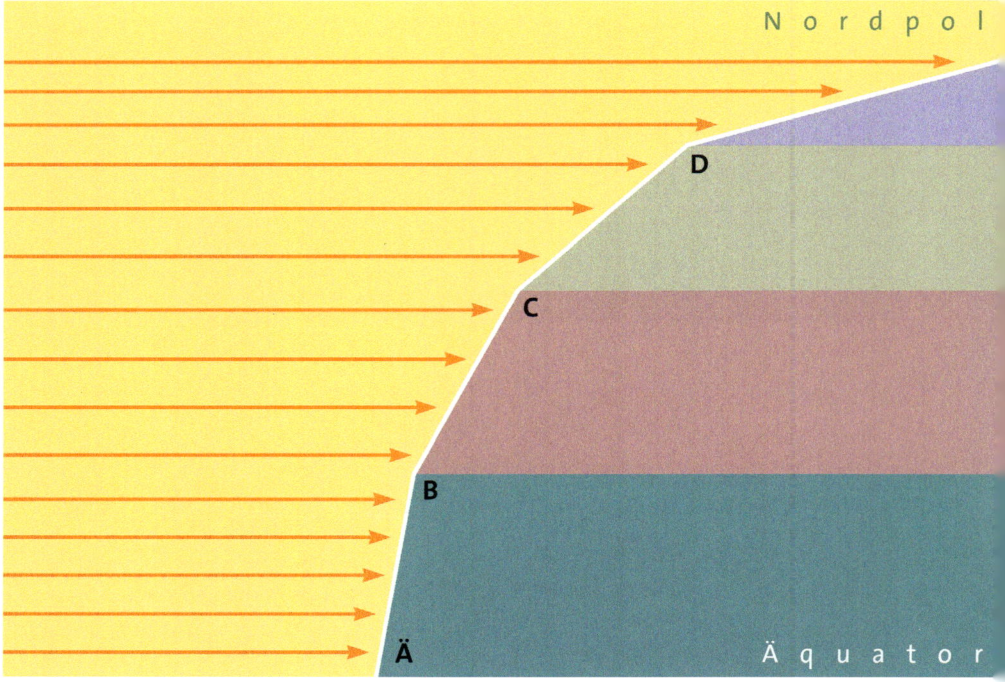

4

Licht und Wärme – ungleich verteilt

Aus dem Wetterbericht 20:15 Uhr:
„Morgen Sonne, gelegentlich Schauer, 18–20 Grad."
Wetter ist der Zustand von Temperatur und Niederschlag zu einem bestimmten Zeitpunkt. Dagegen ist das **Klima** der durchschnittliche, jährliche Wetterablauf beobachtet über einen längeren Zeitraum.

3

Ohne Licht und Wärme gäbe es kein Leben auf der Erde. Licht und Wärme erhalten wir von der Sonne. Die Sonne ist unser Energielieferant. Doch Licht und Wärme sind ungleich verteilt. An den Polen ist es besonders kalt. Im Bereich des Äquators dagegen ist es sehr warm. Warum ist das so?

Du hast es beim Sonnenbaden vielleicht selbst schon erlebt: Mittags muss man sich viel stärker vor Sonnenbrand schützen als abends. Warum? Man kann es sich so vorstellen: Die gleiche Anzahl Sonnenstrahlen trifft mittags auf eine viel kleinere Fläche als abends. Dann verteilen sie sich

5 **Wirkung der Sonneneinstrahlung**

1 Foto 1: Wo bekommst du im Gesicht zuerst Sonnenbrand? Erkläre, warum.

2 Beschreibe und erkläre Foto 2.

3 Die Strecken in der Zeichnung 4 stehen für die Klimazonen.
a) Miss die Strecken und zähle jeweils die Sonnenstrahlen, die auf sie treffen.
b) Übertrage die Tabelle in deine Mappe und fülle sie aus:

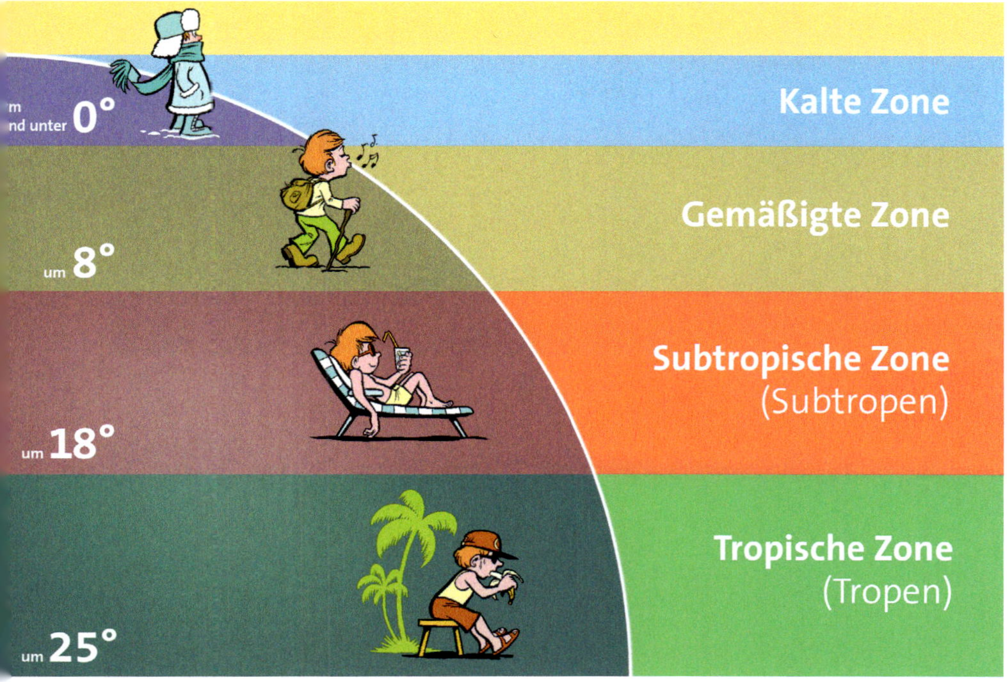

Klimazonen der Erde
Die Jahresmittel der Temperaturen sind wichtige Merkzahlen für die Klimazonen. Doch nur wenige Orte haben genau diesen Durchschnittswert.

Kalte Zone
Jahresmittel der Temperatur um oder unter 0 °C; kalte, schneereiche Winter

Gemäßigte Zone
Jahresmittel der Temperatur etwa 8 °C; gemäßigte Winter und Sommer

Subtropen
Jahresmittel der Temperatur etwa 18 °C; milde Winter und warme Sommer

Tropen
Jahresmittel der Temperatur etwa 25 °C; immer warm, niemals Frost

6

auf eine größere Fläche, weil sie stärker von der Seite einfallen. Deshalb ist ihre Wirkung geringer und das Risiko des Sonnenbrandes nicht so groß.
Ähnlich ist es auf der Erde insgesamt: Dieselbe Menge Sonnenstrahlen muss nach Norden hin eine immer größere Fläche bescheinen. Deshalb wird es nach Norden hin kälter.

Die Folge: Die Erde lässt sich grob in vier große **Klimazonen** unterteilen: die **Kalte Zone**, die **Gemäßigte Zone**, die **Subtropen** und die **Tropen**. Diese Abfolge vom Pol zum Äquator finden wir auf beiden Erdhalbkugeln. Die Klimazonen kommen also bis auf die Tropen jeweils zweimal vor.

Strecke	mm	Strahlen	mm / Strahl
Ä – B			6
B – C		4	
C – D	30		10
D – N			

c) Schreibe den Satz ab und ergänze ihn richtig:
Je weniger Sonnenstrahlen auf eine gleich große Fläche treffen, umso ... ist ihre Wirkung.

4 Erkläre mithilfe der Zeichnung 4 den Versuch zur Sonneneinstrahlung (Foto 5): Was soll gezeigt werden?

Zur Vertiefung

5 Arbeite mit den Klimatabellen auf S. 214 ff. und den Merkzahlen 6:
a) In welchen Klimazonen liegen Paris, Kapstadt, Manáus, Upernavik?
b) Nenne für jede Klimazone drei weitere Städte.

1

2

Die Pflanzenwelt der Klimazonen

Am Mittelmeer, in den Subtropen, wachsen andere Pflanzen als bei uns in der Gemäßigten Zone. In den Tropen ist die Pflanzenwelt wiederum anders. Das gilt auch für die Kalte Zone. Den Grund dafür habt ihr bereits erfahren: Auf der ganzen Welt beeinflussen Licht und Wärme das Leben.

Die Pflanzenwelt, auch **Vegetation** genannt, ist diesen Einflüssen besonders ausgesetzt und hat sich ihnen angepasst. In jeder Klimazone finden wir daher eine besondere Pflanzenwelt. Klimazonen und **Vegetationszonen** entsprechen sich. Die Pflanzenwelt ist ein Kennzeichen der jeweiligen Klimazone.

1 Arbeite mit den Fotos 1–4 und mit der Karte 5:
a) Beschreibe jeweils die Vegetation.
b) Ordne die Fotos den Klimazonen (Karte 5) zu.

2 Atlasarbeit: Suche eine Vegetationskarte der Erde und vergleiche:
Wie wird dort die Pflanzenwelt auf den Fotos genannt?

Zur Vertiefung

3 Ordne richtig zu:
a) In welcher Klimazone leben wir?
b) In welcher Zone liegen Portugal, Grönland, Kenia, Peru, Indien?

3

4

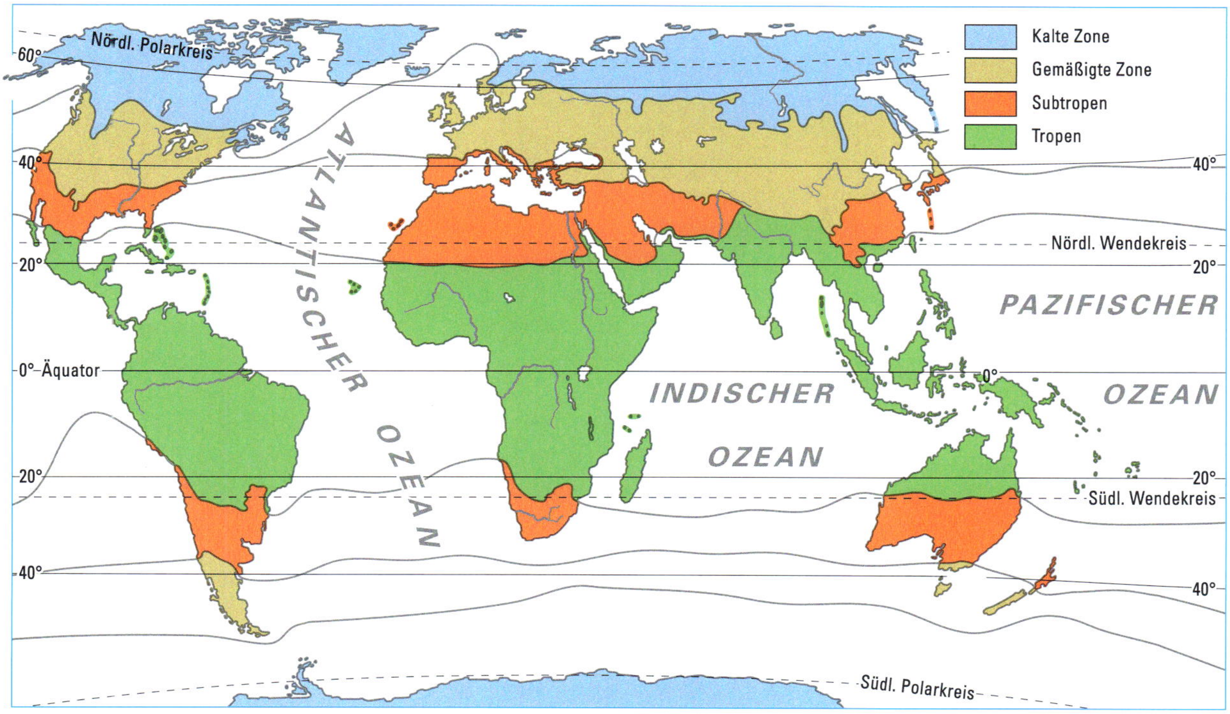

5 Die vier großen Klimazonen der Erde

TERRA **METHODE**

Ein Referat ist ein mündlicher Vortrag zu einem vorgegebenen Thema. Eine gründliche Vorbereitung ist für das Gelingen mindestens ebenso wichtig wie eine anschauliche Präsentation.

Ein Referat halten

„Die Vegetationszonen der Erde". Ein prima Thema für ein Referat, aber ein interessantes Thema allein macht noch kein gutes Referat. Um das hinzubekommen, folgt ihr am besten den vorgeschlagenen Schritten.

Ein Referat vorbereiten und halten

1. Schritt: Thema klären

- Schaut euch das Thema des Referates sorgfältig an. Wenn euch etwas unklar ist, fragt genau nach, worüber ihr referieren sollt.
- Schreibt auf, was euch spontan zum Thema einfällt. Das könnt ihr z. B. auch in Form einer Mindmap machen. Sie kann helfen, eine erste Ordnung in eure Gedanken zu bringen.

2. Schritt: Recherchieren

- Sucht nach Informationen zum Thema (Internet, Bücher, Fachzeitschriften). Befragt eventuell auch Personen, die sich auskennen. Notiert alle Quellen genau.
- Ergänzt die Informationen in euren Notizen oder eurer Mindmap und bringt sie in eine sinnvolle Ordnung.
- Klärt wichtige Begriffe.

3. Schritt: Das Referat erstellen

- Fasst die Informationen kurz schriftlich zusammen, am besten auf Karteikarten.
- Stellt geeignetes Material (Karten, Fotos, Tabellen, Zeichnungen) zusammen, das den Zuhörern eure Aussagen verdeutlicht. Ein passendes Bild sagt oft mehr als tausend Worte.

1

- Bereitet euren Vortrag gründlich vor. Bedenkt, dass ein Vortrag eine klare Gliederung haben muss (Grafik 4).

4. Schritt: Das Referat vortragen

- Lest euren Vortrag nicht ab, sondern sprecht frei (kurze Sätze, übersichtlicher Satzbau, angemessenes Sprechtempo). Die Karteikarten können euch als Gedankenstützen helfen.
- Veranschaulicht eure Aussagen durch das bereitgestellte Material.
- Wendet euch beim Vortrag den Zuhörern zu (Blickkontakt).

5. Schritt: Das Referat auswerten

- Beantwortet Fragen und bittet die Zuhörer um Stellungnahmen zu eurem Referat.
- Versucht, aus den Kritikpunkten zu lernen und sie beim nächsten Referat zu berücksichtigen.

1 Übt das Halten von Referaten nach den angegebenen Methodenschritten zu verschiedenen erdkundlichen Themen eurer Wahl.

Material
Beobachtungsbogen für Referate
104211-0103

2 Die Vegetationszonen der Kalten Zone: Eiswüste, Tundra und Nördlicher Nadelwald (Taiga)

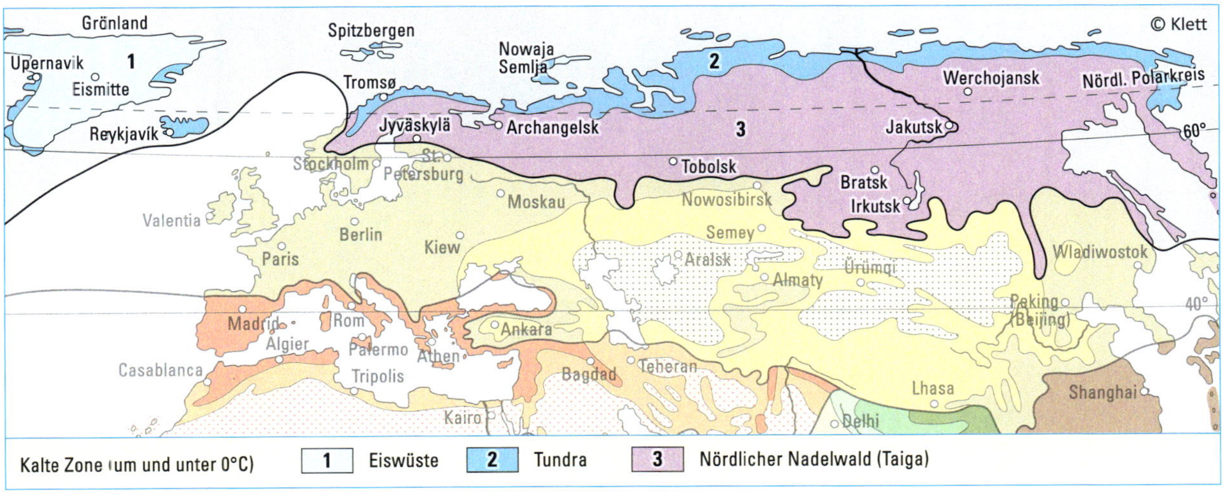

3 Ausschnitt aus der Klimakarte: Die Kalte Zone der Erde

Einleitung

Thema vorstellen:

Die Vegetationszonen der Erde

Aufmerksamkeit und Interesse wecken, Klimakarte zeigen

ca. 2–3 Min.

→

Hauptteil

1. **Die Tropen:** Tropischer Regenwald, Feuchtsavanne, Trockensavanne, Dornsavanne, tropische Wüste
2. **Die Subtropen:** subtropische Wüste, Steppe, immergrüner Laubwald, Hartlaubwald
3. **Gemäßigte Zone:** Wüste, Steppe, sommergrüner Laubwald
4. **Kalte Zone:** nördlicher Nadelwald (Taiga), Tundra, Eiswüste

ca. 15 Min.

→

Schluss

Wichtiges zusammenfassen, Ausblick, eigene Stellungnahme

ca. 2–3 Min.

4

Präsentationsmaterial für das Referatsthema „Die Vegetationszonen der Erde“:

- Karte „Klima- und Vegetationszonen der Erde“ (s. S. 218)
- Physische Weltkarte
- Fotos der Pflanzenwelt aus den 15 Zonen der Karte

5

TERRA **TRAINING**

Wichtige Begriffe
Erdrotation
Gemäßigte Zone
Jahreszeit
Kalte Zone
Klimazone
Polarkreis
Subtropen
Tropen
Umlaufbahn
Vegetation
Vegetationszone
Weltzeit
Wendekreis
Zeitzone
Zenit
Zonenzeit

So überprüfst du deine Kompetenzen:

1. Bearbeite den Selbsteinschätzungsbogen (siehe Online-Link).
2. Wiederhole Inhalte, die du noch nicht verstanden hast.
3. Löse die Aufgaben auf dieser Trainingsseite.
4. Kontrolliere deine Lösungen (siehe Online-Link).

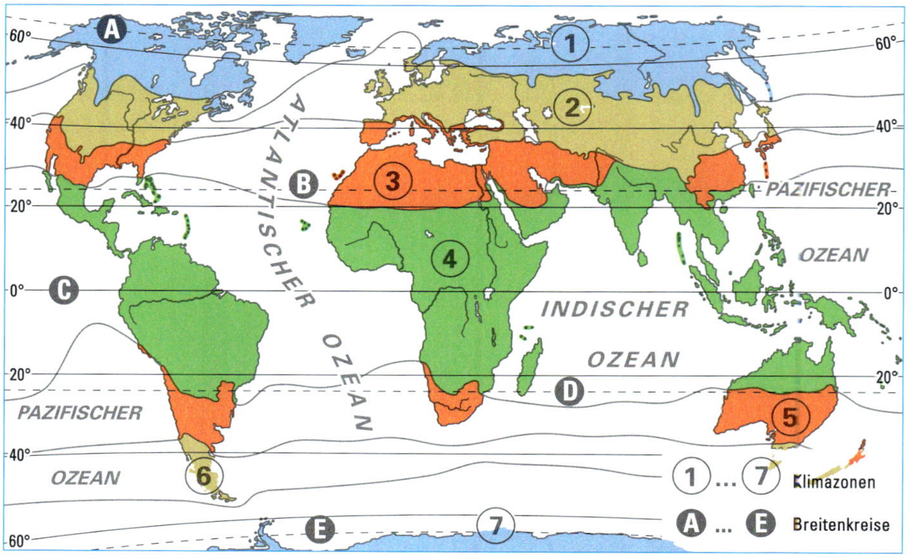

1

Orientieren

1 Arbeite mit Karte 1.
a) Benenne die Klimazonen 1 - 7.
b) Benenne die Breitenkreise A – E.

Wissen und Verstehen

2 Richtig oder falsch?
Verbessere die falschen Aussagen und schreibe sie richtig auf.
a) Die Temperaturzonen und Vegetationszonen entsprechen sich.
b) Überall auf der Erde gibt es vier Jahreszeiten.
c) Im Sommer steht bei uns die Sonne im Zenit.

3 Findest du die Begriffe?
a) Temperaturzone, in der es ganzjährig gleichmäßig warm ist
b) Hier ist am 21. Juni die Sonne 24 Stunden am Tag zu sehen.
c) Name für Meridianstreifen mit gleicher Uhrzeit
d) Hier steht die Sonne am 21. Dezember im Zenit.

Anwenden

4 Ein seltsames Bild?
a) Zu welchem Datum passt das Bild 2: 21.03. – 21.06. – 23.09. – 21.12.? Entscheide und begründe.
b) Beschreibe und erkläre die unterschiedliche Beleuchtung der Erde.

Portfolio
Bogen zur Selbsteinschätzung
104211-0104

Material
Lösungen dieser Seite
104211-0105

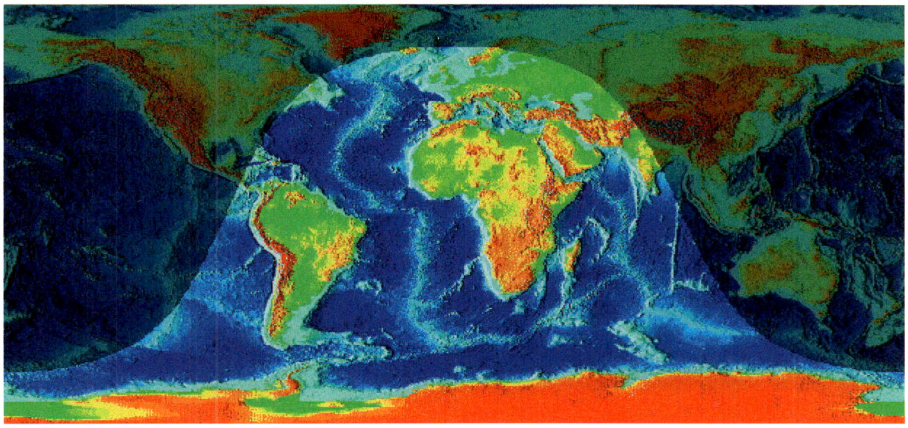

2 **Beleuchtung der Erde um 12.00 Uhr**

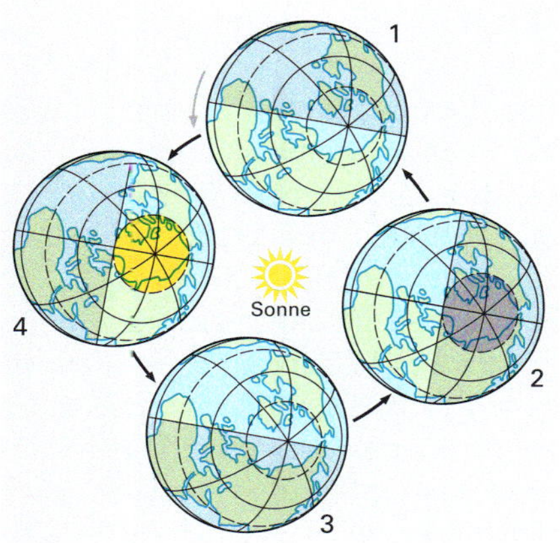

3 **Beleuchtung der Erde** (Ansicht von senkrecht oben)

5 **Beleuchtungsverhältnisse**
Grafik 3 stellt vier verschiedene Positionen dar, die die Erde beim Umlauf um die Sonne einnimmt. Die Sonne ist in der Zeichnung viel zu klein dargestellt.

a) Ordne den Positionen 1 und 3 ein Datum und eine Bezeichnung zu.
b) Welches Datum gilt für die Position 2?
c) Beschreibe jeweils einen Tag am nördlichen Polarkreis in allen Positionen.

Beurteilen und Bewerten

6 **Text 4**
a) Erkläre den Sinn des Gesetzes.
b) Bewerte seine Vorteile und Nachteile.

Reichs-Gesetzblatt
Nr. 7

(Nr. 2075.) Gesetz, betreffend die Einführung einer einheitlichen Zeitbestimmung. Vom 12. März 1893.

Wir Wilhelm, von Gottes Gnaden Deutscher Kaiser, König von Preußen verordnen im Namen des Reichs, nach erfolgter Zustimmung des Bundesraths und des Reichstags, was folgt:

Die gesetzliche Zeit in Deutschland ist die mittlere Sonnenzeit des fünfzehnten Längengrades östlich von Greenwich.

Dieses Gesetz tritt mit dem Zeitpunkt in Kraft, in welchem nach der im vorhergehenden Absatz festgesetzten Zeitbestimmung der 1. April 1893 beginnt.

Urkundlich unter Unserer Höchsteigenhändigen Unterschrift und beigedrucktem kaiserlichen Insiegel.

Gegeben Berlin Schloß, den 12. März 1893.

(L. S.) Wilhelm.

Graf von Caprivi.

4

extra

1 Johannes Rebmann

3 Kilimandscharo

Höhenstufen der Vegetation

Schnee auf dem Kilimandscharo?
Der deutsche Missionar Johannes Rebmann war der erste Europäer, der am 11. Mai 1848 das weiße Haupt des höchsten Bergs Afrikas erblickte. Er notierte: „... es wurde mir aber ebenso klar als gewiss, das dass nichts anderes sein könne als Schnee ...“ Rebmanns Bericht löste in Europa große Verwunderung und Streit aus: Schnee im tropisch-heißen Afrika? Unmöglich! Man hielt es für eine Sinnestäuschung. Den Beweis für die Schnee- und Eisbedeckung des Gipfels erbrachte erst eine Expedition im Jahre 1889. Ab dieser Zeit übernahmen die Europäer den Namen „Kilima Njar“ aus der ostafrikanischen Sprache Swahili, was übersetzt „Schneeberg“ bedeutet.

4

Wie du aus den Alpen weißt, nimmt die Temperatur mit der Höhe ab. So nehmen die Temperaturen im Mittel um 0,6 °Celsius pro 100 Meter ab. Mit zunehmender Höhe bilden sich Höhengrenzen, an denen sich bestimmte geographische Erscheinungen markant ändern, z. B. die Schneegrenze, Waldgrenze oder Anbaugrenze für verschiedene Kulturpflanzen. Zwischen zwei Höhengrenzen bilden sich Höhenstufen aus, die sich in Klima, Vegetation und landwirtschaftlicher Nutzung von den anderen unterscheiden.
Je näher man dem Äquator kommt, desto mehr Höhenstufen sind anzutreffen. Die Temperaturabnahme mit der Höhe begründet den Schnee auf dem höchsten Berg Afrikas in Äquatornähe.

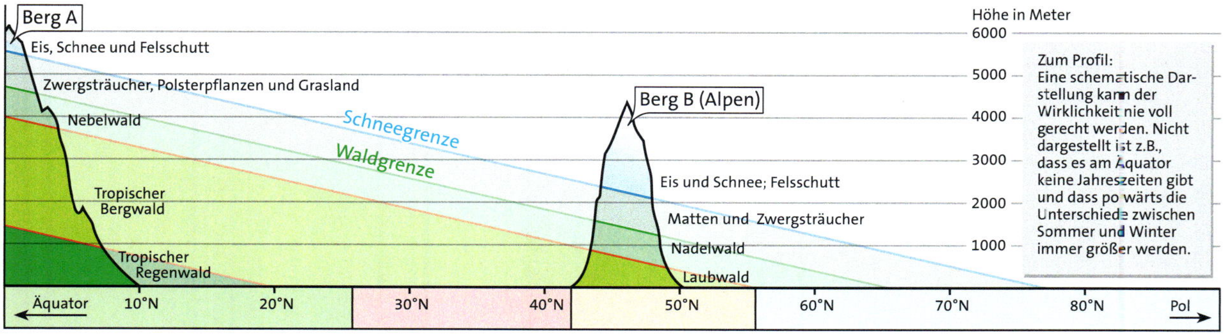

2 Eine schematische Darstellung

Material
Karte vom Kilimandscharo
104211-0106

Material
Anbaubedingungen verschiedener Pflanzen
104211-0107

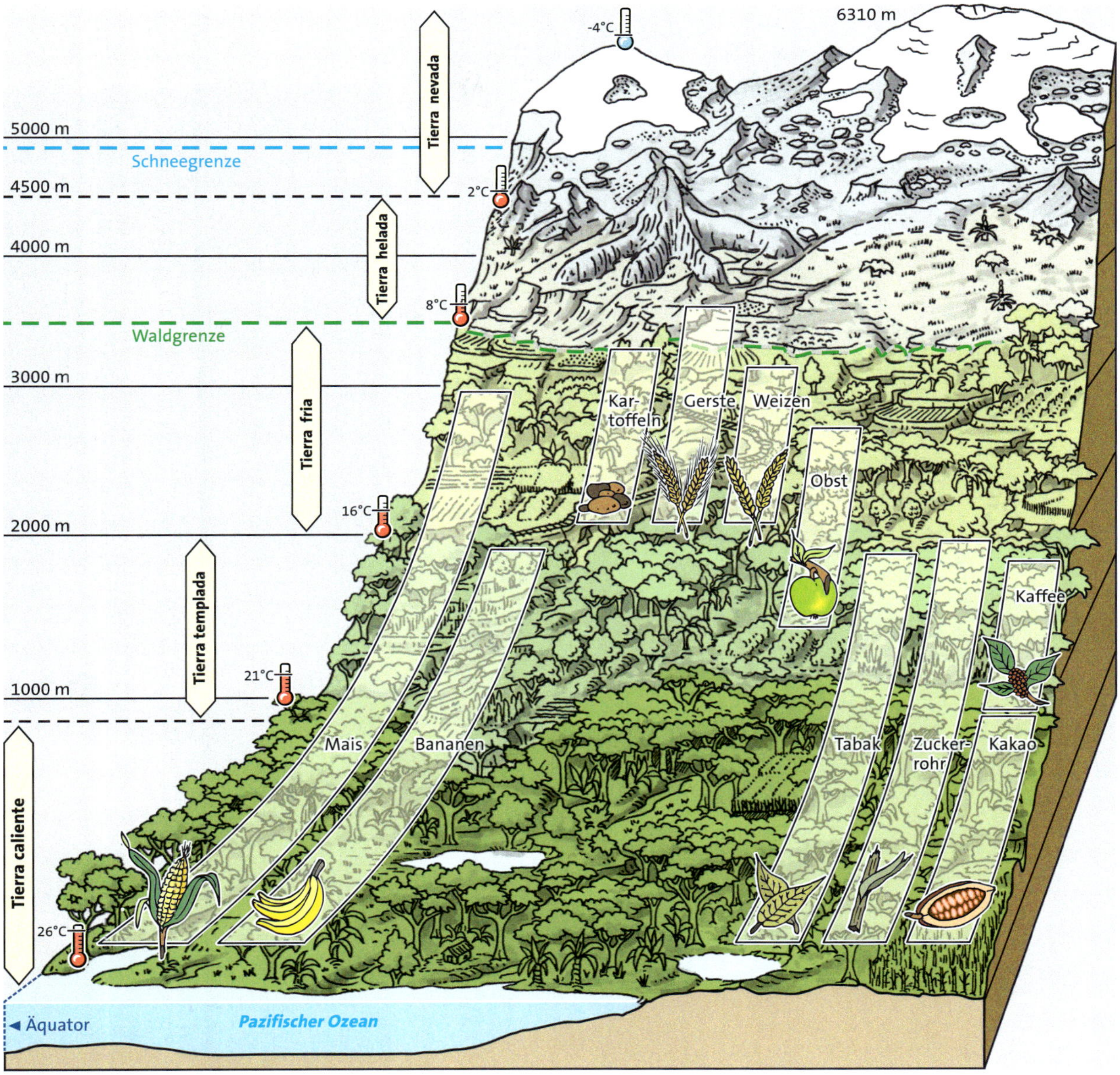

5 **Höhenstufen in Südamerika**

1 Die Jahresdurchschnittstemperatur in Garmisch-Partenkirchen (715 m) beträgt 7 °C, auf der Zugspitze (2 960 m) −5 °C. Überprüfe die Regel der Temperaturabnahme mit der Höhe.

2 Arbeite mit Profil 2:

a) Beschreibe das Profil.

b) Vergleiche die Höhenstufen der Anden mit denen in den Alpen. Liste Gemeinsamkeiten und Unterschiede auf.

c) Den „borealen Nadelwald" gibt es auch in den Alpen. Erkläre.

3 Nutze den Online-Link 104211-0106:

a) Vergleiche die dort angegebenen Höhengrenzen und Höhenstufen der Vegetation und des Anbaus mit denjenigen in der Zeichnung 5.

b) Höhengrenzen sind auch Anbaugrenzen. Begründe dies anhand von zwei Beispielen.

4 Arbeite noch einmal mit Profil 2:

a) Vergleiche die Abfolge der Höhenstufen bei Berg A mit einer Wanderung durch die Vegetationszonen vom Äquator zum Pol.

b) Formuliere eine Aussage dazu.

2

Wetter und Klima

Die Atmosphäre umgibt die Erde wie ein dünner Schutzfilm. Hier laufen viele Vorgänge ab, die erst das Leben auf der Erde ermöglichen.
Entdecke, wie z. B. das Wetter entsteht und verstehe die Zusammenhänge von Wetter und Klima.

1

2

3

4

5

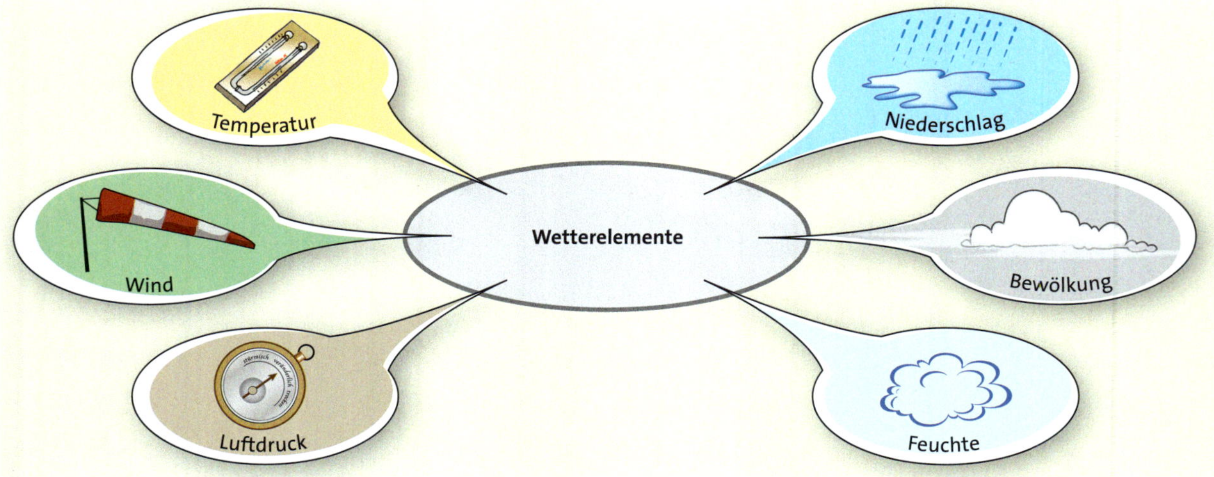

1 **Die Wetterelemente**

Ist der Mond klar, wird's von Frost starr.

Je höher die Wolken, desto besser das Wetter.

Wenn Schäfchenwolken am Himmel steh'n, kann man ohne Schirm spazieren gehen.

Abendrot – Gutwetterbot – Morgenrot mit Regen droht.

Das Wetter am Siebenschläfertag sieben Wochen so bleiben mag.

Steigt Nebel empor, steht Regen bevor.

2 **Bauernregeln**

Wie hängen Wetter und Klima zusammen?

Das **Wetter** beeinflusst unser tägliches Leben und kann sich sehr schnell ändern. Niederschlag, Wind und die Lufttemperatur machen viele Planungen für das Wochenende schwierig. Diese Wettereinflüsse können gemessen und beobachtet werden. Gemeinsam mit dem Luftdruck, der Luftfeuchtigkeit und der Bewölkung werden sie Wetterelemente genannt.

Tabea berichtet von einer Fahrradtour in Mittelhessen mit ihrer achten Klasse:
Um 8.00 Uhr traf ich mich mit meiner Klasse auf dem Parkplatz auf der Lahninsel in Wetzlar. Eine Mitschülerin berichtete, dass sie auf dem Weg an einer Apotheke gesehen hatte, dass es gerade einmal 10 °C hatte. Trotz des Nebels und der dunklen Wolken am Himmel starteten wir mit unserem Lehrer, Herrn König. Wir fuhren zunächst immer an der Lahn entlang. Der Nebel lag über den Lahnwiesen und es begann schon nach kurzer Zeit zu nieseln. Dieser Nieselregen und der aufkommende Wind erschwerten uns das Radfahren. Eigentlich hatten wir hier schon keine Lust mehr weiter zu radeln. In Leun suchten wir Schutz in einer Eisdiele, da es dann anfing richtig zu regnen und die Sicht immer noch nicht gut war. Unser Lehrer erzählte uns, dass der Wetterbericht Regen und Nebel in den frühen Morgenstunden gemeldet hatte, im Laufe des Vormittags die Wolken weiterziehen und danach sogar mit Sonnenschein zu rechnen war. Wir konnten ihm das nicht glauben, hofften aber, dass unser Lehrer Recht hatte.
Der kräftige Regenschauer dauerte eine halbe Stunde und der Wind ließ auch wieder nach. Wir konnten weiter radeln und stellten fest, dass die Wolken fast verschwunden waren, der Nebel sich auflöste und somit jetzt die Sonne zu sehen und zu spüren war. Es wurde doch noch ein sonniger warmer Tag, das Thermometer zeigte in Weilburg 18° C und wir aßen bei Sonnenschein am Lahnufer unseren Proviant. Nach einem Fußballspiel und einer Stadtbesichtigung machten wir uns wieder auf den Rückweg nach Wetzlar. Auf dem Weg begleiteten uns Sonnenstrahlen und ein wolkenloser Himmel. In Wetzlar zeigte das Thermometer der Apotheke um 16.00 Uhr 20 °C.

3

Lernen im Netz
Diashow Wetterhaus
104211-0201

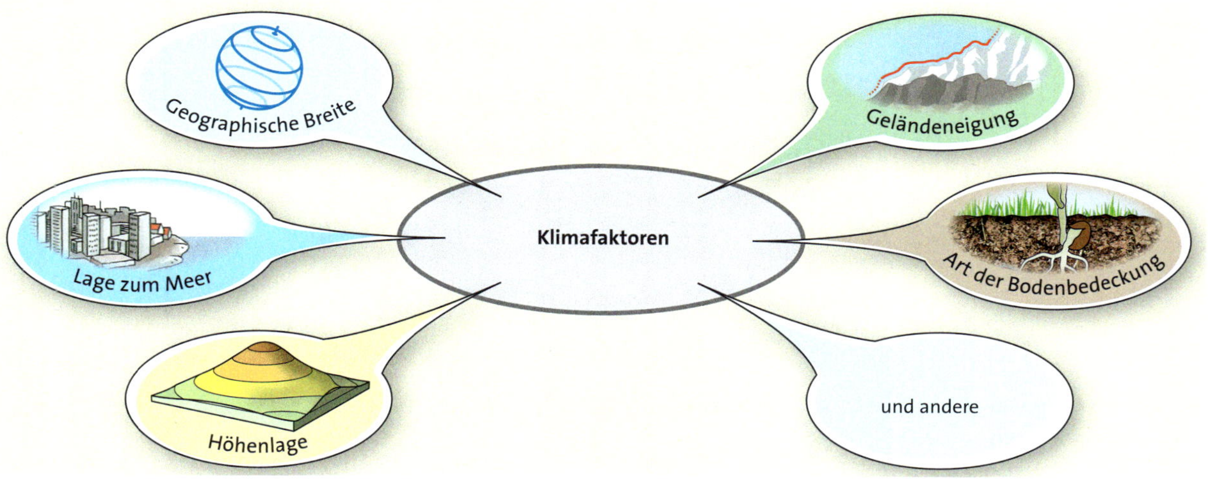

4 **Die Klimafaktoren**

Das Klima

Im Gegensatz zum Wetter verändert sich das **Klima** nur sehr langsam. Um eine Aussage über das Klima machen zu können, muss man die Wetterelemente über einen langen Zeitraum (ca. 30 Jahre) messen und beobachten. Zusätzlich beeinflussen die geographische Breitenlage, die Lage zum Meer, die Höhenlage und die Bodenbedeckung das Klima in einem Gebiet. Man nennt sie **Klimafaktoren**.

Das Klima ist eine Folge physikalischer Vorgänge, die in der Atmosphäre durch die Bestrahlung der Erde durch die Sonne in Gang gesetzt werden. Von einer Klimaänderung wird erst bei einer nachhaltigen Änderung der klimatischen Gegebenheiten gesprochen. Abweichungen bleiben über einen längeren Zeitraum wirksam.

Das Klima in Wetzlar

Wetzlar gehört zur Gemäßigten Klimazone mit unterschiedlichen Einflüssen. Meist beeinflusst milde und feuchte Meeresluft (maritim) aus dem Westen das Wetter der Region.

Aufgrund der Talverläufe und den unterschiedlichen Geländehöhen ergeben sich teilweise unterschiedliche kleinklimatische Verhältnisse. Die langfristig ermittelte Tagesmitteltemperatur liegt im Sommer ungefähr bei 17°–18°C und im Winter bei 1°–2°C.

Auch die durchschnittliche Niederschlagsmenge variiert aufgrund des unterschiedlichen Reliefs. Mit 600 bis 700 mm liegt die Niederschlagsmenge leicht unterhalb des Durchschnitts in Deutschland. Auf den Anhöhen südlich und nördlich des Lahntals regnet es durchschnittlich 800 Millimeter im Jahr.

5

1 Lies die Geschichte von Tabea. Suche Aussagen über das Wetter heraus und erkläre diese.

2 Stelle den Unterschied zwischen Wetter und Klima heraus.

3 Erläutere, wie die Klimafaktoren das Klima einer Region beeinflussen.

Zur Vertiefung

4 Im Zusammenhang von Wetter und Klima gibt es einen dritten Begriff: die Witterung. Schlage in einem Lexikon nach und erkläre die Unterschiede zwischen Wetter, Witterung und Klima.

5 Lest die Bauernregeln (Text 2) durch und erklärt, was die Regeln aussagen.

Atmosphäre
(griech.: atmos = Dampf, spharia = Kugel): die Lufthülle der Erde

Radiosonde
Messgerät, das Werte in der Atmosphäre misst.

Radar
Rada Detecting and Ranging: Elektromagnetische Wellen werden gesendet und von Hindernissen (Niederschlagsteilchen) reflektiert.

Satellit
Künstlicher Himmelskörper für die Erdbeobachtung der Telekommunikation oder Navigation, wenn es sich um Satelliten in Erdumlaufbahnen handelt.

1 **Satellitenbild von Europa**

Messen der Wetterelemente

Du kennst die alltäglichen Wettervorhersagen aus dem Radio und aus dem Fernsehen. Woher stammen die Daten? Um präzise Wettervorhersagen zu erstellen, müssen mit konventionellen und modernen Verfahren die Wetterelemente beobachtet, Daten gemessen, gesammelt und ausgewertet werden. Computer verarbeiten die Daten, analysieren die Wetterlage und können mithilfe spezieller Computerprogramme zukünftiges Wetter voraussagen. Allerdings reicht es nicht aus, an einzelnen Stationen auf der Erde zu messen. Um eine exakte Vorhersage machen zu können, sind Messdaten in der Atmosphäre notwendig. Wie aber erhalten wir diese Daten?

Messtechniken
Zum Messen der Wetterelemente in der Atmosphäre sind komplexe Apparate notwendig. Radiosonden, Radarmessungen, Wettersatelliten und andere Fernerkundungsmethoden messen in der Atmosphäre Werte oder senden Bilder an die Wetterstationen auf der Erde, wo Wetterkundler diese auswerten.

Radiosonden
Radiosonden werden regelmäßig mithilfe eines Gasballons bis in die Höhe von 30 bis 40 km befördert. Das Gerät besteht aus einem Sendeteil (Radio-) und einem Teil mit Messfühlern (-sonde). Schon beim Aufsteigen werden ständig Messwerte genommen. Sie übermitteln Werte über den Luftdruck, über die Temperatur und über die Luftfeuchtigkeit.

Radar
Mit dem Radar werden Dichteschwankungen gemessen, denn Luft hat je nach Temperatur und Luftfeuchtigkeit eine unterschiedliche Dichte. Der Wasserdampf in der Atmosphäre wird mithilfe eines flächendeckenden Messnetzes mit dem Global Positioning System (GPS) ermittelt.

Surftipp
Deutscher Wetterdienst Offenbach
104211-0202

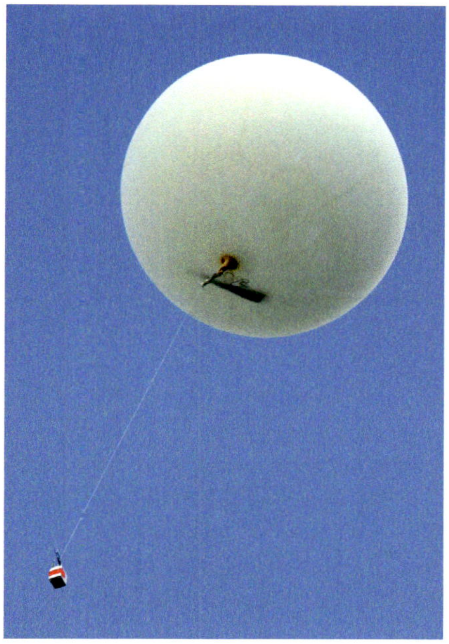

2 **Start einer Radiosonde**

3 **Automatische Wetterstation in den Anden**

Wettersatelliten
Die Bilder, die Wettersatelliten senden, kennst du aus dem Fernsehen. Die Satellitenbilder geben einen guten Überblick über die Verteilung, Struktur und Bewegung von Wolken. Diese Satelliten fliegen in Umlaufbahnen um unsere Erde. Vorteile der Satellitenbeobachtung gegenüber den anderen Systemen sind zum Beispiel:
- weltweite lückenlose und flächendeckende Erfassung des Systems Erdoberfläche – Atmosphäre
- kontinuierliche Überwachung
- rasche Datenverfügbarkeit

Wettersatelliten können uns auch ein Vorteil im Alltag sein. Sie helfen bei der Überwachung und bei der Vorhersage gefährlicher Wetterereignisse und reduzieren so Risiken. Die Menschen können Vorkehrungen treffen, wenn Warnmeldungen frühzeitig herausgegeben werden. Auch bei Verkehrsvorhersagen spielen sie eine wichtige Rolle: vor allen Dingen in der Luftfahrt und der Schifffahrt, aber auch im Autoverkehr.

4 **Wettersatellit**

1 Benenne die verschiedenen Methoden, um Messdaten in der Atmosphäre gewinnen zu können.
2 Zähle die Vorteile von Wettersatelliten auf.
3 Recherchiere im Internet über automatische Wetterstationen und erkläre sie.

Zur Vertiefung
4 Viele Satelliten fliegen in Umlaufbahnen um die Erde herum. Wähle einen aus und halte ein Kurzreferat. Falls du Lust hast, baue ein Modell.

Die Wetterelemente Lufttemperatur – Niederschlag – Luftdruck

Du hast jetzt die Möglichkeit, das Wetter mit einfachen Mitteln und Messmethoden zu erforschen. Geduld und einiges Bastelgeschick benötigst du schon dazu. Zunächst erhältst du eine kurze Einführung in die Wetterelemente Lufttemperatur, Niederschlag und Luftdruck. Gerne kannst du noch im Internet oder in einer Wetterstation mehr Informationen sammeln. Du könntest auch das Wetter zum Thema deiner Präsentationsprüfung machen.

1 **Meteorologe vor einer Wetterhütte**

Lufttemperatur

In einer Wetterstation wird die Lufttemperatur in einem weißen Häuschen zwei Meter über dem Erdboden, der **Wetterhütte**, mit einem Thermometer gemessen. Schlitze in den Wänden lassen die Luft hindurchwehen.

Zuerst ermitteln die Meteorologen die Tagesmitteltemperatur. Ein Computer misst dazu jede volle Stunde die Temperatur. Dann werden die Messwerte für jede volle Stunde des Tages addiert und durch 24 geteilt. Bis 2001 addierte man die Temperaturwerte für 7 Uhr und 14 Uhr sowie zweimal den Wert von 21 Uhr. Die Summe wurde durch 4 geteilt. Der Wert für 21 Uhr wurde doppelt gezählt, um den Meteorologen das Ablesen in der Nacht zu ersparen. Außerdem zeigten Messungen, dass man mit diesen drei Werten der wirklichen Tagesmitteltemperatur am nächsten kommt.

Aus den Tagesmitteltemperaturen wird dann die Monatsmitteltemperatur berechnet. Das erfolgt durch die Addition aller Tagesmitteltemperaturen eines Monats geteilt durch die Anzahl der Tage des Monats. Durch Addition aller Monatsmitteltemperaturen und Division durch 12 erhält man die Jahrestemperatur.

Heute macht dies alles der Computer. Er erstellt Diagramme und berechnet mithilfe einer Software die Durchschnittswerte. Ein Computer misst mittlerweile auch in der Nacht die Temperatur. Du kannst entscheiden, ob du das Diagramm mit der Hand oder mit dem Computer erstellst.

3

2 **Regenmesser einer Wetterstation**

Niederschlag

Auch der Niederschlag wird in der Wetterstation gemessen. Der **Regenmesser** der Wetterstation wird einmal in 24 Stunden geleert. Das Messgefäß hat eine Millimetereinteilung. Liest man zum Beispiel 3 mm ab, so bedeutet dies, dass in den letzten 24 Stunden 3 mm Niederschlag gefallen sind. Der Regen würde 3 mm hoch auf der Straße stehen, wenn er nicht abgeflossen, versickert oder verdunstet wäre. Der Monatsniederschlag ist die Summe aller Tageswerte. Die zwölf Monatsniederschläge eines Jahres ergeben dann den Jahresniederschlag. Wenn du willst, kannst du einmal versuchen, den Niederschlag zu messen. Dazu fängst du mit einem Glas mit senkrechten Wänden den Niederschlag auf. Mit dem Lineal misst du die Wasserhöhe einmal am Tag immer zur gleichen Zeit. Diese Werte trägst du in ein zweites Diagramm ein. Auch hier darfst du gerne den Computer benutzen.

4

Lernen im Netz
Experimente zum Wetter
104211-0203

Luftdruck
Luft hat ein Gewicht. Du bist im Schwimmbad sicher schon einmal bis auf den Boden getaucht, um etwas heraufzuholen. Bestimmt hast du dabei gemerkt, dass dir die Ohren schmerzen. Dies kommt von dem Druck, den das Wasser über dir ausübt. Genauso ist es in der Atmosphäre, nur dass hier die Luft den Druck ausübt. Dieser Luftdruck wird in Hektopascal (hPa) angegeben und mit einem **Barometer** gemessen. In der Gemäßigten Zone, in der wir leben, liegt der Normaldruck auf Meeresniveau bei 1013 hPa.
Warme Luft dehnt sich aus und ist dann leichter als die Umgebung. Nach diesem Prinzip funktioniert ein Heißluftballon. Wenn nun die Sonne die Luftmassen am Boden erwärmt, steigt diese erwärmte Luft in die Höhe. Durch die Aufwärtsbewegung der Luft lastet weniger Gewicht auf dem Boden. Der Luftdruck ist gering, es herrscht Tiefdruck. Hochdruck am Boden entsteht dann, wenn Luft aus der Höhe herabsinkt. Auf dem Boden lastet dann mehr Druck.
In Wetterämtern und Wetterdiensten treffen mehrfach am Tag große Datenmengen aus verschiedenen Quellen ein. Diese Daten werden dann verarbeitet und Computerprogramme zeichnen die Linien gleichen Luftdrucks, die **Isobaren**, auf die Wetterkarte. An ihrem Verlauf kannst du die großräumigen Hochdruckgebiete und Tiefdruckgebiete erkennen, die für den Wetterverlauf entscheidend sind.
Baue dir ein eigenes Barometer und beobachte dieses über mehrere Tage.

5

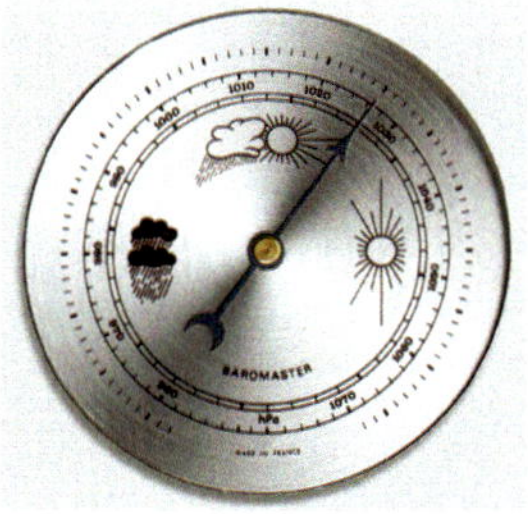

8 **Barometer**
Sonne bei hohem, Regen bei niedrigem Druck – das gilt nicht immer, aber oft.

Bau eines Barometers
Material:
Glasgefäß (z. B. kleines Marmeladenglas), Luftballongummi, Gummiband, Strohhalm, 2 Holzbrettchen
Geräte: Schere, Klebstoff, Filzstift
Bauanleitung: Über die Öffnung eines Glases spannst du ein Stück Gummi von einem Luftballon und befestigst es mit einem Gummiband. Dann klebst du einen Strohhalm so darauf, dass das Ende genau über der Mitte des Glases liegt. Die beiden Brettchen werden zu einem Winkelbrett zusammengeklebt. Nun stellst du das Glas auf das Winkelbrett und bringst an dem senkrecht stehenden Teil hinter dem freien Ende des Strohhalms eine Strichskala an. Stelle dein Barometer an einen Ort ohne große Temperaturschwankungen.

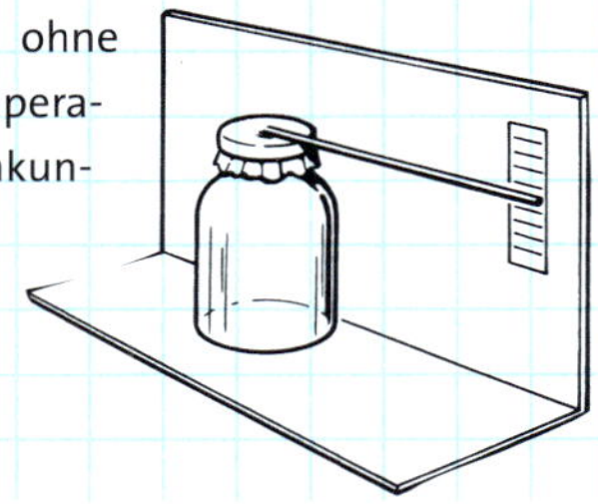

6

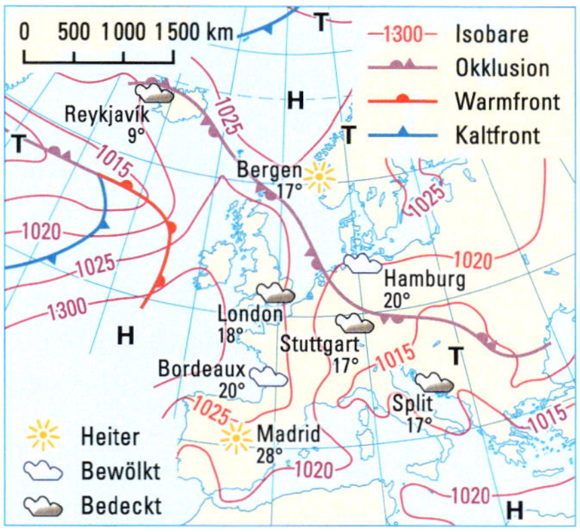

7 **Isobaren auf einer Wetterkarte**

Temperaturen einer Wetterstation am 14. 7. 2010

Uhrzeit	°C	Uhrzeit	°C
0.00	20°	12.00	28°
1.00	19°	13.00	30°
2.00	19°	14.00	30°
3.00	18°	15.00	31°
4.00	16°	16.00	30°
5.00	16°	17.00	29°
6.00	17°	18.00	27°
7.00	18°	19.00	25°
8.00	20°	20.00	23°
9.00	22°	21.00	22°
10.00	25°	22.00	21°
11.00	27°	23.00	20°

9

1 Beschreibe, wie Temperatur und Niederschlag in einer Wetterstation gemessen werden.
2 Berechne aus den Messwerten 9 die Tagesmitteltemperatur
a) nach der alten Methode mit den Messwerten von 7, 14 und 21 Uhr;
b) aus dem Durchschnitt von 24 Messwerten.
3 Baue ein Barometer und beobachte dieses über mehrere Tage. Beschreibe, was du feststellst.

Zur Vertiefung
4 Recherchiere im Internet über die anderen Wetterelemente Wind, Bewölkung und Luftfeuchtigkeit. Stelle diese vor und plane Versuche.

TERRA **METHODE**

Im Geographieunterricht lernst du das Klima vieler Länder auf unterschiedlichen Kontinenten kennen. Dabei werden dir häufig Klimadiagramme begegnen. Denn das Klima eines Ortes lässt sich mit einem Klimadiagramm veranschaulichen. Es zeigt für das ganze Jahr die Durchschnittswerte für Temperatur und Niederschlag. Wie du ein solches Diagramm auswertest und zeichnest, lernst du hier.

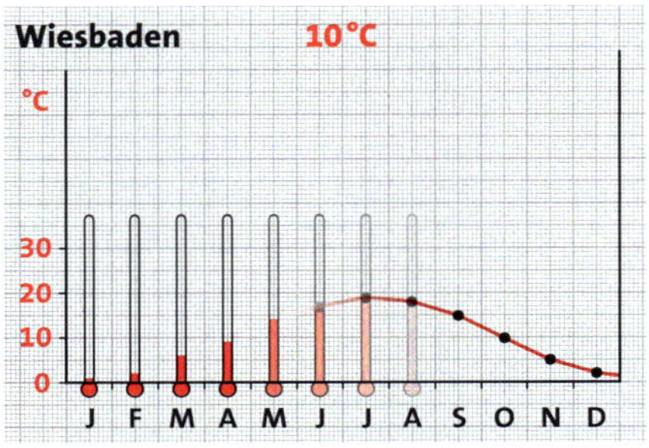

1 **Mittlere Monatstemperaturen in Wiesbaden**

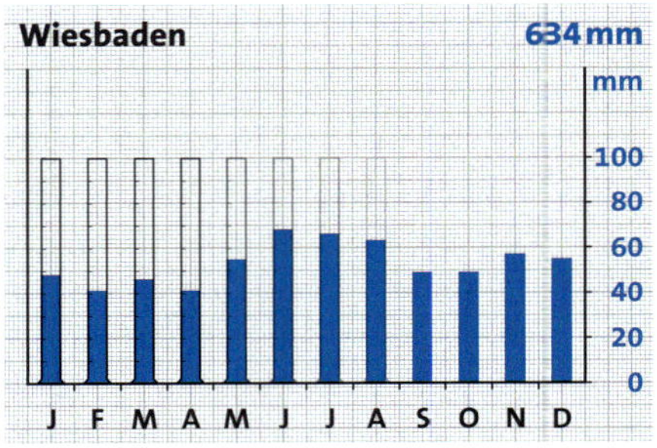

2 **Mittlere Monatsniederschlagssummen in Wiesbaden**

Klimadiagramme auswerten und zeichnen

Selten wird über etwas so viel geschimpft wie über das Wetter. Dabei ähnelt sich jedes Jahr der Wetterverlauf, d. h. bestimmte Wetterverhältnisse treten immer wieder zu bestimmten Zeiten auf. Die durchschnittlichen Verhältnisse des Wetters über einen längeren Zeitraum von meist 30 Jahren nennt man Klima. Es wird durch Temperatur und Niederschlag beschrieben. In einem **Klimadiagramm** sind die Mittelwerte von Temperatur und Niederschlag eines Ortes dargestellt. Da diese Angaben über einen Zeitraum von 30 Jahren berechnet werden, bezeichnet man sie als langjährige Mittelwerte. Die Höhe der blauen Säulen gibt die für jeden Monat errechneten langjährigen Mittelwerte des Niederschlages, die rote Kurve die für jeden Monat errechneten langjährigen Mittelwerte der Temperatur an. Außerdem sind die Jahresmitteltemperatur und der Jahresniederschlag des Ortes angegeben.

Mithilfe eines Klimadiagramms lassen sich der Jahresgang von Temperatur und Niederschlag leicht erkennen und beschreiben.

Klimadiagramme auswerten

1. Schritt: Lies den Namen und die Höhe der Station ab.

2. Schritt: Lies die mittlere Jahrestemperatur ab und ermittle dann den kältesten und den wärmsten Monat.

3. Schritt: Berechne die Jahresschwankung der Temperatur, das heißt die Differenz zwischen dem wärmsten und kältesten Monat.

4. Schritt: Lies den Jahresniederschlag ab und ermittle die Monate mit dem höchsten und dem niedrigsten Niederschlag.

5. Schritt: Beschreibe den Temperaturverlauf und die Verteilung der Niederschläge.

Beachte beim Lesen der Klimadiagramme:
Die Skala des Niederschlags wird in 20er-Schritten angegeben. Der Niederschlag ist ein Summenwert. Dies muss so sein, damit die Werte vergleichbar sind.
Wenn du für den Monat August eine Temperatur von 18 °C abliest, dann kann es an mehreren Tagen eines Jahres sehr warm (mit Temperaturen über 30 °C) oder recht kühl (mit Temperaturen unter 15 °C) gewesen sein. Der Wert 18 °C ist ein Mittelwert aus Monatsmitteltemperaturen eines Zeitraums von 30 Jahren.

3

Lernen im Netz
Klimadiagramm zeichnen
104211-0204

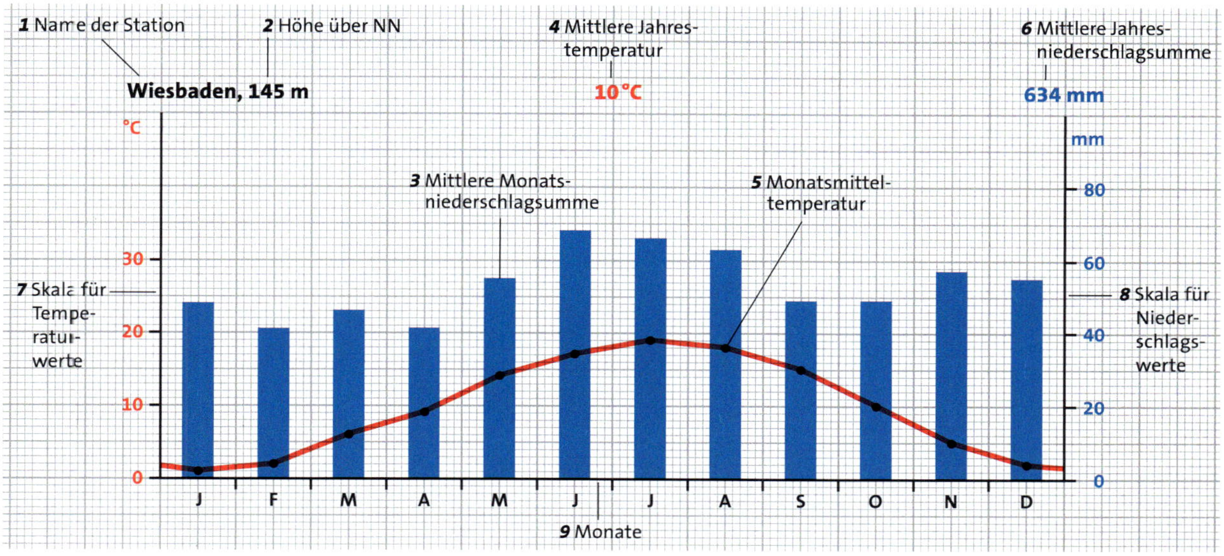

4 Klimadiagramm: Wiesbaden

Klimadiagramme zeichnen

1. Schritt: Zeichne zunächst eine waagerechte 12 cm lange Grundlinie und teile sie für die Monate ein (1 Monat = 1 cm).

2. Schritt: Zeichne links von der Grundlinie eine senkrechte Achse für die Temperaturwerte (rote Zahlen, 1 cm = 10°). Trage den Wert für 0° an der Grundlinie ein. Wenn es Monate mit Werten unter 0° gibt, muss die Achse nach unten verlängert werden.
Schreibe nun die Anfangsbuchstaben der Monate unter die Grundlinie.

3. Schritt: Zeichne rechts von der Grundlinie eine senkrechte Achse für die Niederschläge (blaue Zahlen, 1 cm = 20 mm).

4. Schritt: Beschrifte die Achsen jeweils mit °C und mm und schreibe Name sowie Höhe der Station über das Diagramm. Schreibe die Jahresdurchschnittstemperatur (rot) und den Jahresniederschlag (blau) daneben.

5. Schritt: Markiere die mittleren Monatstemperaturen mit einem Kreuz in der Monatsmitte und verbinde sie mit einem roten Stift zu einer Kurve.

6. Schritt: Markiere die Höhe der mittleren Monatsniederschläge mit einem kleinen Punkt. Zeichne dann bis zu dieser Marke in Blau 4 mm breite Säulen.

→ Seite 214
Klimadaten
für weitere Stationen

1 Das Wetter kann man beobachten und messen, das Klima aber nur berechnen. Erkläre diese Aussage.

2 Welche Bedeutung haben Wetter und Klima für die Landwirte, für den Fremdenverkehr und für dich selbst? Nenne jeweils fünf Beispiele.

3 Werte das Klimadiagramm von Wiesbaden mithilfe der Schritte auf Seite 30 aus.

4 Zeichne mithilfe der Klimatabellen im Anhang ein Klimadiagramm von Quito und vergleiche es mit dem Klimadiagramm von Wiesbaden. Welche Unterschiede stellst du fest?

Zur Vertiefung

5 Temperatur- und Niederschlagswerte in einem Klimadiagramm dürfen nicht mit den wirklichen Werten eines beliebigen Tages im jeweiligen Monat verwechselt werden. Erkläre.

TERRA ORIENTIERUNG

Das Wetter in Europa und auch in Deutschland ist unterschiedlich, da es von verschiedenen Faktoren abhängt. Woher die Luft kommt und welches Wetter sie bringt, ist erklärbar und lässt so Wettervorhersagen zu.

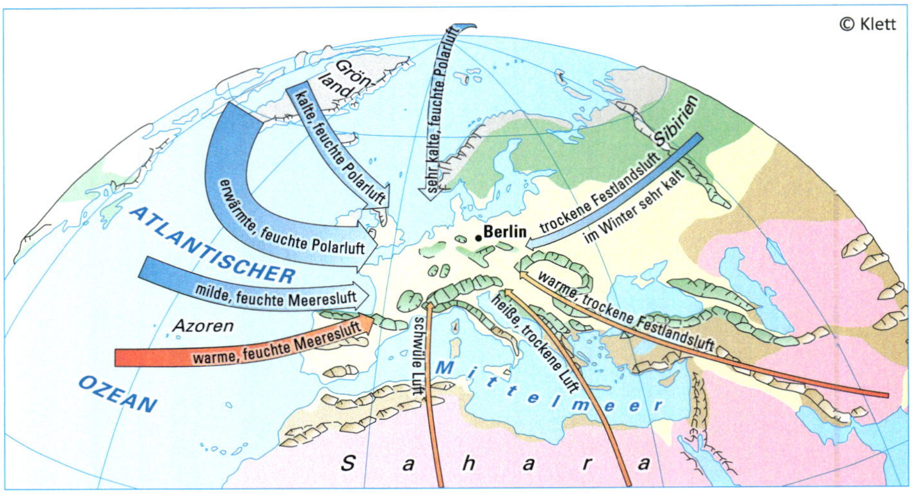

1 Woher unsere Luft kommt und welches Wetter sie bringt

Was Wetter und Klima bestimmt

Täglich versorgt uns der Wetterbericht mit Informationen über das Wetter in den nächsten Tagen. Zwar sind wir häufig überrascht, auch wohl enttäuscht. Aber über längere Zeit betrachtet, kehren bestimmte **Wetterlagen** doch regelmäßig wieder – im Jahresverlauf und innerhalb der Jahreszeiten. Wie kommen Wetter und Klima zustande, welches sind die wichtigsten Einflussfaktoren?

Du weißt bereits, dass die Sonnenenergie und die Wärme auf der Erde ungleich verteilt sind. Diese Tatsache führt zu unterschiedlichen Druckverhältnissen in der Lufthülle. So bilden sich Hochdruck- und Tiefdruckgürtel rund um die Erde. Zwischen ihnen werden gewaltige Luftmassen ausgetauscht. Das sind die großen Windsysteme der Erde wie die **Westwindzone**, in der wir leben. Sie bringt uns die vielen Tiefdruckgebiete vom Atlantik.

Die Klimafaktoren spielen ebenfalls eine bedeutende Rolle. So sind beim ozeanischen Klima die Temperaturunterschiede zwischen Sommer und Winter geringer, die Niederschläge größer als beim kontinentalen Klima. Dies hat mit der Lage am Meer zu tun. Aber genau diesen Unterschied kannst du spüren, wenn du die Klimawerte von Hamburg mit denen von Berlin oder München vergleichst.

Hoch und Tief

Hoch und Tief sind ungleiche „Brüder und Schwestern“. Einmal bedächtig und das andere Mal wild und launisch. Was ist damit gemeint?

Im **Hochdruckgebiet** herrscht meist ruhiges, klares und trockenes Wetter. Die meisten **Tiefdruckgebiete** dagegen sind lebhafte Wirbel: Kalte und warme Luft „verhaken“ sich; Wolken und Regen entstehen.

Ein Hoch bewegt sich nur langsam voran. Oft liegt es sogar tagelang an einer Stelle. Die Tiefs dagegen eilen dahin, 500–1 000 km am Tag, Wolken- und Regengebiete mit sich schleppend.

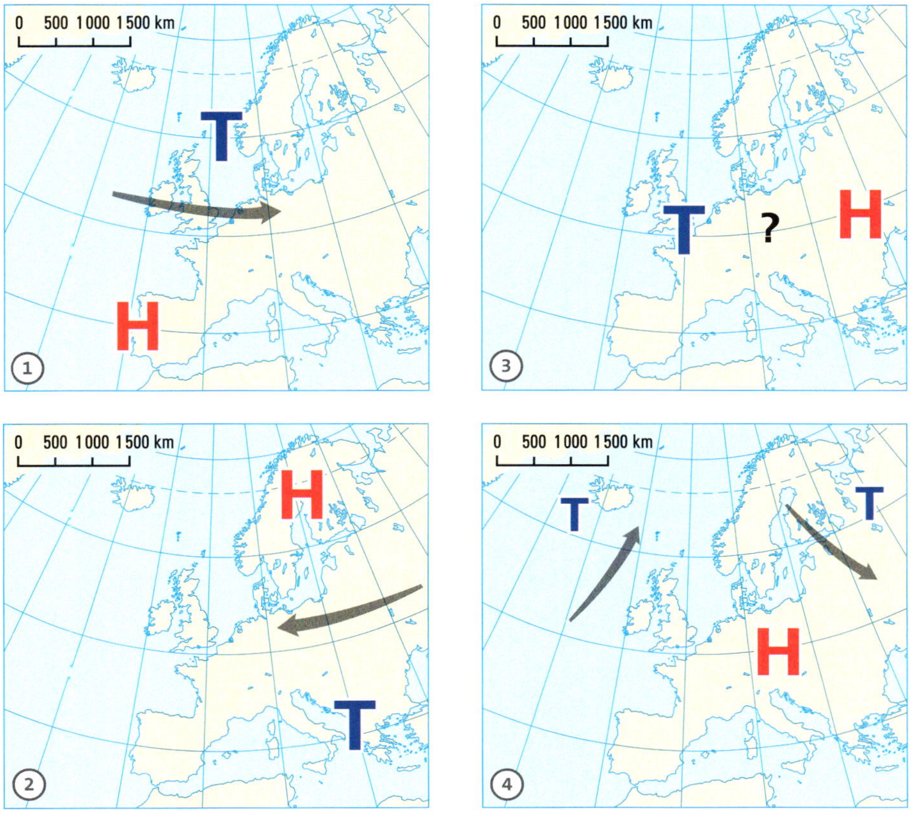

2 **Vier typische Wetterlagen in Europa**

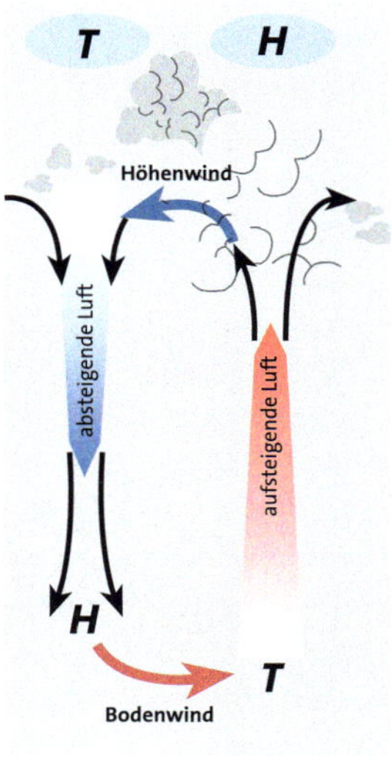

4 **Luftströmungen zwischen Hoch- und Tiefdruckgebieten**

Wetterlage a
„Ostwetter": trockene Luft aus Osten, mehrere Tage gutes Wetter. Im Winter starker Frost und eisiger Wind („sibirische Kälte").

Wetterlage b
Ein Hoch im Süden, ein Tief im Norden: also Westwind. „Westwetter" ist unsere häufigste Wetterlage: kühl, regnerisch, wechselhaft.

Wetterlage c
Hoch über Mitteleuropa: schönstes Wetter, trocken und fast windstill. Die Tiefs können das Hoch nicht verdrängen und müssen ausweichen.

Wetterlage d
Ein Tief im Westen, ein Hoch im Osten: Woher kommt nun die Luft? Was für ein Wetter bringt diese Luft mit sich?

3

1 Arbeite mit Karte 1:

a) Beschreibe, auf welchen Wegen die Luftmassen hauptsächlich kommen, die unser Wetter bestimmen.

b) Erkläre, welche Eigenschaften diese haben.

2 Erkläre mit Grafik 4 die Entstehung von Windsystemen der Erde.

3 Suche die Wetterlage 1 (Abbildung 2) auf der Karte 1. Benenne, woher die Luftmasse kommt und begründe.

4 Auf den Wetterkarten 2 sind typische Wetterlagen abgebildet. Ordne sie den Wetterbeschreibungen 3 a–d zu.

Zur Vertiefung

5 Beim ozeanischen Klima sind die Temperaturunterschiede zwischen Sommer und Winter geringer, die Niederschläge größer als beim kontinentalen Klima. Erkläre diesen Sachverhalt und definiere die Begriffe ozeanisches und kontinentales Klima.

2

TERRA TRAINING

Wichtige Begriffe
Barometer
Hochdruckgebiet
Isobare
Klima
Klimadiagramm
Klimafaktor
Luftdruck
Lufttemperatur
Niederschlag
Regenmesser
Tiefdruckgebiet
Westwindzone
Wetter
Wetterhütte
Wetterlage

So überprüfst du deine Kompetenzen:

1. Bearbeite den Selbsteinschätzungsbogen (siehe Online-Link).
2. Wiederhole Inhalte, die du noch nicht verstanden hast.
3. Löse die Aufgaben auf dieser Trainingsseite.
4. Kontrolliere deine Lösungen (siehe Online-Link).

1

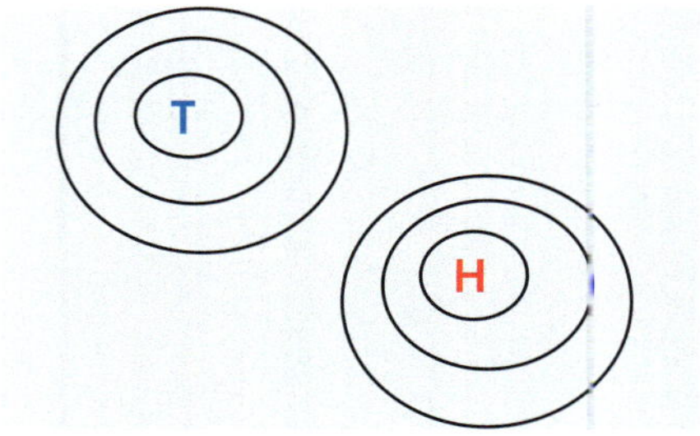

2

Wissen und Verstehen

1 Richtig oder falsch?

Verbessere die falschen Aussagen und schreibe sie richtig auf.

a) Wetter gibt den momentanen Zustand eines Tages an.
b) Wettersatelliten werden auch zur Verkehrsüberwachung genutzt.
c) Die Temperatur misst man immer im Schatten.
d) Radiosonden sind Gasballons, die die Luftfeuchtigkeit, den Luftdruck und die Temperatur in Bodennähe messen.
e) Zur Berechnung der Tagesmitteltemperatur misst man 24 mal am Tag die Temperatur.
f) Schnee ist eine Niederschlagsart.
g) Zur Berechnung des Jahresniederschlags teilt man die Summe aller 12 Monatsniederschläge durch 12.
h) Wir leben in der sogenannten „Westwindzone“, d. h., die Winde wehen vorwiegend aus Westen und bringen feuchte Luft vom Atlantik.
i) Zwischen Hoch- und Tiefdruckgebieten gibt es Ausgleichströmungen.

2 Hoch und Tief

Übertrage die Skizze 2 in deine Erdkundemappe und zeichne die Luftströmungen zwischen den beiden Druckgebieten mit kräftigen Pfeilen ein.

3 Bilderrätsel

Löse die Bilderrätsel und erläutere die gesuchten Begriffe.

a)

b)
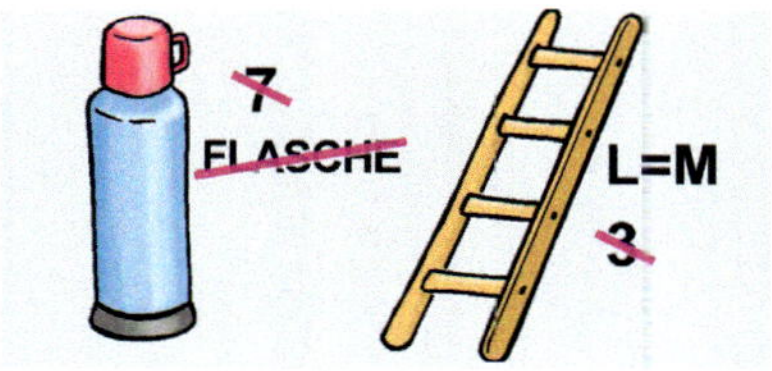

c)

Portfolio
Bogen zur Selbsteinschätzung
104211-0205

Material
Lösungen dieser Seite
104211-0206

Die mittleren Temperatur- und Niederschlagswerte von Kassel

Monat	Jan.	Feb.	Mär.	Apr.	Mai	Jun.	Jul.	Aug.	Sep.	Okt.	Nov.	Dez.
Temperatur (°C)	0	1	4	8	13	15	17	16	13	9	4	1
Niederschlag (mm)	44	36	35	44	49	55	74	64	52	53	42	47

3

4 Findest du die Begriffe?
a) die gesamte Niederschlagsmenge eines Jahres an einem bestimmten Ort
b) Maßeinheit für die Temperaturmessung
c) Diagramm, mit dem man etwas über das Klima eines Ortes erfährt
d) drei „Zutaten“ des Wetters
e) Maßeinheit, mit der man die Niederschlagsmenge angibt

Anwenden

5 Julian, Memet und Carolin haben verschiedene Sammelgefäße aufgestellt und den Niederschlag gemessen – ähnlich der Grafik 1 . Nach einem Regen sind die Gefäße unterschiedlich hoch mit Wasser gefüllt. Sie sind ratlos. Hast du eine Erklärung?

6 Kennst du die richtige Antwort?
a) In eine Wanne, die 1 m² groß ist, regnet es genau 1 Liter Wasser. Beträgt die Wasserhöhe in der Wanne 1 cm oder 1 mm oder 5 cm?
b) Ein anderes Mal regnet es genau 10 Liter Wasser. Beträgt die Wasserhöhe in der Wanne nun 1 mm oder 1 cm oder 5 cm?
c) Folgende Temperaturen sind am 1. Oktober gemessen worden: 7:00 Uhr 12 °C, 14:00 Uhr 22 °C, 21:00 Uhr 15 °C. Berechne den Tagesmittelwert nach der alten Methode.

7 Luftdruck und Barometer
Du schaust im Laufe eines Tages immer wieder auf ein Barometer und beobachtest die Veränderung der Werte. Welche Wetteränderung wird eintreten, wenn ...
– das Barometer fällt?
– das Barometer steigt?

8 Arbeite mit der Klimatabelle 3.
a) Berechne die Jahresmitteltemperatur und den Jahresniederschlag für die Wetterstation Kassel.
b) Zeichne das Klimadiagramm für die Wetterstation Kassel.

Beurteilen und Bewerten

9 Wetterberichte
Am Mittwochabend wurde im Radio und im Internet gemeldet: „Am Donnerstag, den 16.12.2010 bleiben die Schulen in Wetzlar geschlossen, da die Schulbusse nicht fahren.“ Erkläre und begründe diese Maßnahme.

10 Wetterlage
Beschreibe in Stichworten die Wetterlage 4.

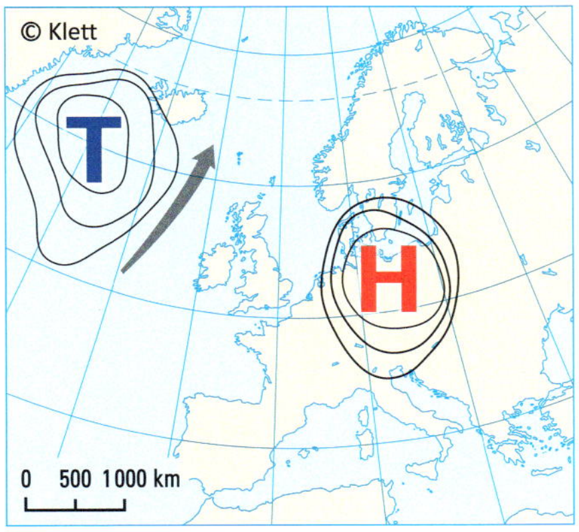

4

Menschen in verschiedenen Klimazonen

Fast überall auf der Erde leben Menschen. Aber nicht überall sind die Lebensbedingungen gleich. Das liegt auch an den unterschiedlichen klimatischen Bedingungen, Temperatur und Niederschlag. Aber man kann mehrere Zonen mit jeweils ähnlichen Bedingungen unterscheiden.
An verschiedenen Lernstationen kannst du dich auf den nachfolgenden Seiten näher darüber informieren. Du findest jeweils zwei Beispiele aus jeder Klimazone.

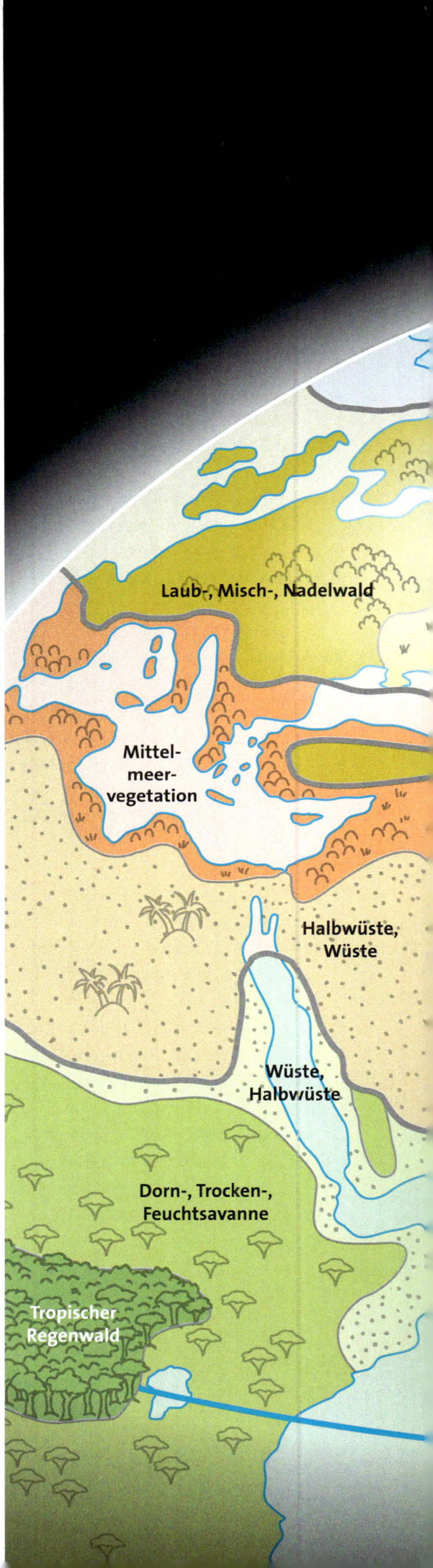

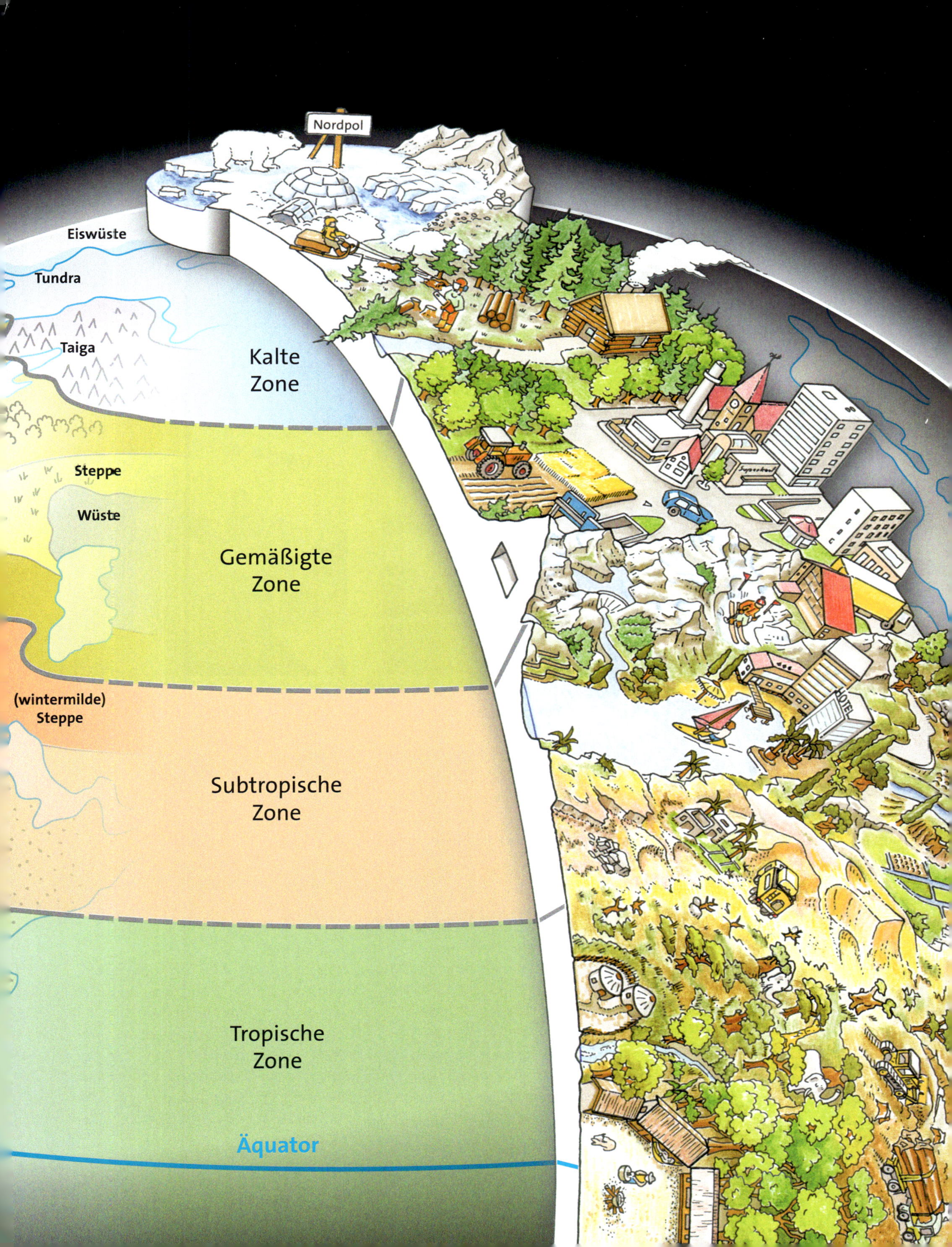
Nordpol
Eiswüste
Tundra
Taiga
Kalte Zone
Steppe
Wüste
Gemäßigte Zone
(wintermilde) Steppe
Subtropische Zone
Tropische Zone
Äquator

Lernen an Stationen
Kalte Zone
Station 1

In der Kälte zu Hause

1 Beschreibe das Foto 3 von Igloolik.

2 Beschreibe das Leben in Nunavut. Verwende die Begriffe aus den Zwischenüberschriften des Textes.

3 Vergleiche Fläche und Einwohnerzahl von Nunavut mit denen von Deutschland (S. 220).

Zur Vertiefung

4 Arbeite mit Karte 5 und Text 6.
a) Beschreibe die Rohstoffausstattung von Nunavut.
b) Überlege Entwicklungschancen für Nunavut.

1

Nunavut in Zahlen (2010)

Fläche	2,1 Mio. km²
Einwohner	32 000
Gemeinden	28
Einwohner der Hauptstadt Iqaluit	7 250
Straßennetz	ca. 300 km

2

3 **Igloolik, Gemeinde nördlich des Polarkreises mit 1 380 Einwohnern**

4 **Inuitschule**

Meine Name ist Silas, ich bin ein Inuit und ich lebe hier in Igloolik mit meinen Eltern, meiner Schwester und meinen zwei Brüdern. Ich bin der älteste. Wir Kinder gehen alle zur Schule, ich in die High School.

Tourismus

Mein Vater ist Künstler von Beruf. Er stellt Skulpturen aus Stein her, die er an Touristen und Galerien verkauft. Dadurch leben wir gut und sind nicht wie viele andere auf staatliche Unterstützung angewiesen. Der Tourismus ist für Igloolik sehr wichtig und den Touristen wird einiges geboten, vom Beobachten der Polarbären über Angel-Bootstouren bis hin zu Schlittenhund-Fahrten.

Tradition

Neben der Schule interessiere ich mich für die frühere Lebensweise unseres Volkes: für die Wanderungen zwischen den Sommer- und Winterquartieren und für alte Bräuche, wie z. B. die Tänze. In der Schule lerne ich neben Englisch unsere Sprache – das Inuktitut.

Versorgung

Alles, was wir hier im hohen Norden zum Leben brauchen, wird aus dem Süden eingeflogen. Mit dem Auto sind die Siedlungen nicht zu erreichen. Da Lebensmittel wegen des weiten Transports teuer sind, gehe ich oft mit meinem Vater auf die Jagd. Dazu benutzen wir eine Skidoo, einen

Lernen im Netz
Das Leben der Inuit
104211-0301

5 **Bodenschätze und Industrie in Kanada**

motorgetriebenen Schlitten, denn bis zum Eisrand ist es im Winter weit. Manchmal übernachten wir auch auf dem Eis. Wir bauen ein Iglu, das geht recht schnell und in einer Stunde haben wir unser „Zelt" für die Nacht. Neben dem Fleisch bekommen wir so auch ein paar wertvolle Felle. Traditionell essen wir das Fleisch roh, bzw. leicht gefroren. Im Sommer fischen wir und trocknen den Fisch an der Luft.

Freizeit
Für junge Leute ist hier nicht viel los und von hier weg kommen wir nicht. Manche werden schwermütig; es kommt immer wieder zu Selbstmorden, andere verfallen dem Alkohol. Ich habe für die Zukunft ziemlich feste Pläne. Nach der Schule möchte ich das Arctic College besuchen und viel über unsere Kultur lernen und dies später im Film dokumentieren.

7 **Flagge von Nunavut**

8 **Inuksuk – die Wegweiser in der Arktis**

Nunavut
Nunavut bedeutet „Unser Land". Es liegt innerhalb Kanadas und wird seit 1999 von den Inuit selbst verwaltet. Das Land ist extrem dünn besiedelt. Sein Reichtum sind die Landschaft und die Bodenschätze. So bieten sich Arbeitsplätze im Tourismus und im Bergbau, ansonsten nur noch im öffentlichen Dienst. Die Siedlungen liegen verstreut meist an der Küste und die Infrastruktur ist nicht gut ausgebaut. So können nicht alle eine weiterführende Schule an ihrem Wohnort besuchen und zum Arztbesuch muss man sich ausfliegen lassen.

Die Lebensweise der Inuit hat sich seit 1950 gewandelt. Lebten die Nomaden früher ausschließlich von der Jagd, sind sie heute sesshaft. Dies ist aber nur möglich, weil die Siedlungen von außen mit allem Lebensnotwendigen, vom Apfel bis zum Benzin, versorgt werden. Die alte Lebensweise mit Jagd und Fallenstellen trifft man nur noch selten an. Bei allen Anstrengungen, kulturelle Werte der Vergangenheit zu bewahren, wünschen sich die Inuit den Fortschritt, den die moderne Gesellschaft bietet.

6

Erdöl und Erdgas aus Westsibirien

Lernen an Stationen
Kalte Zone
Station 2

1 Erdgas ist ein begehrter Energieträger. Erläutere seine Bedeutung.

2 Beschreibe Foto 4. Verwende die Begriffe: Tundra, Pipeline, Rohöl, Umweltprobleme.

3 Berichte über die besonderen klimatischen Bedingungen Sibiriens im Sommer und im Winter (Text, Karikatur 6).

4 Arbeite mit Grafik 7: Erläutere die Problematik des Hausbaus auf Dauerfrostboden.

Zur Vertiefung

5 Recherchiere, wo Erdgas und Erdöl in deinem Leben eine Rolle spielen.

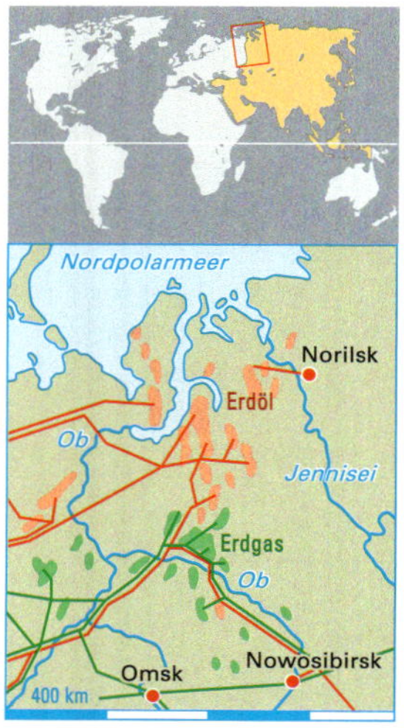

1

Erdölförderung der größten Förderländer 2009 (in Mio. t)	
1. Saudi-Arabien	460
2. Russland	445
3. USA	325
4. Iran	202
5. China	189
Welt	3 649

2

Erdgasförderung der größten Förderländer 2009 (in Mrd. m³)	
1. USA	593
2. Russland	475
3. Kanada	182
4. Iran	131
5. Norwegen	103
Welt	3 018

3

4 **Rohöl verbrennt, das aus einer zerborstenen Pipeline ausläuft**

Erdgas ist ein viel gefragter Rohstoff: in der Industrie, als Heizenergie in Gebäuden und zunehmend auch als Antriebsenergie für Autos. In Deutschland steigt der Erdgasbedarf Jahr für Jahr. Erdgas gilt gegenüber Erdöl als „saubere Energie".
Rund ein Drittel des deutschen Erdgasbedarfs wird aus russischen **Lagerstätten** gedeckt. Russland verfügt über die größten Erdgasvorräte der Welt, wovon ein großer Teil in Nordwestsibirien lagert. Nördlich von Nowosibirsk und auf der Halbinsel Jamal befinden sich die Hauptfördergebiete. Südlich dieser Gebiete gibt es große Erdöllagerstätten. Erdgas und Erdöl sind die wichtigsten Ausfuhrprodukte Russlands.

Das längste Pipeline-Netz der Welt

Fast 500 Mrd. m³ Erdgas fördert Russland pro Jahr. Die einzige Möglichkeit, solche Mengen zu transportieren, ist der Weg durch Stahlrohre, sogenannte **Pipelines**. Zigtausende Kilometer Rohre mussten verlegt werden, um das Erdgas in die Verbrauchsorte in Russland, Weißrussland, Polen, Tschechien usw. bis nach Deutschland und Frankreich zu transportieren. Zwei Hauptleitungen beginnen in Urengoj und Jamal. Auf dem über 5 000 km langen Weg nach Westeuropa zweigen unterwegs immer wieder Nebenleitungen ab, sodass ein weit verzweigtes europäisches Erdgas-Versorgungsnetz entstand.

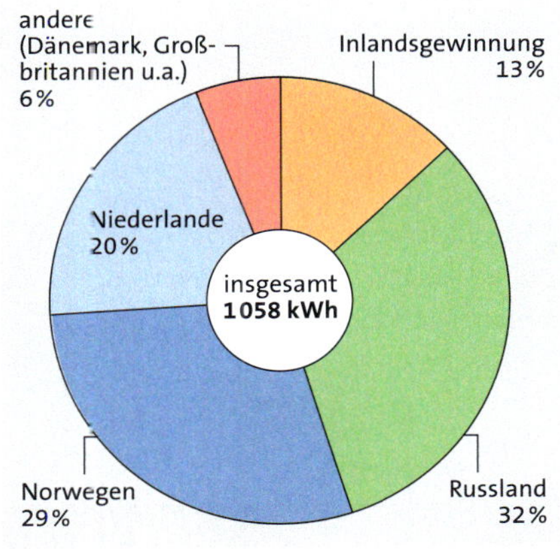

5 Erdgasversorgung Deutschlands 2009

6

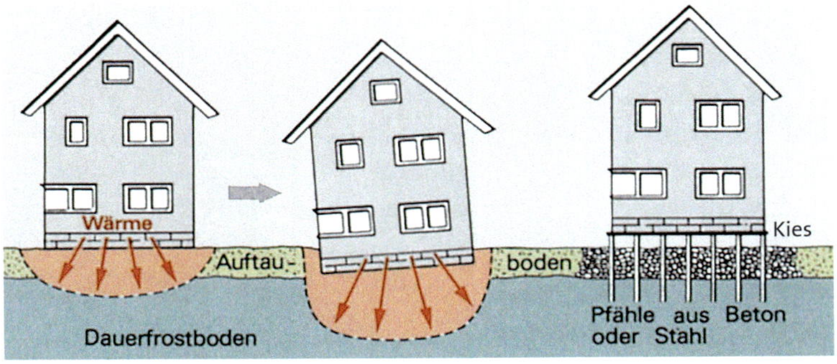

7 Hausbau auf Dauerfrostboden

Erschwerte Arbeitsbedingungen

Im Norden Sibiriens ist der Boden in der Tiefe ganzjährig gefroren. Dieser **Dauerfrostboden** kann bis über 1000 m hinab reichen. Im Sommer taut die obere Bodenschicht auf, aber das Schmelzwasser kann nicht versickern, es staut sich auf. Deshalb sind weite Flächen der Taiga im Sommer sumpfig. In Gebieten, die ganzjährig unter Wasser stehen, weicht der Wald einer angepassten Pflanzengesellschaft, den Mooren. Etwa ein Fünftel der Taiga besteht aus Mooren.

Die Menschen in der Erdgasregion arbeiten unter extremen Bedingungen.

Die –30 bis –40 °C im Winter sind nicht das große Problem, obwohl Motoren und Geräte harten Bewährungsproben ausgesetzt sind. Der kurze, warme Sommer macht mehr zu schaffen: Im Frühjahr verwandelt sich die Bodenoberfläche in einen riesigen Sumpf, Nährboden für Milliarden von Mücken. Dichte und quälende Stechmückenschwärme erschweren das Arbeiten im Freien sehr. Der oberflächlich aufgetaute Boden verhindert fast jede Fortbewegung zu Lande. Die wenigen Straßen und die Eisenbahnstrecken sind auf Dämmen gebaut. In dieser Zeit spielt die Versorgung aus der Luft eine wichtige Rolle. Außerdem treten folgende Umweltprobleme auf: Schwere Fahrzeuge zerstören im Fördergebiet Boden und Vegetation. Unbrauchbare Fahrzeuge und Anlagenteile bleiben einfach in der Landschaft liegen, ebenso andere Abfälle. Das Hauptproblem aber ist die Verseuchung von Böden und Gewässern durch Erdöl.

Lernen an Stationen
Gemäßigte Zone
Station 3

Agribusiness

1 Erstelle anhand der Daten 2 und 8 eine Vergleichstabelle mit den Aspekten: Produkte, Vermarktung, Betriebsgröße, Zahl der Arbeitskräfte, technische Anlagen, Sonstiges.

2 Zähle die Probleme auf, mit denen Familienfarmen zu kämpfen haben.

3 Erkläre den Begriff Agribusiness.

Zur Vertiefung

4 Werte Tabelle 7 aus.
Vergleiche die Angaben von 1930 und 2005. Beschreibe die Veränderung.

5 Tausende Rinder auf engem Raum! Welche Probleme bringt das mit sich?

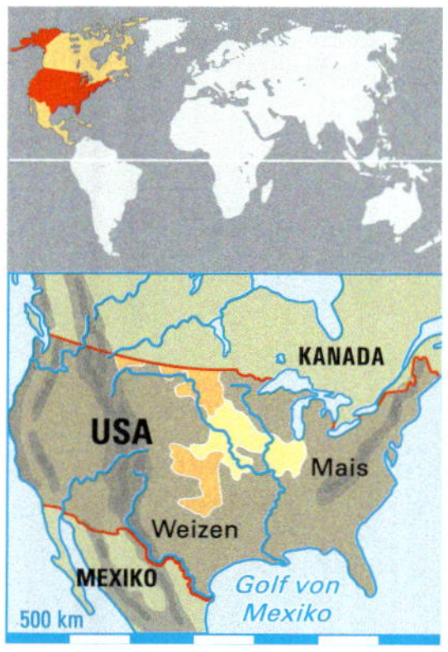

1

Farm der Shirleys
Ackerbaubetrieb mit Schweinemast
- Arbeitskräfte: Mr. und Mrs. Shirley, Söhne Steve und Patrick, drei zusätzliche Arbeiter
- Fläche: 650 ha, davon 250 ha Maisanbau (bewässert), 180 ha Hirseanbau, 130 ha Weizenanbau (bewässert), 90 ha Brache, stillgelegte Flächen und Grasland

2

3 **Familienfarm in Iowa**

4 **Weizenernte**

Die Farm der Shirleys südlich von Oklahoma City besteht seit 1913. Ursprünglich war sie mit etwa 127 ha Größe eine typische **Familienfarm**. Bis etwa 1980 konnten die Erträge die Familie gut ernähren. Doch dann verfielen die Preise für Getreide, weil zu viel produziert wurde. Michael Shirley kaufte einen benachbarten Betrieb dazu. Damit ging er ein hohes Risiko ein. Die Rettung kam durch ein Unternehmen, das in der Nähe eine große Schlachterei baute und mit den Shirleys einen Vertrag über die Lieferung schlachtreifer Tiere abschloss. „Die Ställe für die Schweine kosteten uns über 300 000 Dollar. Hinzu kamen die Kosten für das Land, das wir zukaufen mussten. Das Schlachtunternehmen hat uns Geld geliehen, sonst hätten wir das gar nicht bezahlen können.“

Die Shirleys kaufen Ferkel, mästen sie und verkaufen die schlachtreifen Tiere an das Unternehmen. Da die Preise für Schweinefleisch sanken, müssen die Shirleys immer mehr Tiere mästen, um das Einkommen zu sichern. Wie die Shirleys hatten viele Farmer in den USA nur eine Wahl: den Betrieb vergrößern oder aufgeben. So wurden aus früheren Familienfarmen mit der Zeit **Großfarmen**.

Vom Feedlot zum Supermarkt

Das Unternehmen Cattle Empire im Westen des US-Bundesstaates Kansas trägt seinen Namen zu Recht. Es besteht aus drei riesigen Rinderfarmen mit insgesamt 140 000 Tieren. Allein in Farm „Number 2“ werden etwa 85 000 Rinder versorgt. Joe Longoria, der Manager, überwacht den

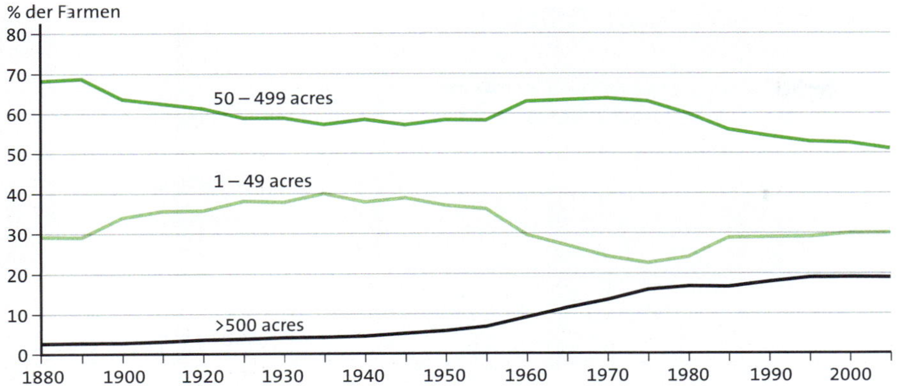

5 **Entwicklung der Betriebsgrößen der US-Farmen**

6 **Feedlots in Kansas**

Abtransport einer Herde von 800 Rindern zum Schlachthof. „Der Schlachthof gehört zu unserem Unternehmen", erzählt er. „Während wir aber früher nur die Schlachtung der Tiere übernommen haben, zerlegen wir sie heute auch, verpacken das Fleisch und liefern es mit unseren eigenen Lastwagen an die Supermärkte. Das heißt, wir verdienen an jedem Arbeitsschritt bis hin zum Verkauf mit."
Das Futter wird auf der Farm angebaut und mit dem Lkw zu den Tieren gebracht. Eine Arbeitskraft kann bis zu 6 000 Rinder versorgen. Die Tiere stehen in Feedlots, großen Viehpferchen für jeweils 250 Rinder. „Die jungen Rinder lassen wir auf kleineren Farmen hochmästen, bis wir sie übernehmen."

Agribusiness

Die Großfarmen sind ein Beispiel für die Veränderung der US-amerikanischen Wirtschaft. Ohne Spezialisierung auf ein oder wenige Produkte, die sich auf dem Markt gut verkaufen lassen, kann heute keine amerikanische Farm mehr überleben. Eine Vorreiterrolle spielte dabei die Hähnchenindustrie.

So hat sich die amerikanische Landwirtschaft in den letzten Jahrzehnten immer mehr zu einer industriell betriebenen Landwirtschaft gewandelt – zum **Agribusiness**.

Veränderungen in der US-Landwirtschaft

	1930	2005
Anzahl landwirt. Betriebe	6,5 Mio.	2,1 Mio.
Erwerbstätige in der Landwirtschaft	11 Mio.	2,6 Mio.
Ackerfläche (ha)	140 Mio.	176 Mio.
Traktoren	1,1 Mio.	5,1 Mio.
Mineraldüngerverbrauch	15 kg/ha	111 kg/ha
Getreideproduktion	140 Mio. t	357 Mio. t
Hektarertrag Mais	15,7 dt/ha	95 dt/ha

7

Cattle Empire Farm „No. 2"

Großfarm mit Rindermast
- Tiere: 85 000 Rinder in Feedlots
- Arbeitskräfte: 3 Betriebsleiter, 73 Vollzeitbeschäftigte
- Fläche: 6 100 ha, davon 1 750 ha Maisanbau (bewässert), 403 ha Hirseanbau, 1 015 ha Weizenanbau (bewässert)

8

Agribusiness

Der Begriff Agribusiness (manchmal auch Agrobusiness) setzt sich aus den beiden englischen Wörtern „agriculture" und „business" zusammen.

Lernen an Stationen
Gemäßigte Zone
Station 4

Wo das Wasser endet ...

1 Beschreibe die Entwicklung des Aralsees in den letzten 90 Jahren (Text, Karte 4).

2 Untersuche das Aralsee-Problem und erläutere
a) die Ursachen,
b) die Folgen.

3 Nimm Stellung zu den Ursachen und Folgen und bewerte diese.

Zur Vertiefung

4 Arbeite mit Diagramm 5:
a) Vergleiche die Kennzahlen des Aralsees.
b) Berechne die prozentuale Veränderung von Seefläche, Seevolumen und Salzgehalt.

5 Beurteile das Kokaral-Dammbauprojekt.

1

3 80 km entfernt vom Aralsee versickert der letzte Rest des Wassers aus dem Amu-Darja.

2 Baumwollernte in Usbekistan

Wo das Wasser endet, endet die Welt. Dieses Sprichwort stammt aus Usbekistan, einem Land am einstmals viertgrößten See der Erde: dem Aralsee. 60 000 Fischer lebten vom Fischfang. An seinen Ufern wuchsen üppige Wälder, in denen Tiger umherstreiften. Zwei Flüsse, der Amu-Darja und der Syr-Darja, speisten den See mit Wasser. Im Mündungsgebiet der Flüsse wurde Obst angebaut.

Innerhalb von nur einer Generation verbrauchen die Menschen so viel Wasser, dass der ehemals riesige Binnensee jetzt zu verschwinden droht.

Eine Katastrophe mit vielen Gesichtern

Der Wasserspiegel ist seit 1960 um 16 Meter gesunken. Eine Wüste ist entstanden. Die Verkleinerung des Sees lässt seinen Salzgehalt steigen. An etwa 90 Tagen im Jahr wirbeln nun Sandstürme Salz vom trocken gefallenen Seeboden auf. Durch die schlechte Wasserqualität ist der Fischfang zum Erliegen gekommen. Nicht nur der See versalzt, sondern auch die Böden, die durch den rücksichtslosen jahrzehntelangen Einsatz von Chemikalien ohnehin stark belastet sind. Durch die Verschlechterung der Böden gehen die

Lernen im Netz
Hoffnung am Aralsee?!
104211-0302

Ernteerträge stark zurück. Was die Böden belastet, geht auch ins Grundwasser über. Dieses ist mittlerweile extrem gesundheitsschädlich. Selbst das Klima wird beeinflusst, indem die Winter kälter und länger, die Sommer heißer werden.

Wie kam es dazu?
In den 1950er-Jahren beschloss die damalige Regierung, den Baumwollanbau in der Steppe und Wüste auszuweiten. Kanäle wurden gebaut, um die Felder zu bewässern. Fast das gesamte Wasser aus den beiden Flüssen wird für die Bewässerung verbraucht. Auf dem Weg zu den neuen Feldern verdunstet und versickert viel Wasser ungenutzt. Die Bewässerung des Bodens führt außerdem dazu, dass Salze aus tieferen Bodenschichten gelöst und an die Erdoberfläche gefördert werden. Immer mehr Salz sammelt sich an, und auf den versalzenen Böden wachsen kaum noch Pflanzen.

Auswege aus der Katastrophe?
Verschiedene Projekte sollen die Folgen der Katastrophe lindern. Auf dem ausgetrockneten Seeboden werden z.B. Saxaul-Bäume angepflanzt. Die zwei bis vier Meter hohen Bäume benötigen nur wenig Wasser und bremsen den Wind. Weniger Sand und Salz werden aufgewirbelt und über das Land geweht.
Im Norden des Aralsees wird seit 2005 versucht, mit einem Damm einen kleinen Teil des Sees zu erhalten. Der Kokaral-Damm trennt die beiden Teile des Sees dauerhaft und ermöglicht so, dass sich der kleine See im Norden wieder auffüllt. Erste Erfolge zeigen sich, wie z.B. die Verbesserung des Klimas, die Abnahme von Staubstürmen und die Erhöhung der Fischerträge.
Im Südteil dagegen schreitet die Austrocknung schneller voran, da kein Wasser mehr dorthin fließt.

4

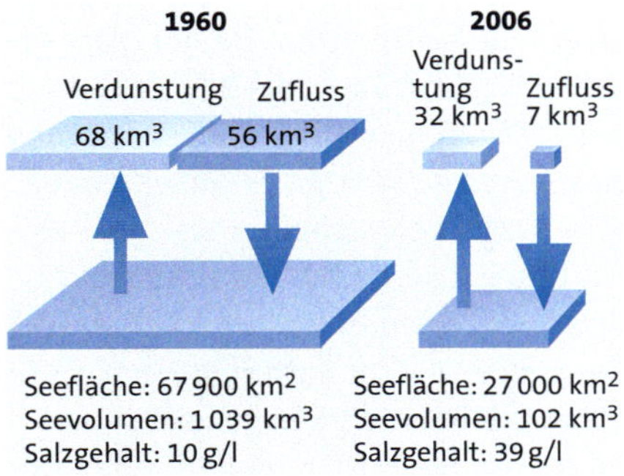

5 **Kennzahlen des Aralsees im Vergleich**

Kaum zu glauben
Der Salzgehalt des Aralsees übersteigt heute schon den der Nordsee! Deren Wert liegt zwischen 32 und 35 g/l.
Maximal können in einem Liter 20° C warmem Wasser bis zur Sättigung rund 358 g Kochsalz gelöst werden.

Lernen an Stationen
Subtropische Zone
Station 5

Reisanbau in Südchina

1 Erläutere die Wachstumsbedingungen in Südchina. Nutze auch die Klimadaten auf Seite 216–219.

2 Zähle die Probleme auf, mit denen die chinesische Landwirtschaft zu kämpfen hat.

3 Der Reisanbau in China verändert sich. Erläutere diese Aussage.

Zur Vertiefung

4 Karte 3: Beschreibe und begründe die Schwerpunkte des Ackerbaus in China.

5 Werte Tabelle 6 aus. Notiere deine Erkenntnisse.

1

2 **Reisterrassen im Südchinesischen Bergland**

Nassreisanbau
Auf 80 % der Reisflächen wird Nassreis angebaut. Das Wasser wird auf die Felder der wasserreichen Schwemmländer oder auf terrassierte Berghänge geleitet, damit die Reispflanze optimal gedeihen kann und sich keine Unkräuter und Schädlinge ausbreiten.

„Hast du heute schon deinen Reis gegessen?" So fragen die Menschen zur Begrüßung in China. Die Bedeutung des Reises ist sehr groß und wie in vielen asiatischen Sprachen steht der Reis für Leben. In einer alten hinduistischen Sprache bedeutet Reis „Ernährer der Menschheit". Dies trifft heute auf mehr als drei Milliarden Menschen zu.
Vielerorts wird in China Reisanbau mit einfachen Mitteln betrieben, das heißt ohne maschinellen Einsatz. Die Arbeit ist mühsam und die Reisbauern stehen oft stundenlang gebückt und bis zu den Knien im Wasser. Zum Pflügen wird der einheimische Wasserbüffel als Zugtier genutzt. Dass der Reis geflutet im Wasser steht, hat seinen Grund. So können viele Unkräuter und im Boden lebende Schädlinge nicht gedeihen.
Zum Wachsen benötigt der Reis sehr viel Wasser: Für ein Kilogramm Reis sind etwa 4000 Liter notwendig. Das Wasser selbst darf nicht stehen, sondern muss fließen. Sonst besteht die Gefahr der Algenbildung. Fließt das Wasser allerdings zu schnell, werden wertvolle Bodenteilchen mitgerissen. Mit dem **Terrassenanbau** kann man dem entgegenwirken und so den Ansprüchen des Reises genügen.
Die chinesische Regierung unterstützt die Menschen bei der Modernisierung des Reisanbaus. Bewässerungsflächen werden vergrößert, moderne Reiserntemaschinen kommen zum Einsatz,

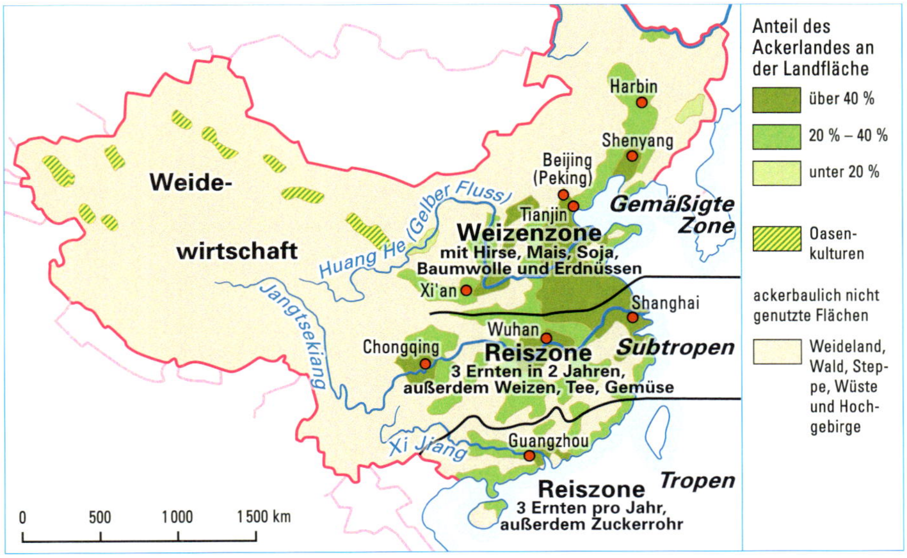

3 Landwirtschaftsregionen Chinas

4 Pflügen und Eggen der Reisfelder

Die Reispflanze
Familie: Süßgräser
Anbaubedingungen:
– **Durchschnittstemperaturen:** 20–30 °C
– **Niederschlag:** mindestens 1000 l/m²
Wachstumszeit: 3 bis 7 Monate
Größe: 1 m bis 1,80 m
Anbau: Nassreis- oder Trockenreisanbau

5 Steckbrief

Bevölkerung und Reisanbau in China

Jahr	1960	2007
Bevölkerung (Mio.)	682	1310
Reisanbaufläche (Mio. ha)	36,7	29,0
Reisproduktion (Mio. t)	69	187
Reisertrag (t/ha)	1,9	6,4

6

Unkrautbekämpfungsmittel werden zur Verfügung gestellt und neue ertragreiche Reissorten gezüchtet. Hauptziel dieser Maßnahmen ist es, die Ernteerträge zu erhöhen.

Ist die Ernährung gesichert?

Chinas Bevölkerung wächst. Immer mehr Menschen müssen ernährt werden. Die Ausdehnung der Städte lässt die Ackerflächen schrumpfen. Außerdem geht durch Bodenerosion wertvolle landwirtschaftliche Nutzfläche verloren. Zudem wird die Umwelt mit Pflanzenschutzmitteln und Düngemitteln immer stärker belastet.

Die günstigen klimatischen Reisanbaubedingungen sorgen zwar dafür, dass China der größte Reisproduzent der Erde ist. Dennoch kann das Land keinen Reis exportieren. Im bevölkerungsreichsten Land der Erde leben 20 % aller Menschen, dem Land stehen gleichzeitig aber nur 7 % der weltweiten landwirtschaftlichen Nutzfläche zur Verfügung.

Lernen an Stationen
Subtropische Zone
Station 6

Glitzerwelt im Wüstensand

1 Beschreibe die Lage der Golfstaaten und Dubais (Text, Karte 1, Atlas).
2 Vergleiche die Fotos 3 und 4.
3 Gib drei Gründe an, warum die Erdölförderbedingungen in den Golfstaaten günstig sind.
4 Begründe, warum Erdöl auch als „Schwarzes Gold" bezeichnet wird.

Zur Vertiefung
5 Finde mithilfe des Internets Informationen zum Wolkenkratzer „Burj Khalifa".
6 Kritiker sagen: „In Dubai sind Milliarden Dollar in den Sand gesetzt worden." Beurteile diese Aussage.
7 Arbeite mit Material 5 und 6. Rechne aus, wie lange Erdöl in den einzelnen Ländern noch gefördert werden kann.

1

3 **Dubai 1975**

2 **Burj Khalifa**

„Willkommen im Übermorgenland!" – so werben Reiseveranstalter für die Urlaubsregion Dubai. Seit dem Jahr 2000 wird in Dubai so viel gebaut wie in keiner anderen Stadt der Welt. Alles scheint dabei möglich zu sein. 2009 wurde mit dem 818 m hohen Wolkenkratzer „Burj Khalifa" das höchste Gebäude der Welt fertig gestellt. Hinzu kommen u.a. noch der größte Vergnügungspark (2010) und der größte Flughafen (2010) der Welt. Inseln wurden vor der Küste künstlich angelegt und dann zu Höchstpreisen an internationale Kunden verkauft. Im Jahr 2025 wird es nirgendwo auf der Erde so viele Gebäude mit mehr als 100 Etagen geben wie in Dubai.

Der Bauboom wurde ausgelöst durch die in der Wüste lagernden Erdölvorkommen. Das „Schwarze Gold" ist das wichtigste Welthandelsgut. Es hat Dubai zu Wohlstand geführt.

Reichtum durch Erdöl

Heute finden sich in den Golfstaaten, wie man die Länder am Persischen Golf auch nennt, zwei Drittel der Erdölvorkommen der Erde. In Tiefen bis zu 3 000 m werden Erdöllagerstätten angebohrt. Von den Förderanlagen gelangt das Öl über kilometerlange Pipelines zum Verladehafen und wird von dort mit Tankern zu den Verbraucherregionen transportiert.

Surftipp
Informationen zu Dubai
104211-0303

4 Dubai 2008

Ergiebige Vorkommen halten die Förderkosten in den Golfstaaten niedrig. Hinzu kommt die anhaltend hohe Nachfrage nach Erdöl. Viele Menschen in den Golfstaaten profitieren vom Ölgeschäft, denn die Produktion eines Barrels (159 Liter) Rohöl kostet oft nicht mehr als zwei Euro. Weiterverkauft wird dieselbe Menge dann für 25 bis 60 Euro. In Deutschland wird für ein Barrel Rohöl deutlich mehr verlangt, vor allem bedingt durch Transport und Weiterverarbeitungskosten sowie Steuerzuschläge.
Heute gehören einige der Golfstaaten zu den Staaten mit dem höchsten Pro-Kopf-Einkommen der Erde. Deshalb bezeichnen viele Einheimische das Erdöl auch als „Geschenk Allahs".

Reichtum auf Zeit

Im Unterschied zu vielen anderen Staaten der Golfregion versuchte Dubai jedoch von Anfang an, alternative Einnahmequellen zu den Erdölerlösen aufzubauen. Man ging davon aus, dass

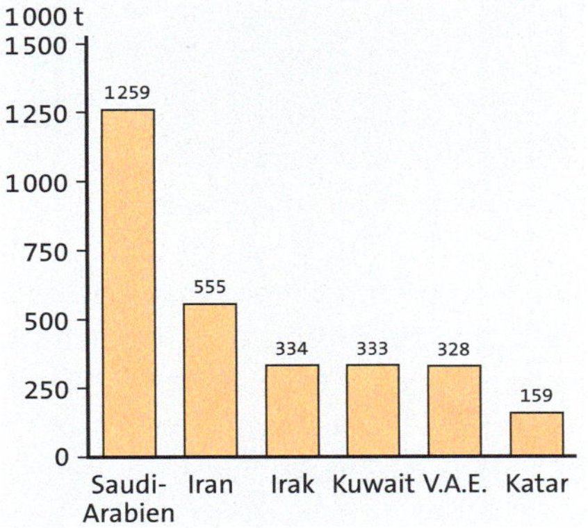

5 Tägliche Erdölproduktion 2009 in 1000 t

Öl als Basis der Entwicklung nicht unbegrenzt nutzbar sein würde. Die nachgewiesenen Erdöl- und Erdgasvorräte reichen in Dubai noch etwa bis 2020 oder 2030. Um in Zukunft nicht mehr vom Erdölexport abhängig zu sein, wurden zuerst Handel und Bauindustrie gefördert.Dann entdeckte man den Tourismus als Wirtschaftszweig.
Die Zahl der Touristen stieg von 1,5 Mio. (1995) auf 6,3 Mio. (2006). Im Jahr 2015 sind es schätzungsweise über 15 Mio.

Erdölreserven 2009 in Mrd. t

Saudi-Arabien	35,7
Iran	18,6
Irak	15,6
Kuwait	14,1
V.A.E.	13,3
Russland	10,4
Libyen	6,0
Venezuela	5,6

6

Vereinigte Arabische Emirate (VAE)
Zusammenschluss von sieben autonomen Emiraten, Hauptstadt: Abu Dhabi; Einwohner: 800 000 (2008), größte Stadt: Dubai (1,3 Mio. EW. 2008)

Lernen an Stationen
Tropische Zone
Station 7

1

Bedingungen für den Erdnussanbau

- gleichmäßig hohe Temperaturen (25–30 °C)
- Niederschläge 500–800 mm
- Wachstumszeit 4–5 Monate

2

Erdnüsse aus dem Senegal

1 Nenne die Bedingungen für den Erdnussanbau und begründe, weshalb sich die Trockensavanne dafür besonders eignet.

2 Notiere anhand Grafik 6 die Verwertung der Erdnusspflanze.

3 Liste die Gründe für die „Erdnusskrise" im Senegal auf.

4 Beschreibe mithilfe des Schemas 5 den Weg der Erdnuss zum Verbraucher.

Zur Vertiefung

5 Inwiefern ist der Erdnussexport Senegals ein Beispiel für ungleiche Welthandelsbedingungen?

6 Arbeite mit Tabelle 7:
Erstelle aus den Angaben ein Diagramm. Wähle einen geeigneten Diagrammtyp aus.

3 **Arbeit auf dem Erdnussfeld**

Wir verzehren sie meist geröstet oder gesalzen: die Erdnuss. Doch auch als Speiseöl findet sie verstärkt Eingang in unseren Alltag. In Afrika und Asien ist das Erdnussöl schon lange ein beliebtes Speiseöl, weil es hoch erhitzt werden kann, geschmacksneutral und lange haltbar ist. Ursprünglich stammt die Erdnusspflanze aus Südamerika. Obwohl alle Welt von „Erdnuss" spricht, ist sie gar keine „Nuss", sondern eine Hülsenfrucht – ähnlich wie eine Bohne. Nachdem die Pflanze geblüht hat, wachsen aus den Blüten die Fruchtkörper an langen Stielen in den Boden. Unter der Erde reifen dann die Fruchthülsen mit dem Erdnusskern heran.
Das wechselfeuchte Klima der Trockensavanne eignet sich gut für den Anbau der Erdnuss, und so gehören die Savannenländer zu den traditionellen Anbaugebieten. Die Bauern erzeugen die Frucht vorwiegend für den Weltmarkt. Auch im Senegal ist sie eine bedeutende **Exportfrucht** (cash crop). Etwa jeder zehnte Senegalese lebt vom Erdnussanbau, der überwiegend in Handarbeit geschieht.

Der Erdnussanbau in der Krise

Früher konnten die Bauern im „peanut belt" des Senegal vom Erdnussanbau gut leben. Doch inzwischen hat sich die Weltmarktsituation verändert. Die erzielten Preise sanken. Die Bauern drohen zu verarmen. Hauptursachen hierfür sind:

- Die Hauptkonkurrenten China und Indien haben ihren Anbau kontinuierlich ausgebaut. Die Bauern dort sind im Wettbewerbsvorteil, denn sie erhalten staatliche Zuschüsse

4 Transport der Erdnussernte

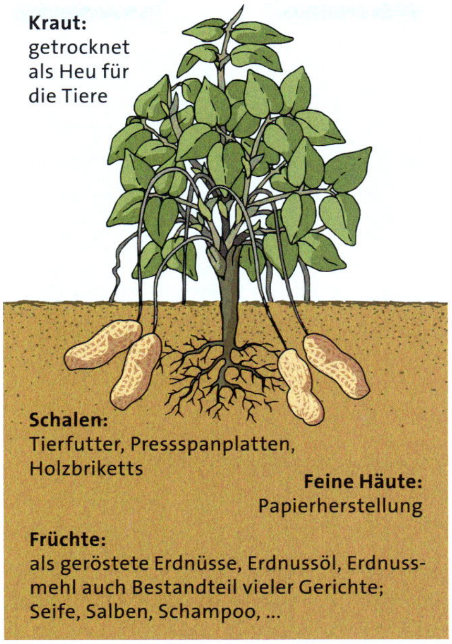

6 Verwertung der Erdnusspflanze

Erdnussanbau (2009)

	Ernte (Mio. t)
China	14,8
Indien	5,5
Nigeria	3,0
USA	1,7
Myanmar	1,4
Senegal	1,0
Sudan	0,9
Indonesien	0,8
Argentinien	0,6
Welt	**36,5**

7

(Subventionen). Auf afrikanische Erdnussprodukte erheben diese beiden Staaten Importzölle.
- Das Erdnussöl hat Konkurrenz bekommen, z. B. durch Raps- und Sojaöl.
- Bei der Mechanisierung des Erdnussanbaus hängen die afrikanischen Bauern zurück.

Außerdem können die afrikanischen Erzeuger die steigenden Qualitätsansprüche nicht erfüllen, da es an Geld und am Know-how fehlt.

Gibt es einen Ausweg?

Der Lokalpolitiker Fosu empfiehlt seinen Landsleuten, sich aus der „Erdnussfalle" zu befreien. „Es ist nicht mehr sinnvoll, nur eine Exportfrucht anzubauen." Die Bauern sollen ihre Betriebe auf mehrere Beine stellen und dabei auch an den Binnenmarkt denken.

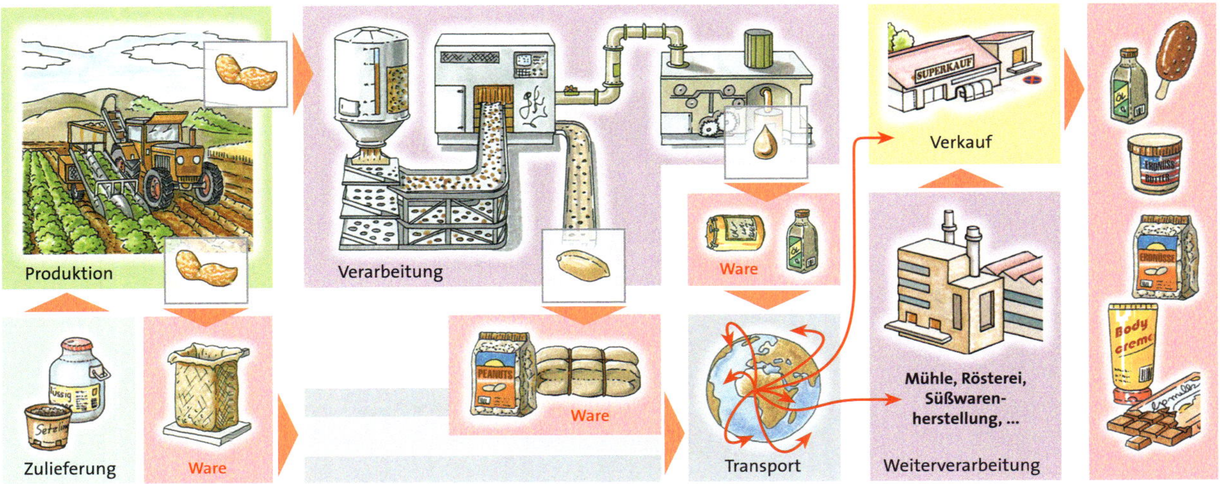

5 Produktionsschema Erdnussprodukte

Lernen an Stationen
Tropische Zone
Station 8

1

Auf der Palmölplantage Surya

1 Beschreibe die Merkmale einer Plantage.

2 Beschreibe mithilfe des Produktionsschemas 2, wo und in welcher Weise die Verarbeitung der Palmölfrüchte erfolgt.

3 Erläutere die Aussage „Die Plantage ist unsere Stadt."

4 Suche zu Hause Produkte, die Palmöl enthalten. Bringe möglichst die Verpackungen mit in die Schule.

Zur Vertiefung

5 Recherchiere in Internet. Informiere dich über aktuelle Maßnahmen deutscher Firmen zu einer nachhaltigen Palmölnutzung.

So weit das Auge reicht, sieht man auf der Plantage Surya Ölpalmen. Die Pflanzen stehen stets im gleichen Abstand zueinander. Der Anbau von Ölpalmen hat in den tropischen Regionen in den letzten beiden Jahrzehnten stark zugenommen. Neue Pflanzenzüchtungen haben die Ölpalme zur weltweit ertragreichsten fettliefernden Pflanze gemacht.

„Wir bauen hier auf über 4000 ha ausschließlich Ölpalmen an", erklärt uns Herr Leidjap. Er ist Manager der Palmölplantage Surya, die auf der indonesischen Insel Sumatra liegt. „Diese **Monokultur** ermöglicht uns eine sehr rationelle Arbeitsweise, insbesondere was den Einsatz der großen Maschinen anbetrifft. Das führt zu hohen Erträgen pro Fläche und die Qualität der Produkte ist im Vergleich zu denen der Kleinbauern, die oft nur 1 ha Land besitzen, viel besser. Leider sind infolge der Monokultur die Pflanzen für Schädlinge und Krankheiten besonders anfällig. Um die Ernte zu sichern, müssen wir ständig Pflanzenschutzmittel einsetzen. Auf den großen Flächen übernehmen dies Sprühflugzeuge. Neben den Pflanzenschutzmitteln benötigen wir natürlich auch große Mengen Dünger. Ölpalmen sind nämlich **Dauerkulturen**, die nach einer Wachstumszeit von 3–4 Jahren bis zu 30 Jahre Früchte tragen und dabei dem Boden immerzu die gleichen Nährstoffe entziehen."

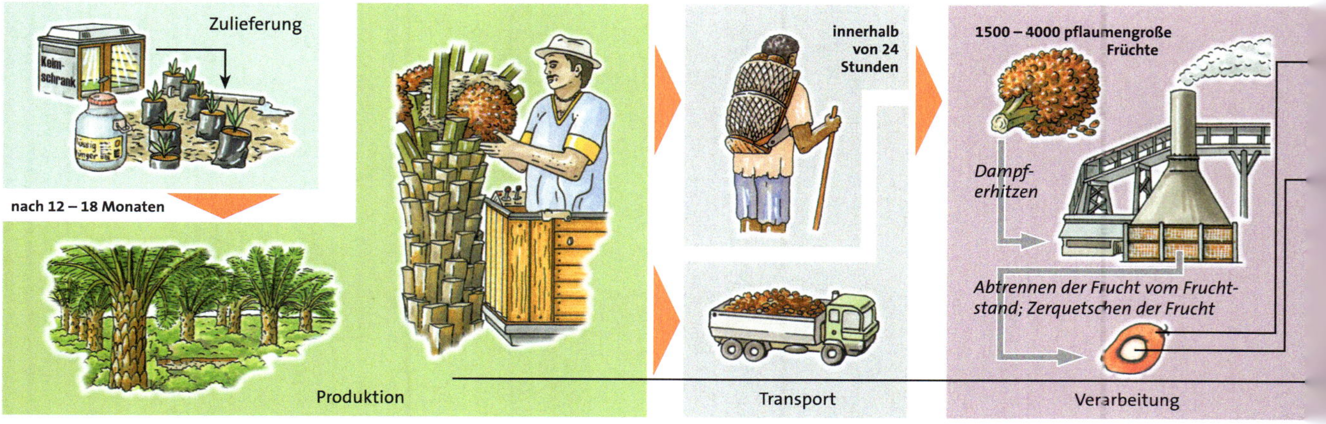

2 Produktionsschema Palmölprodukte

Material
Infoblatt Ölpalme
104211-0304

Eine kleine Stadt für sich

In einer Fabrikhalle stehen verschiedene Aufbereitungs- und Verarbeitungsanlagen. „Surya ist nicht nur ein landwirtschaftlicher Großbetrieb, sondern zugleich ein Industriebetrieb. Die Fruchtstände der Ölpalme werden zunächst mit großen Haumessern geerntet. Da sie leicht verderben, müssen sie möglichst schnell weiterverarbeitet werden. So werden beispielsweise die Fruchtkerne mit ihrem ölhaltigen Nährgewebe in einem aufwändigen Verfahren geröstet, maschinell geschält, gesiebt und danach ausgepresst. Anschließend treten sie als Palmkernöl ihre lange Reise in die Welt an."

An einer Schälmaschine treffen wir Alwi, einen von über 600 Lohnarbeitern der Plantage. „Wir arbeiten in mehreren Schichten rund um die Uhr. Meine Frau und meine älteren Söhne sind ebenfalls auf der Plantage beschäftigt. Unser Verdienst reicht gerade zum Leben. Trotzdem bin ich froh, denn viele Kollegen sind als Saisonarbeiter tätig.

Mein jüngerer Sohn geht noch zur Schule, die von den Besitzern der Plantage eingerichtet worden ist. Ebenso haben sie hier Wohnhütten, einen Sportplatz, ein Veranstaltungshaus und eine Krankenstation gebaut. Die Plantage ist unsere Stadt."

3 Düngung der Neuanpflanzung auf einer Palmölplantage in Indonesien

4 Vorarbeiter vor der Sortieranlage für Palmölfrüchte

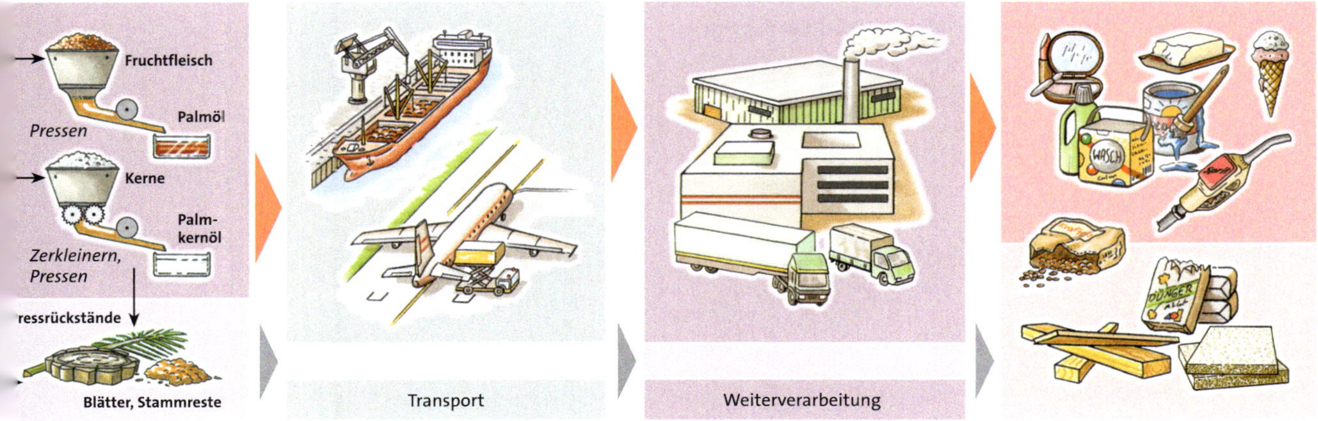

TERRA **TRAINING**

Wichtige Begriffe

Agribusiness
Dauerfrostboden
Dauerkultur
Exportfrucht
Familienfarm
Großfarm
Lagerstätte
Monokultur
Pipeline
Terrassenanbau

So überprüfst du deine Kompetenzen:

1. Bearbeite den Selbsteinschätzungsbogen (siehe Online-Link).
2. Wiederhole Inhalte, die du noch nicht verstanden hast.
3. Löse die Aufgaben auf dieser Trainingsseite.
4. Kontrolliere deine Lösungen (siehe Online-Link).

Orientieren

1 Klimakarte und Klimadiagramme

a) Trage die nachfolgenden Städte mithilfe der Klimakarte auf S. 218/219 in eine Tabelle ein: Manáus, Werchojansk, New Orleans, Kisangani, Perth, Berlin, Fairbanks, Peking
Ergänze die Tabelle.

Stadt	Land	Kontinent	Klimazone

b) Zwei Kontinente haben Anteil an allen Klimazonen, ein Kontinent nur an einer. Begründe.

2 Globusexperte

Ordne die Auflistung. Beginne im Norden: südliche Gemäßigte Zone, Tropen, Südpol, nördlicher Polarkreis, südlicher Wendekreis, nördliche Kalte Zone, südliche Kalte Zone, Nordpol, Äquator, nördlicher Wendekreis, südlicher Polarkreis, nördliche Gemäßigte Zone, nördliche Subtropenzone, südliche Subtropenzone.

Wissen und Verstehen

3 Finde die richtigen Begriffe.

a) großflächiger Anbau nur einer Kulturpflanze
b) industrialisierte Landwirtschaft
c) Pflanze, die auf salzigen Böden wächst und mit wenig Wasser auskommt
d) andere Bezeichnung für Erdöl
e) Frucht, die für den Weltmarkt erzeugt wird

4 Richtig oder falsch?

Korrigiere die falschen Aussagen.

a) Mit gigantischen Großprojekten will Dubai Touristen und Unternehmen anlocken.
b) Was der Weizen für uns, ist der Reis für die Chinesen.
c) Das höchste Gebäude der Welt steht in Abu Dhabi.
d) Bei Agribusiness muss die ganze Familie mitarbeiten.
e) Nur noch sehr wenig Wasser erreicht heute den Aralsee.
f) Salze werden auf den Baumwollfeldern zur Düngung eingesetzt.

5 Bilderrätsel

Löse die Bilderrätsel und erkläre die gesuchten Begriffe.

a)

b)

Portfolio
Bogen zur Selbsteinschätzung
104211-0305

Material
Lösungen dieser Seite
104211-0306

Anwenden

6 Räume entwickeln sich

a) Vergleiche die beiden Satellitenbilder von Dubai.
b) Werte die Tabelle 3 aus.
c) Erläutere den Zusammenhang zwischen den baulichen Entwicklungen und dem Strom- und Wasserverbrauch von Dubai.

7 Klimadiagramm

a) Erstelle mithilfe der Tabelle 4 ein Klimadiagramm von Palermo und berechne die fehlenden Werte.
b) Werte das Klimadiagramm aus und bestimme die Klimazone.
c) Ordne die folgenden Aussagen in das Klimadiagramm ein und formuliere eine knappe Begründung:
– An der Rezeption des Hotels fragen jetzt die Touristen immer häufiger nach einer Wolldecke.
– Es kann passieren, dass tagsüber für mehrere Stunden nicht geduscht werden darf.
– Beim Tagesausflug auf den Ätna werden die Hotelgäste kurz vor der Ankunft von einem Schneesturm überrascht.
– Im Garten des Hotels müssen die Zitronen ab jetzt täglich bewässert werden.

Bewerten und Beurteilen

8 Nachhaltiges Wirtschaften

Die Inuit kämpfen für die nachhaltige Nutzung von Nunavut bei der Erschließung der Bodenschätze, der Nutzung der Wälder und dem Ausbau des Tourismus. Greife mindestens eines dieser drei genannten Themen heraus und erläutere, was eine nachhaltige Entwicklung beachten muss.

1 **Dubai 1973**

2 **Dubai 2006**

Strom- und Wasserverbrauch in Dubai

Jahr	Stromverbrauch (in GWH*)	Wasserverbrauch (in Mio. m³)
2001	12 240	189,5
2003	14 795	223,3
2005	16 395	243,4
2006	21 475	295,4
zum Vergleich: Köln 2006	6 816	89,6

Dubai Electricity and Water Authority (DEWA).
* Gigawattstunde (1 GWH = 1 Mio. kWh)

3

Klimadaten von Palermo/Italien

	T in °C	NS in mm
Jan.	9	44
Feb.	10	48
März	12	42
April	15	29
Mai	20	18
Juni	25	10
Juli	27	3
Aug.	27	4
Sep.	23	12
Okt.	18	50
Nov.	15	51
Dez.	11	66

4

TERRA **ORIENTIERUNG**
extra

Die verschiedenen Klima- und Vegetationszonen der Erde eignen sich unterschiedlich gut als Siedlungs- und Lebensraum für Menschen. Obwohl einige Klima- und Vegetationszonen von Natur aus siedlungsfeindlich sind, leben dort Menschen. Es ist ihnen gelungen, sich an die Naturbedingungen anzupassen und sie zu nutzen.
Anökumene werden die Gebiete genannt, die wegen ihrer Trockenheit oder Kälte nicht dauerhaft besiedelt werden.

Grenzen der Lebensräume

Wüsten, Regenwälder und kalte Gebiete – hier leben und arbeiten Menschen, nutzen und bearbeiten das Land. In allen Fällen handelt es sich um Regionen, die für eine landwirtschaftliche Nutzung von Natur aus nur begrenzt oder gar nicht geeignet sind.
Nur scheinbar ist das ein Widerspruch, denn im Laufe der Zeit hat der Mensch es geschafft, die für die Besiedlung ungünstigen Gebiete zu erschließen und als Lebensraum zu nutzen.
So schafften es z. B. die Bantu im Tropischen Regenwald Afrikas, ihre Hüttenbauweise dem Klima anzupassen: Durch die Lehmwände bleibt es im Inneren der Hütten angenehm kühl und der Regen kann von den spitzen Strohdächern gut ablaufen.
Die Formen der Landnutzung waren immer an die natürlichen Bedingungen wie Klima und Bodenbeschaffenheit angepasst und richteten – da sie nur dem Eigenbedarf dienten – im Naturhaushalt keinen nachhaltigen Schaden an.
Seit einigen Jahrzehnten dringen Menschen immer weiter in die für die Besiedlung ungünstigen Gebiete vor. Das Bevölkerungswachstum und die weltweit steigende Nachfrage nach Nahrungsmitteln und Rohstoffen förderten diese Entwicklung. Durch moderne Techniken, z. B. Tiefbrunnen in den Trockenzonen, wurden Vorbedingungen zur Erschließung geschaffen. Heute ist der Mensch in der Lage, seinen Lebensraum immer weiter auszudehnen und selbst klimatische Grenzen des Anbaus, z. B. des Getreideanbaus, zu überschreiten und sogar zu verschieben.
Diese menschlichen Eingriffe haben aber oft negative Auswirkungen auf die betreffenden Gebiete und den Naturhaushalt der ganzen Erde.

1 **Grenzen landwirtschaftlicher Nutzung**

2 **Inuit in Grönland**

3 **Kleinbauern im Andenhochland**

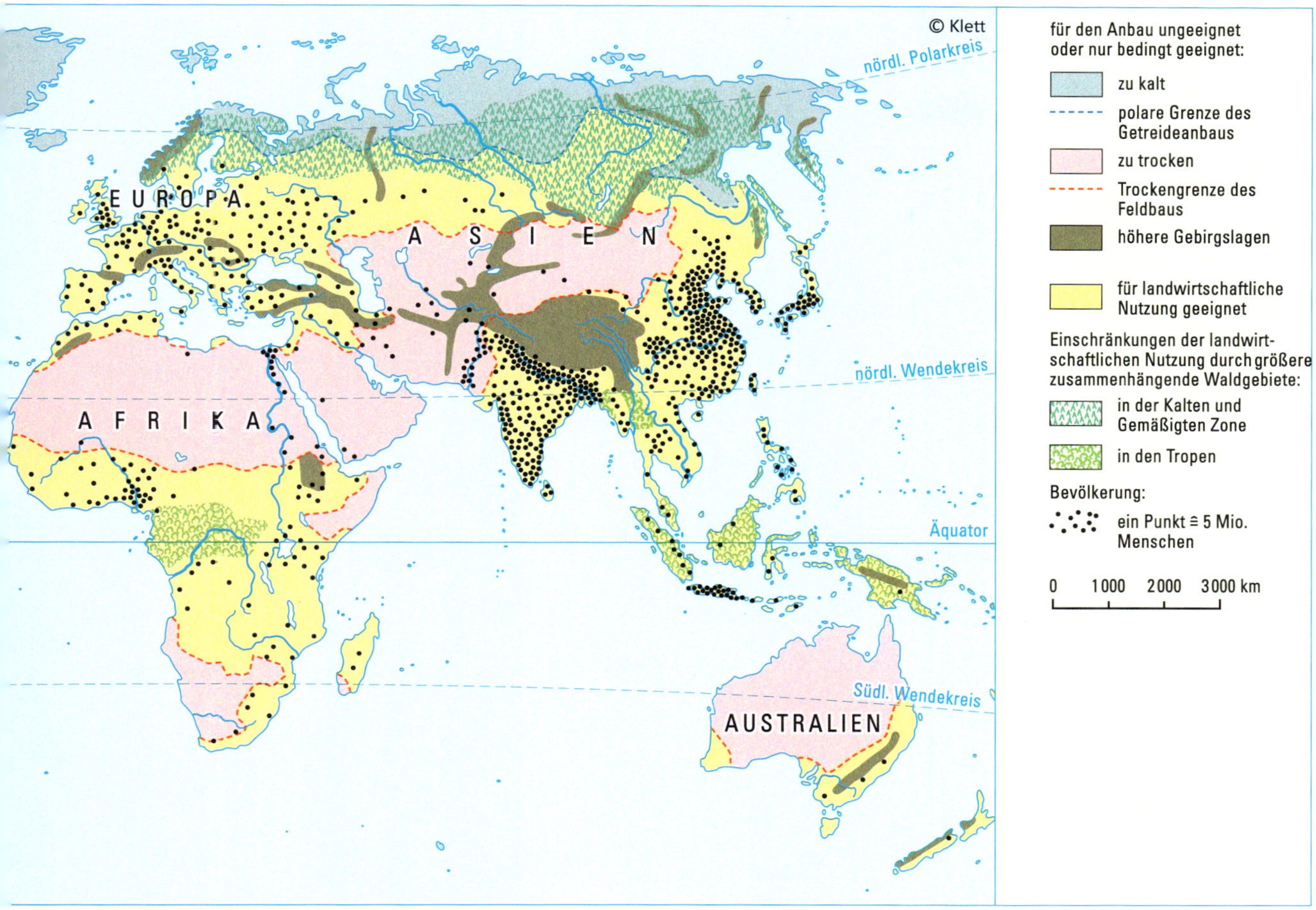

4 Nomaden in Algerien

5 Regenwald

1 Ordne die Fotos 2–5 unterschiedlichen Räumen der Karte 1 zu. Begründe deine Entscheidung.

2 Schätze mithilfe der Karte 1 ab, welchen Anteil die für den Anbau
a) „zu kalter“ Gebiete,
b) „zu trockenen“ Gebiete und
c) die tropischen Regenwaldgebiete an den einzelnen Kontinenten aufweisen.

3 Wähle ein Land aus und fühle dich in die Situation eines Bewohners ein. Beschreibe, unter Berücksichtigung der klimatischen Bedingungen, einen Tag in seinem Leben.

4

Kräfte der Natur verändern die Erde

Erdbeben, Wirbelstürme und Vulkanausbrüche sind zunächst einmal faszinierende Naturereignisse, die von den Kräften der Natur hervorgerufen werden.
Uns Menschen stellen sie immer wieder vor große Probleme und führen mitunter zu schweren Katastrophen. Doch manchmal können sie auch von Nutzen sein.
Auf den nächsten Seiten erfährst du mehr über die Ursachen und Auswirkungen einiger Naturereignisse.

1

2

4

5

3

6

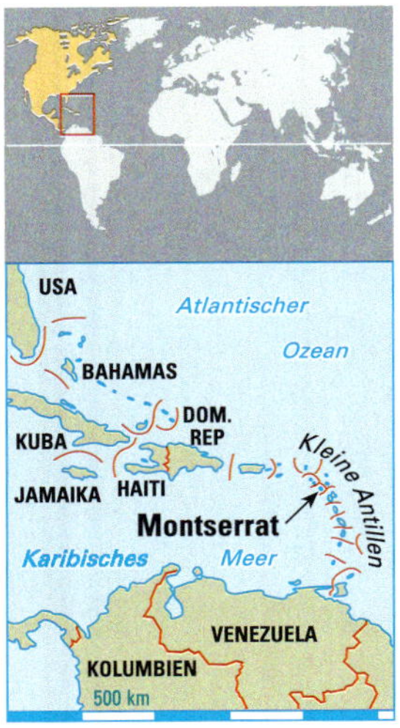

1

2 **Auf Montserrat, zehn Jahre nach dem Ausbruch**

Wenn die Erde sich öffnet ...

Mit leichten Erdbeben kündigte sich das Unheil auf der karibischen Insel Montserrat bereits 1992 an. Am 18. Juli 1995 begann dann der Ausbruch des **Vulkans** Soufrière Hills: Aufsteigendes **Magma** hatte das Grundwasser erhitzt, bis der Druck zur Explosion des **Kraters** führte.

Ascheregen
Etwa einen Monat später verdunkelte ein Ascheregen über der Hauptstadt Plymouth den Himmel. Die Behörden ordneten die erste kurzzeitige Evakuierung für den Südteil der Insel an.
Einige Erdbeben und die stetigen Aktivitäten am Krater ließen die Bewohner nicht zur Ruhe kommen.

Lava-Dom
Doch **Lava** trat zunächst nicht aus. Sie war sehr zähflüssig und staute sich im Krater. Die äußeren Schichten kühlten etwas ab, während neue Lava sie von innen hob. Es bildete sich ein Lavahügel im Krater, ein Lava-Dom. Er wirkt wie ein Korken auf der Flasche, unter dem sich Druck aufbaut.

Glutwolke
Ende März 1996 traten die ersten der gefürchteten Glutwolken aus. Sie bestehen aus Asche, Gesteinsbrocken und Gasen, sind bis zu 800 °C heiß und rasen wie Lawinen die Hänge herab.
Im September brach dann der Lava-Dom auseinander und eine Serie von Ausbrüchen und Glutwolken zerstörte große Teile Süd-Montserrats, darunter auch die Hauptstadt Plymouth.
Glücklicherweise hatte man die Menschen dort rechtzeitig evakuiert.

Leben mit dem Vulkan
Bis heute ist der Soufrière Hills aktiv und der Süden der Insel unbewohnbar. Die 4500 Bewohner im Norden mussten lernen, mit dem Vulkan zu leben. Es kommen auch wieder mehr Touristen – gerade wegen des Vulkans: Er lockt Abenteurer und Hobby-Forscher aus aller Welt an.

Lernen im Netz
Vulkane
104211-0401

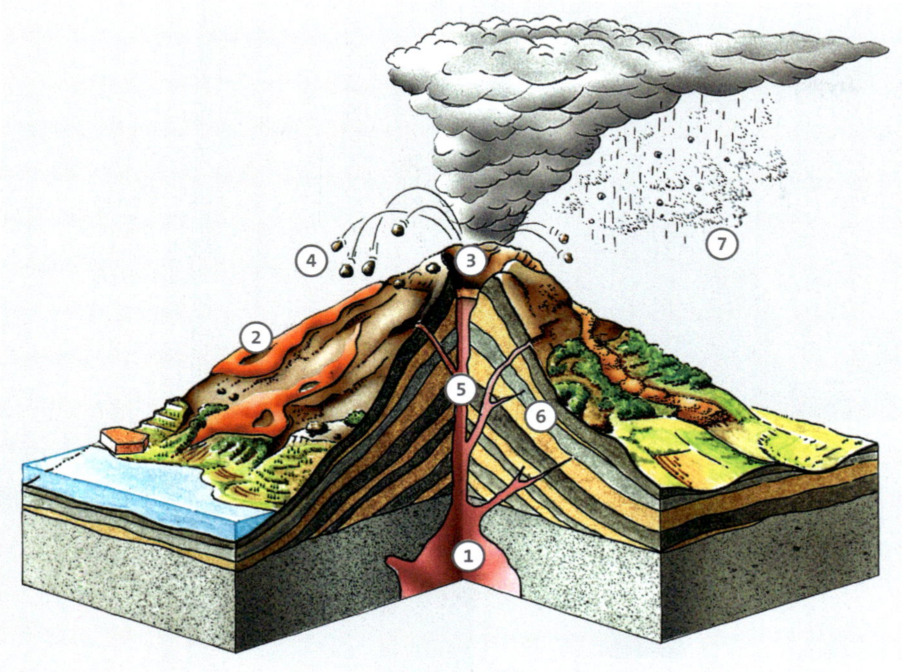

3 Schnitt durch einen Schichtvulkan

5 Lavafontäne

Was in Vulkanen vor sich geht
In einem Vulkan steigt Gesteinsschmelze aus dem Erdinneren, das Magma, nach oben. Es sammelt sich in Magmakammern. Wenn sich genügend Druck gebildet hat, kommt es zum Ausbruch. Magma oder Asche strömt dann durch den Schlot nach oben und aus dem Krater heraus. Manche Vulkane besitzen einen Hauptkrater und auch mehrere Nebenkrater.
Wenn Magma den Krater verlässt, kommt es mit der kälteren Luft in Berührung und kühlt ab: Magma wird zu Lava. Tritt dickflüssige Lava im Wechsel mit Asche aus, so bilden sie Schichten am Vulkanhang. Solche Schichtvulkane haben häufig eine Kegelform.
Wenn die Lava sehr dünnflüssig ist, verteilt sie sich weiträumig. Dann entstehen flache Schildvulkane.
Nicht nur Lava verlässt bei einem Ausbruch den Krater des Vulkans. Durch Explosionen werden auch Asche und Gesteinsbrocken in die Umgebung geschleudert. Bei schneebedeckten Vulkanen lässt die Hitze den Schnee schmelzen. Dann fließen Wasser und Erde als mächtige „Schlammlawinen" in die Täler.

4

Kaum zu glauben
Weltweit gibt es ungefähr 5 000 Vulkane, von denen etwa 800 aktiv sind.

1 Der Ausbruch des Soufrière Hills:
a) Beschreibe die drei Phasen des Ausbruchs.
b) Welche Auswirkungen hatte dies für die Bewohner Montserrats?

2 Arbeite mit dem Blockbild 3 und Text 4:
a) Ordne den Ziffern die richtigen Begriffe aus dem Text zu.
b) Erkläre den Begriff „Schichtvulkan".
c) Erläutere die Vorgänge in einem Schichtvulkan.

Zur Vertiefung
3 Recherchiere im Internet weitere Vulkanausbrüche und berichte jeweils über die Art des Ausbruchs und die Folgen.

TERRA **METHODE**

Täglich entstehen Satellitenfotos in hoher Zahl. Diese stehen der Wirtschaft, der Wissenschaft, der Politik, dem Militär und den Medien zur Auswertung zur Verfügung. Wer kennt nicht die Satellitenbilder der Wettervorhersage? Einen großräumigen Überblick über Staaten oder Kontinente können nur Satelliten liefern. Auch im Geographieunterricht sind Satellitenfotos sehr hilfreich, z. B. um Landschaften zu überblicken, zu untersuchen und zu analysieren. Du lernst hier, wie du ein Satellitenbild auswertest.

1 Thermal-Infrarotaufnahme der Region um Neapel

Satellitenbilder auswerten

Zahlreiche Satelliten umrunden die Erde und erfassen Tag und Nacht Daten zum Wettergeschehen, über den Umfang der Umweltverschmutzung, die Entwicklung von Städten, die Vegetation, die Meeresströmungen, den Verlauf von Straßen und Flüssen und vieles mehr.

Sie sind mit Abtastgeräten ausgerüstet. Diese scannen die Erde in einzelnen Streifen ab. Sensoren und Kameras können die Erdoberfläche so genau aufzeichnen, dass man Details sehr gut erkennen kann. Sie erfassen die von der Erdoberfläche reflektierte Sonnenstrahlung in bestimmten Farbbereichen wie grün oder rot. Außerdem empfangen sie Strahlen, die mit dem bloßen menschlichen Auge nicht gesehen werden können. Die so aufgenommenen Daten werden zur Bodenstation geschickt und dort von Computern zu Bildern kombiniert. Aus einer Überfliegung können verschiedene Bilder erarbeitet werden, z. B. mit Schwerpunkt auf der Vegetation oder einem regionalen Ausschnitt. Zur Darstellung verwendet man natürliche Farben oder Falschfarben, je nachdem, ob die Pflanzendecke, die Temperaturverteilung oder die Meeresströmung dargestellt werden sollen.

Unser Satellitenbild wurde am 26. 09. 2000 vom amerikanischen Fernerkundungssatelliten LANDSAT in rund 800 km Höhe aufgezeichnet.

Satellitenbilder auswerten

1. Schritt: Topografische Einordnung des Bildes

- Suche das auf dem Bild dargestellte Gebiet auf der Atlaskarte. Wähle dabei eine Karte mit einem möglichst vergleichbaren Maßstab.

Surftipp
Satellitenkarte des Vulkans Gunung Merapi
104211-0402

2 **Lageskizze zum Satellitenbild 1**

2. Schritt: Auswertung des Bildinhaltes

- Gliedere die Bildinhalte, indem du wichtige Strukturen (Berge, Meere, Siedlungen, Vegetation usw.) nennst.
- Fasse Flächen gleicher Färbung zusammen und ermittle mithilfe der Legende deren Bedeutung.
- Suche und beschreibe linienhafte Bildelemente, wie z. B. Verkehrswege.
- Erstelle nun eine Lageskizze (siehe Skizze 2).

3. Schritt: Deutung des Bildinhaltes

- Stelle Beziehungen zwischen den einzelnen Bildelementen her und suche nach Zusammenhängen, z. B. Lage am Meer und Hafenanlagen.
- Stelle Besonderheiten in der Raumstruktur heraus und stelle Vermutungen zur Entstehung der Besonderheiten an. Informiere dich hierzu in der Schulbibliothek oder im Internet.

4. Schritt: Beurteilung des Informationswertes

- Vergleiche das Satellitenbild und deine daraus gezogenen Erkenntnisse mit anderen Quellen wie Atlaskarten, Stadtplänen oder Fotos.
- Beurteile, inwieweit dir das Satellitenbild mehr Informationen gibt, bzw. wo die anderen Quellen ihre Vorzüge haben.

1 Werte das Satellitenbild 1 aus.

2 Arbeite mit dem Online-Link und werte das Satellitenbild des indonesischen Vulkans Gunung Merapi aus.

Zur Vertiefung

3 Arbeite mit Google Earth: Suche weitere Vulkane der Erde und werte die Satellitenbilder nach den gelernten Methodenschritten aus.

1 Gölcük bei Izmit, 17.08.1999

4 Suche nach Verschütteten

Wenn die Erde bebt ...

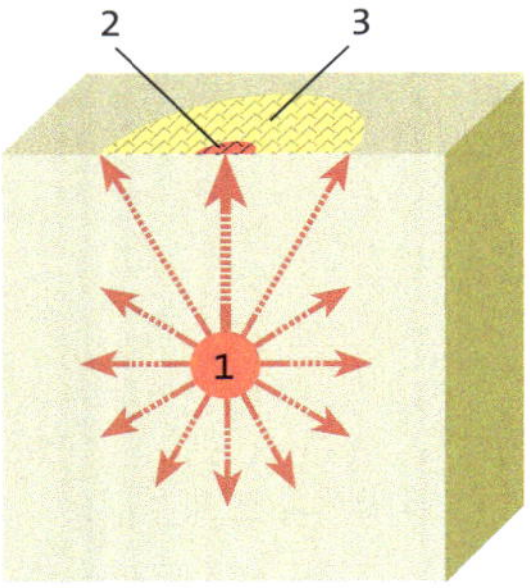

2 **1** Erdbebenherd (Hypozentrum)
2 Bebenzentrum (Epizentrum)
3 Schüttergebiet (Zone, in der das Beben wahrnehmbar ist)

Das Davor und Danach ist die Hölle! Weniger als eine Minute, bevor die schlimmen Erschütterungen beginnen, spürst du ein Zittern und hörst ein dumpfes Stöhnen, das aus den Tiefen der Erde wie ein unterirdisches Ächzen emporsteigt. Es lässt dich vor Schreck erstarren. Was ist das?
Jetzt beginnen Möbel und Bilder an der Wand zu wackeln und zu schaukeln, die Gläser im Schrank klirren, Türen beben, schrille Menschenschreie. „Schnell raus hier", schießt es dir durch den Kopf. Dann die Augen schließen und beten, nicht erschlagen oder lebendig unter den Trümmern begraben zu werden. Während die Menschenschreie anhalten, wird die Erde plötzlich wieder ruhig.
In den Tagen danach gibt es immer wieder Nachbeben, keine schlimmen. Doch auch sie lösen bei den Menschen, die nun unter freiem Himmel schlafen müssen, Panik aus ob der Angst, dass sich das schwere Beben wiederholt.
(Nach Berichten von Erdbebenzeugen)

3

Das **Erdbeben** am 17. August 1999 nachts um 3 Uhr erschütterte den westlichen Teil der Türkei. Es dauerte lange 47 Sekunden. Wissenschaftler errechneten anhand der Aufzeichnungen der **Seismografen** eine Stärke von 7,4 auf der **Richterskala**. Das Erdbebenzentrum lag bei Izmit. Es richtete dort und in den Städten und Dörfern der Umgebung große Gebäudeschäden an. Über Nacht wurden 60 000 Menschen obdachlos. Etwa 50 000 Verletzte und 16 000 Tote waren zu beklagen.
Viele Gebäude stürzten auch deshalb wie „Kartenhäuser" ein, weil sie trotz der bekannten Erdbebengefahr nicht stabil gebaut worden waren. Bereits am frühen Morgen versuchten die Überlebenden, mit bloßen Händen oder einfachen Geräten Trümmer beiseite zu räumen, um zu Verschütteten vorzustoßen. Bis schwere Maschinen zur Verfügung standen, sollte es noch Tage dauern. Die internationale Erdbebenhilfe lief an.

Stärken auf der Richterskala

1–3 nur mit Messgeräten nachweisbar

4 vom Menschen wahrnehmbar; Geschirr klirrt, Bilder an der Wand wackeln

5 deutlich wahrnehmbar; Gebäude vibrieren

6 Gebäudeschäden: Risse, herabstürzende Teile

7 größere Gebäudeschäden, Gebäude stürzen ein

8 verstärkter Gebäudeeinsturz; Schäden an Straßen, Leitungen und Gleisen; es bilden sich Erdrisse

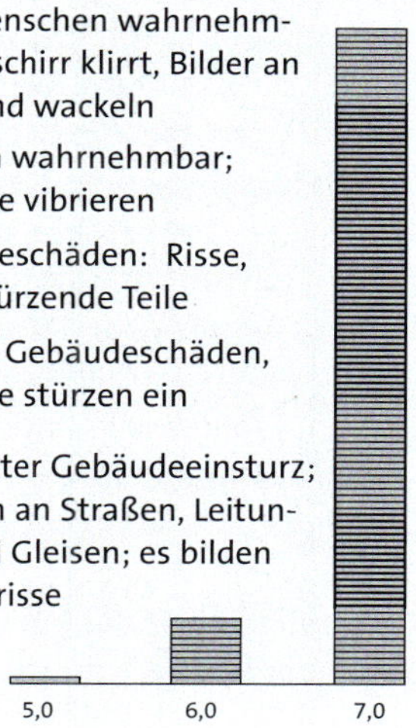

5

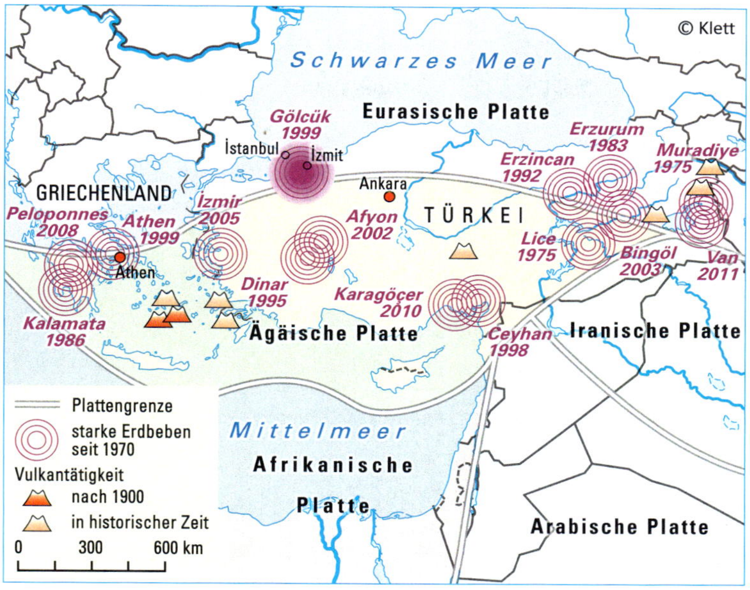

7 **Erdbebengebiet um Gölcük**

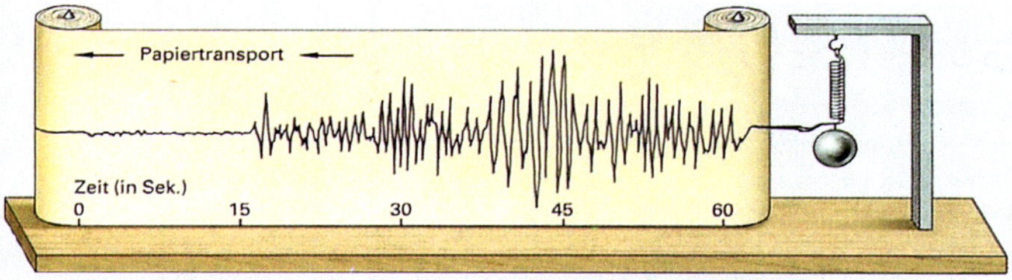

Wenn der Boden schwankt, bewegt sich die schwere Kugel kaum, da sie federnd aufgehängt ist. Auf dem Papierstreifen werden die Schwankungen aufgezeichnet, da sich die übrigen Teile des Gerätes mit dem Boden bewegen.

6 **So funktioniert ein einfacher Seismograf (Messgerät, das Erdbeben aufzeichnet)**

Weltweit treten jährlich rund 50 000 Beben der Stärken 3 oder 4, etwa 800 Beben der Stärken 5 oder 6 und durchschnittlich ein Erdbeben der Stärke 8 auf.

Bisher stärkste Erdbeben

1960	Chile	9,5
1964	Alaska / USA	9,2
2004	Indonesien	9,1
2011	Japan	9,0

Wie entstehen Erdbeben?

Es ist heute gesicherte Erkenntnis, dass die Erdkruste keine geschlossene Gesteinshülle ist, sondern sich aus vielen Teilen, großen und kleinen Erdplatten, zusammensetzt und diese in ständiger Bewegung sind. Dort, wo zwei Erdplatten aneinander vorbeigleiten, „verhaken" sich diese und die Bewegungsenergie „staut" sich. Dabei wird Spannung aufgebaut. Löst sich diese schlagartig, kommt es zu ruckartiger Krustenbewegung. Die Folge ist ein Erdbeben.

- - →

Seite 68/69 Erdplatten und ihre Bewegung

1 Ablauf des Erdbebens in Gölcük:

a) Erstelle eine Tabelle zu Text 3:

vor ...	während ...	nach ...
...	...	...

b) Notiere Auswirkungen des Bebens.

2 Karte 7 und Text:

a) Beschreibe, wie das Beben von Gölcük entstanden ist.

b) Fertige eine einfache Lageskizze an.

Zur Vertiefung

3 Partnerarbeit zu Material 5 und 6:

a) Erkläre deinem Partner die Wirkungsweise eines Seismografen.

b) „Ab Stärke 6 besteht Lebensgefahr." Nehmt Stellung.

c) Um wie viel stärker ist ein Beben der Stärke 7 als eines der Stärke 6 (Stärke 5) (Abb. 5)?

1 Zerstörungen durch den Tsunami auf Sri Lanka

Die große Welle

2 Rasaya Krishnapilai, Dezember 2004

Tsunami
japanisch = „große Welle im Hafen“

Wenn Arunthavam Krishnapilai an den 26. Dezember 2004 denkt, wird sie schwermütig. „Wir haben jahrzehntelang so hart gearbeitet, und die Flutwelle hat uns an einem Tag fast alles genommen“, sagt die Farmerin. Gestenreich und mit aufgerissenen Augen beschreibt sie, wie sie und ihr Mann Rasaya damals plötzlich das bedrohlich laute Rauschen der Tsunami-Welle hörten. „Wir sind auf die Straße gerannt und gelaufen, gelaufen“, erzählt sie. Ihr Mann und die Kinder überlebten. „Aber meine Schwester und die Familie ihres Mannes ertranken. Sie waren 19 Menschen, jetzt sind es nur noch zwei.“
Hüfthoch stand das Wasser in dem Haus, das sie mit Rasaya und einem Sohn bewohnt. „Als das Meer sich zurückzog, war die ganze Straße voller Leichen“, sagt Krishnapilai leise und schließt die Augen. Ihre Reisfelder und das Auberginenfeld direkt vor dem Haus, das sie täglich gepflegt hatte, wurden zerstört. Die 20 Hühner und zwei Kühe ertranken. „Vier Tage lagen unsere Bullen tot herum, weil das Wasser sich nur langsam zurückzog und wir nicht an sie heran konnten“, berichtet sie. „Dann konnten wir sie nur noch verbrennen.“

aus: Deutsche Welthungerhilfe e.V., Hilfe im Zeichen des Tsunami, 2006

3

Am 26.12.2004 ereignete sich vor der Küste Sumatras ein Seebeben: ein Erdbeben, dessen Epizentrum auf dem Meeresboden liegt. Es war mit einer Stärke von 9,1 auf der Richterskala eines der stärksten, die je gemessen wurden. Das Beben löste eine riesige Flutwelle aus. Diese überraschte die Bewohner an den Küsten rund um den Indischen Ozean. Indonesien, Sri Lanka, Indien und Thailand wurden am stärksten betroffen; aber auch andere asiatische und afrikanische Staaten blieben nicht verschont.

Unbändige Kraft des Wassers

Die Zerstörungen durch den **Tsunami** erreichten ein bis dahin unbekanntes Ausmaß: Viele Küstenorte wurden verwüstet, darunter die indonesische Provinzhauptstadt Banda Aceh mit ehemals 250 000 Einwohnern. Allein hier gab es über 60 000 Tote.
In Sri Lanka starben 1 300 Reisende, als ihr Zug von der Welle erfasst wurde. In Thailand wurden zahlreiche europäische Touristen getötet, die ihre Weihnachtsferien dort verbrachten. Die Küsten Thailands, Sri Lankas und Indonesiens sind beliebte Reiseziele.
Die Zahl der Toten und Vermissten wird insgesamt auf über 300 000 geschätzt. Außerdem verloren Hunderttausende ihr Heim, ihr gesamtes Hab und Gut.
In den ohnehin ärmeren Staaten und Regionen hat die Katastrophe auch langfristige wirtschaftliche Folgen. Trotz internationaler Hilfe wird es lange dauern, die Schäden zu beseitigen und die Region wieder aufzubauen.

1 Beschreibe den Verlauf des Tsunamis vom 26.12.2004 (Karte 5). Wann erreichte die Welle welches Land?
2 Erläutere die Entstehung eines Tsunamis (Zeichnung 4).

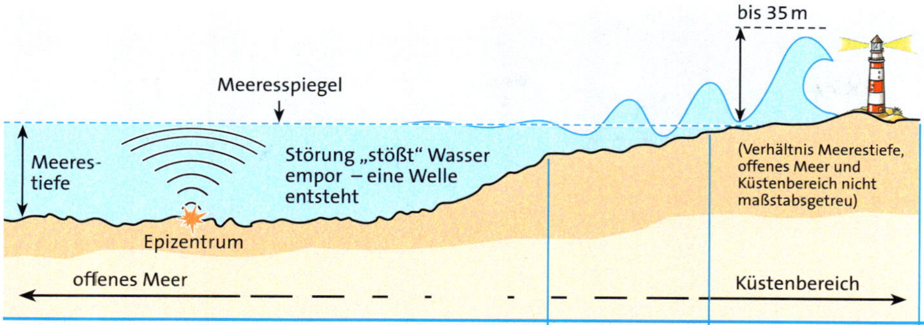

6 000	2 000	200	20	**Meerestiefe in m**
800	500	150	50	Wellengeschwindigkeit in km/h

4 Entstehung eines Tsunamis

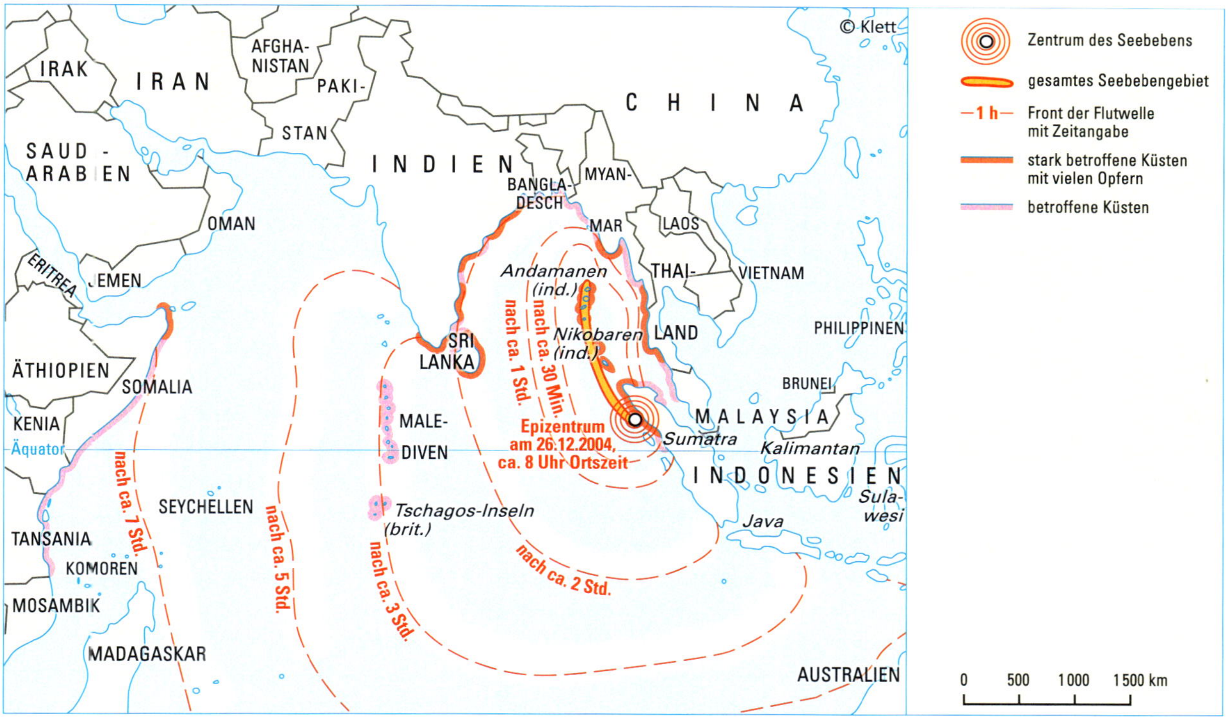

5 Seebeben und Tsunami-Katastrophe in Südasien

3 Erkläre, was einen Tsunami so besonders gefährlich macht.

4 Erläutere, warum Tsunamis vor allem an den Küsten des Pazifischen und Indischen Ozeans auftreten.

Zur Vertiefung

5 Recherchiere im Internet, welche Schäden der Tsunami vom 26.12.2004 verursacht hat und wie der Stand der Schadensbeseitigung ist. Berichte.

6 Am 11.03.2011 ereignete sich die große Tsunami-Katastrophe von Japan. Recherchiere dazu im Internet. Nutze zur Erklärung die Grafik 4 auf Seite 69.

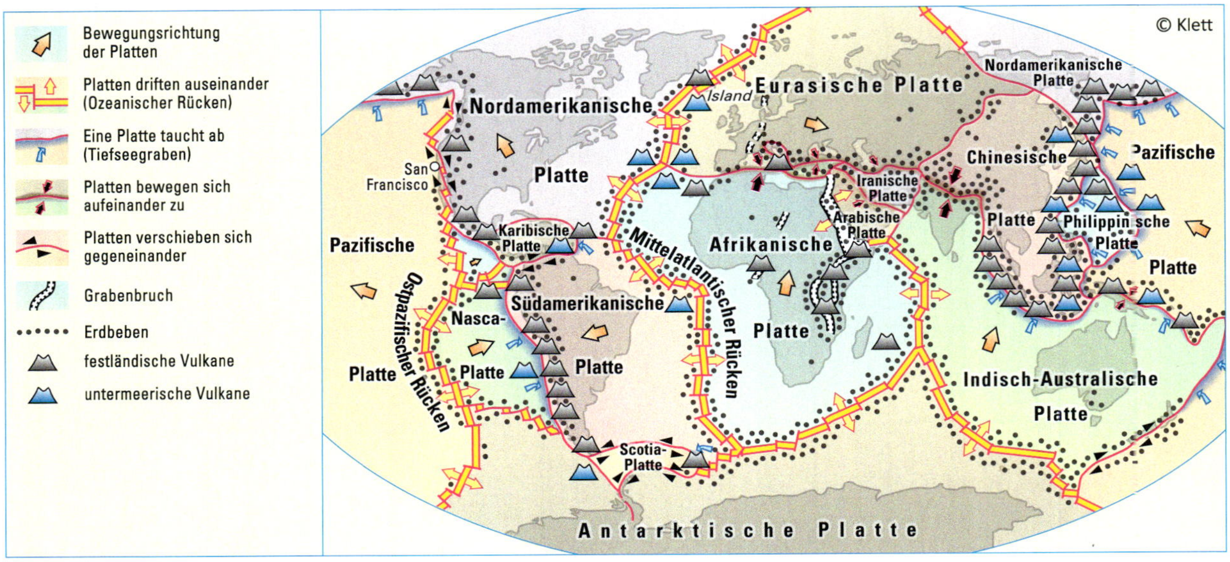

1 **Die Erdplatten und ihre Bewegungen**

Und sie bewegen sich doch!

2 **Alfred Wegener (1880–1930)**

Eine geniale Idee
Im Januar 1911 schrieb der deutsche Forscher Alfred Wegener an Else Köppen, seine spätere Frau:
„Mein Zimmernachbar Dr. Take hat zu Weihnachten einen großen Atlas bekommen. Wir haben stundenlang die prachtvollen Karten bewundert. Dabei ist mir ein Gedanke gekommen. Sehen Sie sich doch bitte mal die Weltkarte an: Passt nicht die Ostküste Südamerikas genau an die Westküste Afrikas, als ob sie früher zusammen gehangen hätten? Noch besser stimmt es, wenn man die Tiefenkarte des Atlantischen Ozeans ansieht und nicht die jetzigen Kontinentalränder, sondern die Ränder des Absturzes in die Tiefen vergleicht. Dem Gedanken muss ich unbedingt nachgehen.“

Brief von A. Wegener an seine spätere Ehefrau E. Köppen, Januar 1911; in: Eine verrückte Idee macht Karriere (c) A. von Behaim Schwartbach, unter: www.bodensee-sternwarte.de

3

Die Kontinentalverschiebung-Theorie von Alfred Wegener konnte erst 50 Jahre später als Theorie der **Plattentektonik** bewiesen werden: Ähnlich wie Eisschollen auf dem Meer schwimmen große und kleine Platten der **Erdkruste** auf dem zähflüssigen Magma des oberen **Erdmantels**. Sie tragen sowohl die Kontinente als auch die Ozeane und verändern ständig ihre Lage und Gestalt.
Dabei gibt es drei verschiedene Arten der Bewegung zwischen den **Erdplatten**.

Dehnung
Wenn zwei Erdplatten voneinander wegtreiben, nennt man das Dehnung. Denn dabei dehnt sich die Erdkruste zwischen ihnen: Sie wird dünner und bricht schließlich auseinander. Aus dem Spalt fließt Magma aus dem Erdinneren nach und es entsteht ein Stück neue Erdkruste. An den Dehnungszonen gibt es viele Vulkane.
Die meisten Dehnungszonen befinden sich am Grund von Ozeanen; ein Beispiel ist der Mittelatlantische Rücken.

Lernen im Netz
Animation „Plattentektonik"
104211-0403

Lernen im Netz
Aufbau der Erde
104211-0404

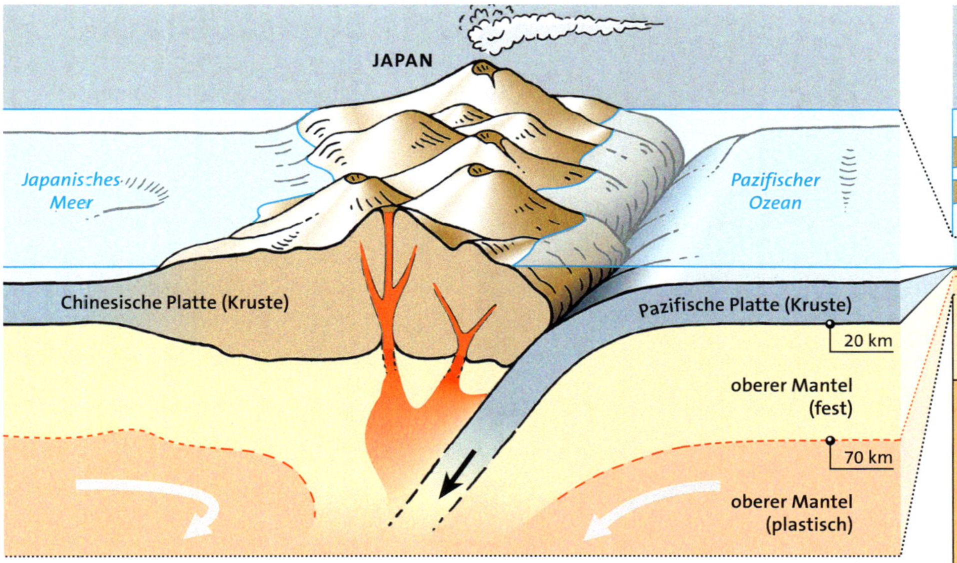

4 **Schnitt durch Erdkruste und oberen Erdmantel bei Japan**

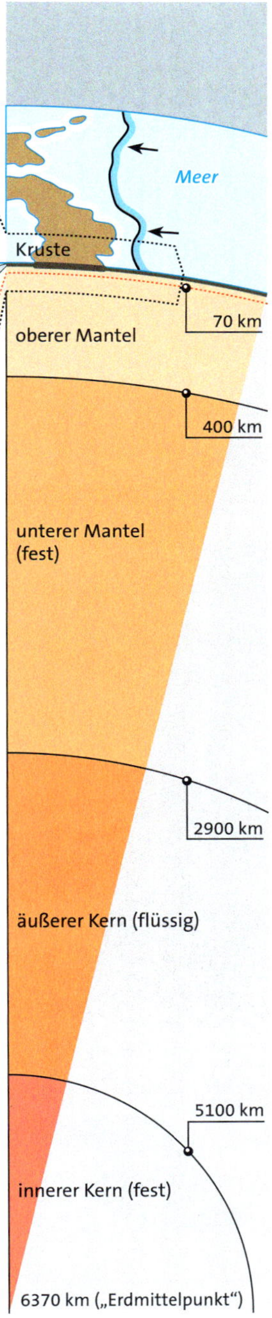

Wegen der großen Tiefe konnten sie erst vor 60 Jahren mit speziellen Tiefseetauchbooten entdeckt werden.
Island liegt direkt auf einer solchen Zone. Die Neubildung der Erdkruste lässt Island jährlich um einige Zentimeter in West-Ost-Richtung wachsen.

Stauchung

Eine Stauchungszone liegt dort, wo sich zwei Platten aufeinander zu bewegen. Eine Platte schiebt sich dabei unter die andere. Die Erdkruste der abtauchenden Platte wird im Magma wieder aufgeschmolzen. An solchen Stellen entstehen Tiefseegräben.

Am Rand der nicht abtauchenden Platte staut sich die Erdkruste zu hohen Gebirgen mit Vulkanen. Die Anden in Südamerika sind ein Beispiel dafür.

Scherung

Ein Bereich, wo sich zwei Erdplatten aneinander vorbeischieben, heißt Scherungszone. Da die Erdplatten am Rande nicht glatt sind, kann es zu Reibung und „Verhaken" der Platten kommen. Dann bauen sich Spannungen auf, die sich ruckartig lösen. So entstehen Erdbeben. Kalifornien liegt z. B. an einer Scherungszone. Hier droht stets Erdbeben-Gefahr.

1 Beschreibe die Vorgänge
a) an einer Dehnungszone,
b) an einer Stauchungszone,
c) an einer Scherungszone.

2 Nenne je zwei Beispiele für die drei Zonen (Karte 1).

3 Arbeite mit dem Blockbild 4:
a) Erläutere, um welche Plattenbewegung es sich hier handelt.
b) Beschreibe, welche Auswirkungen diese Bewegung auf Japan hat.

Zur Vertiefung

4 Arbeite mit Text 3:
a) Wie kam A. Wegener zu seiner Theorie der Kontinentalverschiebung?
b) Welche Frage konnte A. Wegener noch nicht beantworten?

1 New Orleans nach dem Wirbelsturm „Katrina“

2 Zerstörungen durch „Katrina“

3

4

Seite 74/75
Namen tropischer Wirbelstürme

Sturm im Paradies

Am Morgen des 29. August 2005 traf nahe New Orleans der **Wirbelsturm** „Katrina“ auf die amerikanische Küste. Er hatte zuvor schon in der Karibik und in Florida große Schäden verursacht. Die Behörden hatten die Bevölkerung gewarnt und man hatte sich so gut es ging vorbereitet, wie auf jeden Wirbelsturm all die Jahre zuvor. Doch „Katrina“ übertraf die schlimmsten Befürchtungen.

Naturgewalten

Die Wucht war so groß, dass die Dämme am Mississippi brachen und weite Küstengebiete sowie über drei Viertel der Millionenstadt New Orleans bis zu sieben Meter unter Wasser standen. Der Sturm richtete mit Windgeschwindigkeiten von 200 km/h ungeheure Schäden an Gebäuden an. Holzhäuser wurden zerstört, Dächer abgedeckt, Ziegel und Glassplitter regneten auf die Straßen. Autos und Boote wurden durch die Luft geschleudert. Starke Niederschläge sorgten zusätzlich dafür, dass das Wasser in Flüssen und Seen stieg und die Uferbereiche überschwemmt wurden.

Schwierige Rettung

Die Menschen retteten sich auf Dächer, in höhere Gebäude oder suchten in Sport-Stadien Zuflucht. Allein im berühmten Louisiana Superdome, dem berühmten Football-Stadion in New Orleans, suchten 60 000 Stadtbewohner Unterschlupf. Viele Menschen mussten ohne Wasser, Strom und Versorgung teils mehrere Tage auf Rettung warten. Mehr als 1 800 Menschen fanden den Tod. Die wirtschaftlichen Schäden durch den Hurrikan „Katrina“ betrugen nach Schätzungen mehr als 125 Milliarden Dollar. Damit war „Katrina“ die bis dahin größte Sturmkatastrophe in den USA.

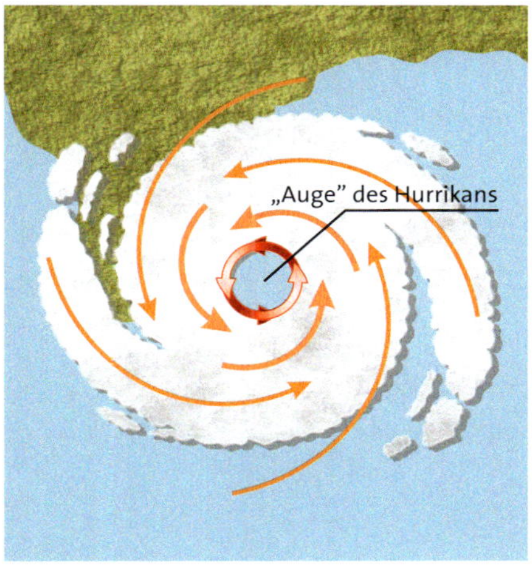

5 Hurrikan auf der Nordhalbkugel

6 Satellitenbild des Hurrikans „Katrina" über dem Golf von Mexiko

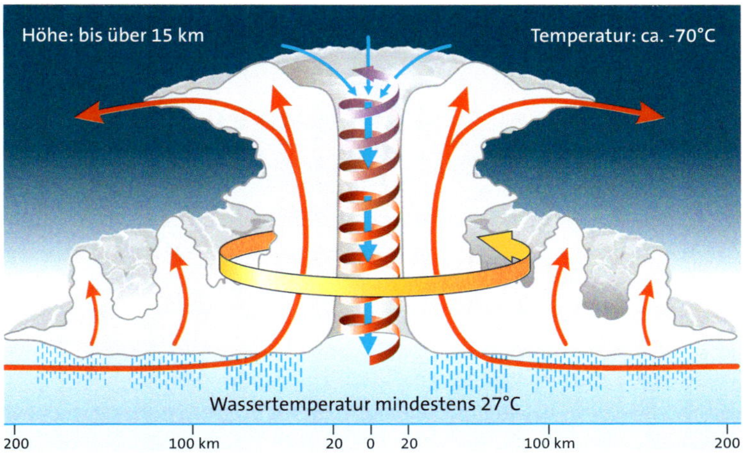

7 Schnitt durch einen Hurrikan

Saison der Stürme

Im Jahr 2005 gab es in der Karibik aber nicht nur „Katrina", sondern insgeamt 28 schwere Stürme, davon 15 Hurrikans. Sie gehören hier regelmäßig im Sommer zu den normalen Wetter-Ereignissen.

In diesem tropischen Teil des Atlantiks gibt es im Sommer Wassertemperaturen von über 26 °C. Dann verdunstet über dem warmen Meer besonders viel Wasser. Die feuchte warme Luft steigt auf und bildet hohe Wolkentürme. Durch das Aufsteigen entsteht über dem Meer ein Unterdruck und Luftmassen werden von außen angesogen. So entstehen die enormen Windgeschwindigkeiten. Die Erdrotation führt dazu, dass auch die Luftmassen in Drehung versetzt werden.

Üblicherweise bewegen sich die Stürme über die Karibik hinweg auf das amerikanische Festland zu. Dort verlieren sie ihre Kraft und ziehen dann nach Nordosten über den Atlantik ab. Doch selbst bei uns können sie noch als regenreiche Sturmtiefs ankommen.

Dem Sturm ins Auge blicken

Weil die Zerstörungskraft tropischer Wirbelstürme so groß ist, ist es eine wichtige Aufgabe, sie zu erforschen. Durch Messungen und Beobachtung mit Flugzeugen und Satelliten kann man heute den Weg der Stürme und ihre Stärke vorhersagen. So können sich die Menschen der betroffenen Gebiete entsprechend vorbereiten.

Seite 62/63
Satellitenbilder auswerten

1 Beschreibe die Auswirkungen des Wirbelsturms „Katrina".

2 Wie groß ist der Hurrikan auf dem Satellitenbild 6? Nutze den Atlas.

3 Beschreibe mithilfe der Grafik 7 und des Textes die Entstehung eines Wirbelsturms.

Zur Vertiefung

4 Überlegt in Gruppenarbeit: Was kann man tun, um sich und seinen Besitz vor Hurrikans zu schützen?

Johann Gottfried Tulla
1817 wurde damit begonnen, den Rhein in ein künstliches Bett zu zwingen. 60 Jahre dauerten die Arbeiten. Danach war der Rhein zwischen Basel und Mainz um 82 km kürzer. Der Wasserbauingenieur Johann Gottfried Tulla leitete das Projekt. Die Ziele: Schutz vor Überschwemmungen, Verbesserung der Schifffahrt und Bekämpfung von Krankheiten wie Malaria, die sich in Sumpfgebieten ausbreiten. Zunächst hatte man Erfolg. Die negativen Folgen kamen erst später ...

1

3 **Köln, Rheinauhafen mit Schokoladenmuseum**

Land unter in der Stadt

Überflutete Städte, wie Spielzeug umgeworfene Autos, zerstörte Häuser, Evakuierung von Menschen – die „Jahrhundertfluten“ in Deutschland hinterlassen immer öfter große Zerstörungen. Und die Katastrophen scheinen sich zu häufen.

Beispiel Rhein: Immer wieder gab es im 20. Jahrhundert **Hochwasser** und seit den 1990er-Jahren wird die Bedrohung fast zum regelmäßigen Ereignis. Welches sind die Ursachen? Sind die Menschen selbst schuld, die die Flüsse immer stärker umgestalten?

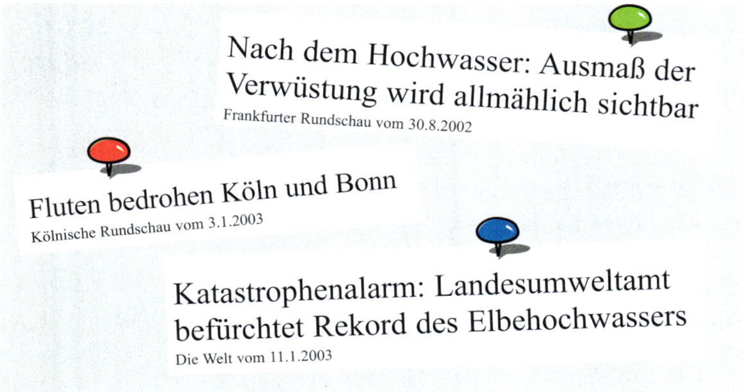

Nach dem Hochwasser: Ausmaß der Verwüstung wird allmählich sichtbar
Frankfurter Rundschau vom 30.8.2002

Fluten bedrohen Köln und Bonn
Kölnische Rundschau vom 3.1.2003

Katastrophenalarm: Landesumweltamt befürchtet Rekord des Elbehochwassers
Die Welt vom 11.1.2003

2

Schnelle Flüsse aus Menschenhand
Flussregulierungen sind häufige Eingriffe des Menschen in die natürlichen Flussläufe. Die Flüsse werden zum Beispiel begradigt oder ihr Lauf wird durch Dämme eingeengt.

Die Begradigung eines Flusses wirkt sich ungünstig aus: Weil der Fluss nun einen verkürzten Weg hat, fließt er schneller. So braucht eine Hochwasserwelle von Basel bis Karlsruhe heute nur noch 23 Stunden – statt der früher üblichen 64 Stunden. Das Wasser trifft so viel schneller auf die Hochwasserwellen der Nebenflüsse. Bei starken Regenfällen über einen längeren Zeitraum kommt es deshalb immer wieder zu Hochwässern. Doch Hochwasser wird auch dadurch zur Katastrophe, dass die Menschen allzu sorglos immer mehr Siedlungen nahe an die Flüsse gebaut haben. Mit der Nutzung der Uferzonen hat man den Flüssen ihre natürlichen Auslaufflächen genommen. Zwischen Karlsruhe und Basel gab es einst 1 000 km² Überschwemmungsflächen, heute sind es nur noch 130 km².

Am Fluss liegen Felder und feuchte Auen, die regelmäßig vom Hochwasser überflutet werden. Sie stellen natürliche Überschwemmungsgebiete dar. Orte liegen weit vom Fluss entfernt und sind daher nur selten vom Hochwasser betroffen.

Der Fluss ist begradigt und eingedämmt worden. Die Auen sind verschwunden, jetzt befinden sich hier Orte und Industrieanlagen. Zudem ist ein großer Teil der Fläche mit Stein, Beton oder Asphalt bedeckt: Hier kann kein Wasser mehr einsickern; es fließt sofort in die Bäche und Flüsse.

4 Der Rhein vor 200 Jahren und heute

Elbe-Hochwasser 2002

„Dresden, am frühen Dienstagmorgen vergangener Woche: Die Weißeritz war wieder zurück in ihrem alten Bett, reißend und gurgelnd, sie ließ sich nicht mehr still versenken in einen Kanal, vor der Altstadt links ab zur Elbe. Das Flüsschen aus dem Erzgebirge, vor mehr als drei Generationen gezähmt, stieß einfach gerade durch die Löbtauer Straße, zerlegte sie mit der Wucht eines Erdbebens und ließ dann fast einen ganzen Stadtteil untergehen: Dresden-Friedrichstadt. ...

Seit Jahren warnen Umweltschützer wie der Gewässerexperte des Bundes für Umwelt und Naturschutz (BUND), Sebastian Schönauer, vor der ‚Betonitis' und ‚Deicheritis' an deutschen Wasserläufen, vor den Staustufen und Uferbefestigungen, mit denen die Ströme schneller und für Schiffe tiefer gemacht werden. Obgleich das extreme Hochwasser 2002 an der Elbe so wenig zu verhindern war wie 1997 an der Oder – für Umweltexperten steht fest, dass hier wie dort der menschliche Eingriff in die Flusslandschaft die Katastrophe noch schlimmer gemacht hat."

Jürgen Dahlkamp, C. Holm, S. Knauer: Quittung für falsche Politik. in: DER SPIEGEL 34/2002

5

Um die Gefahren zu verringern, müssten wieder Überlaufflächen, sogenannte Polder, geschaffen und Teile der Auen in ihren ursprünglichen Zustand gebracht werden. Wenn abgeschnittene Flussschlingen (Mäander) wieder in den Lauf einbezogen würden, könnte die Fließgeschwindigkeit der Flüsse verringert werden.

6 Der Rhein zwischen Ludwigshafen und Karlsruhe

1 Veränderungen am Rhein:
a) Erläutere die Unterschiede zwischen der Rheinlandschaft vor 200 Jahren und heute (Grafik 4).
b) Welche Maßnahmen erkennst du auf dem Satellitenbild 6?

2 Arbeite mit Text 1:
Stelle Gründe zusammen, weshalb man früher Flüsse begradigt hat.

3 Arbeite mit dem Quellentext 5:
Was soll mit den Wörtern „Betonitis" und „Deicheritis" verdeutlicht werden?

Zur Vertiefung

4 Fertige ein Übersichtsplakat mit Stichworten und Zeichnungen an, mit dem die Eingriffe des Menschen und die Folgen deutlich werden.

„Jahrhundert-Hochwasser an der Elbe", „Land unter am Rhein": Überschriften von Zeitungsberichten aus den letzten Jahren. Naturgefahren gibt es auch bei uns – aber noch immer eher selten. Doch es gibt Regionen auf der Erde, in denen die Menschen regelmäßig mit Naturgefahren rechnen müssen. Sie haben ihr Leben entsprechend eingerichtet. Trotzdem gibt es immer wieder Opfer.

Naturgefahren weltweit

Die Gebiete, die besonders durch Naturereignisse gefährdet sind, zeigen ein ganz bestimmtes Verbreitungsmuster. Nicht immer können oder wollen die Menschen allen Risiken der Natur ausweichen. Sie versuchen, sich gegen Schäden zu versichern. So berichtet die Münchener Rückversicherungs-Gesellschaft, dass die letzten Jahre eine Entwicklung zu immer größeren Schäden durch **Naturkatastrophen** erkennen lassen. Seit etwa 1990 gibt es internationale Anstrengungen, den Auswirkungen großer Naturkatastrophen entgegenzuwirken. Immerhin ist es gelungen, Frühwarnung und Vorbeugung zu verbessern. Aber Bevölkerungswachstum und Städtewachstum gehen weiter – die Nutzung gefährdeter Gebiete nimmt zu.

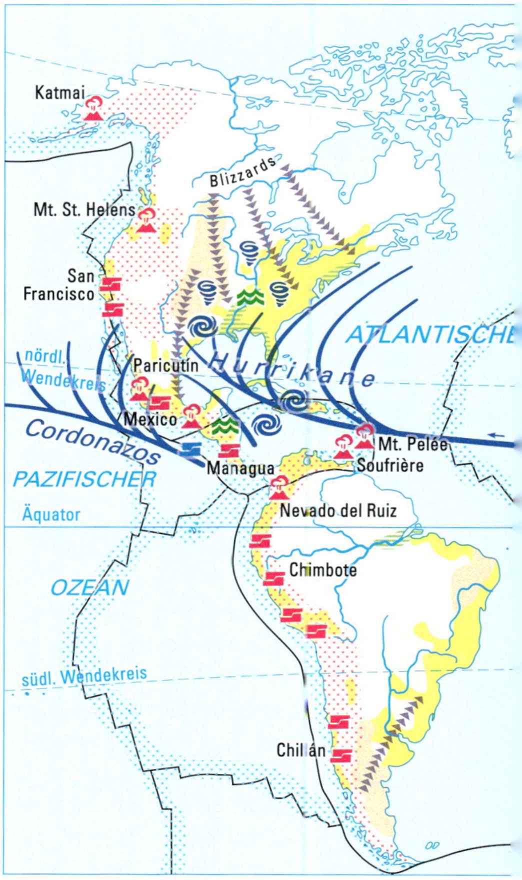

2 **Weltkarte der Naturgefahren**

Große Naturkatastrophen seit 1990 (Auswahl)

Jahr	Region	Ereignis	Tote
1991	Bangladesch	Zyklon	139 000
1991	Philippinen	Vulkanausbruch	875
1992	Indonesien	Erdbeben/Tsunami	2 500
1995	Japan	Erdbeben	6 300
1998	Indien	Zyklon	10 000
1998	USA	Hurrikan	9 200
1999	Türkei	Erdbeben	16 000
2003	Iran	Erdbeben	40 000
2004	Südasien	Tsunami	300 000
2005	Kaschmir/Asien	Erdbeben	73 000
2005	USA	Hurrikan	10 000
2008	Myanmar (Birma)	Zyklon	80 000
2008	Zentralchina	Erdbeben	60 000
2010	Haiti	Erdbeben	220 000
2011	Japan	Erdbeben/Tsunami	ca. 20 000

1

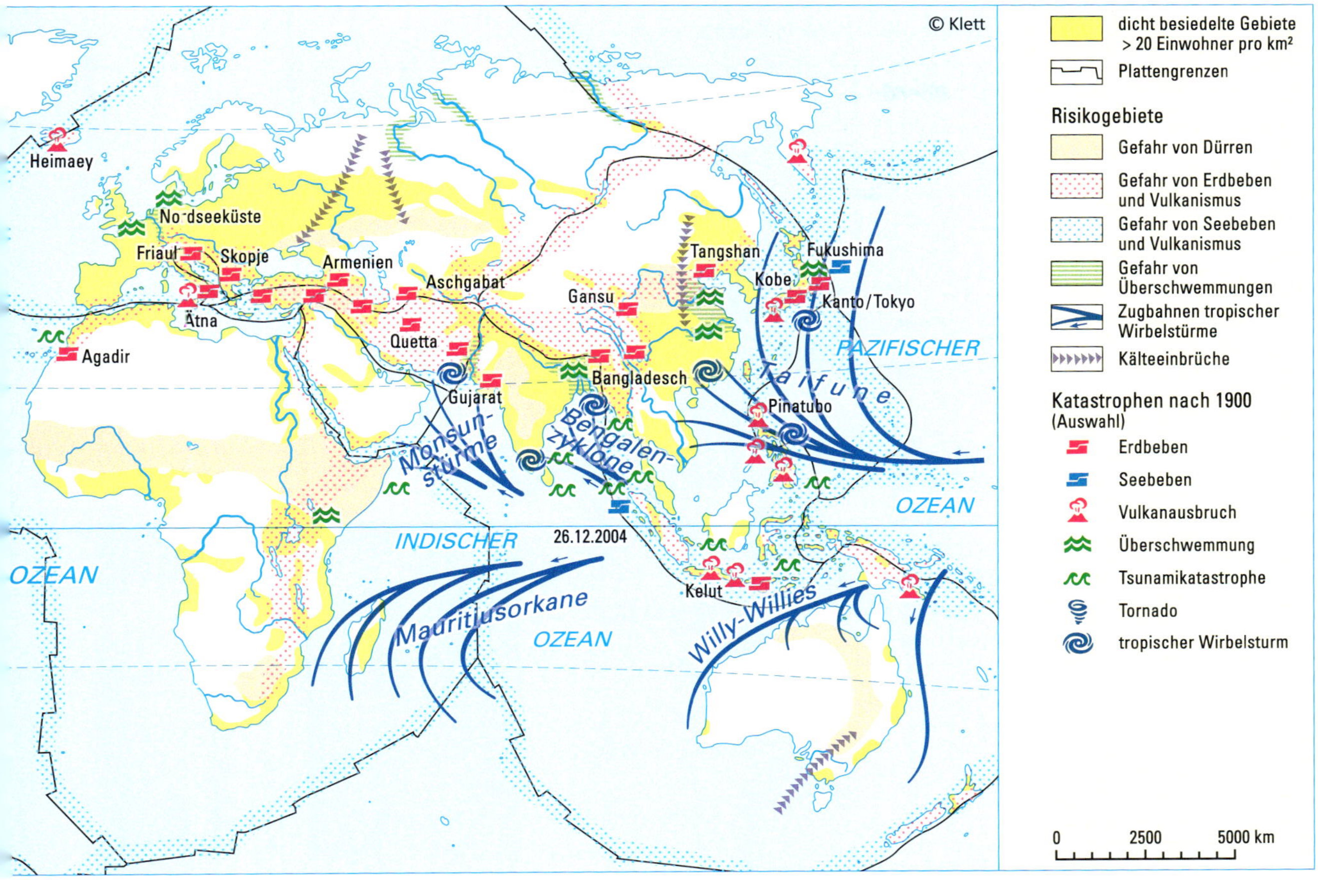

1 Arbeite mit der Karte 2 und dem Atlas:

a) Vergleiche die Verteilung der dichter besiedelten Gebiete mit der Verbreitung von Naturgefahren. Was stellst du fest?

b) In der Karte sind nicht alle Arten von Naturkatastrophen eingezeichnet. Überlege mit deinem Nachbarn / deiner Nachbarin, welche Naturgefahren es noch gibt.

2 Arbeite mit Tabelle 1:

a) Ermittle, welche Naturereignisse viele Todesopfer fordern.

b) Stelle fest, welche Regionen besonders betroffen sind.

3 Beitrag des Menschen

a) Manche Schäden bei Naturkatastrophen werden von Menschen verschuldet. Prüfe dies noch einmal in den vorhergehenden Kapiteln nach und nenne einige Beispiele.

b) Sammle Zeitungsartikel zu solchen Ereignissen oder suche im Internet danach.

Zur Vertiefung

4 Arbeite mit Karte 2 sowie mit Karte 1 auf Seite 68:
Vergleiche die Verbreitungsgebiete von Erdbeben und Vulkanausbrüchen und die Plattengrenzen der Erde. Was stellst du fest?

TERRA TRAINING

Wichtige Begriffe
Erdbeben
Erdkruste
Erdmantel
Erdplatte
Hochwasser
Krater
Lava
Magma
Naturkatastrophe
Plattentektonik
Richterskala
Seismograf
Tsunami
Vulkan
Wirbelsturm

So überprüfst du deine Kompetenzen:

1. **Bearbeite** den Selbsteinschätzungsbogen (siehe Online-Link).
2. **Wiederhole** Inhalte, die du noch nicht verstanden hast.
3. **Löse** die Aufgaben auf dieser Trainingsseite.
4. **Kontrolliere** deine Lösungen (siehe Online-Link).

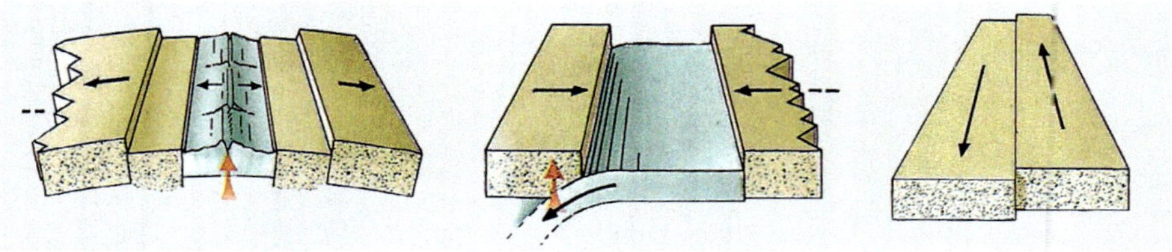

1 Drei Grundvorgänge an Plattengrenzen der Erdkruste

Orientieren

1 Vulkanrätsel
Folgende Silben bilden die Namen von fünf bekannten Vulkanen:

ät bo ca li na no rin san strom suv to ve vul

a) Nenne die fünf Vulkane.
b) Zu welchen Staaten gehören sie?

Wissen und Verstehen

2 Begriffe gesucht
a) So heißt die Gesteinsschmelze, die sich in unterirdischen Kammern eines Vulkans sammelt.
b) So heißt der Punkt an der Erdoberfläche, der über dem Erdbebenzentrum liegt.
c) „Auge" nennt man das Zentrum von ...?
d) So heißt eine durch Erdbeben ausgelöste Flutwelle im Meer.

3 Erklärung gesucht
a) Was haben Athen, San Francisco, Tokyo und Istanbul gemeinsam?
b) Warum wird der Rand des Pazifischen Ozeans auch „Feuerring" genannt?

2 Straße in Kalifornien

4 Außenseiter gesucht
Welcher Begriff passt nicht in die Reihe? Begründe, weshalb.
a) Lava – Erdkruste – Gesteinsbrocken – Asche
b) Erdbeben – Erdrotation – Richterskala – Seismograf

Portfolio
Bogen zur Selbsteinschätzung
104211-0405

Material
Lösungen dieser Seite
104211-0406

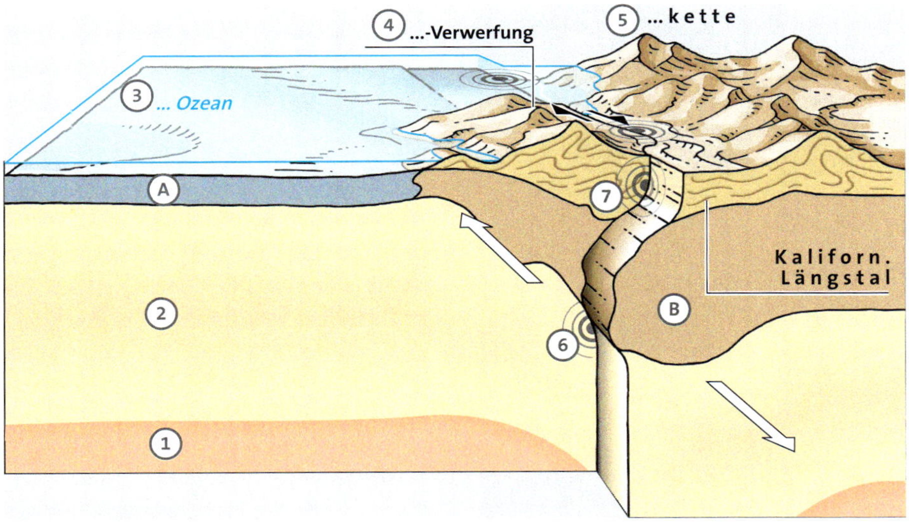

3 **Vorgänge an der San-Andreas-Verwerfung**

5 Arten von Plattenbewegungen

a) Übertrage die Skizzen 1 in dein Heft.
b) Ordne jeder Skizze die richtige Unterschrift zu: Dehnung, Stauchung, Scherung
c) Formuliere zu jedem Typ eine Erklärung und nenne je ein Beispiel.

Anwenden

6 Kalifornien in Gefahr

Foto 2, Grafik 3 und Atlas:

a) Beschreibe und verorte Grafik 3.
b) Benenne die mit Zahlen und Buchstaben bezeichneten Objekte.
c) Was ist bei Foto 2 passiert?

7 Die Erde in 100 Millionen Jahren

Werte die Karten 4 aus. Beschreibe, wie sich die Lage der Kontinente auf der Erde verändern wird.

Beurteilen und Bewerten

8 Zum Nachdenken

a) „Erdbeben töten am meisten, Stürme sind am teuersten", sagt die Münchner Rückversicherungs-Gesellschaft. Erkläre.
b) Viele kleine Erdbeben schützen vor der großen Katastrophe. Stimmt diese Aussage?
c) Obwohl ständig neuer Meeresboden entsteht, wird die Erdoberfläche nicht größer. Erkläre.

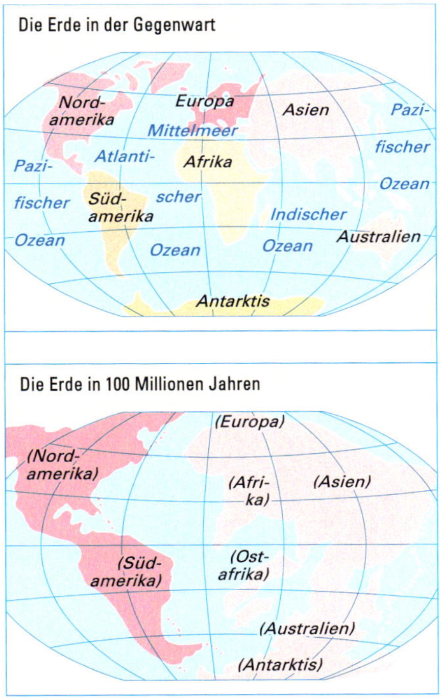

4 **Die Erde in der Gegenwart und in 100 Millionen Jahren**

Die Erde verändert ihr Gesicht

1 Schutthalden im Hochgebirge

2 Verwitterungsschäden an einer Sandsteinfigur

3 Durch Wurzeln „gesprengtes“ Gestein

4 Tropfsteinhöhle

Die Alpen wachsen! Einen Millimeter pro Jahr! Nach ihrem Alter müssten sie eigentlich heute in den Himmel ragen. Der höchste Berg der Alpen, der Mont Blanc, misst jedoch gerade einmal 4808 m. Wie kann das sein?
Kaum haben Kräfte aus dem Erdinnern, die endogenen Kräfte, die Erdoberfläche aufgebaut, beginnen Kräfte von außen, die exogenen Kräfte, sie wieder zu zerstören.
Die Verwitterung ist ein exogener Vorgang. Gesteine und Mineralien zerfallen unter Einfluss von Wind, Wasser, Temperaturunterschieden und chemischen Stoffen.
Im Winter dringt z.B. Regenwasser in kleine Spalten unserer Straßen. Sinken die Temperaturen unter 0°C, gefriert das Wasser zu Eis und dehnt sich aus. Der dabei entstehende Druck „sprengt“ aus dem Straßenbelag Material heraus. Nach strengem Frost sind die Straßen deshalb oft von Schlaglöchern übersäht. Im Hochgebirge und in den Polargebieten wiederholt sich die Frostsprengung unzählige Male.
In den Wüsten bewirkt gelegentlich fließendes Wasser, dass das Gestein immer weiter zerfällt und schließlich nur noch Sand übrig bleibt.
Pflanzen, deren Wurzeln in kleine Spalten vordringen, erzeugen dort beim Wachstum einen solchen Druck, dass das Gestein zerspringt.
Neben diesen Formen der physikalischen Verwitterung kommt es durch die Lösungsfähigkeit des Wassers und der in der Luft enthaltenen Schadstoffe zur chemischen Verwitterung. Sichtbar wird diese z.B. an alten Denkmälern oder Statuen.
In Kalkgestein eindringendes Wasser lässt durch chemische Prozesse riesige Höhlensysteme entstehen,

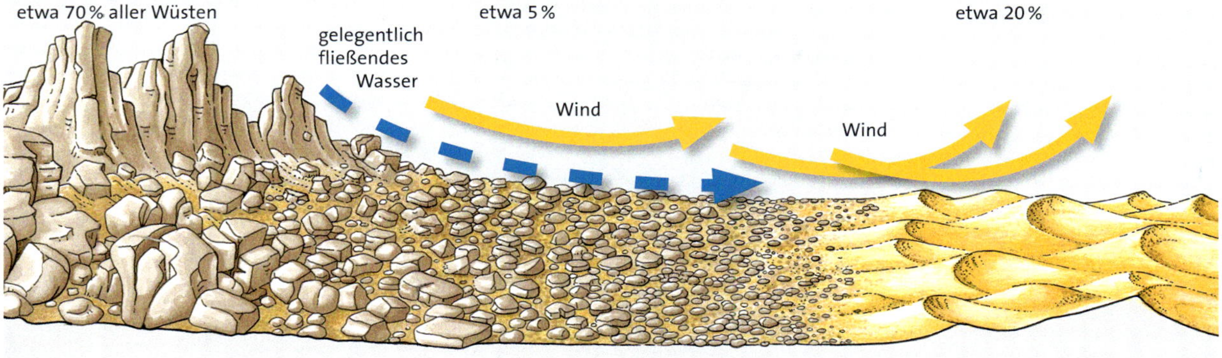

5 **Vom Felsbrocken zum Sandkorn: Wüstenarten und die sie prägenden Kräfte**

in denen Stalaktiten von der Decke und Stalagmiten vom Boden säulenartig aufeinander zuwachsen und das gelöste Material wieder aufbauen.

Vom Winde verweht

Einmal zerstört, sind die zerkleinerten Gesteine ein leichtes Spiel für die Erosionskräfte, also die Abtragungskräfte, von Wind und auch Wasser.
So lässt der Wind nicht nur Drachen steigen, sondern bearbeitet und modelliert auch riesige Felsen. Je stärker der Wind, desto größer die Sandkörner, die durch die Luft gewirbelt werden. Treffen Sandkörner auf Felsgestein, wirken sie wie ein Sandstrahlgebläse. Durch diesen Wind- oder Sandschliff werden kleinste Bestandteile herausgebrochen, die weicheren schneller als die harten. In Bodennähe wirkt die Erosionskraft stärker, da die Zahl der mitgeführten Sandkörner hier höher ist. So entstehen manchmal merkwürdige Felsen, die wegen ihrer Form auch Pilzfelsen genannt werden. Die Winderosion wirkt in Luv, also der dem Wind zugewandten Seite, stärker als an Lee, der abgewandten Seite.

6 **Pilzfelsen in Israel**

Lässt die Geschwindigkeit des Windes nach, werden die mitgeführten Materialien abgelagert, die größeren Bestandteile zuerst, zum Schluss die feineren wie Sand und Staub. So können an kleinen Hindernissen Dünen entstehen, die durch beständig aus der gleichen Richtung wehende Winde zu Wanderdünen werden können.

1 Ordne die Fotos 1–4 sowie 6 der jeweiligen Form der Verwitterung zu. Erkläre den Vorgang, der dazu geführt hat.

2 Erkläre Grafik 5.

3 Recherchiere im Internet nach der genauen Entstehung von Tropfsteinhöhlen und nenne einige bekannte Beispiele.

4 Suche in deiner Umgebung nach Stellen, an denen du die Auswirkungen exogener Kräfte beobachten kannst. Fotografiere sie und präsentiere sie in der Klasse mithilfe eines Beamers.

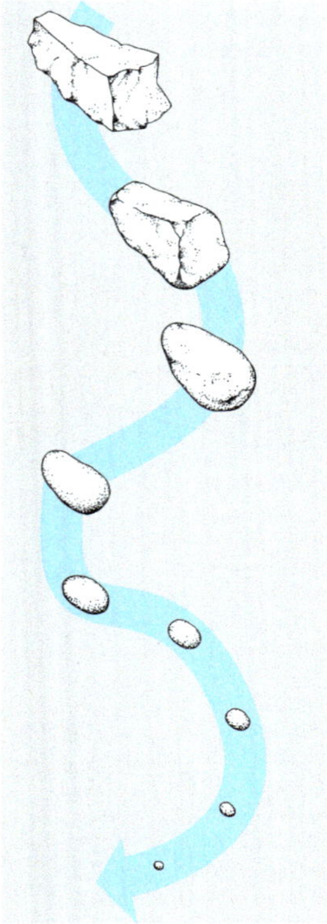

1 Vom Felsbrocken zum Kiesel

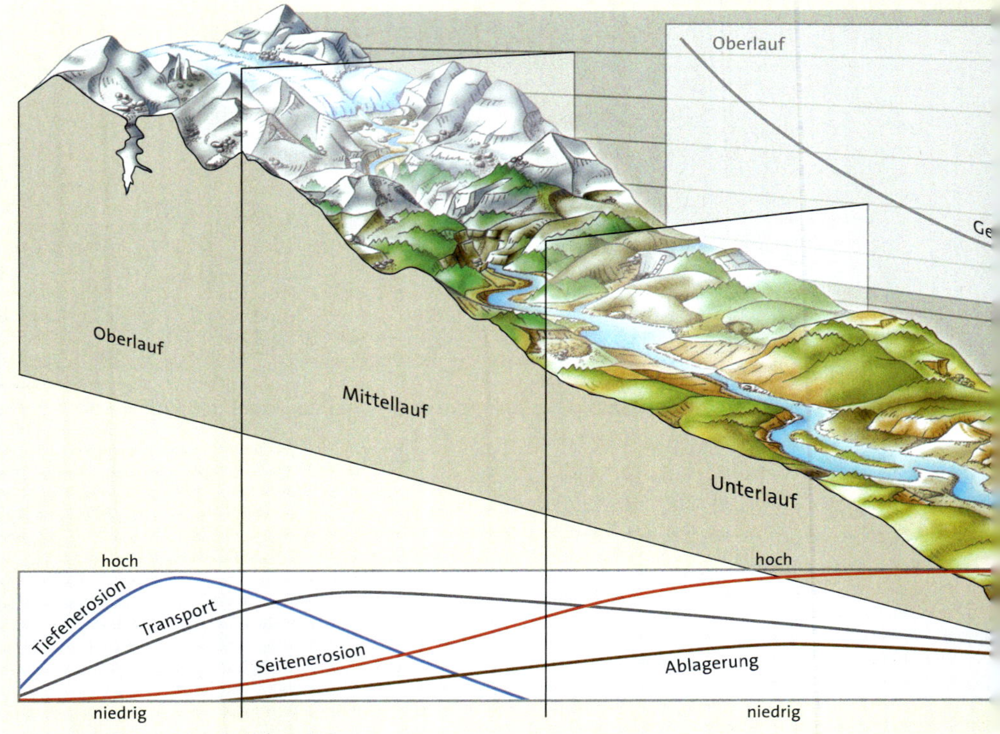

3 Blockbild eines idealen Flusses

2 Grand Canyon

Erosion
lat.: erodere = ausnagen; Abtragung von Material

Akkumulation
lat.: accumulare = anhäufen; Ablagerung von Material

Flüsse gestalten die Landschaft

Der Grand Canyon ist das größte Naturwunder, das ein Fluss auf der Erde geschaffen hat. Aber nicht nur am Colorado im US-Bundesstaat Arizona ist zu erkennen, dass fließendes Wasser den größten Anteil an der Gestaltung der Erdoberfläche hat. Auch der Rhein, die Donau und die Elbe schufen imposante Flusslandschaften. Und ebenso die kleinen Bäche im Wiesengrunde.

Von der Quelle bis zur Mündung ...
... bearbeitet fließendes Wasser den Untergrund unaufhörlich. In seinem Flussbett zerkleinert es Steinblöcke zu Geröll, zu Sand und schließlich zu

1 Arbeite mit Material 4:
a) Beschreibe die in den Fotos dargestellten Talformen.
b) Ordne die Talformen den Flussabschnitten in Blockbild 3 zu.
c) Erkläre die Entstehung der Talformen.

2 Werte das Blockbild 3 aus.
a) Erkläre die unterschiedlichen Kräfte des Wassers in den verschiedenen Flussabschnitten..
b) Übertrage Tabelle 5 in dein Heft und ergänze sie.

3 Erkläre die Abfolge der Geröllformen 1 und ordne sie dem Blockbild 3 zu.

4 Beschreibe die Flussabschnitte des Rheins von der Quelle zur Mündung mithilfe einer Atlaskarte.

schlammigem Ton. Mit diesem Transportmaterial ausgestattet, schneidet sich der Fluss selbst in den härtesten Felsuntergrund ein. Diese Abtragung durch fließendes Wasser wird als Erosion bezeichnet.

Bäche und Flüsse schneiden sich in die Tiefe ein, erodieren aber auch an der Seite und verbreitern somit das Flussbett. Die Talform ist bedingt vom Ausmaß der Tiefen- und der Seitenerosion. Auf die Gestaltung der Täler hat außerdem der Gesteinsuntergrund großen Einfluss. Zwischen Quelle und Mündung wechselt die Talform auch deshalb, weil das Gefälle und damit die Fließgeschwindigkeit vom Oberlauf zum Unterlauf abnimmt. Im steilen Oberlauf überwiegt die Erosion, im flachen Unterlauf die Ablagerung oder Akkumulation.

4 Talformen

Flussabschnitte und ihre Eigenschaften

	Oberlauf	Mittellauf	Unterlauf
Gefälle		gering	
Fließgeschwindigkeit			
transportiertes Material	Wackerstein bis Grobkies		
Erosion / Akkumulation	Tiefenerosion vorherrschend		
Talform / Form			

5 Flussabschnitte und ihre Eigenschaften

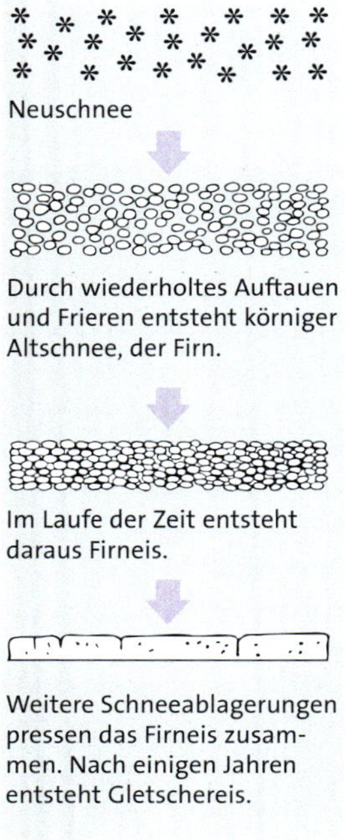

1 **Wie Gletschereis entsteht**

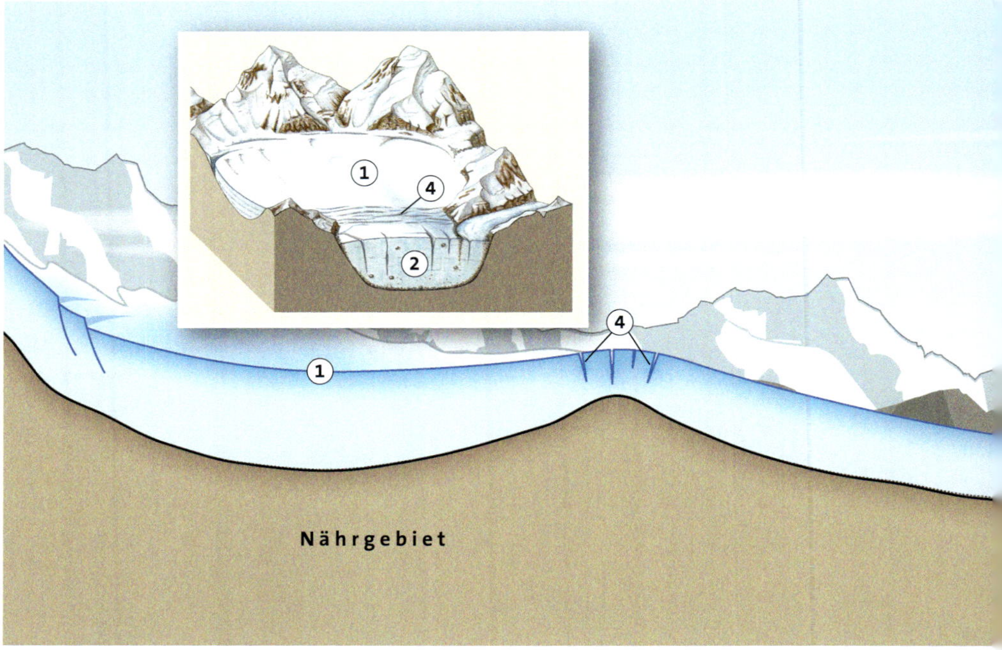

2 **Modell eines Gletschers**

Gletscher – Ströme aus Eis

Wie riesige Zungen wirken die großen Eisströme, die sich in den Alpen und anderen Hochgebirgen langsam von den Bergen abwärts bewegen. Ihre Entstehung ist mit der eines Schneeballs vergleichbar, der unter Druck zum Eisball wird. Oberhalb der Schneegrenze, einer bestimmten Höhe im Gebirge, von der ab im Jahresverlauf mehr Schnee fällt als wegtaut, liegt das Nährgebiet des Gletschers. Hier verdichtet sich der gefallene Schnee durch ständiges Tauen und Wiedergefrieren; das Ergebnis ist Firn. Je öfter sich der Vorgang wiederholt, desto mächtiger wird das Firnpaket, es übt zunehmend Druck aus. Dieser wandelt Firn zu Gletschereis um. Unter ihrem Gewicht geraten die Eismassen an Hängen in Bewegung. Als Gleitfilm dient das Schmelzwasser, das sich durch den Druck und die so verursachte Erwärmung an der Gletscherunterseite bildet. Alpengletscher fließen bis zu 150 m im Jahr! Dabei entstehen Gletscherspalten: Muss der Gletscher an einer Geländestufe starkes Gefälle überwinden, bilden sich Querspalten. Längsspalten öffnen sich, wenn sich das Tal weitet.

Riesige Landschaftshobel

Der Gletscher hobelt mit seinem großen Gewicht Gestein vom Untergrund und von den Talflanken ab. Erst nach dem Abtauen des Gletschers werden die Formen der Gletschererosion vollständig sichtbar, z. B. die Trogtäler mit ihrem U-förmigen Querschnitt. Im Eis mitgeführter Schutt lagert sich an den Seiten des Gletschers als Seitenmoräne und vor der Gletscherzunge als Endmoräne ab.
Unterhalb der Schneegrenze schmilzt im Sommer mehr Eis ab, als im Winter neu entsteht. Hier liegt das Zehrgebiet. Aus dem Gletschertor, der höhlenartigen Öffnung in der Gletscherzunge, tritt der milchig-trübe Gletscherbach aus.

?!
Kaum zu glauben
Der größte Gletscher Grönlands, der Jakobshavn Isbrae, scheint derzeit auch der schnellste Gletscher der Welt zu sein. Satellitenmessungen zeigen, dass er sich um bis zu 12 km pro Jahr bewegt. Doch am pakistanischen Kutiah Gletscher wurde 1953 angeblich eine Fließgeschwindigkeit von 12 km in drei Monaten gemessen, das entspricht 112 m pro Tag.

Material
Infoblatt Gletscher
104211-0407

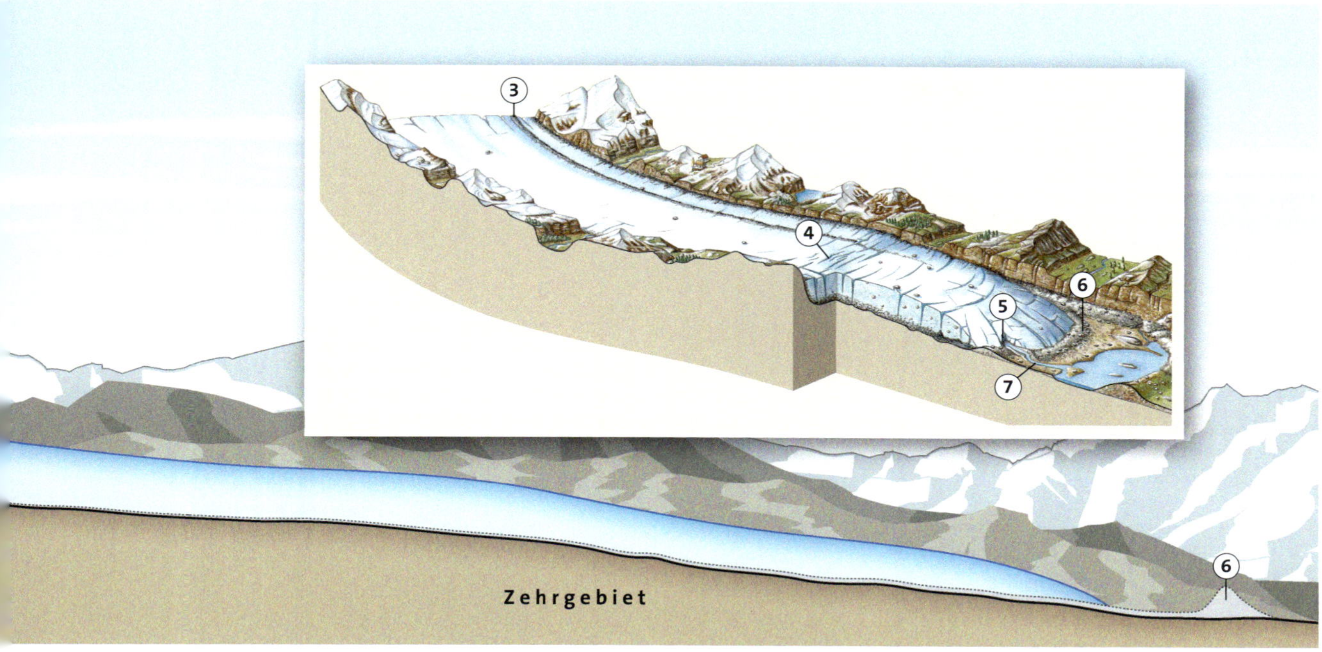

Während der Eiszeiten muss es in den Alpen so ausgesehen haben wie heute in der Antarktis: Nur die Gipfel der höchsten Berge ragten aus einem Meer von Eis. Die Gletscher schmolzen ab, als sich das Klima änderte. Ihre Spuren sind jedoch noch heute zu sehen.

Gletscher in Gefahr

Schon seit Mitte des 19. Jahrhunderts ist in vielen Gebirgen weltweit ein deutlicher Rückgang der Gletscher zu beobachten. Die Alpengletscher schrumpften etwa um ein Drittel ihrer Fläche. Diese aktuelle Gletscherschmelze ist eine Folge des anthropogenen Treibhauseffektes.

3 **Schweiz: Tschierva-Gletscher**

1 Benenne mithilfe des Atlas je vier Gletscher in Europa, Amerika und Asien.

2 Arbeite mit den Blockbildern und Profil 2.
a) Bezeichne die Ziffern mit den folgenden Begriffen: Endmoräne, Firn, Gletscherbach, Gletschereis, Gletscherspalte, Gletschertor, Mittelmoräne
b) Erkläre die Entstehung der Gletscherstrukturen.

3 Erkläre die Entstehung einer Mittelmoräne mithilfe von Blockbild 2.

4 Bei der Besteigung des Mont Blanc ging 1788 eine Leiter im Gletschereis verloren. 44 Jahre später fand man sie wieder. Erkläre, wo man sie gefunden haben könnte und wie sie dahin kam.

5 Recherchiere im Internet und suche Bilder der gleichen Gletscher aus verschiedenen Zeiten. Notiere deine Beobachtungen.

5

Ein Entwicklungsland – Tansania

Tansania: ein Land in Afrika. Ein Land auf dem Kontinent, von dem ihr bestimmt schon vieles gehört habt.
Hier gibt es Regenwälder und große Wüsten, bedeutende Bodenschätze und exotische Speisen. Afrika ist aber auch bekannt für große Armut, für Hunger und Krieg.
Und wie sieht es im Entwicklungsland Tansania aus? Sich mit Tansania beschäftigen heißt, zugleich etwas über Afrika insgesamt zu erfahren.

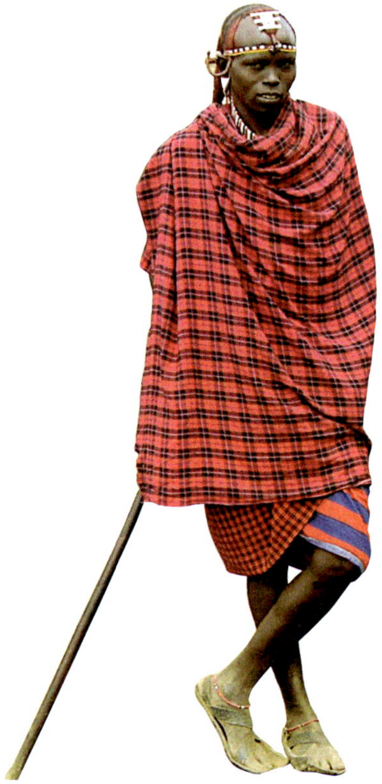
1

2

3

4

5

1

3

2

4

5

„Uhuru na Umoja“

... bedeutet in Suaheli, der Sprache der Menschen in Tansania, so viel wie „Freiheit und Einheit“. Im April 1964 taten sich zwei Staaten unter diesem Wahlspruch zusammen: Tanganjika und Sansibar. Zuvor waren beide Gebiete etwa 100 Jahre lang Kolonien europäischer Staaten gewesen: zuerst unter deutscher, dann unter britischer Herrschaft.

Vielvölkerstaat Tansania
Tansania ist wie viele Länder Afrikas ein **Vielvölkerstaat**: Als die Europäer im 19. Jahrhundert Gebiete eroberten, nahmen sie bei der Grenzziehung auf Stammesgebiete keine Rücksicht. Die größte Bevölkerungsgruppe in Tansania mit etwa 3 Millionen Einwohnern sind die Sukuma. Sie leben im Nordwesten des Landes in der Nähe des Victoriasees. Das bekannteste Volk Tansanias sind die etwa 140 000 Massai, ein Nomadenvolk, das von der Viehwirtschaft lebt. Sie leben vorwiegend im Nordosten des Landes, in der Gegend um Arusha sowie in der Ngorongoro Conservation Area und in der Serengeti. Heute wohnt der größte Teil als Halbnomaden in einem Kral und wechselt nur alle paar Jahre den Platz.

Kral
auch Kraal (portugiesisch-afrikaans)
Bezeichnung für die charakteristische Rundsiedlungen vieler afrikanischer Völker

Material
Infos zum ersten Staatspräsidenten
104211-0501

Das Staatswappen Tansanias
Das Wappen zeigt wichtige nationale Symbole. So besteht die Flagge aus diagonalen Streifen. Diese stehen für das Land (grün), das Wasser (blau), die Menschen (schwarz) und den Reichtum an Rohstoffen (gold). Mit Speer, Sichel und Axt wird die Nation aufgebaut und verteidigt. Die Stoßzähne sind ein Sinnbild für die reichhaltige Natur des Landes. Baumwoll- und Kaffeezweig stehen für die Landwirtschaft. Der Gipfel des Kilimandscharo ist der höchste Punkt Afrikas und Wahrzeichen Tansanias. Ein Mann und eine Frau bedeuten Freiheit, Einheit und Gleichheit. Die Fackel soll „den Verzweifelten Hoffnung, den Verletzten Würde, und jenen, die voller Hass sind, Frieden geben".

6

An den Hängen des Kilimandscharo findet man das Volk der Chagga. Sie haben für den Ackerbau ein aufwändiges Bewässerungssystem entwickelt. Sie bauen hauptsächlich Bananen und Kaffee an.
An der Küste und auf den Inseln Sansibar und Pemba entstand aus der Vermischung von afrikanischen Bantu-Völkern mit arabischen Händlern die Suaheli-Kultur. Und im Süden des Landes leben Volksgruppen wie die Makonde, die für ihre Holzschnitzkunst bekannt sind.

Friedliches Zusammenleben
Die Bevölkerung Tansanias führt bis heute ein friedliches Zusammenleben. Dafür gibt es vor allem zwei Gründe. Erstens hat keiner der in Tansania lebenden Stämme eine deutliche zahlenmäßige Mehrheit. Deshalb kann auch keine einzelne Bevölkerungsgruppe die anderen beherrschen. Zweitens trägt die gemeinsame Landessprache Suaheli dazu bei, ein Gefühl der Zusammengehörigkeit zu schaffen.

Suaheli
Suaheli ist die am weitesten verbreitete Sprache in Ostafrika: Mehr als 80 Millionen Menschen beherrschen Suaheli.

1 Arbeite mit den Fotos 2 bis 5:
a) Beschreibe die Menschen und ihre Kleidung.
b) Überlege, woran man erkennen kann, welcher Religionsgemeinschaft die Menschen angehören.

2 Arbeite mit dem Text und den Fotos: Man bezeichnet Tansania auch als Vielvölkerstaat. Erkläre das kurz.

3 Skizziere das Wappen Tansanias (Material 6) in dein Heft und beschrifte die Bedeutung der einzelnen Symbole.

Zur Vertiefung
4 Erstellt eine ethnische Wandkarte mit Erklärungen.

Um sich einen Überblick über Tansania zu verschaffen, eignen sich neben Karten besonders Blockbilder.
Sie zeigen sehr anschaulich, welche Oberflächenformen in welchem Teil des Landes vorkommen: Wo gibt es z. B. Gebirge und Ebenen, wo findet man Wälder, Flüsse oder Wüsten?

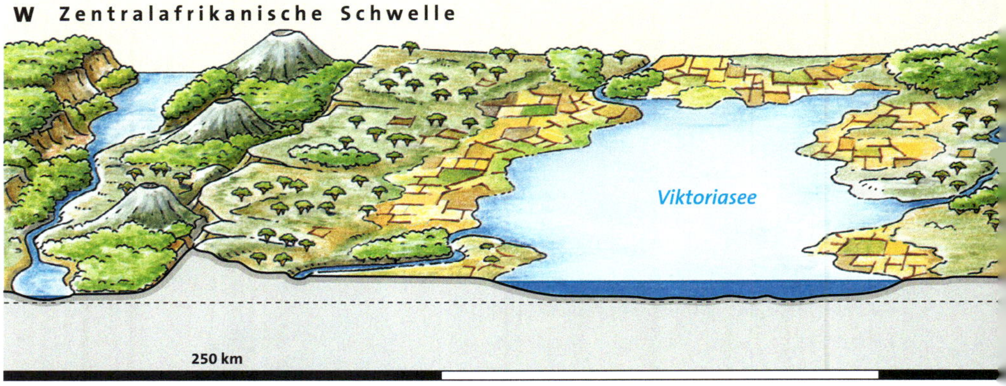

1 Blockbild von Zentralafrika

Vom Victoriasee zum Indischen Ozean

Monsunwinde
jährlich wiederkehrende Winde im Bereich des Indischen Ozeans, in den Monaten November – Mai aus Nordosten auf die Küste Tansanias wehend

„Vielfalt garantiert!" – So oder so ähnlich heißt es in vielen Reiseprospekten zu Tansania. Tatsächlich gilt Tansania als ein Land der Superlative: Es grenzt an drei der größten Seen Afrikas: im Norden an den Victoriasee, im Westen an den Tanganjikasee und im Süden an den Malawisee. Im Norden liegt die Serengeti, der wohl berühmteste Nationalpark Afrikas. Dort kann man Löwen, Leoparden, Nashörner, Büffel und Elefanten bestaunen. Und schließlich liegt der höchste Berg Afrikas in Tansania: der Kilimandscharo.
Tansania hat tropisches Klima. Besonders in den Küstengebieten sind die Temperaturen sehr hoch. In vielen Gebieten können aber auch Nachtfröste vorkommen. Das liegt daran, dass der größte Teil des Landes über 1 000 m hoch liegt.

Der Regen macht den Unterschied
Den meisten Regen erhalten die größeren Gebirge und während der Monsunmonate auch das Küstenland. Dagegen ist das Hochland im Landesinnern ziemlich trocken. Deshalb findet man Tropischen Regenwald auch nur am Fuß der Berge und im Küstengebiet. Sonst herrschen Feucht- und Trockensavannen vor. In einigen Bereichen können sogar nur Gräser und Sträucher wachsen: die typische Vegetation der Dornsavanne.
Die Dornsavanne ist eigentlich nicht für den Ackerbau geeignet. Zum einen, weil in diesen Gebieten nur wenig Regen fällt; zum anderen, weil diese geringen Niederschläge auch noch sehr unregelmäßig kommen. Trotzdem sind viele Menschen darauf angewiesen, für die eigene Versorgung auch in diesen Gebieten Anbau zu betreiben. Hirse ist eine geeignete Anbaupflanze dafür.

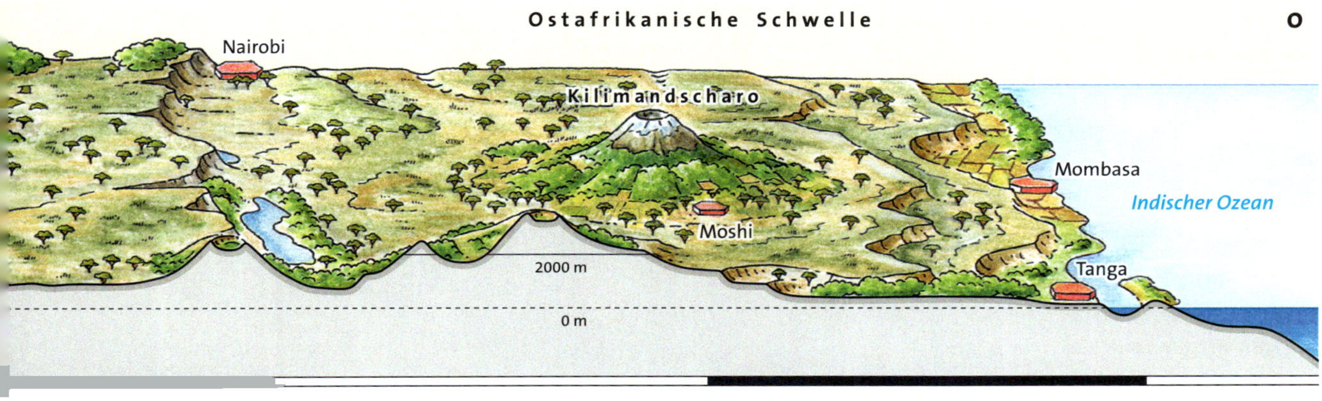

Wenn die Dürre kommt ...

Große Teile Tansanias sind immer wieder von Dürren bedroht. So kam es 1997 und auch 2003 zu einer kritischen Situation: Die Niederschläge blieben während der Regenzeit aus, vor allem im Zentrum und an der Küste. In Daressalam etwa regnete es 2003 im April – eigentlich regenreichster Monat – so wenig wie seit 50 Jahren nicht mehr. Quellen trockneten aus. In vielen Regionen konnten nur die Pflanzen geerntet werden, die man schon früh ausgebracht hatte. Die Folge der **Dürre**: Grundnahrungsmittel wurden knapp und auf den Märkten teurer.

So schön Tansania für Touristen aus Amerika und Europa auch ist: Das Klima stellt seine Einwohner vor eine harte Aufgabe: Wie kann die Ernährung gesichert werden?

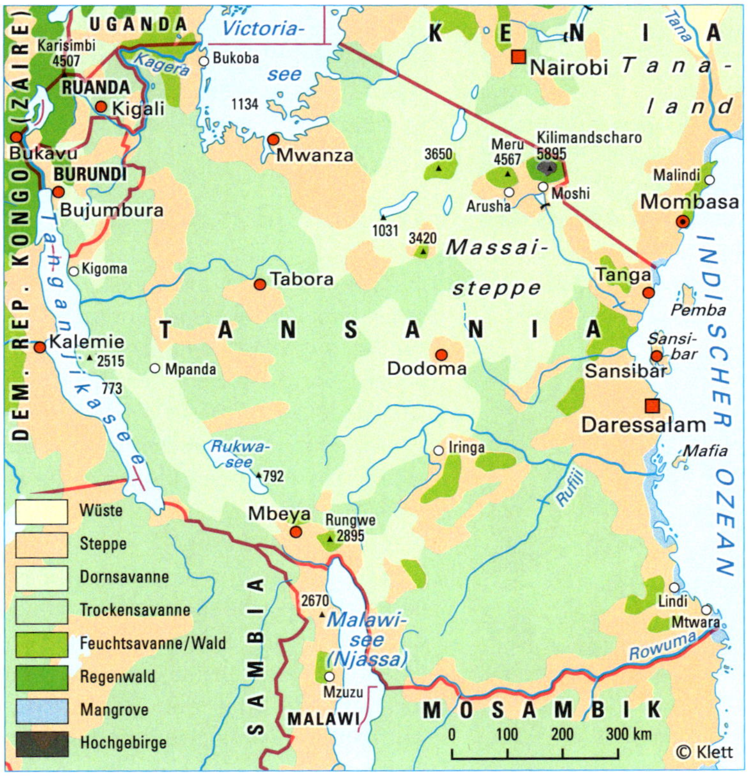

2 Die Landwirtschaft in der Trockensavanne und besonders in der Dornsavanne ist immer wieder von Dürren bedroht.

1 Arbeite mit dem Blockbild 1 und dem Atlas: Beschreibe, was du bei einem Flug vom Westufer des Victoriasees nach Tanga sehen würdest. Achte vor allem auf die Vegetation und auf die Oberflächenformen.

2 Arbeite mit Karte 2:
a) Schätze ab, auf wie viel Prozent der Fläche die Bauern von Dürren bedroht sind: 30, 50, 70 oder 90 %?
b) Überlege, welche Folge das für die Wirtschaft des Landes hat.

Zur Vertiefung

3 Informiere dich genauer über die wirtschaftlichen Bedingungen im Land. Referiere vor der Klasse.

1 **Sisal: Aus den Blattfasern werden Seile und Teppiche hergestellt.**

2 **Cashewnüsse: Man muss sie rösten, bevor man sie essen kann.**

3 **Baumwolle ist der Rohstoff für alle Jeans.**

4 **Feldarbeit**

Tansania – Land der Bauern

In Tansania leben die meisten Menschen, drei Viertel der gesamten Bevölkerung, auf dem Land, meist als Kleinbauern. Sie produzieren vor allem für den Eigenbedarf. Diese Art von Wirtschaft nennt man **Selbstversorgerwirtschaft**. Ein wichtiges Merkmal dieser Wirtschaftsform sind die verhältnismäßig geringen Erträge.

Dafür gibt es mehrere Ursachen. Eine natürliche Ursache sind die unregelmäßigen Regenfälle. Ein anderer Grund ist, dass den Bauern in Tansania das Geld für Traktoren oder chemischen Dünger fehlt. Das wird besonders dort zum Problem, wo es nur schlechte Böden gibt. Zudem ist in den meisten Fällen der Landbesitz sehr klein, sodass auch deshalb keine Maschinen zum Einsatz kommen. Feldarbeit ist in Tansania fast immer Handarbeit, und zwar mit der Hacke.

Ein weiteres Problem für die Bauern ergibt sich aus der Lage Tansanias in den Tropen. Besonders im Bereich der Miombo-Wälder in der Trockensavanne kommt die Tsetse-Fliege vor. Sie überträgt mit ihrem Stich die Schlafkrankheit auf Menschen und die Nagana-Seuche auf Rinder. Viehwirtschaft ist in diesen Gegenden nicht möglich.

All diese Faktoren verhindern in vielen Regionen des Landes eine intensivere landwirtschaftliche Nutzung. Dabei ist die Auswahl an Nutzpflanzen, die in Tansania angebaut werden können, sehr reichhaltig. Für den Export werden z.B. Baumwolle, Cashewnüsse, Sisal, Kaffee, Tee und Tabak produziert. Der Anbau von Hirse, Mais und weiteren Nutzpflanzen dient dagegen hauptsächlich dem Eigenbedarf.

Lernen im Netz
Orientierung in Tansania
104211-0502

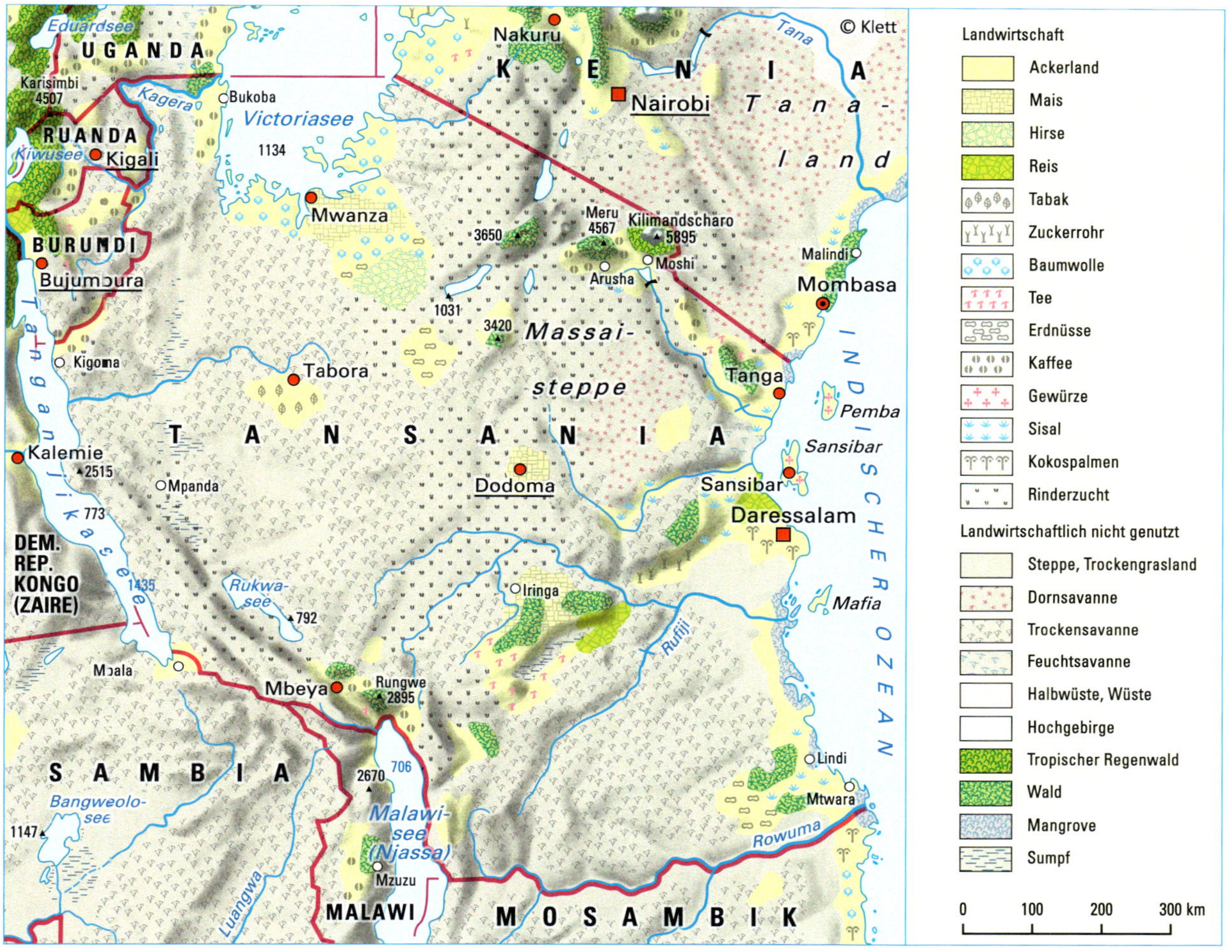

5 Landwirtschaft in Tansania

Bedeutung der Landwirtschaft

Etwa die Hälfte der Einnahmen aus dem Außenhandel erzielt Tansania durch den Verkauf von Agrarprodukten. Baumwolle, Tabak und Kaffee von großen Plantagen stehen dabei an erster Stelle. Der Anbau für den Export hat aber auch Nachteile: Auf diesen Flächen können keine Nahrungsmittel für den Eigenbedarf produziert werden. Und auf dem Weltmarkt schwankt der Preis für Rohstoffe stark. Deshalb fehlt dem Staat häufig das Geld für notwendige Ausgaben, etwa für den Ausbau von Schulen oder Krankenhäusern.

1 Werte Karte 5 aus:

a) Nenne die landwirtschaftlichen Produkte, die in Tansania angebaut werden.

b) Beschreibe, wie sich die Anbaugebiete im Land verteilen.

2 Arbeite mit den Fotos und dem Text:

a) Beschreibe, wie die Bauern in Tansania arbeiten.

b) Verschiedene Ursachen behindern die Entwicklung der Landwirtschaft. Erstelle dazu eine Mindmap.

Zur Vertiefung

3 Stellt das Leben eines Bauern in Tansania und eines Bauern in Europa gegenüber und erklärt diese mithilfe naturräumlicher und wirtschaftlicher Gegebenheiten.

1

Einwohner der acht größten Städte in Tansania

Stadt	Einwohner
Daressalam	2698652
Mwanza	436801
Zanzibar	403658
Arusha	341136
Mbeya	291649
Morogoro	250902
Tanga	224876
Dodoma	180541
Gesamtbevölkerung	38,4 Mio.

2

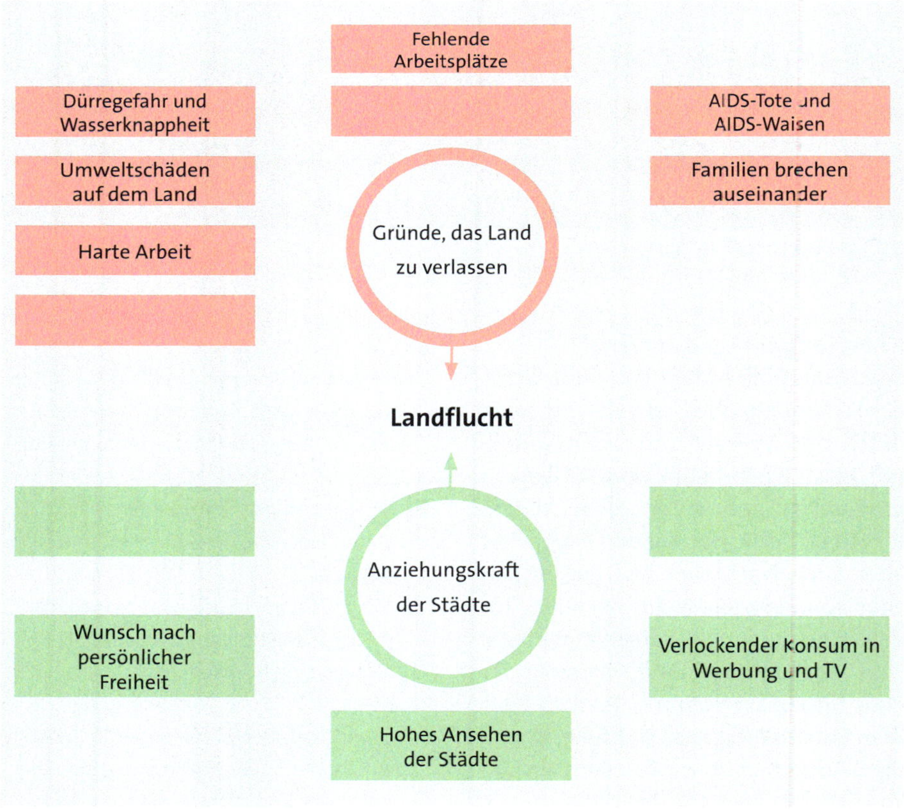

3

Landflucht

Der Name Daressalam leitet sich aus dem Arabischen ab. Er bedeutet so viel wie „Hafen des Friedens". Tansanias größte Stadt weckt Hoffnungen bei vielen Menschen, die auf dem Land leben. Noch lebt nur ein Viertel der 38 Millionen Tansanier in Städten. Doch immer mehr Menschen wollen die ländlichen Regionen verlassen.

Jakaya (13) berichtet:
Vor kurzem ist mein Vater an Fieber gestorben. Jetzt muss meine Mutter das Feld alleine bearbeiten. Als Korbflechterin kann sie nicht mehr arbeiten. Das Schulgeld für mich kann sie nicht mehr aufbringen. Leider sind meine Großeltern zu alt und zu schwach, um uns zu helfen. Sie müssen aber versorgt werden, genauso wie meine drei kleinen Geschwister.
Ich als Ältester musste versuchen, Arbeit zu finden. Zuerst versuchte ich es als Pflücker auf einer Baumwoll-Plantage. Doch die Löhne sind sehr gering. Also zog ich nach Daressalam, weil ich dort Verwandte habe. Aber auch hier ist es gar nicht so einfach. Onkel und Tante konnten mich nicht aufnehmen. Sie sind an AIDS erkrankt und können kaum für sich selbst sorgen. Also musste ich ein paar Tage auf der Straße übernachten. Schließlich fand ich einen anderen Onkel in einer Hüttensiedlung am Stadtrand. Er zeigte mir, wie man Holzfiguren schnitzt. Die verkaufe ich an Touristen. Das klappt ganz gut und ich kann einen Teil des Geldes meiner Familie schicken.

4

5 **Auf dem Land**

6 **Am Rande der Großstadt**

1 Vergleiche Jakayas Bericht mit Zeichnung 1 und mit den Fotos 5 und 6: Was stimmt überein, wo gibt es Unterschiede?

2 Wie kommt es zur Landflucht in Tansania? Übertrage Schema 3 in deine Mappe und vervollständige es. Die Lösungen zum Einsetzen sind: Geringe Erträge der Bauern – Hoffnung auf Bildung und Aufstieg – Hoffnung auf gut bezahlte Arbeit – Starkes Wachstum der Bevölkerung.

Zur Vertiefung

3 Wählt eine Großstadt in Südamerika aus und vergleicht die dortigen Umstände und Folgen der Landflucht mit denen in Tansania.

Wirtschaft auf der Straße

In Tansania funktioniert die Wirtschaft anders als bei uns. Eine große Rolle spielt der **informelle Sektor**. Das heißt, die Menschen wirtschaften außerhalb der „normalen" Wirtschaft: Sie zahlen keine Steuern oder Sozialabgaben; sie haben auch keine Arbeitsverträge, also keinen Anspruch auf Urlaub, Rente oder eine Fortzahlung des Lohnes, wenn sie einmal krank sind.

Bedeutung des informellen Sektors

Die „Betriebe" im informellen Sektor sind meist Ein-Personen-Betriebe oder Familienbetriebe. Man findet sie vor allem in den Städten im Handel, im Handwerk, in der Kinderbetreuung und bei vielen anderen Dienstleistungen. Selbst diejenigen, die seit Jahren erfolgreich wirtschaften, haben meist nur wenig Ersparnisse für schwierige Zeiten.

Dennoch stellt der informelle Sektor in den Entwicklungsländern einen wichtigen Faktor für die Gesellschaft dar. Denn die Kleinstbetriebe arbeiten gerade in den Bereichen, in denen die „normale" Wirtschaft oder der Staat aus verschiedenen Gründen nicht selbst tätig werden können. Damit sichert der informelle Sektor für die Bevölkerung die Grundversorgung. Zudem bietet die Arbeit als Schuhputzer, Schlosser, Strickerin, Müllsammler, Straßenhändler oder Putzhilfe der großen Zahl ungelernter Arbeitskräfte eine Verdienstmöglichkeit. Insgesamt führt das dazu, dass der informelle Sektor in Ländern wie Tansania größer sein kann als die „normale" Wirtschaft!

1

2

3

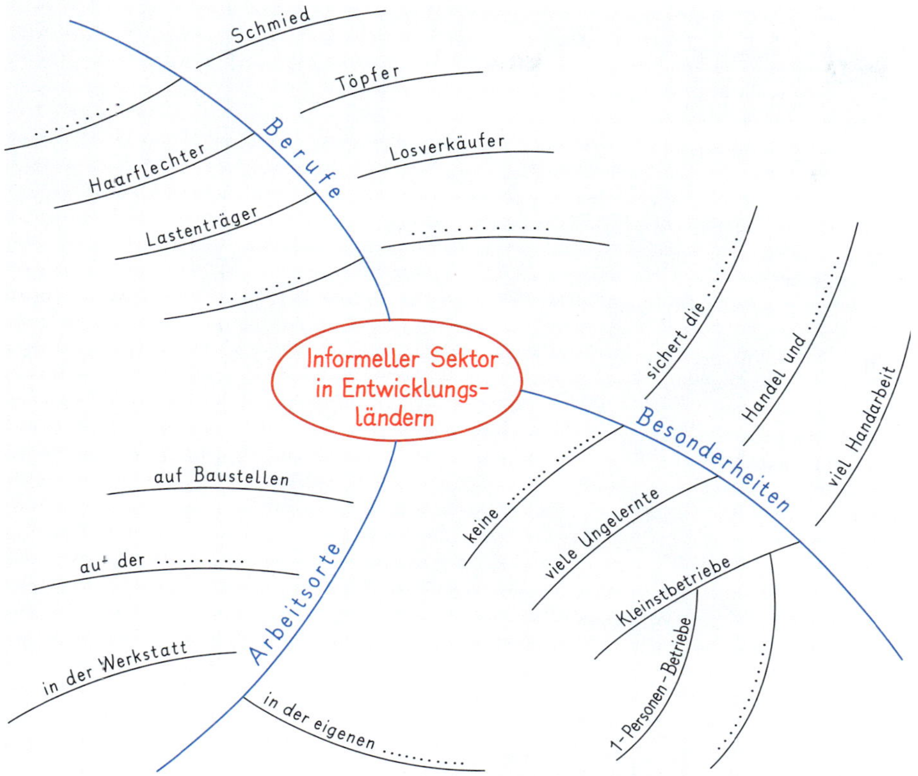

4

Herausforderung für die Politik
Die Menschen, die im informellen Sektor arbeiten, sind häufig die ärmsten und schwächsten Mitglieder der Gesellschaft. Sie sind weder durch Gesetze noch durch die Arbeit der Gewerkschaften geschützt. Zum Problem wird das Arbeiten ohne staatliche Regeln, wenn der Verdienst nicht mehr zum Leben reicht. Etwa dann, wenn der einzige Ernährer der Familie wegen einer Krankheit ausfällt. Initiativen zur Verbesserung der Arbeitsbedingungen im informellen Sektor haben deshalb für die Regierungen aller Entwicklungsländer eine hohe Bedeutung.

1 Werte die Fotos 1–3 aus:
a) Beschreibe die ausgeübten Tätigkeiten.
b) Beschreibe die Umgebung, in der die wirtschaftlichen Aktivitäten stattfinden.

2 Arbeite mit den Materialien:
a) Zeichne die noch unvollständige Mindmap ab.
b) Ergänze sie mithilfe der Informationen, die du den Fotos und dem Text entnehmen kannst.

Zur Vertiefung

3 Erkundigt euch über die politische Situation in Tansania und stellt die wichtigsten Aspekte zusammen.

1 AIDS-Waisen in Tansania

AIDS
AIDS ist eine Schwäche des Immunsystems. Sie wird durch eine Infektion mit dem HI-Virus ausgelöst. Bisher kann AIDS nicht geheilt werden, man kann sich aber vor einer Ansteckung schützen, u. a. durch Kondome.

2 **Die AIDS-Schleife.** Am 1. Dezember ist Welt-AIDS-Tag. An diesem Tag gedenkt man weltweit der Menschen, die an AIDS erkrankt oder die durch AIDS gestorben sind.

Zurück bleiben die Waisen

Zawadi, 14 Jahre, berichtet:
Bevor es meinen Eltern schlecht ging, waren wir eine glückliche Familie. Ich lebte mit meinem Vater, meiner Mutter, meiner drei Jahre älteren Schwester und ihrem Sohn Toko auf dem Land. Wir bauten Mais, Tomaten und etwas Gemüse an. Meine Mutter arbeitete auf einer Plantage und mein Vater in der Stadt als Lehrer.
Doch dann erkrankte meine Mutter an ‚Ukimwie'. Ihr nennt in eurer Sprache die Krankheit ‚AIDS'. Die Behandlung meiner Mutter war teuer und ich musste helfen, Geld zu verdienen. Die Kosten für die Behandlung waren so hoch, dass wir nicht mehr das Schulgeld bezahlen konnten. Jetzt arbeite ich für meine Familie. Für meine Arbeit bekomme ich nicht mehr als 40 Cent am Tag. Das reicht kaum für ein Kilo Maismehl. Meine ehemaligen Schulkameraden sehen seitdem auf mich herab. Sie wollen nichts mehr mit mir zu tun haben. Ohne Schulabschluss werde ich wohl keine richtige Arbeit bekommen. Meine Mutter starb nach wenigen Monaten.
In letzter Zeit geht es auch meinem Vater oft schlecht und er kann kaum noch arbeiten. Ich hoffe, dass er nicht auch an dieser Krankheit leidet und stirbt. Dann wäre ich mit dem Sohn meiner Schwester alleine, denn meine Schwester ist vor zwei Monaten auch an AIDS gestorben. Der Mann, mit dem sie zuletzt ging, war alt und kam aus der Stadt. Es ist alles so schwer, mein Leben ist nicht gut. Manchmal denke ich, dass ich auch diese Krankheit habe, weil alle lieben Menschen meiner Familie daran gestorben sind.

3

AIDS – immer noch ein Tabu

Zawadi hat erzählt, dass ihre Mutter und ihre Schwester an AIDS gestorben sind und auch ihr Vater infiziert ist. Sie hat aber nicht erzählt, dass ihre Schwester als Prostituierte gearbeitet hat, um Nahrung für die Familie kaufen zu können. Die Schwester infizierte sich mit dem Virus. Bevor sie starb, bekam sie noch ein Baby.

AIDS ist für viele Menschen ein Tabu-Thema. Gerade in afrikanischen Ländern wird die Krankheit als Fluch angesehen.

Kulturelle Gewohnheiten unterstützen die Verbreitung der Krankheit zusätzlich: Das gilt für die Vielehe ebenso wie für die schnelle Wiederverheiratung der Witwen.

Deshalb gehören die Aufklärung über Hygiene und Vorsorge beim Geschlechtsverkehr zu den wirkungsvollen Mitteln im Kampf gegen AIDS. Aber erst wenn es gelingt, dass die Diskriminierung infizierter Menschen aufhört, kann die Krankheit erfolgreich eingedämmt werden.

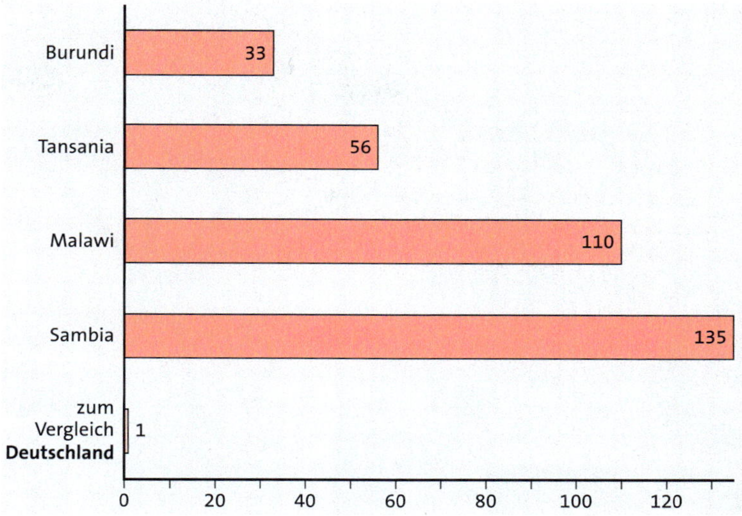

4 **Im Jahr 2009 waren von 1000 Erwachsenen so viele mit dem HI-Virus infiziert**

AIDS in Tansania (2009)

Infizierte Erwachsene	etwa 1,4 Mio.
Infizierte Kinder	etwa 160 000
AIDS-Waisen	etwa 1,3 Mio.
AIDS-Tote pro Jahr	etwa 86 000

5

Wirtschaftliche Folgen

AIDS ist nicht nur eine menschliche Katastrophe. In vielen Familien fallen die Ernährer aus. Das bedeutet, dass die, die überleben, mit weniger Geld auskommen müssen. Gleichzeitig aber kommen durch Medikamente und Pflegedienste höhere Ausgaben auf die betroffenen Familien zu.

Auch in den Unternehmen hinterlässt AIDS seine Spuren. Es mangelt an ausgebildeten Arbeitskräften. Der Kampf gegen die Immunschwächekrankheit ist deshalb eine wichtige Aufgabe für die Entwicklungspolitik. Denn gerade die Länder Afrikas benötigen jede ausgebildete Fachkraft.

1 Zawadi berichtet über ihre Familie. Dabei erzählt sie aber nicht alles. Versuche zu erklären, welches ihre Gründe sein könnten.

2 Arbeite mit den Materialien und beantwortet folgende Fragen:
- Was erleichtert die Ausbreitung von AIDS?
- Welche Maßnahmen helfen gegen AIDS?
- Welche Folgen hat die Krankheit für ein Land wie Tansania?

Zur Vertiefung

3 Recherchiert über AIDS-Organisationen. Stellt diese in der Klasse vor.

1

2

Tansania – Ziel für Touristen

Die Tierwelt der Savannen Ostafrikas ist in ihrer Vielfalt einmalig auf unserer Erde. Solange die einheimische Bevölkerung mit Speer, Pfeil und Bogen jagte, war der Bestand an Wildtieren nicht gefährdet. Das änderte sich mit dem Erscheinen der Europäer vor über 100 Jahren. Sie jagten aus Jagdlust und mit Feuerwaffen – nicht der Nahrung wegen, sondern um eine Trophäe zu erbeuten. Die Folge: Die Zahl der Tiere nahm ab, ganz besonders bei den Elefanten. Diese großen Tiere sind noch heute wegen des Elfenbeins bei Wilderern begehrt. Erst als man **Nationalparks** einrichtete, setzte ein Umdenken ein. Zum Schutz der Tiere ist in den Nationalparks jede Landnutzung verboten. Und Wildhüter schützen das Großwild vor Wilderern.

Nationalpark Serengeti

„Nashorn!", ruft der Fahrer des kleinen Busses. Sofort zücken die vier Fahrgäste ihre Kameras. Den ganzen Tag sind sie durch die Weiten der Serengeti gefahren. Zebra- und Gazellenherden, die an Wasserlöchern tranken, haben sie bereits fotografiert. Ebenso tausende Gnus und auch Giraffen, die ihren Hunger an den Blättern von Schirmakazien stillten.

In der Sprache der einheimischen Massai bedeutet Serengeti so viel wie „endloses Land". Jedes Jahr besuchen etwa 100 000 Menschen auf solchen **Safaris** den Serengeti-Nationalpark. Mit knapp 15 000 km² ist er einer der größten Nationalparks weltweit. Seit 1951 ist hier die einzigartige Tier- und Pflanzenwelt der Trockensavanne im Norden Tansanias geschützt.

Die Massai

Die Massai sind ursprünglich ein Nomadenvolk. Früher betrieben sie keine Landwirtschaft, sondern lebten von ihren Rinderherden. Geschlachtet wurden die Tiere aber nur zu besonderen Anlässen. Meist ernährten sich die Massai von „saroi", einem Gemisch aus Rinderblut und Milch.

Heute gehen die meisten Massai-Kinder zur Schule, viele Frauen sind in der

Lernen im Netz
Tiere der Savanne
104211-0503

Lernen im Netz
Safari-Reiseberichte
104211-0504

Landwirtschaft tätig. Die Männer waren einst stolze Hirten und Krieger. Nun arbeiten viele als Wachmänner in den Städten.
Mit der Einführung der Nationalparks wurde den Massai die Landnutzung im Bereich des Serengeti-Nationalparks zunächst strengstens untersagt, obwohl es seit Jahrhunderten ihr Lebensraum war. Seit ein paar Jahren ist das Verbot gelockert.

Die Bedeutung des Tourismus

Einen Teil der Serengeti dürfen die Massai nun für ihre Herden nutzen – um ihren traditionellen Lebensstil nicht ganz aufgeben zu müssen. Außerdem sollen sie selbst bestimmen, wie viel Tourismus und wie viele Safaris für den Park und für die Tiere gut sind.
Denn im Entwicklungsland Tansania ist der Tourismus mittlerweile zur wichtigsten Einnahmequelle geworden. Im Jahr 2007 konnte das Land etwa 1 Mrd. US-Dollar an den 700 000 Touristen verdienen. Zum Vergleich: Der Export von Rohstoffen wie Gold und von Agrarprodukten brachte Tansania Einnahmen von knapp 2 Mrd. US-Dollar. Das zeigt: Die Safaris tragen mit dazu bei, die Nationalparks zu erhalten – denn die Wildhüter müssen gut bezahlt werden!

Safari
Das Wort aus dem Suaheli bedeutet einfach „Reise“. Erst seit der Zeit der Europäer versteht man darunter die Großwildjagd bzw. die neueren Fotosafaris.

1 Arbeite mit dem Text:
a) Beschreibe die Veränderung der Tierwelt der Savanne in den vergangenen hundert Jahren.
b) Betrachte das Leben der Massai und berichte schriftlich über die Veränderung.

2 Tourismus in Tansania:
a) Erkläre die Bedeutung des Tourismus für das Land.
b) Stelle Vermutungen an, welche Probleme er verursachen könnte.

Zur Vertiefung
3 Erstellt mithilfe von Artikeln, Reisekatalogen und Bildern eine Wandzeitung über Tansania.

TERRA **METHODE**

In der Haupt- und Realschule müsst ihr eine Präsentation eines bestimmten Themas ablegen.
Ein geeignetes Hilfsmittel für die Präsentationsprüfung ist die Computerpräsentation, mit der man strukturiert, übersichtlich und anschaulich Arbeitsergebnisse vermitteln kann.

Eine Computerpräsentation anfertigen: Die AIDS-Problematik in Tansania

Das Thema Tansania bietet vielfältige Möglichkeiten für eine Computerpräsentation. Die AIDS-Problematik in Tansania ist ein interessanter Inhalt, da AIDS immer noch für viele Menschen ein Tabu-Thema ist und in afrikanischen Ländern die Krankheit oft als Fluch angesehen wird.
So könnte das Thema lauten:
„Das AIDS-Problem in Tansania – Welche Folgen hat die Krankheit für das Land?"
Aber ein Computer und ein gutes Thema allein machen noch keine gelungene Präsentation. Damit eure Präsentation ein Erfolg wird, folgt ihr am besten den vorgeschlagenen Schritten:

Eine Computerpräsentation anfertigen

1. Schritt: Vorbereitungen treffen

- Die ersten Schritte erfolgen wie beim Referat.
- Scannt passende Materialien wie Fotos, Karten, Diagramme ein.
- Legt die Anzahl und Reihenfolge der geplanten Folien fest.

2. Schritt: Folien aufbauen und gestalten

Wählt im Präsentationsprogramm eine geeignete Entwurfsvorlage aus und fügt Texte und Materialien ein. Beachtet dabei folgendes:

- Jede Folie erhält eine treffende Überschrift. Formuliert den Textinhalt in klaren Stichworten.
- Beschränkt euch auf wesentliche Informationen. Unwichtige Mitteilungen lenken beim Zuhören ab.
- Wählt einen ansprechenden Hintergrund der Folien. Achtet dabei auf den Kontrast zwischen Text und Hintergrundfarbe.
- Wählt eine Schriftart und Schriftgröße so aus, dass sie aus der Entfernung leicht lesbar sind (z. B. für Überschriften 24 pt, Fließtext: mindestens 18 pt)
- Durch Hervorhebung (z. B. Markierung oder Farbe) wird jede wichtige Information gekennzeichnet. Aber eine zu bunte Präsentation lenkt zu sehr ab.
- Legt Sounds oder Animationseffekte fest. Geht sparsam damit um – sie sind sinnvoll, wenn ein schrittweiser Aufbau dem Zuschauer beim Erfassen und Verarbeiten von Informationen hilft.
- Fertigt auf jeden Fall Sicherheitskopien an.

3. Schritt: Generalprobe durchführen

- Übt den kompletten Vortrag mehrmals. Eine „Generalprobe", z. B. vor Freunden, gibt euch Sicherheit im Umgang mit den Medien und im Vortragen.
- Überlegt euch, was ihr noch verbessern könnt.
- Ändert, was euch negativ aufgefallen ist.

1 Arbeitet in Partnergruppen. Erstellt eine Computerpräsentation zu einem Themengebiet aus dem Kapitel Tansania.

Zur Vertiefung

2 Sammelt Themen für die Abschlussprüfung und fertigt zu einem Thema eurer Wahl eine weitere Computerpräsentation an.

4. Schritt: Präsentation

- Prüft vor der Präsentation in der Klasse, ob die benötigte Technik (Computer, Laptop, Whiteboard oder Smartboard) funktionieren.
- Erklärt eure Folien beim Präsentieren und haltet Blickkontakt zu den Zuhörern.
- Sprecht langsam und möglichst frei.
- Nutzt die Folien als Spickzettel, damit ihr nicht den roten Faden verliert.

5. Schritt: Reflexion

- Beratet euch anschließend mit der Klasse. Folgende Fragen können euch helfen:
- Was hat gut geklappt?
- Was könnt ihr das nächste Mal besser machen?

Diese Tipps könnt ihr für eure Abschlussprüfungen in der Haupt- und Realschule gebrauchen. Aber aufgepasst:
In den Abschlussprüfungen ist es sinnvoll, sich nicht nur auf den Computer zu verlassen, sondern auch andere Materialien und Medien (Plakate, originale Gegenstände usw.) einzusetzen. Ihr sprecht mit einer Lehrerin oder einem Lehrer das Thema ab. Sucht euch einen Inhalt, der euch schon immer interessiert oder über den ihr schon immer etwas erfahren wolltet. Dann verfahrt ihr wie in den aufgeführten Schritten. Aber Achtung, es ist wichtig sein Thema gut einzugrenzen, da ihr nur fünfzehn bis zwanzig Minuten vortragen dürft.

1 **Tipps für die Abschlussprüfung**

2

5

TERRA **TRAINING**

Wichtige Begriffe
AIDS
Dürre
informeller Sektor
Landflucht
Nationalpark
Safari
Selbstversorgerwirtschaft
Vielvölkerstaat

So überprüfst du deine Kompetenzen:

1. Bearbeite den Selbsteinschätzungsbogen (siehe Online-Link).
2. Wiederhole Inhalte, die du noch nicht verstanden hast.
3. Löse die Aufgaben auf dieser Trainingsseite.
4. Kontrolliere deine Lösungen (siehe Online-Link).

1

Wissen und Verstehen

1 Richtig oder falsch?
Verbessere die falschen Aussagen und schreibe sie richtig auf.
a) Tansania ist ein nordafrikanisches Land, das am Mittelmeer liegt.
b) Die Massai sind das herrschende Staatsvolk Tansanias.
c) Suaheli ist eine weit verbreitete Sprache in Tansania.
d) Ein großes Problem für die Landwirtschaft in Tansania sind die niedrigen Temperaturen und die unregelmäßigen Niederschläge.
e) Die meisten Bauern in Tansania sind Kleinbauern und betreiben eine Selbstversorgerwirtschaft.
f) Ein-Personen-Betriebe sind typisch für die Wirtschaft in Tansania.
g) AIDS ist in Tansania ein schwerwiegendes Problem, das offen diskutiert wird.
h) Im Serengeti-Nationalpark können Touristen auf Safari gehen und dabei Elefanten und Löwen erbeuten.
i) Der informelle Sektor hat im Entwicklungsland Tansania keine Bedeutung.

Anwenden

2 Werte Bild 1 aus:
a) Beschreibe das Bild.
b) „Das Foto zeigt besonders gut den informellen Sektor in Tansania.“ Würdest du dieser Aussage zustimmen? Begründe.

Lernen im Netz
Orientierung in Afrika
104211-0505

Portfolio
Bogen zur Selbsteinschätzung
104211-0506

Material
Lösungen dieser Seite
104211-0507

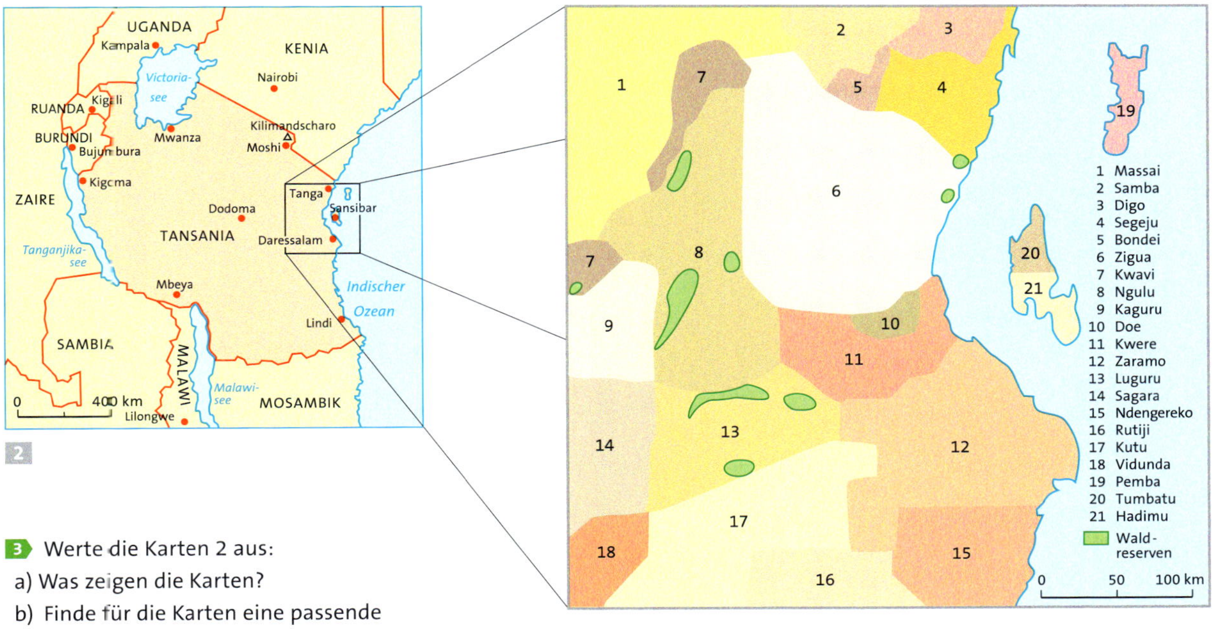

2

3 Werte die Karten 2 aus:

a) Was zeigen die Karten?

b) Finde für die Karten eine passende Überschrift.

c) „Uhuru na Umoja“: Überlege, was der Leitspruch des tansanischen Staatswappens mit dem Thema der Karten zu tun hat.

4 Werte das Klimadiagramm 3 aus:

a) Beschreibe für Dodoma den Verlauf der Temperaturkurve und den der Niederschlagskurve.

b) Ordne die Klimastation Dodoma einer Klimazone zu.

c) In welchen Monaten haben die Bauern in dieser Klimazone wohl mit den größten Problemen zu kämpfen?

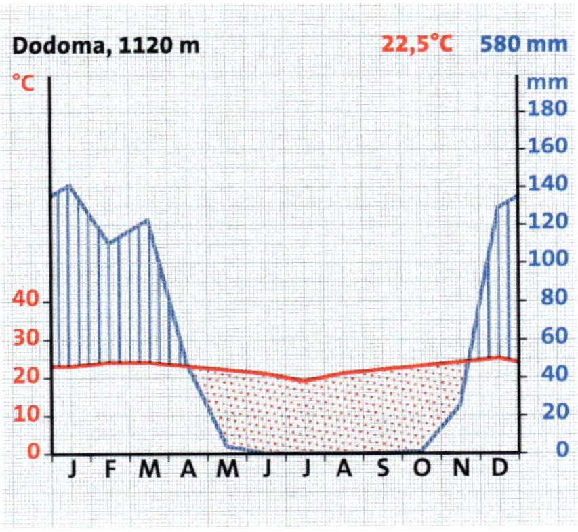

3

5 Tansania ist in starkem Maße von der Immunschwächekrankheit AIDS betroffen. Erstelle zu Ursachen und Folgen von AIDS in Tansania und den möglichen Gegenmaßnahmen eine Mindmap.

7 Begründe, warum der informelle Sektor eine so hohe Bedeutung für alle Entwicklungsländer hat.

Beurteilen und Bewerten

6 „Tansania – Ziel für Touristen“

a) Trage die Vorteile und Nachteile des Tourismus für Tansania zusammen.

b) Begründe deine Meinung zum Tourismus in einem Entwicklungsland.

Ballungsräume im Wandel

Ballungs- oder Verdichtungsräume sind Gebiete, in denen besonders viele Menschen leben. Diese Räume können auf unterschiedliche Art und Weise entstanden sein: Manche haben sich schon früh dort entwickelt, wo es eine Rohstoffquelle gab, die zunächst zur Entstehung eines Industriegebietes führte. Andere Ballungsräume sind wegen ihrer günstigen Verkehrslage entstanden oder haben sich um die Hauptstadt eines Landes gebildet. Das Leben von vielen Menschen auf engem Raum bringt vielerlei Interessenskonflikte mit sich, denn die Bedingungen in Wirtschaft und Gesellschaft sind ständig im Wandel. Welche Probleme und Chancen haben Ballungsräume in ihrer Entwicklung?

1

2

3
Zutritt verboten !
Ende des
Schutzbereiches

4
BASF

Rhein-Ruhr
- Einwohner: 11 507 401
- Fläche: 8 980 km²
- Arbeitsplätze: 2 248 100

Köln
- Einwohner: 989 766
- Fläche: 405 km²
- Arbeitsplätze: 434 341

Dortmund
- Einwohner: 587 624
- Fläche: 280 km²
- Arbeitsplätze: 185 310

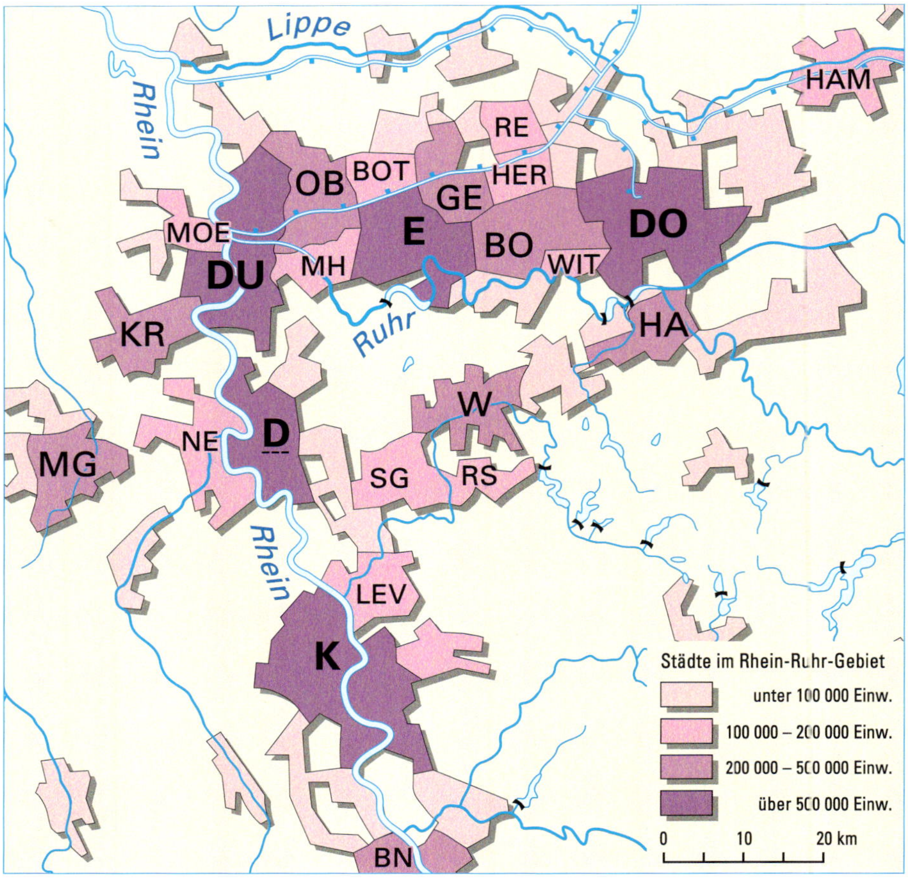

1 **Rhein-Ruhr-Gebiet**

Stadt an Stadt!

Verdichtungsraum
In Deutschland zählen nur Gebiete dazu, die größer als 100 km² sind und über 150 000 Einwohner haben. Die Bevölkerungsdichte muss über 1 000 Einwohner/km² liegen. Oft wird auch der Begriff Ballungsraum im gleichen Sinn verwendet.

Mehr als elf Millionen Menschen leben an Rhein und Ruhr zwischen Mönchengladbach und Hamm sowie zwischen Wesel und Bonn. Hier reihen sich Wohngebiete, Industriebetriebe, Gewerbegebiete, landwirtschaftliche Flächen, Freizeitanlagen und Verkehrswege fast lückenlos aneinander und lassen das Rhein-Ruhr-Gebiet als eine einzige große Stadt erscheinen. Mit seiner hohen Bevölkerungs- und Arbeitsplatzdichte ist das Rhein-Ruhr-Gebiet einer der größten **Verdichtungsräume** in Europa.

Vier Teilgebiete umfasst dieser Raum:
- das Gebiet am Rhein mit der Landeshauptstadt des Bundeslandes Nordrhein-Westfalen Düsseldorf und den Städten Köln und Bonn,
- das Gebiet am linken Niederrhein mit Krefeld und Mönchengladbach,
- das bergisch-sauerländische Gebiet von Solingen über Wuppertal bis Hagen,
- das Ruhrgebiet mit der Städteballung zwischen Ruhr und Lippe.

2 Innenstadt von Dortmund

Die Bevölkerungsdichte gibt die durchschnittliche Zahl der Einwohner je km^2 Fläche an.
Für das Rhein-Ruhr-Gebiet lautet die Rechnung: Die Einwohnerzahl (11 507 401) dividiert durch die Flächengröße (8 980 km^2) ergibt gerundet die Bevölkerungsdichte von 1 281 EW / km^2.

Das Ruhrgebiet – die Entwicklung zum Verdichtungsraum

Bereits im Mittelalter entstanden entlang des Hellwegs, einer Handelsstraße, die von Brügge bis Novgorod führte, viele Ansiedlungen, darunter Duisburg, Mülheim, Essen, Bochum, Dortmund und Unna.
Bis ins 19. Jahrhundert waren es Städte mit etwa 10 000 Einwohnern. Äcker, Wiesen, Sümpfe und Wälder prägten die Landschaft. Erst das Vorhandensein des Rohstoffs Steinkohle wurde im 19. Jh. zum entscheidenden **Standortfaktor** für die Entwicklung des Ruhrgebiets. Zusammen mit dem Bergbau entstanden Eisen-, Stahl- und Walzwerke sowie weitere Industriebetriebe. Wichtig für diese Entwicklung waren auch noch andere Faktoren: die Lage, d.h. die Nähe zu Ruhr und Rhein als natürliche Verkehrswege, und der Bau von Straßen, Eisenbahnlinien und Kanälen, die im 19. Jahrhundert angelegt wurden. Darauf konnten Rohstoffe wie z.B. Eisenerz ins Ruhrgebiet und Kohle, Stahl und Stahlprodukte von dort in andere Gebiete transportiert werden.
Der starke Bedarf an Arbeitskräften wurde zunächst durch Zuwanderung aus der Umgebung des Ruhrgebiets gedeckt, später aber auch aus weiter entfernt liegenden Gebieten, z.B. den Masuren und Oberschlesien. In den 1950er- und 1960er-Jahren wurden schließlich viele Arbeitskräfte aus südeuropäischen Ländern sowie der Türkei angeworben. So wurde das Ruhrgebiet innerhalb von 150 Jahren zu einer großen Städtelandschaft.

Standortfaktoren
Gründe für die Standortwahl eines Unternehmens

1 Arbeite mit Karte 1: Bestimme die größte Nord-Süd- und West-Ost-Ausdehnung des Rhein-Ruhr-Gebietes.

2 Berechne die Bevölkerungsdichte von Köln und Dortmund.

3 Nenne die Standortfaktoren, die zur Entstehung des Verdichtungsraumes Ruhrgebiet geführt haben.

Zur Vertiefung

4 Stelle charakteristische Merkmale eines Verdichtungsraumes zusammen.

1 Ehemaliges Hüttenwerk – Alte Mitte Oberhausen

Ruhrgebiet im Wandel

Wo heute die Stadt Oberhausen ist, gab es bis Mitte des 19. Jahrhunderts nur Wiesen, Weiden und Felder ... und einige 100 Meter unter der Erdoberfläche Steinkohle.

Erster Strukturwandel
1846, beim Bau der Köln-Mindener Eisenbahn, wurde auf freiem Feld der Bahnhof Oberhausen gebaut, Zechen siedelten sich an und August Thyssen ließ ein großes Hütten- und Stahlwerk errichten, weil in dieser Gegend auch Eisenerz gefunden wurde, so dass dieser Rohstoff nicht im Siegerland eingekauft und hertransportiert werden musste. Schnell wuchsen Arbeitersiedlungen um Werk und Zechen herum. 1874 erhielt die Ansiedlung die Stadtrechte. Über 100 Jahre bestimmte die Schwerindustrie das Bild von Oberhausen.

Zweiter Strukturwandel
Ende der 1950er-Jahre kam die erste Krise. Billiges Erdöl und billige Importkohle verdrängten die teure einheimische Kohle als Energieversorger. Auch die Stahlindustrie hatte weniger Bedarf an Kohle, weil durch neue Techniken die zur Produktion benötigte Koksmenge gesenkt werden konnte. Kohle und Stahl gaben noch im Jahre 1961 etwa 47 000 Menschen in Oberhausen Arbeit. Aber 1968 wurde die erste, 1992 die letzte Zeche Oberhausens geschlossen. Auch die Stahlproduktion geriet in den 1970er-Jahren in eine Krise, da immer mehr Plastikprodukte die weltweite Nachfrage zurückgehen ließen. Außerdem wurde die internationale Konkurrenz z. B. durch Stahl aus Brasilien und Indien immer stärker. 1979 wurde das Thyssen-Werk stillgelegt. Oberhausens Mitte bestand nur noch aus verlassenen Industriegebäuden.

Strukturwandel
Bezeichnet Veränderungen bestehender Strukturen. Auf Wirtschaftsstrukturen angewandt, bedeutet dies, dass bestimmte Wirtschaftszweige schrumpfen und dafür neue mit Zukunftstechnologien entstehen.

2 CentrO – Neue Mitte Oberhausen

CentrO
- Größe des Geländes: 83 ha
- Parkplätze: 10 500

Einkaufszentrum (A)
- Geschäfte: 200
- Verkaufsfläche: 70 000 m²
- Kinos: 9
- Gastronomiebetriebe: 47
- Arbeitsplätze: ca. 5 600

Businesspark (B)
- Büro- und Gewerbeflächen, Hotel, Tankstellen, Fitness-Center, Theater

Arena (C)
- Mehrzweckhalle mit 11 500 Sitzplätzen

Freizeitpark (D)
- Größe: 8 ha
- Fahrgeschäfte, Grün, Erholungsflächen
- Sealife Oberhausen, 50 Großaquarien

Gasometer (E)
- als Aussichtsplattform und Ausstellungsraum

Autobahnanschlüsse:
12 im Umkreis von 2,5 km

Besucher:
täglich ca. 70 000; sonntags bis zu 40 000, trotz geschlossener Läden; im Jahr 23 Millionen

Dritter Strukturwandel

Um die Krise in Oberhausen zu bewältigen, werden neue Industrien mit neuen Technologien und Dienstleistungsbetriebe auf den Brachflächen angesiedelt. Eine moderne Stadtplanung sorgt für Durchgrünung der Wohngebiete, schafft Freizeiteinrichtungen und Parkanlagen. Wo früher das große Hüttenwerk die „alte Mitte" der Stadt darstellte, eröffnete 1996 Europas größtes Freizeit- und Einkaufszentrum, das CentrO, die „Neue Mitte Oberhausen". Täglich suchen etwa 70 000 Besucher das CentrO auf.

Erreichbarkeit des CentrOs nach Fahrzeit	
30 Minuten	5 Mio. Menschen
60 Minuten	13 Mio. Menschen
120 Minuten	20 Mio. Menschen
Fahrzeit zum Flughafen Düsseldorf	
30 Minuten	

3

1 Vergleiche die beiden Luftbilder 1 und 2: Gebäude, Verkehrswege, Freiflächen, Erscheinungsbild.

2 Ein Besuch im CentrO lohnt sich immer! Formuliere Argumente, die diese Aussage unterstützen.

3 Erkläre,
a) warum die „Alte Mitte Oberhausen" entstanden ist,
b) warum Oberhausen in den 1960er- und 1970er- Jahren in eine Krise geraten ist,
c) wie Oberhausen den Nachteil der brachliegenden „Alten Mitte" in einen Vorteil verwandelt hat.

4 Erläutere die besondere Standortgunst des CentrO.

Zur Vertiefung

5 „Das CentrO ist unser Ruin!" Beurteile diese Aussage.

4 **Wahrzeichen des alten und neuen Ruhrgebiets: 1** Zeche Consolidation in Gelsenkirchen, **2** Gläserner Elefant in Hamm, **3** Schiffshebewerk Henrichenburg, **4** Gasometer in Oberhausen, **5** Colani-Ei in Lünen, **6** Zeche Zollverein in Essen

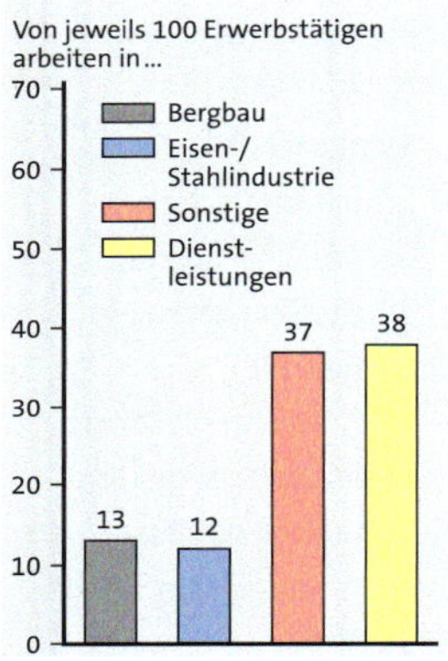

5 **Erwerbstätige im Ruhrgebiet 1964: 2 335 400**

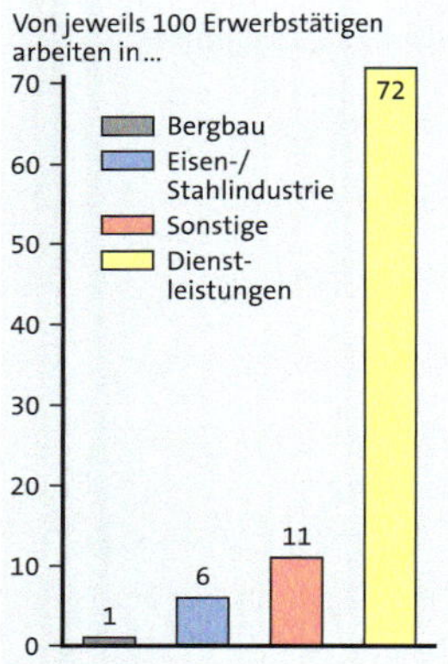

6 **Erwerbstätige im Ruhrgebiet 2010: 1 530 000**

Neue Industrien und Arbeitsplätze

Noch heute gibt es Kohleförderung und Stahlproduktion im Ruhrgebiet, aber längst sind andere Industriezweige dazugekommen und werden immer wichtiger. Vor allem aber die Dienstleistungen haben an Bedeutung gewonnen: Handel, Bildung, Forschung, Verkehr, Verwaltung, Medizintechnik und Kulturbetriebe.

Erneuerung der Städte

Fabrikschlote, Fördertürme und Schachtanlagen prägen nicht mehr das Bild der Städte. Durch die Sanierung von Stadtteilen, umweltbewussten Hausbau, Gestaltung der Innenstädte mit Fußgängerzonen, Begrünung der Straßen und durch Anlage von Grünzonen wird die Attraktivität der Städte erhöht.

Anlage von Revierparks

Fünf Revierparks und drei Freizeitzentren mit ihren großflächigen Parkanlagen, Fitnesseinrichtungen, Wellenbädern, Sportarenen, Eislaufhallen, Sport- und Spielflächen und vielen Restaurants ergänzen das Freizeitangebot der Städte. Revierparks dienen vor allem der Feierabend- und Wochenenderholung. Sie sind grüne Inseln im Ruhrgebiet und steigern damit den Wohnwert der angrenzenden Viertel.

Museen, Theater und mehr

Das kulturelle Angebot ist enorm vielfältig und umfangreich. Mehr als 150 Museen wie das Deutsche Bergbaumuseum, das Folkwangmuseum, das Ikonenmuseum oder Freilichtmuseen locken Besucher an. Das Ruhrgebiet hat die höchste Theaterdichte in Deutschland. Theater, Konzertsäle und Musical-Halls haben inzwischen mehr Besucher als die Fußballstadien. Voller Stolz präsentiert sich das Ruhrgebiet 2010 als Kulturhauptstadt Europas.

Lernen und Forschen

Die Eröffnung der Ruhr-Universität in Bochum im Jahre 1965 gab das Startsignal für die Errichtung weiterer vier Universitäten und sieben Fachhochschulen. Der Bedarf an gut ausgebildeten Arbeitskräften steigt ständig. Zahlreiche weitere Forschungseinrichtungen haben das Ruhrgebiet zu einer Wissensregion gemacht.

Lernen im Netz
Ruhrgebiet im Wandel
104211-0601

7 Stadterneuerung

8 Technologiepark Dortmund

Parks und Zentren für Technologie
1985 startete in Dortmund eines der ersten **Technologiezentren** in Deutschland. Hier werden neu gegründete Firmen gefördert, deren Erzeugnisse große Bedeutung für die Kommunikations-, Energie- und Computertechnik sowie den Umweltschutz und weitere Bereiche haben. Diese auf **Hochtechnologie (Hightech)** spezialisierten Firmen benötigen hochspezialisierte Fachkräfte mit Fachhochschul- oder Universitätsabschluss sowie die Nähe zu Forschungseinrichtungen und Hochschulen. Nur so ist der Austausch neuester Forschungs- und Entwicklungsergebnisse gewährleistet.
Inzwischen gibt es mehr als 20 weitere Technologiezentren im Ruhrgebiet. Sie werden durch Technologieparks ergänzt, in denen neue und bereits erfolgreiche Firmen weiter wachsen können.

Cornelia G., 26. J., Dipl.-Ingenieurin
„Hallo, ihr wollt wissen, warum ich mit meiner kleinen Softwarefirma seit einem halben Jahr hier im Technologiezentrum Dortmund bin?
Ganz einfach: Ich wurde zunächst eingehend beraten, konnte mir die Bürogröße passgenau aussuchen, die Miete ist nicht zu hoch, Reinigungsservice inklusive. Den ganzen Büropool kann ich mitbenutzen: Schreibkräfte, neueste Kopierer usw., und das Beste: wenn ein Kunde anruft, sieht der Telefonservice auf dem Display, dass der Anruf für mich ist, und meldet sich mit meinem Firmennamen. Ich bin also von der Außenwirkung ganz professionell wie eine alteingesessene Firma, aber mein Risiko als Jungunternehmerin ist doch ziemlich gering. Das sind doch wirklich super Startbedingungen, oder?“

9

RUHR.2010
Kulturhauptstadt Europas

6 Vergleiche mithilfe der Diagramme 5 und 6 die Erwerbstätigenstruktur im Ruhrgebiet 1964 und 2010.
7 Berichte mithilfe des Textes über den Strukturwandel im Ruhrgebiet.
8 Nenne Standortvorteile, die das Ruhrgebiet heute für die Ansiedlung neuer Unternehmen bietet.

Zur Vertiefung
9 Entwirf einen Flyer, der Touristen in das Ruhrgebiet lockt.

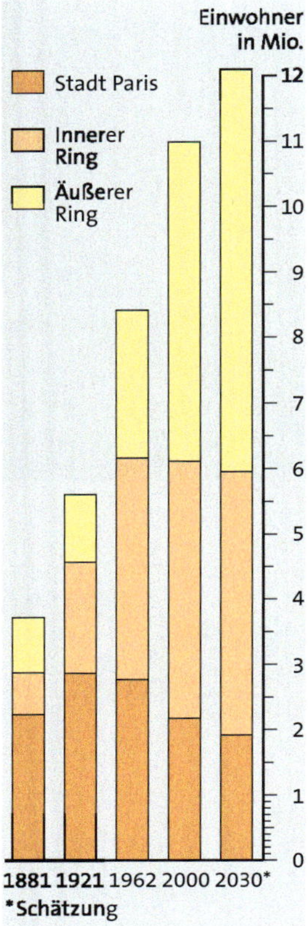

1 **Bevölkerungsentwicklung im Verdichtungsraum Paris**

3 **La Défense mit Grand Arche**

Metropole Paris

Paris ist nicht nur die Hauptstadt Frankreichs, sondern auch eine Weltstadt und **Metropole**. Die Bedeutung von Paris für Frankreich ist weitaus größer als die aller anderen französischen Städte. Bis 1960 wuchs Paris ungehindert. Der Bedarf an neuen Wohnungen führte zu einer unkontrollierten Ausbreitung ins Umland. Im Stadtzentrum stiegen die Mieten für Wohnungen und Büros ins Unermessliche. Verkehrs- und Umweltprobleme waren kaum noch zu bewältigen. Die Stadt stand vor dem Kollaps. Deshalb beauftragte der französische Staatspräsident seine Experten für Stadt- und Raumplanung: „Bringen Sie mir Ordnung in das Chaos!"

Die Lösungen sollte so aussehen:

1. Bau von fünf Entlastungsstädten (villes nouvelles), in denen die Menschen nicht nur wohnen, sondern auch arbeiten und einkaufen können.
2. Errichtung von Büro- und Dienstleistungszentren unmittelbar am Stadtrand.

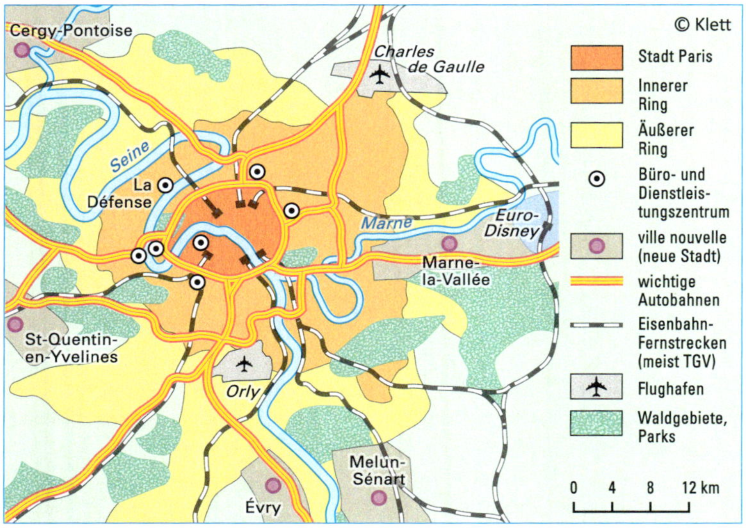

2 **Verdichtungsraum Paris**

La Défense

Auf dem Stadtplan ist La Défense leicht zu finden, denn es liegt in der Verlängerung der Straße Champs-Élysées. Krönender Abschluss ist die Grande Arche, das moderne Gegenstück zum Triumphbogen. Das Gebäude ist mit

Surftipp
La Défense
104211-0602

weißem Marmor verkleidet; es besteht aus zwei Betontürmen mit jeweils 35 Stockwerken, auf denen eine gigantische Platte frei zu schweben scheint. Die Grande Arche gilt als neues Wahrzeichen von Paris. Im Gebäude sind u. a. das Wohnungsbauministerium und eine Gesellschaft für Menschenrechte untergebracht.
Beiderseits der Achse dehnt sich das Hochhausviertel mit dem bedeutendsten Dienstleistungszentrum Europas aus. Über 1500 Firmen mit rund 150000 Beschäftigten haben heute in La Défense ihren Sitz, darunter 14 der 20 größten französischen Wirtschaftsunternehmen. Und in dem 750 ha großen Stadtviertel leben bereits mehr als 20000 Einwohner. Ihnen stehen eines der größten Einkaufszentren Europas, mehrere Museen und das derzeit größte Kino der Welt zur Verfügung.

4 **Marne-la-Vallée und Euro-Disney**

Entlastungsstädte: Beispiel Marne-la-Vallée
Auch die Bedeutung von Paris selbst sollte abgeschwächt und die Stadt entlastet werden. Dazu wurden in den Außenbereichen jeweils an den wichtigen Verkehrs- und Entwicklungsachsen fünf Entlastungsstädte („villes nouvelles“) gegründet. Ausgestattet mit allen städtischen Einrichtungen wie z. B. Ausbildungsstätten von Kindergärten bis zur Hochschule, Einkaufszentren mit umfassendem Warenangebot und Freizeiteinrichtungen, sollten diese neuen Städte Unternehmen und Bewohner anlocken.
Tatsächlich gelang es, in diesen neuen Städten Zuzüge aus anderen Teilen Frankreichs aufzufangen und auch Gewerbebetriebe anzusiedeln. Euro-Disney in Marne-la-Vallée ist ein gelungenes Beispiel. Neben einem eigenen Autobahnzubringer und dem Anschluss an das regionale Schnellbahnnetz verfügt Disneyland Paris heute über einen eigenen TGV-Bahnhof und somit über eine erstklassige Anbindung an das europäische Verkehrsnetz. 12 Millionen Gäste besuchen jährlich Disneyland Paris, wo mittlerweile über 10000 ständige Mitarbeiter beschäftigt sind. Die Hauptstadt selber konnte auf diese Weise spürbar entlastet werden.
Da die Entlastungsstädte aber innerhalb des Ballungsraums Paris errichtet wurden, führte diese Maßnahme eher zur Stärkung der Metropolregion Paris und damit zur Stärkung seiner Bedeutung in Frankreich.

1 Paris wächst vor allem im Umland. Erläutere dies anhand der Grafik 1.
2 Wo liegen die Entlastungsstädte und wie weit sind sie vom Stadtzentrum entfernt (Karte 2)?
3 Sprecht über die Rolle des Disney-Konzerns in Marne-la-Vallée.

Zur Vertiefung
4 Informiere dich mithilfe des Online-Links über La Défense.

1 Magnet Ciudad de México

Ciudad de México: Magnet ...

Kaum zu glauben
Die Mexikaner verwenden drei Bezeichnungen, wenn sie von ihrer Hauptstadt reden. Sie sagen: „México" (gesprochen Mehiko) statt der amtlichen Bezeichnung „Ciudad de México". Oftmals wird die Stadt auch „Distrito Federal (D.F.)", gesprochen „de-effe", genannt.

Seite 92/93
Landflucht in Tansania

„Mexiko-Stadt befindet sich im Dilemma eines sinkenden Schiffs. Wenn man es nicht repariert, ist seine Zukunft sehr unsicher, und wenn man es repariert, steigen noch mehr Leute zu und es sinkt noch schneller ..."

Guillermo Tovar, Stadtchronist von Mexiko-City, in: Helmut Hermann: Mexiko. Reiseknowhow 1999

2

Die Azteken gründeten im Jahre 1325 auf einer Insel im Texcoco-See die Stadt Tenochtitlán. Sie nutzten den Hochlandsee zum Fischfang und betrieben an seinen Ufern hoch entwickelten Gartenbau. Noch heute zeugen die schwimmenden Gärten von Xochimilco im Süden der Stadt davon.
In der Kolonialzeit errichteten die Spanier auf den Ruinen der Indianerstadt die Hauptstadt ihres neuen Reiches, Mexiko-Stadt. Gebäude aus dieser Zeit sind bis heute erhalten. Mit der Besetzung durch die Spanier begann man, den See trocken zu legen, um die Siedlungs- und Agrarflächen zu erweitern.

Bis heute treffen täglich Tausende Mexikaner aus allen Landesteilen in der Stadt ein. Sie kommen aus den perspektivlosen Landregionen und suchen eine neue, bessere Existenz. Armut, Hunger, Arbeitslosigkeit und keine Bildungschancen sind nur einige Gründe für die Landflucht, die auch als **Push-Faktoren** bezeichnet werden. In der Stadt erwarten sie bessere Arbeits-, Bildungs- und Versorgungschancen. Diese Gründe, die die Stadt so anziehend machen, nennt man **Pull-Faktoren**.
Völlig unkontrolliert besiedeln die Mexikaner ihre Hauptstadt. Im Großraum Mexiko-Stadt leben heute mehr als 19 Millionen Menschen. Dort arbeiten auch über 40 Prozent aller Erwerbstätigen des Landes. Mehr als 50 Prozent der Banken, 60 Prozent der Industrie und 80 Prozent der Forschungseinrichtungen sowie zahlreiche Museen und Theater verstärken die Attraktivität der Stadt. Mexiko-Stadt nimmt im Land Mexiko eine absolute Vorrangstellung ein, sie ist eine Metropole.

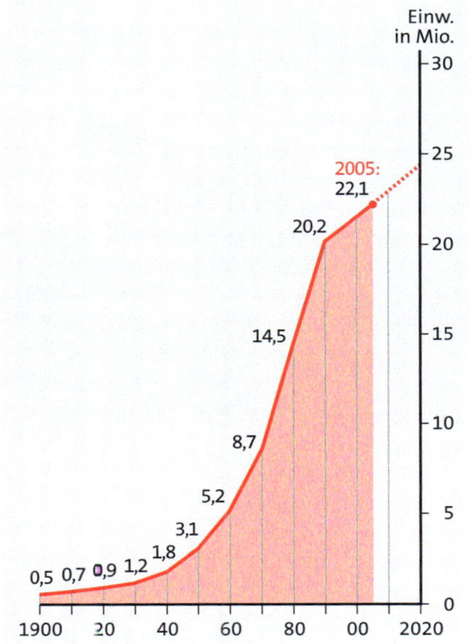

3 Bevölkerungswachstum des Großraums von Mexiko-Stadt

Benito wurde in Cidad, einem Dorf ca. 150 km entfernt von Mexiko-Stadt, geboren. Als Sohn von Kleinbauern wuchs er unter ärmsten Verhältnissen auf. Mit dem wenigen Geld der Familie konnten sich seine Kinderträume nie erfüllen. Es reichte kaum für Kleidung und Nahrung.
Heute ist Benito 18 Jahre alt und arbeitet schon lange Zeit auf den kleinen Feldern der Eltern. In den zurückliegenden Jahren waren die Ernteausfälle durch Trockenheit derart hoch, dass es immer schwieriger wurde zu überleben. Sein Cousin war deshalb schon vor einiger Zeit nach Mexiko-Stadt gezogen, um Arbeit zu finden. Er berichtete vom reichen Angebot der Stadt, den Waren und dem Lichterglanz in der Nacht. Seitdem wusste Benito nur noch eines, dort wollte er auch leben ...

4

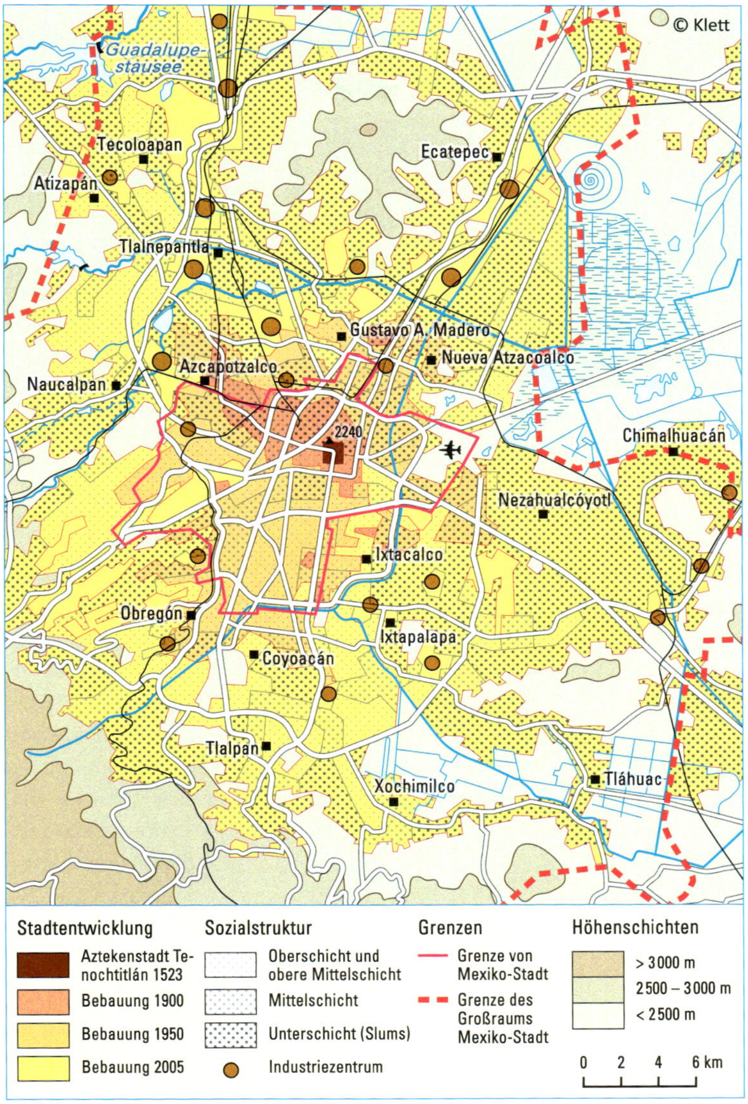

5 Entwicklung von Mexiko-Stadt

1 Flucht in die Städte.
a) Erläutere die Begriffe Push-Faktoren und Pull-Faktoren.
b) Stelle in einer Tabelle Push- und Pull-Faktoren gegenüber.

2 Mexiko-Stadt – ein Magnet:
a) Beschreibe anhand von Diagramm 3 und Karte 5 die Entwicklung im Großraum Mexiko-Stadt.
b) Nenne die damit verbundenen Probleme.
c) Erläutere, was der Stadtchronist mit seiner Aussage ausdrücken will (Text 2).

6 **Marginalsiedlung in Mexiko-Stadt**

8 **Gated Community in Mexiko-Stadt**

... oder Monstrum?

Marginalsiedlungen
Durch Zuzug schnell wachsende, illegale Hüttenviertel am Stadtrand von Metropolen.

... Einige Tage nach dem Besuch des Cousins machte sich Benito auf den Weg in die Stadt. Er staunte über die Häuser, Reklameschilder und das Lichtermeer in der Nacht. In diesem Getümmel von Menschen war sein Cousin nicht zu finden. Benito hatte weder Geld noch eine Unterkunft. Deshalb schlief er einige Tage auf dem Gehsteig. Eine geregelte Arbeit fand er nicht sofort, da er nichts gelernt hatte. Aber er verdiente als Schuhputzer und Zigarettenverkäufer mehr Geld als früher in seinem Dorf. Auf der Straße lernte er Juanita kennen und heiratete sie. Sie suchten sich am Stadtrand illegal Land, besetzten es und bauten sich eine Hütte. Die Familie wuchs schnell, nach fünf Jahren hatten sie schon fünf Kinder. Benito fand nach zwei Jahren auch eine feste Anstellung als LKW-Fahrer. Dieser Verdienst reicht nicht, um die siebenköpfige Familie zu ernähren. So müssen auch die Kinder als Schuhputzer, Tellerwäscher und Blumenverkäufer zum Unterhalt beitragen.

7

Die neuen Stadtzuwanderer wohnen vor allem in behelfsmäßigen Hütten am Rande der Stadt. Diese illegalen Ansiedlungen werden auch als **Marginalsiedlungen** bezeichnet. Dort fehlt es meist an jeglicher Infrastruktur wie Trinkwasserversorgung, Kanalisation und Elektrizität.
Einige Zuwanderer besiedeln aber auch die ehemaligen Wohnviertel der Oberschicht im Stadtzentrum. Da sich die Umweltprobleme dort besonders verschärfen, verlassen immer mehr Angehörige der Oberschicht ihre Wohnungen. Sie ziehen vor allem in die grünen Villenviertel außerhalb des Stadtzentrums. Hier liegen auch viele **Gated Communities** der Stadt: Wohnsiedlungen der Wohlhabenden, die durch hohe Zäune und bewachte Tore vor Kriminalität aus den Armenvierteln geschützt werden. Die ehemaligen Häuser der Oberschicht im Zentrum werden meist bettenweise an die vielen Zuwanderer vermietet. Die einst attraktiven Wohnviertel werden dadurch sehr schnell zu heruntergekommenen **Slums**.
Es gehen viel mehr Menschen in die Stadt als Arbeitsplätze zur Verfügung stehen. Viele Zuwanderer bleiben arbeitslos und sind zur Selbsthilfe gezwungen. Sie arbeiten im informellen Sektor als Straßenhändler oder produzieren Waren aus Müll.

9 **Smog über Mexiko-Stadt**

10 **Mexiko: Stadtentwicklung**

Der Tequixquiac-Tunnel wurde nicht zur Wasserversorgung, sondern zur Entwässerung und Abwasserentsorgung angelegt.

Mexiko-Stadt geht der Atem aus

Die Luftverschmutzung in Mexiko-Stadt ist extrem. Täglich rieseln mehr als 12 000 Tonnen Schmutzpartikel und Abgase aus Autoverkehr und Industrie auf die Stadt nieder. Die Lage der mexikanischen Hauptstadt in einem Becken umgeben von Bergen verhindert einen beständigen Luftaustausch durch Windströmungen.

Insgesamt werden an über 300 Tagen in der City von Mexiko Ozonwerte gemessen, die bei uns sofortigen Alarm auslösen würden. Bei vielen Menschen werden Herz-Kreislauf- und Atemwegserkrankungen festgestellt.

Wasserknappheit

Im Zuge der Stadtbesiedlung wurde der Texcoco-See trocken gelegt. Dadurch sinkt der Grundwasserspiegel ab – jährlich um etwa 10 cm. Der Untergrund wird immer instabiler. Die Erdoberfläche senkte sich in den letzten 70 Jahren um 10 Meter. Ganze Straßenzüge versackten und Gebäude stürzten ein. Trotz eines neu errichteten Stausees, welcher die Stadt mit Wasser versorgt, kann der sehr hohe Wasserbedarf nicht gedeckt werden.

Hoffnung für Mexiko-Stadt

Dem Smog über der mexikanischen Hauptstadt wird der Kampf angesagt. Dazu gehören Maßnahmen wie wechselnde eintägige Fahrverbote für Privatfahrzeuge, um deren Anzahl in den Problemzeiten zu reduzieren. Um gleichzeitig den öffentlichen Verkehr zu fördern, wurde die U-Bahn in der Stadt ausgebaut. Aber auch der Einsatz von blei- und schwefelarmen Kraftstoffen und Katalysatoren soll eine Verbesserung der Luft herbeiführen. Mexiko wird zunehmend zu einem Markt der Umwelttechnik. Die mexikanische Wirtschaft hat viele alte, die Umwelt belastende Unternehmen geschlossen. Jedoch fehlen die Mittel, um Umweltschutzsysteme in noch bestehende Anlagen zu installieren. Daher werden zusammen mit den USA zahlreiche Umwelt- und Wirtschaftsprojekte entwickelt, die die Probleme angehen. Sie sollen helfen, die Kontrolle der Umweltbelastungen zu verbessern und Wirtschaftsförderungsprogramme umzusetzen. Aber auch die vom Staat eingeleitete Dezentralisierungspolitik ist darauf ausgerichtet, andere Mittelstädte des Landes weiterzuentwickeln und Mexiko-Stadt zu entlasten.

11

Kaum zu glauben

In Mexiko-Stadt muss jedes Auto einmal in der Woche stehen bleiben, um die Luftschadstoffe zu vermindern. Mittels farbiger Aufkleber und anhand der Nummernschilder der Autos erfolgt die Kontrolle.

3 Stelle die Probleme von Mexiko-Stadt in einer Liste übersichtlich dar.

Zur Vertiefung

4 Beurteile, ob die Aussage des Stadtchronisten auf Seite 114 noch gültig ist.

5 Diskutiert die Aussage: „Die Probleme der mexikanischen Hauptstadt lösen sich zuerst auf dem Lande."

Die städtische Bevölkerung wächst jährlich um etwa 60 Millionen Menschen. Dabei gibt es große regionale Unterschiede. Werden sich diese weiter verstärken?

Globale Verstädterung

Vor hundert Jahren gab es nur sieben Millionenstädte: London, Wien, Paris, Berlin, New York, Tokyo und Peking. In Europa und den USA wuchsen die Städte vor allem im Zeitalter der Industrialisierung. In den neuen Fabriken entstanden Arbeitsplätze und immer mehr Menschen zogen in die Städte.
Und heute? Die Zahl der Millionenstädte ist weltweit stark angestiegen. Die meisten findet man in den bevölkerungsreichsten Ländern China und Indien. Insgesamt rechnen die Bevölkerungsexperten der Vereinten Nationen damit, dass die Verstädterung weiter zunehmen wird. Das heißt, dass der Anteil der Menschen, der in Städten lebt, größer wird, der Verstädterungsgrad steigt. Auf dem Land leben dagegen immer weniger Menschen.
In manchen Städten leben mehr als 10 Millionen Menschen. Solche Riesenstädte nennt man **Megastädte**. Nach einer Schätzung der UNO wird es im Jahr 2025 drei Typen solcher Megastädte geben:
- dynamisch wachsende Städte im wirtschaftlich aufstrebenden Asien,
- von Überalterung geprägte Städte in Europa und Nordamerika und
- spontan und übermäßig wachsende Städte in Afrika und Lateinamerika.

1 **Millionenstädte, Megastädte und Global Cities**

Global Cities

Einige wenige Städte bezeichnet man als **Global Cities** – als Städte mit besonders großer Bedeutung für die Weltwirtschaft. Sie sind Mittelpunkte des Wirtschaftsgeschehens und auch bedeutende Verkehrsknotenpunkte. London etwa hat fünf Flughäfen. Global Cities sind Sitz wichtiger Institutionen, wie z. B. von Messen und Börsen. Hier werden die Aktienkurse der Global Player erhandelt und so der Wert der Unternehmen ermittelt. Auch deshalb haben multinationale Konzerne gerade hier ihren Sitz. Die wirklich wichtigen Entscheidungen für die Weltwirtschaft fallen in den Global Cities.
Die drei bedeutendsten Global Cities sind Tokyo, New York und London. Daneben gibt es Städte, die in der zweiten Reihe zu nennen sind, z. B. Paris, Los Angeles, Sydney oder Singapur.
Nicht alle Global Cities sind Millionenstädte. Zürich in der Schweiz oder aber Frankfurt haben ebenfalls globale Bedeutung. Die Stadt am Main ist mit ihren 700 000 Einwohnern kleiner als die deutsche Hauptstadt Berlin – aber als Finanzzentrum für Deutschland und Europa ist Frankfurt aus wirtschaftlicher Sicht wichtiger.

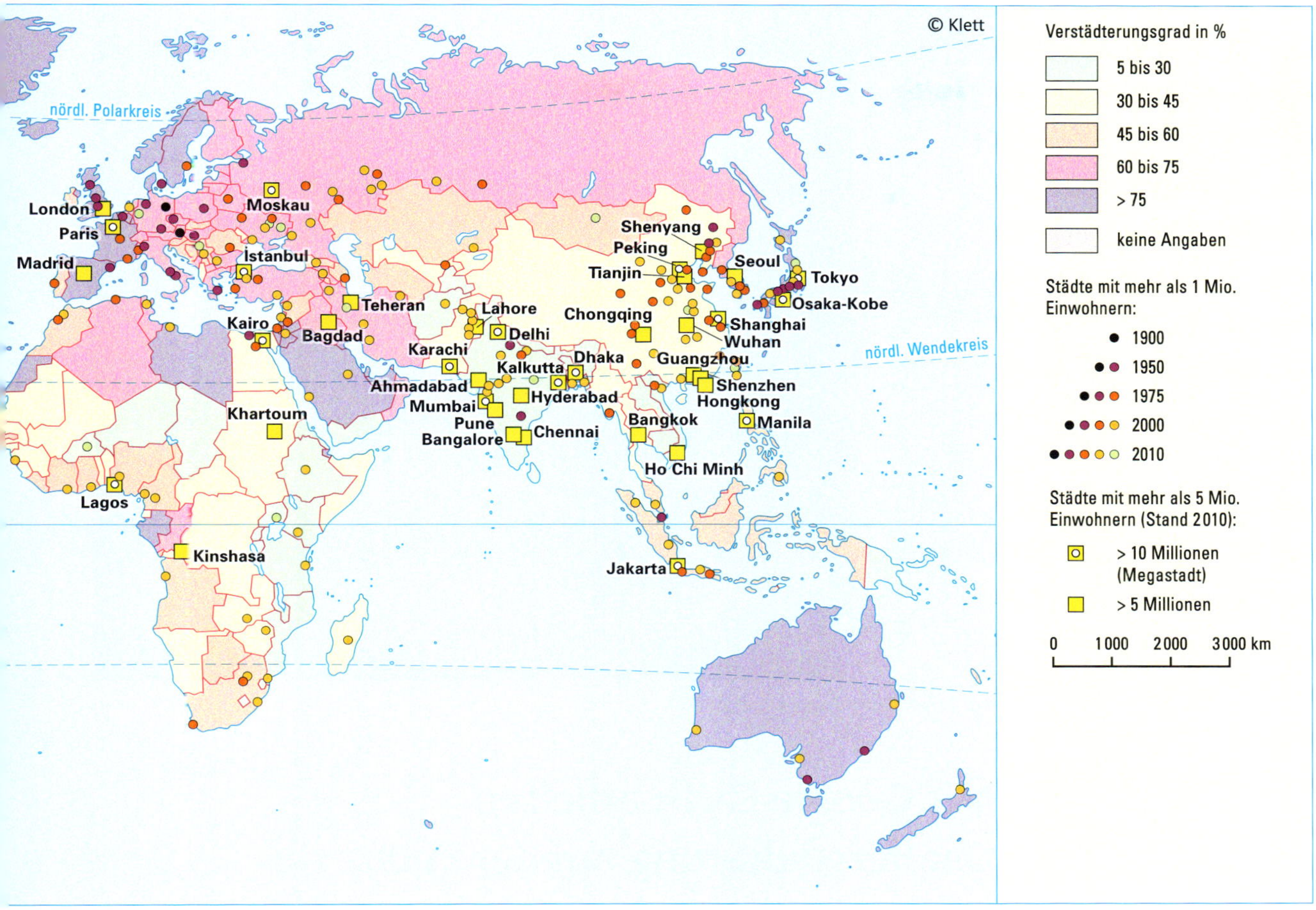

Megastädte der Welt 2010 (EW in Mio.)

1. Tokyo	37,8
2. Mexiko-Stadt	23,6
3. New York	23,3
4. Seoul	22,7
5. Mumbai (Bombay)	21,9
6. São Paulo	20,8
7. Manila	20,6
8. Jakarta	19,2
9. Delhi	18,9
10. Shanghai	18,6

2

1 Arbeite mit der Karte:

a) In welchen Ländern ist der Anteil an Menschen, die noch auf dem Land leben, groß? Welche Länder dagegen sind stark verstädtert? Nenne jeweils fünf Beispiele.

b) Beschreibe, wie die Länder mit starker Verstädterung über die Erde verteilt sind.

c) Vergleiche die Verteilung der Millionenstädte und Megastädte mit der Verteilung der Global Cities.

Zur Vertiefung

2 Recherchiere im Internet zu einer Megastadt oder Global City deiner Wahl und stelle sie in einem Steckbrief vor.

Google Earth bietet Satellitenbilder, Luftbilder, Karten und viele Informationen mehr, mithilfe derer wir geographische Orte und Fragestellungen erkunden können.

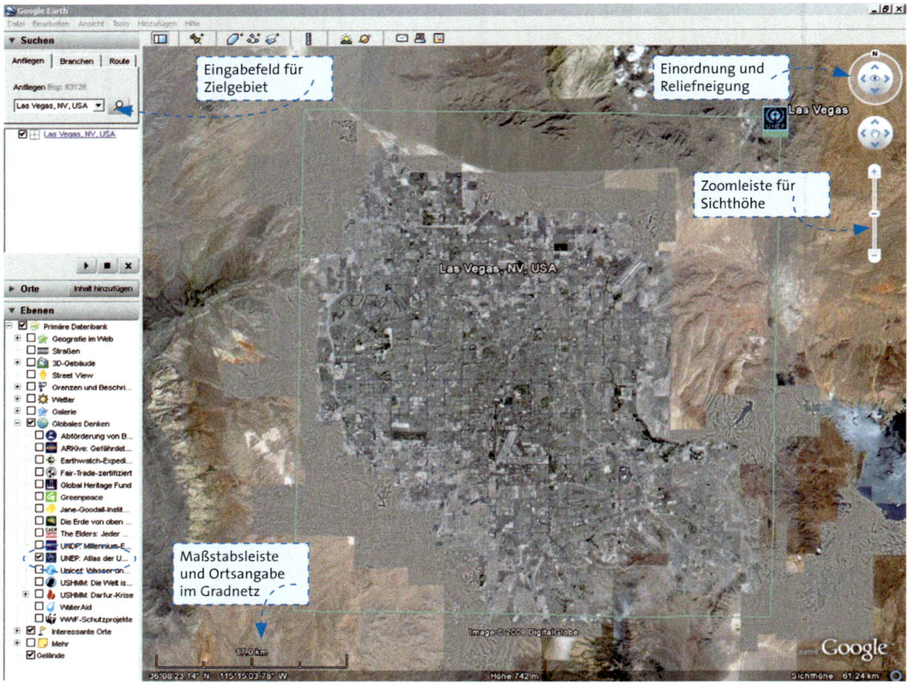

1 Screenshot Google Earth

Mit Google Earth arbeiten: Der Verstädterung auf der Spur

Um die Dimensionen von Verstädterung zu erfassen, sind statistische Daten zur Fläche, Einwohnerzahl und Bevölkerungsdichte hilfreich. Mit diesen Informationen kann man sich die Ausmaße der Verstädterung vorstellen. Google Earth ist eine weitere Möglichkeit, uns eine Vorstellung – ein Bild – von Verstädterung zu machen.

Las Vegas

Bei der Stadtgründung im Jahre 1911 erstreckte sich Las Vegas über eine Fläche von knapp 50 km² und zählte gerade einmal 800 Einwohner. Im Jahr 2008 lebten in Las Vegas auf 340 km² 599 087 Menschen. Die rasante Bevölkerungszunahme seit der zweiten Hälfte des 20. Jahrhunderts macht Las Vegas zu einer der am stärksten wachsenden Städte der USA. Von 2000 bis 2006 betrug die Bevölkerungszunahme 15,1 %, ein noch viel stärkeres Wachstum im gleichen Zeitraum verzeichnete North Las Vegas mit 71,1 %. Das Las Vegas Valley entwickelte sich zu einer Region, deren Ausdehnung zunehmend an seine natürlichen Grenzen stößt. Die umliegenden Berge begrenzen die Stadt und die Errichtung neuer Wohngebiete erfolgt bis an die Bergfüße und vor allem auch immer weiter in die trockenen Wüstengebiete hinein.

Surftipp
Google Earth
104211-0603

2 Satellitenbilder des Las Vegas Valley 1973 und 2006

Arbeiten mit Google Earth

1. Schritt: Verorten und „Anfliegen"

Öffne Google Earth. Im Menüpunkt „Suchen" gibst du den Ort ein, den du „anfliegen" möchtest. Mit „Enter" oder „Suche beginnen" startest du den Anflug auf das Zielgebiet.

2. Schritt: Orientieren

Lerne die verschiedenen Funktionen kennen und probiere folgende Funktionen aus:

- Verändern der Sichthöhe mithilfe der Zoomleiste am rechten Bildschirmrand oder der Scroll-Taste der Maus. Achte dabei auf die Veränderungen der Maßstabsleiste am unteren linken Bildschirmrand.
- Bewegen der Maus im Bildausschnitt. Achte hierbei auf die Veränderungen der Höhenangaben des Reliefs in der Mitte des unteren Bildschirmrandes.
- Neigung des Reliefs mithilfe der Werkzeugleiste.

3. Schritt: Informationen gewinnen

Wähle in der linken unteren Menüleiste eine Ebene aus, die dir verschiedene Informationen in der aktuellen Ansicht anzeigt, z. B. Grenzen und Beschriftungen: besiedelte Gebiete oder Globales Denken: UNEP Atlas der Umweltveränderungen. Hier erhältst du Zugriff auf weitere Informationen und oft auch die Möglichkeit, Overlay-Bilder einzufügen.

Tipp

Panorama-Blick auf die Umgebung von Las Vegas, der die Tallage zeigt:

- Punkt im Zentrum anwählen und bis auf ca. 25 m Sichthöhe hineinzoomen,
- Einstellungen vornehmen: Menüleiste – Tools – Optionen – Geländequalität: Höhenverstärkung Faktor 3,
- Nord-Pfeil bewegen und eine Drehung um die eigene Achse starten.

1 Bestimme die jeweils größte Nord-Süd- und Ost-West-Ausdehnung des Las Vegas Valleys. Nutze das Lineal-Werkzeug in der oberen Menüleiste von Google Earth.

2 Arbeite mit den Satellitenbildern:
a) Beschreibe die räumlichen Veränderungen der Region Las Vegas von 1973 bis 2006.
b) Erläutere damit verbundene Probleme für die Umwelt und für die weitere Stadtentwicklung.

3 Ein Wohngebiet untersuchen:
a) Ermittle in Google Earth das im Ausbau befindliche Wohngebiet am Bright Angel Way. Aktiviere die Ebene Straßenansicht und du erhältst Zugriff auf Fotos, die einen Blick auf die Umgebung bieten.
b) Bewerte diesen Standort.

Zur Vertiefung

4 Vergleiche die Ausmaße des Flächenwachstums des Las Vegas Valleys mit dem von Mexico-City zwischen 1973 und 2006. Nutze die Satellitendaten in Google Earth.

TERRA TRAINING

Wichtige Begriffe

Gated Community
Global City
Hochtechnologie (Hightech)
Megastadt
Metropole
Marginalsiedlung
Pull-Faktor
Push-Faktor
Slum
Standortfaktor
Strukturwandel
Technologiezentrum
Verdichtungsraum
Verstädterung

So überprüfst du deine Kompetenzen:

1. Bearbeite den Selbsteinschätzungsbogen (siehe Online-Link).
2. Wiederhole Inhalte, die du noch nicht verstanden hast.
3. Löse die Aufgaben auf dieser Trainingsseite.
4. Kontrolliere deine Lösungen (siehe Online-Link).

Wissen und Verstehen

1 Bilderrätsel

Löse die Bilderrätsel und erkläre die gesuchten Begriffe.

a) 

b) 

2 Findest du die Begriffe?

a) So bezeichnet man ein Gebiet, in dem viele Menschen leben und wo sich zahlreiche Wirtschaftsunternehmen befinden.
b) So heißen Städte, die eine besonders große Bedeutung für die Weltwirtschaft haben, weil sie Sitz von großen Börsen und vielen multinationalen Konzernen sind.
c) Diesen Begriff gebraucht man, wenn sich in einem Wirtschaftsraum viele Dinge grundlegend ändern.
d) So heißt der Wirtschaftsbereich, der in Entwicklungs- und Schwellenländern ohne staatliche Kontrolle für Viele die einzigen Arbeitsmöglichkeiten bietet.

	1	2	3	4	5	6	7	8	9	10	11	12	13	14
a	I	S	H	O	C	H	S	C	H	U	L	E	S	T
b	S	N	G	U	L	T	E	K	A	A	B	T	T	E
c	F	Y	R	V	V	S	A	R	E	Ä	Ü	U	R	C
d	O	P	U	U	B	D	Q	Ä	I	Ö	T	A	U	H
e	R	A	E	D	S	F	Q	P	Z	S	P	C	K	N
f	S	E	N	R	B	T	A	R	I	L	O	V	T	O
g	C	U	Z	R	H	I	G	H	T	E	C	H	U	L
h	H	Z	O	T	N	H	L	I	R	K	O	N	R	O
i	U	T	N	Z	M	T	H	E	A	T	E	R	W	G
j	N	R	E	G	S	J	E	E	H	N	Z	M	A	I
k	G	E	S	N	L	K	R	R	C	N	A	Q	N	E
l	W	C	E	N	T	R	O	E	S	G	G	T	D	P
m	W	I	Q	R	K	J	T	L	M	F	R	E	E	A
n	D	L	R	E	V	I	E	R	P	A	R	K	L	R
o	E	S	M	O	M	U	S	I	C	A	L	N	S	K

1

3 Buchstabensalat

Suche 9 Begriffe, die das „neue Gesicht" des Ruhrgebiets zeigen. Schreibe dir die Lösungen und ihre Position mithilfe der Buchstaben-Zahlenkombination des Rätsels in dein Heft. Wähle drei Begriffe aus und erläutere, warum sie das „neue Gesicht des Ruhrgebiets" zeigen.

4 Richtig oder falsch?

Korrigiere die falschen Aussagen und schreibe sie richtig auf.

a) Im Ruhrgebiet wird es in ein paar Jahren keine Bergwerke mehr geben.
b) Ein Technologiezentrum sorgt für die Erneuerung alter Industrieanlagen.
c) In Paris gibt es das größte Dienstleistungszentrum Europas.
d) Landflucht heißt, dass viele Menschen aus der Stadt aufs Land ziehen wollen.

Portfolio
Bogen zur Selbsteinschätzung
104211-0604

Material
Lösungen dieser Seite
104211-0605

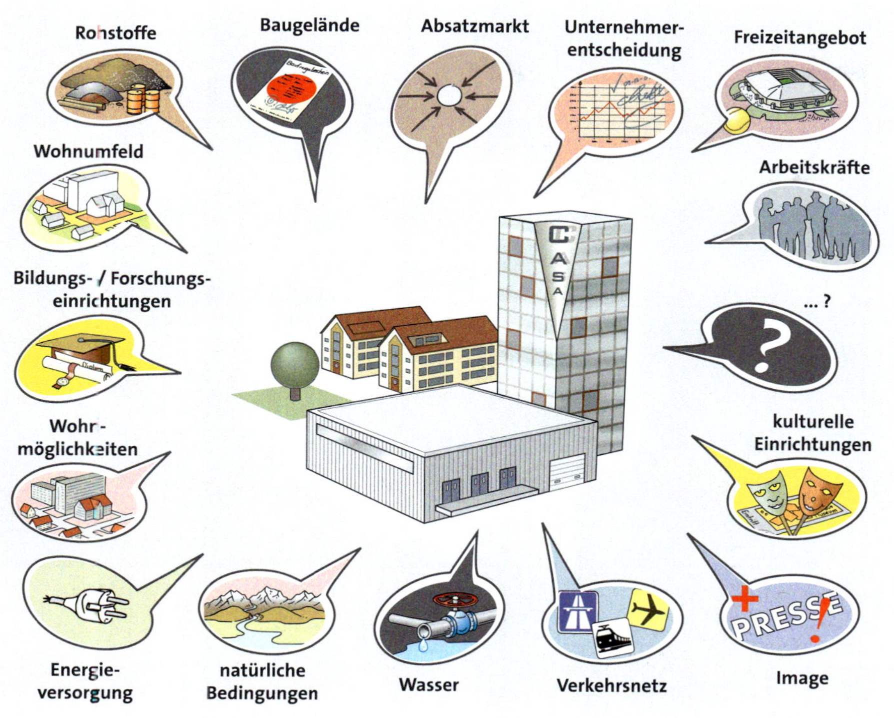

2 Schema der Standortfaktoren

5 Standortfaktoren unter der Lupe

a) Übertrage die Grafik 2 in dein Heft.
b) Rahme die Standortfaktoren blau ein, die im 19. Jahrhundert entscheidend für die Entstehung des Ruhrgebietes waren.
c) Rahme die Standortfaktoren rot ein, die nach dem dritten Strukturwandel im Ruhrgebiet, also heute, wichtig für die weitere Entwicklung sind.
d) Welcher Faktor fehlt beim Fragezeichen?

Anwenden

6 Ein Verdichtungsraum?

Ein Verdichtungsraum hat über 1000 EW/km². Ist das Rhein-Main-Gebiet ein Verdichtungsraum?
Daten Rhein-Main-Gebiet (2008):
– Einwohner: 3 400 000
– Fläche: 5 500 km² (nach S-Bahn-Netz)

7 Magnet Stadt

Fertige ein Poster an, auf dem du die Faktoren aufzeigst, die die Bevölkerung in Mexiko-Stadt und anderen großen Städten in Entwicklungs- und Schwellenländern in die Städte ziehen.
Stelle diesen die Faktoren gegenüber, die die Menschen aus den ländlichen Gebieten wegtreiben. Finde eine passenden Überschrift.

Beurteilen und Bewerten

8 Verstädterung

Die städtische Bevölkerung der Welt wächst jährlich um etwa 60 Millionen Menschen. Besonders in den Entwicklungs- und Schwellenländern ziehen immer mehr Menschen in die großen Städte. Beurteilt, welche Folgen das für diese Megastädte hat.

extra

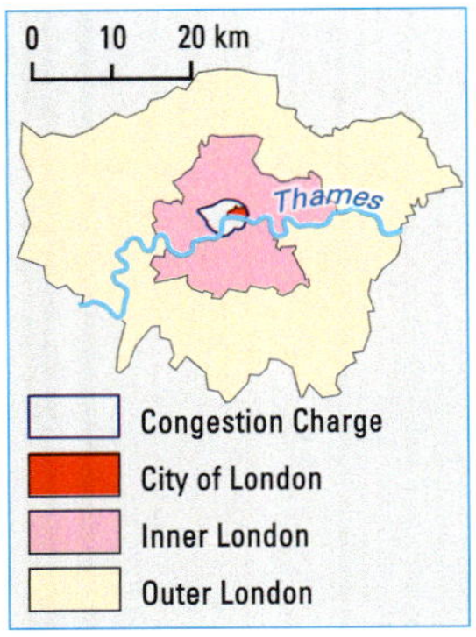

1 London

Die City of London ist der historische Kern der Stadt und das aktuelle Wirtschaftszentrum. Sie ist mit 2,6 km² der flächenmäßig kleinste und am wenigsten bevölkerte Stadtteil.

2

Entwicklung der Einwohnerzahl in der City of London	
1700	200 000
1800	130 000
1900	27 000
2007	7 815

3

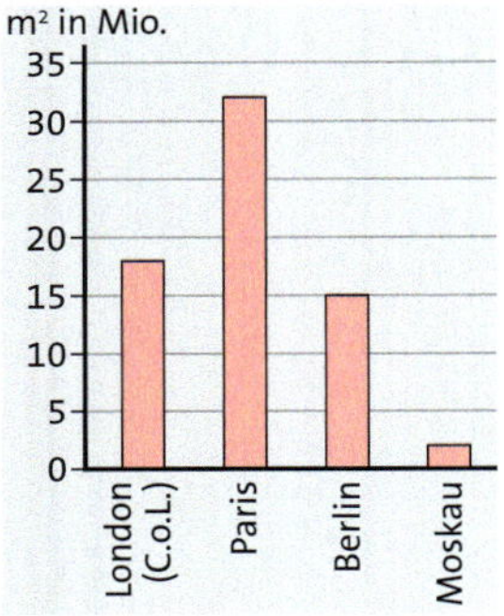

4 Anteil der Büroflächen in europäischen Städten

5 City of London

London – eine Global City

Wenn von Global Cities gesprochen wird, fällt der Name London immer, denn die Stadt gehört neben New York und Tokyo zu den wichtigsten wirtschaftlichen Zentren der Welt. Das liegt daran, dass sich hier viele Niederlassungen der weltweit tätigen Konzerne, der sogenannten Transnationalen Unternehmen (TNC), befinden. Darum haben sich hier auch die großen Banken, Versicherungen und Investmentgesellschaften niedergelassen, die überall auf der Erde tätig sind. Hier werden die Entscheidungen getroffen, die für die Wirtschaftsentwicklung der gesamten Welt bedeutsam sind. Von den jeweils 500 größten Unternehmen haben 220 der britischen, 120 der europäischen und 60 der weltweiten Unternehmen hier ihren Sitz.

Der globale Finanzmarkt

Es gibt in London mehr ausländische Banken als irgendwo sonst auf der Welt. 2006 wurden in London fast 40 % des internationalen Währungshandels durchgeführt. Die City of London hat damit die Wallstreet in New York als bedeutendstes Finanzzentrum der Welt abgelöst. Moderne Bankhochhäuser überragen die City of London. In ihnen arbeiten 400 000 Bankkaufleute. Sie bilden die Hauptgruppe der Londoner Beschäftigten des Dienstleistungssektors. Die Bürocity Canary Warf auf dem Gelände der ehemaligen Docklands hat sich zu einem weiteren Finanzhandelszentrum entwickelt.

An der Londoner Börse werden die meisten Aktien gehandelt und London ist auch Sitz der Rohstoffbörse für Industriemetalle wie Kupfer, Blei, Aluminium, Zink und Nickel.

Doch der Finanzsektor ist zunehmend krisenanfällig. Fehlspekulationen machen sich im Zeitalter der Globalisierung an allen Standorten der großen Banken bemerkbar. Die Finanzkrise von 2008 hat auch in London zu Pleiten und mehr als 4 000 Entlassungen geführt.

Surftipp
Liste der größten Unternehmen in Europa
104211-0606

	London	New York	Paris	Sydney	Berlin	Düsseldorf
Bevölkerung (EW. in Mio.)	7,5	8,2	2,2	3,6	3,5	0,58
Bevölkerung (Verdichtungsraum)	8,5	18,7	9,8	4,7	3,5	o.A.
Ausländeranteil (in %)	27,1	33,7	17,6	o.A.	18.1	19,0
TNC-Anzahl	22	20	24	3	1	4
Anteil am Weltfinanzmarkt (in %)	31,3	19,2	2,6	o.A.	o.A.	o.A.

6 **Global Cities**

8 **Bankenviertel in London**

Merkmale einer Global City
- Sitz vieler Haupt- und Tochterunternehmen von TNCs
- internationales Finanzzentrum (Banken, Börsen, Versicherungen)
- Sitz bedeutender Institutionen, z. B. Zentralbank, Regierungssitz, Messestadt
- internationaler Verkehrsknotenpunkt
- hohe Einwohnerzahl und hohe Wirtschaftskraft

7

London als Dienstleistungs-, Handels- und Verkehrszentrum
London war schon in der Vergangenheit ein Welthandelszentrum. Das war auf die zahlreichen britischen Kolonien zurückzuführen, deren Waren in London gehandelt wurden. Der Londoner Hafen stellte hierbei den bedeutendsten Umschlagplatz dar. Mit dem Zerfall des britischen Kolonialreiches ließ diese Bedeutung nach. Die Einrichtungen im Hafenbereich verfielen. Heute nutzt man die Flächen der ehemaligen Docklands für die Anlage moderner Finanz- und Handelszentren. Trotz hoher Preise bleibt London ein attraktiver Standort für internationale Dienstleistungen in den Bereichen Finanzen, Versicherungen, Wirtschaftsprüfung, Werbung und Medien.
Um schnell auch persönliche Kontakte aufnehmen zu können, benötigen die Transnationalen Konzerne leistungsfähige Flughäfen in der Nähe ihrer Niederlassungen. Mehr als 100 Millionen Passagiere benutzen Jahr für Jahr die fünf Londoner Flughäfen Heathrow, Gatwick, Stansted sowie Luton und City.

Londons multikultureller Charakter und soziale Gegensätze
Londons Verbindung mit der Welt hat auch dazu beigetragen, dass viele Menschen aus anderen Ländern sich in der britischen Hauptstadt niedergelassen haben. Von den 7,5 Millionen Londonern wurde knapp ein Drittel im Ausland geboren, sodass hier über 300 Sprachen gesprochen werden. Von den Zugewanderten stammen 27 % aus Indien und Pakistan, ehemaligen britischen Kolonien. Im nördlichen Londoner Vorort Neasden befindet sich der größte hinduistische Tempel der Welt. 25 % der Zuwanderer sind dunkelhäutige Menschen aus Afrika und der Karibik. Viele von ihnen leben im südlichen Vorort Brixton.
Wie in jeder Großstadt gibt es auch in den verschiedenen Stadtteilen Londons oft ein großes soziales Gefälle.

Kaum zu glauben
40 der 75 Milliardäre in Großbritannien kommen aus dem Ausland und leben in London. Sie nehmen am städtischen Leben nicht teil, aber wissen sich und ihren Reichtum in London gut aufgehoben.

1 Arbeite mit dem Text und Tabelle 6:
a) Stelle Merkmale von London zusammen, die die Stadt als Global City ersten Ranges ausweisen.
b) Vergleiche die Bedeutung Londons mit der von Paris und Düsseldorf.

2 Erläutere, warum eine internationale Finanzkrise London stärker trifft als andere Städte.

3 Suche im Internet TNCs, die in London ihren Hauptsitz haben.

Europa wächst zusammen

Noch nie in der Geschichte der Menschheit haben sich so viele Staaten so eng zusammengeschlossen. Sechs Staaten haben das Einigungswerk 1957 begonnen. Im Jahre 2011 sind es schon 27 Staaten, und weitere Staaten stehen vor der Tür der Europäischen Union. Die EU ist heute in der Welt ein wegweisendes Beispiel für die Zusammenarbeit von Völkern.

1

2

Island
Norwegen
Schweden
Finnland
Russland
Estland
Lettland
Litauen
(zu Russl.)
Groß-
britannien
Irland
Nordsee
Dänemark
Ostsee
Weiß-
russland
Nieder-
lande
Belgien
Lux.
Deutsch-
land
Polen
Tschechische
Republik
Slowakische
Republik
Ukraine
Moldau
Frankreich
Schweiz
Österreich
Ungarn
Rumänien
Slowenien
Kroatien
Bosnien-
Herzego-
wina
Serbien
Italien
Spanien
Monte-
negro
Kosovo
Bulgarien
Maze-
donien
Albanien
Türkei
Griechen-
land
Mittelmeer
Malta
Zypern

Bundes-
republik
Deutschland
FRANCE

100
10
10 EURO

EUROPÄISCHE GEMEINSCHAFT
BUNDESREPUBLIK
DEUTSCHLAND
REISEPASS

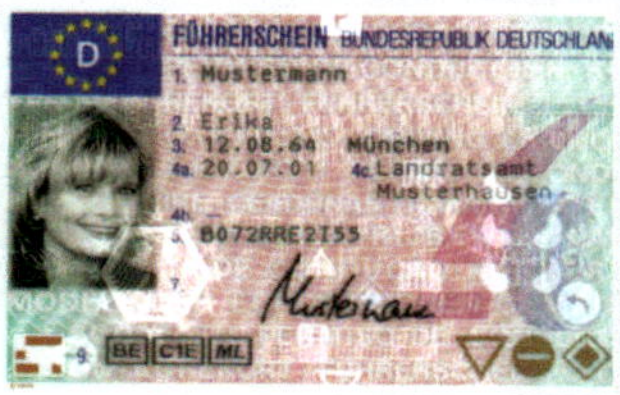
FÜHRERSCHEIN BUNDESREPUBLIK DEUTSCHLAND
1. Mustermann
2. Erika

1 Europaflagge
Der Kreis der zwölf Sterne in der Europaflagge steht für Einheit und Harmonie zwischen den europäischen Völkern. Die Zahl der Sterne hat nichts mit der Anzahl der Mitgliedstaaten zu tun. Es gibt zwölf Sterne, weil die Zwölf traditionell das Symbol der Vollkommenheit, Vollständigkeit und Einheit ist. Die Flagge bleibt folglich ungeachtet künftiger Erweiterungen der Union unverändert.

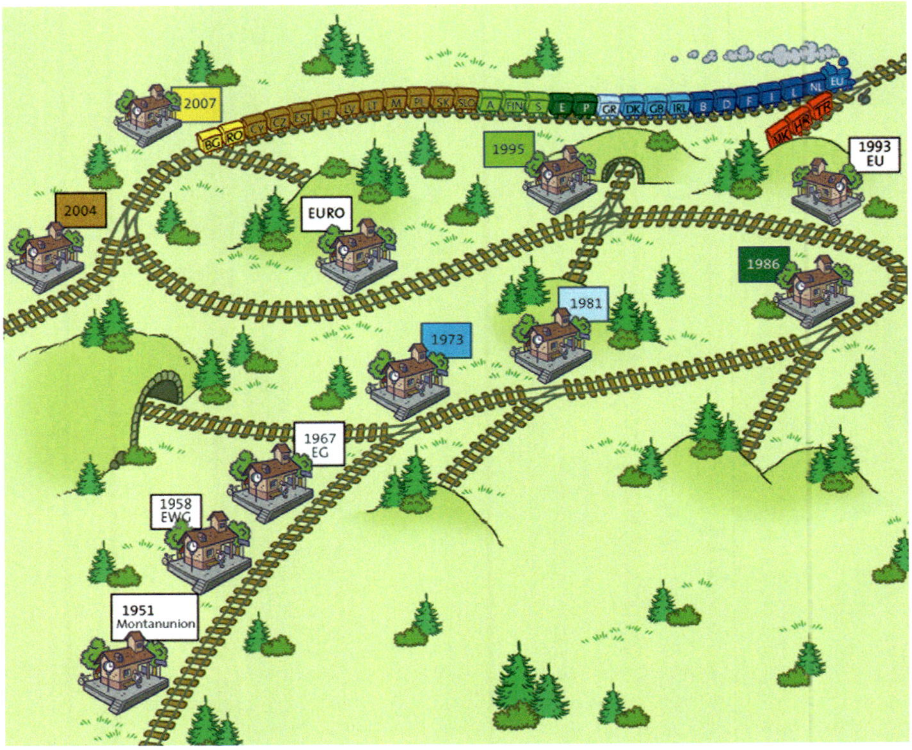

2 Der Zug nach Europa

Auf dem Weg zum vereinten Europa

Nach den entsetzlichen Erfahrungen im Zweiten Weltkrieg begann die **europäische Integration**. Hierunter versteht man das Zusammenwachsen der Länder Europas mit dem Ziel, friedlich und über Grenzen hinweg zusammenzuleben.

1951: Gründung der Europäischen Gemeinschaft für Kohle und Stahl (EGKS), auch Montanunion genannt, durch Belgien, Deutschland, Frankreich, Italien, Luxemburg, Niederlande.

1958: Zusammenschluss der oben genannten Staaten zur Europäischen Wirtschaftsgemeinschaft (EWG). Ziel war eine gemeinsame Agrarpolitik sowie die Abschaffung von Zöllen untereinander und die Errichtung eines gemeinsamen **Binnenmarktes**.

1967: Zusammenschluss von EWG und EGKS zur Europäischen Gemeinschaft (EG). Hauptaufgabe ist der Abbau von Grenzen und Zöllen.

1979: Das Europäische Währungssystem (EWS) tritt in Kraft. Erste Idee zur Einführung eines einheitlichen Währungs- und Wechselkurssystems.

1985: Fünf Staaten (B, D, F, L, NL) unterzeichnen das Schengener Abkommen. Es beinhaltet den Wegfall von Personenkontrollen an den Binnengrenzen. An den Außengrenzen wird dafür umso strenger kontrolliert, um Zollvergehen und illegale Einwanderungen zu bekämpfen. Weitere Staaten treten dem Abkommen später bei.

- - -►
Seite 133
Binnenmarkt

Lernen im Netz
Animation „Gemeinsames Europa“
104211-0701

Surftipp
Geschichte der EU
104211-0702

¡Holá! Anfangs war Denise (16) begeistert, als ihre Familie beschloss, von Köln nach Spanien zu ziehen. Doch je näher der Abschied von den Freundinnen rückte, desto unheimlicher wurde ihr der Gedanke, sich in einer neuen Umgebung mit einer fremden Sprache zurechtfinden zu müssen. Zum Glück hatte sie in der Volkshochschule an einem Spanischkurs teilgenommen.
Dann ging alles sehr schnell: Kein Grenzbeamter stoppte ihre Fahrt, kein Zöllner kontrollierte den Möbelwagen mit der Wohnungseinrichtung. Problemlos hatte die Familie vorher in Alicante ein Haus erwerben und einen Handwerksbetrieb für Elektrotechnik gründen können. Werkzeuge, Einrichtung und einen Teil des Warenbestandes importierten ihre Eltern ohne Schwierigkeiten aus Deutschland.
Die Kölner Schulzeugnisse gelten auch in Spanien. So begann Denise in Alicante eine Ausbildung zur Bankkauffrau, wodurch ihr die Sprache rasch geläufig wurde. Freundinnen hatte sie ebenso schnell gefunden. Nach der Ausbildung wird Denise in ihrem spanischen Betrieb bleiben. Wegen ihrer Sprachkenntnisse ist sie der Bank willkommen, die zahlreiche Geldgeschäfte mit Deutschland abwickelt.
Ob Denise nach Deutschland zurückkehren wird, weiß sie noch nicht. Warum auch? Schließlich besitzt sie in Alicante fast die gleichen Rechte wie ihre spanischen Nachbarn. Die Europäische Union ermöglicht ihr sogar, an den spanischen Kommunalwahlen teilzunehmen. Und der Euro gilt auch hier.

3

1993: Der Vertrag über die Gründung der **Europäischen Union (EU)**, auch Vertrag von Maastricht genannt, tritt in Kraft. Der Binnenmarkt ist weitgehend verwirklicht.
2002: Einführung des Euro als Zahlungsmittel: Gemeinsame Geldscheine und Münzen in zehn EU-Staaten.
2009: Inkrafttreten des Vertrags von Lissabon. 27 Mitgliedstaaten der EU schließen einen völkerrechtlichen Vertrag, der den EU-Vertrag von 1993 ergänzt. Dieser stärkt das Europaparlament und die EU-Regierung in Brüssel.

4 **Die drei Säulen der Zusammenarbeit in der EU**

1 Arbeite mit der Grafik 2 und dem Text:
a) Stelle in einer Umrisskarte mit den Staaten Europas die Gründer- und Beitrittsstaaten der EU in den Farben der Grafik dar.
b) Lege mit den entsprechenden Farben Legendenkärtchen an und schreibe an richtiger Stelle dahinter: Gründungsstaaten, 1. Norderweiterung, Süderweiterung, 2. Norderweiterung, Osterweiterung
c) Erkundige dich über „beitrittswillige Staaten“ und stelle diese in deiner Karte hellrot dar.

2 Nenne die Vorteile, die Denise durch die Europäische Union genießt.

Zur Vertiefung

3 Arbeite mit der Grafik 2 und dem Text. Markiere die Ereignisse von 1951 bis 2010 auf einem Zeitstrahl.

4 Recherchiere wichtige Ereignisse seit 2009.

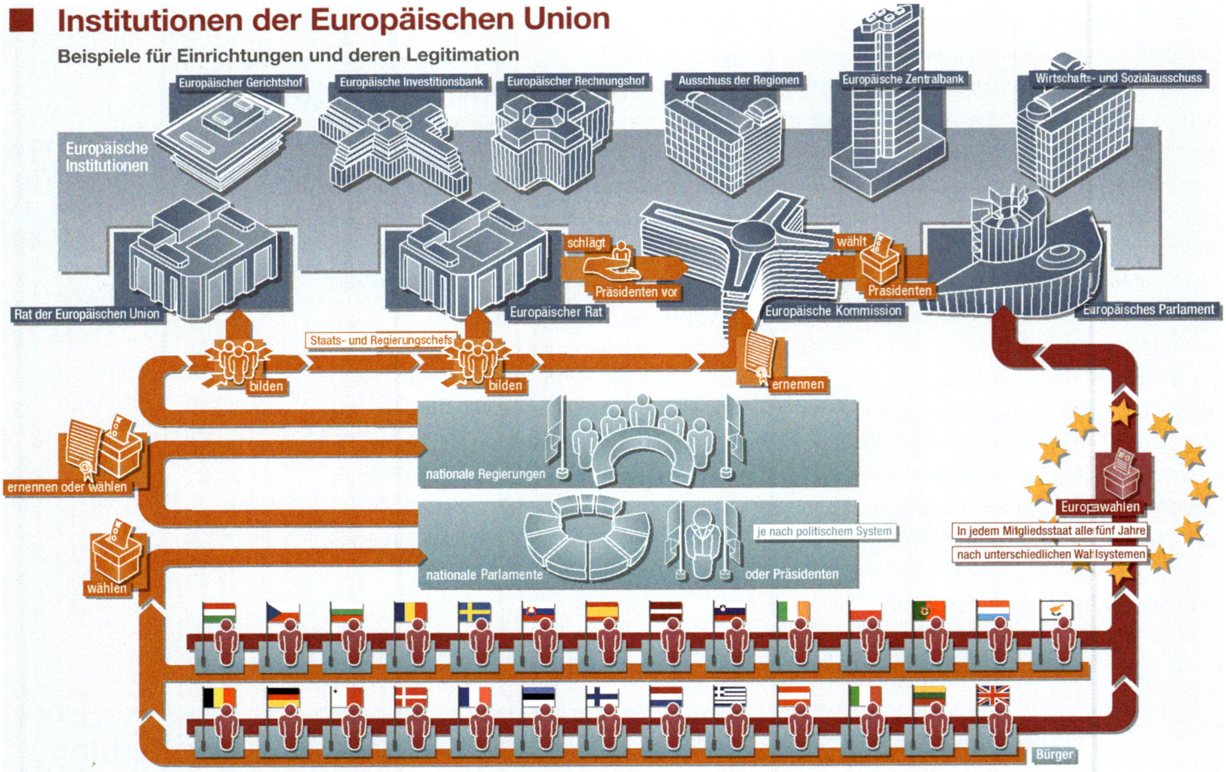

1 **So funktioniert die EU**

Institutionen der Europäischen Union

Die Europäische Union hat am 1.1.2011
- 27 Mitgliedsstaaten,
- fast 500 Mio. Einw.,
- ein Parlament mit 736 Abgeordneten.

Ein so großes politisches Gebilde wie die EU will verwaltet sein. Die vielfältigen Aufgaben der EU werden in über 30 Einrichtungen in verschiedenen Ländern wahrgenommen.

Europäische Politik spielt sich auf drei Ebenen ab: Auf Ebene
- der Bürger der Mitgliedsstaaten,
- der von ihnen gewählten Parlamente und Regierungen,
- der Europäischen Institutionen.

Zwischen diesen drei Ebenen existiert ein komplexes Funktionsgeflecht.

Die zentralen Europäischen Institutionen sind
- der Rat der Europäischen Union,
- der Europäische Rat,
- die Europäische Kommission und
- das Europäische Parlament.

Dem **Rat der Europäischen Union** gehören die Minister der nationalen Regierungen aller EU-Mitgliedstaaten an. Die Zusammensetzung hängt von dem zu behandelnden Thema ab. Geht es z. B. um Umweltfragen, nehmen die Umweltminister aus allen EU-Staaten an der Sitzung teil. Der Rat der europäischen Union ist der Hauptgesetzgeber der EU und hat seinen Sitz in Brüssel.

1 Benenne das zuständige Organ:

a) In diesen Rat entsendet jeder Mitgliedsstaat seinen Minister/seine Ministerin. Er ist der Hauptgesetzgeber der EU.

b) Es befindet sich in Straßburg, wirkt an den Gesetzen und am EU-Haushalt mit und kontrolliert die beiden Organe in Brüssel.

Material
Organe der EU
104211-0703

Jeder Mitgliedstaat übt im Wechsel für einen Zeitraum von 6 Monaten nach einer festgelegten Reihenfolge den Vorsitz aus. Um trotz des ständigen Wechsels kontinuierlich an politischen Aufgaben arbeiten zu können, bilden immer drei aufeinanderfolgende Ratspräsidentschaften eine sogenannte Trio-Präsidentschaft.
Der **Europäische Rat** wird durch die Staats- und Regierungschefs der Mitgliedländer gebildet. Er legt von Brüssel aus die Leitziele der EU fest. Er wählt seinen Präsidenten für eine Amtszeit von zweieinhalb Jahren, wobei er einmal wiedergewählt werden kann.
Die **Europäische Kommission** vertritt die Ebene der europäischen Institutionen. Sie hat ihren Sitz in Brüssel und wird auch als „Hüterin der Verträge" bezeichnet, da sie neben den alltäglichen Geschäften das Einhalten der Regeln kontrolliert. Die Kommission besteht aus jeweils einem Vertreter pro Mitgliedsstaat, auch Kommissar genannt. Jeder Kommissar ist für ein Fachgebiet verantwortlich, wie z. B. Energie oder Handel.
Der Präsident der Kommission wird nach Vorschlag des Europäischen Rats für fünf Jahre gewählt. Diese Amtszeit kann erneut um 5 Jahre verlängert werden. So geschehen ist dies beim derzeitigen Präsidenten José M. Barroso, der bereits seit 2004 im Amt ist und 2009 erneut gewählt wurde.
Das **Europäische Parlament**, mit Sitz in Brüssel und Straßburg, vertritt die Bürger und wirkt an den Gesetzen und am EU-Haushalt mit. Die Mitglieder werden im Rahmen der Europawahlen direkt von den Bürgern der Mitgliedsstaaten gewählt. Der Präsident wird alle zweieinhalb Jahre neu gewählt, wobei seine Amtszeit verlängert werden kann.

Trio-Ratspräsidentenschaften

Spanien	1. Hj. 2010
Belgien	2. Hj. 2010
Ungarn	1. Hj. 2011
Polen	2. Hj. 2011
Dänemark	1. Hj. 2012
Zypern	2. Hj. 2012
Irland	1. Hj. 2013
Litauen	2. Hj. 2013
Griechenland	1. Hj. 2014
Italien	2. Hj. 2014
Lettland	1. Hj. 2015
Luxemburg	2. Hj. 2015

1. Hj. entspricht Januar-Juni
2. Hj. entpricht Juli-Dezember

3

Jerzy Buzek
Präsident des Europäischen Parlaments

José Manuel Barroso
Präsident der Europäischen Kommission

Herman van Rompuy
Präsident des Europäischen Rates

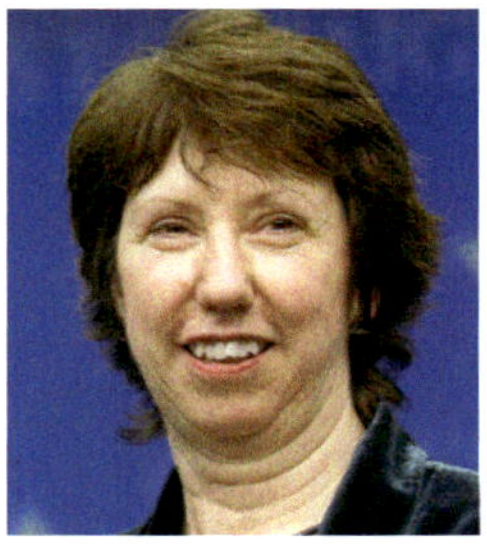

Catherine Ashton
Hohe Vertreterin für Außen- und Sicherheitspolitik

2

c) In diesem Rat treffen sich die Regierungs- bzw. Staatschefs der Mitgliedsstaaten. Er legt die Ziele der EU-Politik fest.

2 Erstelle mithilfe des Textes eine Tabelle wie folgt und fülle sie aus.

Institution	Sitz in ...	Aufgabe/n
...	...	...

3 Arbeite mit Grafik 1.
a) Benenne sechs weitere Institutionen der EU.
b) Recherchiere im Internet, in welcher Stadt die Institutionen ihren Sitz haben. Nutze auch den Online-Link.

4 Erkläre den Sinn einer Trio-Ratspräsidentschaft.

Zur Vertiefung

5 Recherchiere, welche Aufgaben Catherine Ashton hat.

Freier Personenverkehr
Z. B. darfst du eine Beschäftigung auf Mallorca annehmen und jeder EU-Bürger darf ohne Genehmigung bei uns arbeiten.

Freier Warenverkehr
Z. B. kannst du wie jeder EU-Bürger ein Auto in Belgien kaufen und musst keine Zollgebühren zahlen.

Freier Verkehr von Dienstleistungen
Z. B. kannst du für eine niederländische Transportfirma einen Auftrag in Frankreich ausführen. Das gleiche Recht hat jeder EU-Bürger.

Freier Kapitalverkehr
Z. B. darfst du ohne Schwierigkeiten ein Konto in Luxemburg eröffnen. Dasselbe darf jeder EU-Bürger bei uns.

1 Die vier Freiheiten im Binnenmarkt der EU

2 Schüler äußern sich zur EU

Wir sind EU-Bürger

Mit der Zusammenarbeit in der Kohle- und Stahlindustrie hat es begonnen. Schritt für Schritt hat sie sich vertieft und dazu geführt, dass sich die Staatengemeinschaft erweitert. Zollschranken sind gefallen und innerhalb der Gemeinschaft ist immer mehr Freizügigkeit eingekehrt. Städte- und Schulpartnerschaften sind entstanden.

Den bisher größten Schritt im Einigungsprozess brachte der „Vertrag über die Europäische Union", allgemein **Vertrag von Maastricht** genannt. Mit diesem Vertrag wandelte sich die Wirtschaftsgemeinschaft zur **Währungsunion** und zugleich zur politischen Union. Es wurden der Euro als EU-Währung und die **Unionsbürgerschaft** eingeführt. Zeugnisse der Unionsbürgerschaft sind: Europapass, EU-Autokennzeichen und EU-Führerschein sowie das Kommunalwahlrecht der EU-Bürger am ausländischen Wohnort. Zeugnis der Währungsunion ist neben dem Euro die Einrichtung einer Europäischen Zentralbank mit Sitz in Frankfurt.

Darüber hinaus wurden die Bedingungen für den freien Güter-, Dienstleistungs- und Kapitalverkehr sowie für die Mobilität von Arbeitnehmerinnen und Arbeitnehmern verbessert und damit der Binnenmarkt vollendet. Dieser endet nicht an den Grenzen der Union, er schließt auch die Staaten Island, Norwegen und Liechtenstein ein.

Modell Europa

Wir sind also Europäer, Deutsche und z. B. Wiesbadener zugleich. Immer mehr Namen beginnen mit „Europa", „Euro" oder „EU". Die einen finden den Einigungsprozess gut, genießen die Reisefreizügigkeit und die partnerschaftlichen Beziehungen. Die anderen sind skeptisch: „Werden wir von Brüssel bevormundet? Geht unsere nationale Identität verloren?" Weltpolitisch betrachtet stellt der europäische Einigungsprozess einen einmaligen Vorgang dar. Und das in einem Kontinent, von dem zwei Weltkriege ausgingen. Man spricht in diesem Zusammenhang vom „Modell Europa" und ist der Meinung, dass es ein Vorbild für das Zusammenleben der Völker in der Welt sein kann.

3 Die EU im Alltag

Leben in der EU

Die Europäische Union greift in unser tägliches Leben ein. Viele Aspekte haben ihre Ursache im gemeinsamen Binnenmarkt. Er ermöglicht den freien Handel zwischen den Ländern der EU. Die Voraussetzung, dass so etwas zur Zufriedenheit der Menschen funktionieren kann, ist die Einigung auf gemeinsame Standards. Deshalb gibt es im Europäischen Binnenmarkt europaweite Anforderungen u.a. an die Lebensmittelhygiene und die Kennzeichnungsvorschriften.

Der Binnenmarkt ist zudem ein gemeinsamer Arbeitsraum. 17 Staaten der EU haben eine gemeinsame Währung, den Euro. Der gemeinsame Raum der Freiheit, der Sicherheit und des Rechts garantiert uns Rechtsschutz und freies Reisen im europäischen Ausland sowie einen europaweiten Gesundheitsschutz.
„Europa betrifft mich nicht", kann man daher nur sagen, wenn man nicht atmet, kein Wasser trinkt, nicht einkauft, nicht arbeitet, nicht reist oder keine Ausbildung macht.

Binnenmarkt

Der Binnenmarkt ist ein abgegrenztes Wirtschaftsgebiet, das durch den freien Verkehr von Waren, Dienstleistungen und Kapital sowie eine angeglichene Rechtsordnung gekennzeichnet ist.

1 Politische Union und Währungsunion:
a) Nenne mindestens vier Belegbeispiele für die Unionsbürgerschaft.
b) Nenne zwei Auswirkungen der gemeinsamen Währungspolitik.

2 Die vier Freiheiten im Binnenmarkt:
a) Erstelle anhand von Material 1 eine Mindmap.
b) Ergänze ein weiteres Beispiel für jede Freiheit.

3 Recherchiere, in welchen Staaten der EU der Euro Zahlungsmittel ist.

4 Begründe, welche Aspekte aus Grafik 3 für dich besonders wichtig sind.

Zur Vertiefung

5 Programme „Junges Europa": Informiere dich über das Schüleraustauschprogramm „Comenius".

6 Erläutere mithilfe des Internets die Symbolik der Motive auf Vorder- und Rückseite der Euroscheine.

1 **Verlassenes Bergdorf in Kalabrien**

2 **Arbeiterstadtteil in Krakau**

3 **Galerie in Mailand**

4 **Yachthafen an der Westküste Korsikas**

Arm und Reich in der EU

Region
Eine Region nennt man ein mehr oder weniger großes Gebiet, das sich von den anderen Gebieten durch bestimmte Merkmale abgrenzen lässt. Solche Merkmale können beispielsweise einheitliche landschaftliche Bedingungen oder auch die gemeinsame Geschichte sein.

Alle Bürger der Europäischen Union haben zwar gleiche Rechte, aber die Lebensbedingungen sind in den Ländern doch recht unterschiedlich. Auch innerhalb eines Landes kann es ungleiche Bedingungen geben. Einige Regionen können sehr arm sein, andere sehr reich.

Arme und reiche Regionen

Auch in Deutschland gibt es arme und reiche Regionen. In einigen Gegenden sind viele Menschen arbeitslos und haben deshalb wenig Geld, z. B. in den meisten Gebieten Ostdeutschlands. Dagegen ist das durchschnittliche Einkommen der Menschen in den Regionen München, Frankfurt und Hamburg sehr hoch.

In einigen Ländern der EU sind die Unterschiede zwischen den Regionen noch viel größer als bei uns. Gründe hierfür sind beispielsweise ihre Lage zu den Märkten und Rohstoffen oder die Geschichte dieser Regionen. Beispiele für große Unterschiede findet man u.a. in Italien.

Surftipp
Eurostat: Statistiken der EU
104211-0704

Surftipp
Infos zu den EU-Ländern
104211-0705

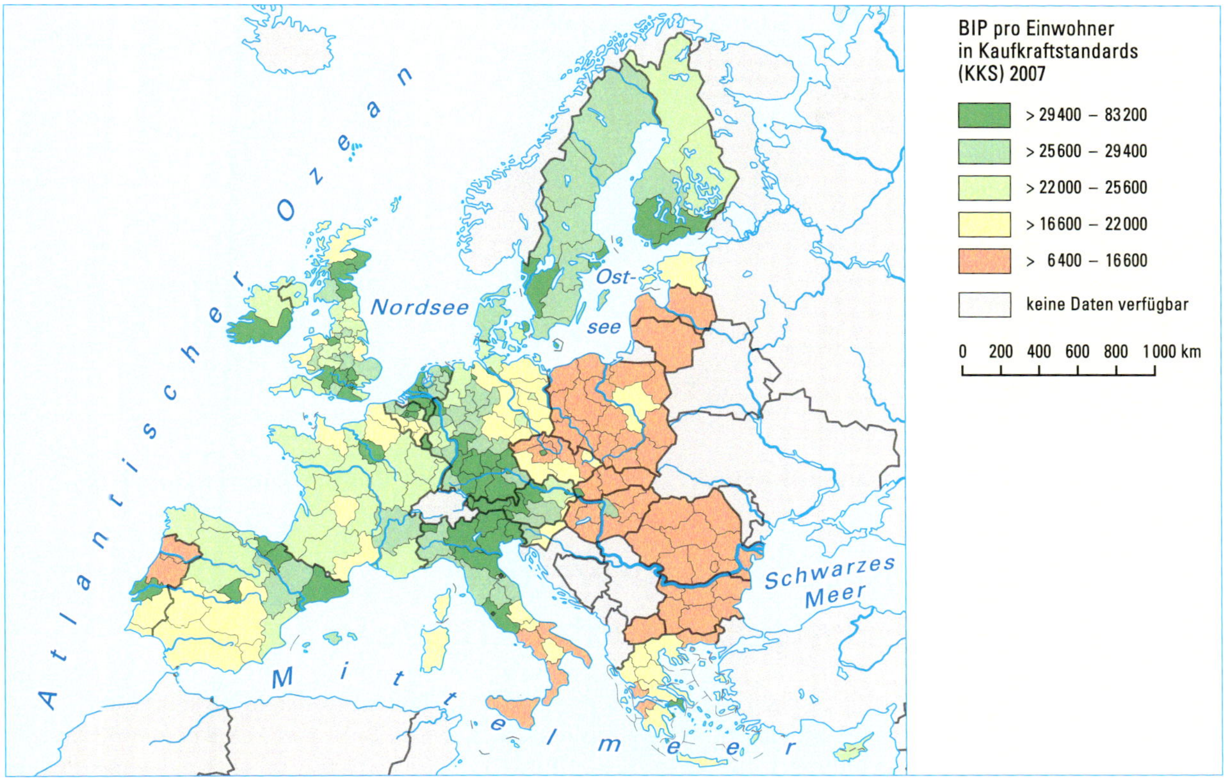

5 Verteilung von Arm und Reich in der EU

Unterschiedliche Wirtschaftsleistung
Nicht nur zwischen Regionen, sondern auch zwischen Staaten gibt es oft große Unterschiede der Wirtschaftsleistung. Die Wirtschaftsleistung nennt man auch **Bruttoinlandsprodukt (BIP)**. Damit erfasst man den Geldwert aller im Land oder in der Region hergestellten und verkauften Güter und aller Einnahmen aus Dienstleistungen. Um die Wirtschaftsleistung unterschiedlich großer Länder oder Regionen vergleichen zu können, wird das BIP pro Einwohner und Jahr errechnet. Wirtschaftlich starke Regionen haben ein hohes BIP pro Einwohner, Regionen mit geringer Wirtschaftsleistung ein viel niedrigeres.
Eine wichtige Aufgabe der Europäischen Union ist es, arme Regionen zu unterstützen und damit die Unterschiede zu verringern.

Kaufkraftstandards (KKS)
sind eine „künstliche Währung", um Preise in reichen und armen Regionen vergleichen zu können. Denn in armen Regionen kostet meist dieselbe Ware oder Dienstleistung weniger als in reichen. Z. B. kosten die Leistungen eines Malers in Berlin erheblich weniger als in München.

1 Arbeite mit den Fotos 1 bis 4.
a) Beschreibe die Fotos.
b) Erkläre, woran du erkennst, ob sie aus einer armen oder reichen Region stammen.

2 Werte die Karte 5 aus.
a) Liste in einer Tabelle fünf Länder mit überwiegend wohlhabenden und fünf Länder mit überwiegend armen Regionen auf.
b) Nenne drei Länder, in denen der Unterschied von sehr reich bis sehr arm besonders deutlich ist.

Zur Vertiefung
3 Lebst du in einer reichen oder in einer armen Region der EU? Begründe.

TERRA **METHODE**

Statistiken, d. h. Zahlenreihen, Tabellen und Diagramme, veranschaulichen uns Sachverhalte. Deshalb ist das Lesen und Auswerten von Statistiken eine wichtige Fähigkeit, um sich Informationen zu beschaffen und um sich anschließend eine Meinung bilden zu können.

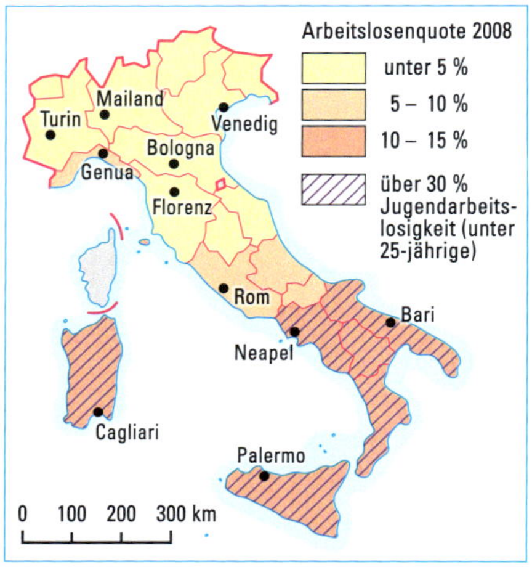

1 **Arbeitslosenquote**

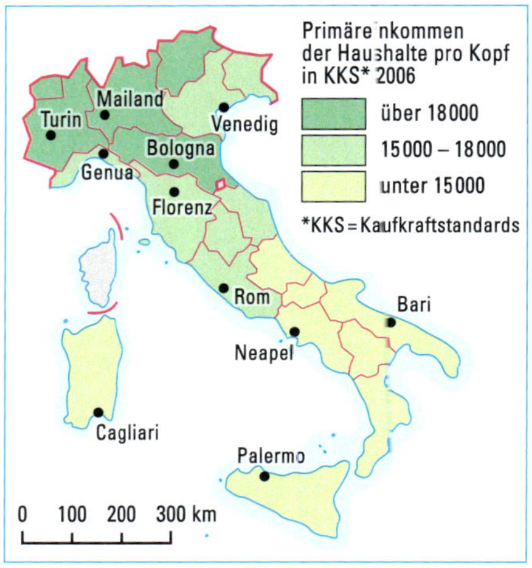

2 **Haushaltseinkommen pro Kopf**

Statistiken auswerten: Entwicklungsunterschiede in der EU

Fast in keinem Land der EU sind in der wirtschaftlichen Leistung die regionalen Unterschiede so groß wie in Italien. Während der Norden wirtschaftlich sehr stark ist, gehört der Süden zu den schwächsten Regionen der EU. Man bezeichnet solche Unterschiede als „regionale Disparität". Das Entwicklungsgefälle hat sicher etwas mit der unterschiedlichen Entfernung von Mitteleuropa zu tun.

Das Bruttoinlandsprodukt (BIP)
Das BIP ist ein übliches Maß, um die wirtschaftliche Leistung einer Region oder eines Staates zu messen. Da diese absolute Zahl sich jedoch zum Vergleichen wenig eignet, dient das BIP pro Kopf als Vergleichsgröße.

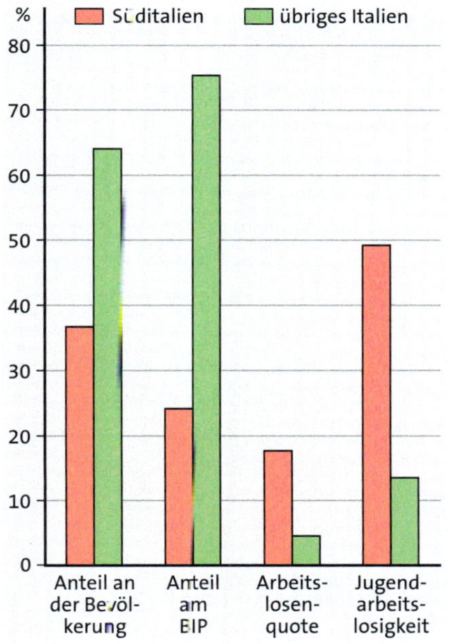

3 **Süditalien im Vergleich zu Italien**

Indexwerte für das BIP pro Kopf von ausgewählten EU-Staaten (EU = Indexwert 100)

Staat	2000	2004	2008
Dänemark	126	122	120
Deutschland	112	108	116
Finnland	114	114	117
Frankreich	114	110	108
Griechenland	73	82	94
Irland	126	136	135
Italien	113	106	102
Luxemburg	223	238	276
Niederlande	124	124	134
Polen	47	49	56
Spanien	92	98	103
Ungarn	53	60	64

4

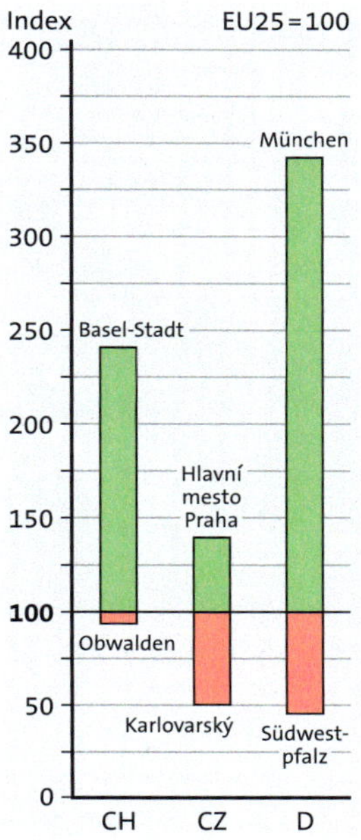

5 **Regionale Disparitäten im BIP innerhalb von Staaten**

Statistiken auswerten

1. Schritt: Sich einen Überblick verschaffen

– Darstellungsart erkennen, z. B. Tabelle, Kreisdiagramm
– Thema der Darstellung ablesen, z. B. Indexwerte für das BIP pro Kopf ...
– Welche Vorstellungen verbinde ich mit dem Thema? z. B. „Hier geht es um den Stand der wirtschaftlichen Entwicklung ...“

2. Schritt: Was ist dargestellt?

– Was wird miteinander verglichen? Bsp.: Staaten
– Welcher Zeitraum ist erfasst? Bsp. die Jahre von 2000 in Vierjahresschritten
– Was steckt hinter den Größenangaben? Bsp.: Indexwerte für das BIP

3. Schritt: Ablesen von Werten

– Welche Maßeinheit wird verwendet? Bsp.: Indexwerte
– Blick auf einen Einzelwert bzw. eine Zeile (Spalte, Linie) richten, z. B. Entwicklung des Indexwertes für Deutschland von 2000 bis 2008

4. Schritt: Vergleichen

– Werte für ein bestimmtes Jahr ablesen, z. B. Deutschland, Griechenland, Luxemburg und Polen 2004
– die Entwicklung in einem bestimmten Zeitraum vergleichen, z. B. Deutschland mit Irland 2000 – 2008

5. Schritt: Kernaussagen treffen

Formuliere Aussagen, z. B.
– Von 2000 bis 2008 ist der Indexwert für Italien gefallen und hat sich dem EU-Durchschnitt angenähert.
– Polen hat nur die halbe Wirtschaftskraft des EU-Durchschnitts und benötigt Förderhilfen der EU.
– Irland gehört zu den wirtschaftsstarken Ländern. Einer Förderung bedarf es nicht mehr.

Bruttoinlandsprodukt (BIP)
So nennt man das im Inland erwirtschaftete Einkommen eines Volkes.

Indexwerte
Um einzelne Werte mit dem Durchschnittswert einer Staatengruppe vergleichen zu können, berechnet man z. B. das BIP pro Kopf für die gesamte EU und setzt diesen Wert als „Vergleichswert 100“.

1 Wende die Schritte 1 bis 5 auf das Säulendiagramm 3 an.

Zur Vertiefung

2 Verknüpfe die Aussagen in den Materialien 1 bis 3 und formuliere eine Gesamtaussage.

1 Chipfabrik von Intel in Leixlip/Irland

Neue 65 Nanometer-Chipfabrik eröffnet
Der Halbleiterhersteller Intel hat 2006 eine neue Chipfabrik eröffnet. Wie das Unternehmen am Standort in Leixlip mitteilte, werden hier Schaltkreise hergestellt. Zwei Milliarden Dollar investierte der Konzern in das Werk mit 1000 Beschäftigten. In der neuen Anlage sollen ab Sommer Intels neueste Prozessor-Generationen vom Band laufen. Mit dem Verlust von Marktanteilen an einen Konkurrenten sah sich der Weltmarktführer gezwungen, den Umstieg auf 65 Nanometer-Architekturen schneller voranzutreiben als geplant.

4

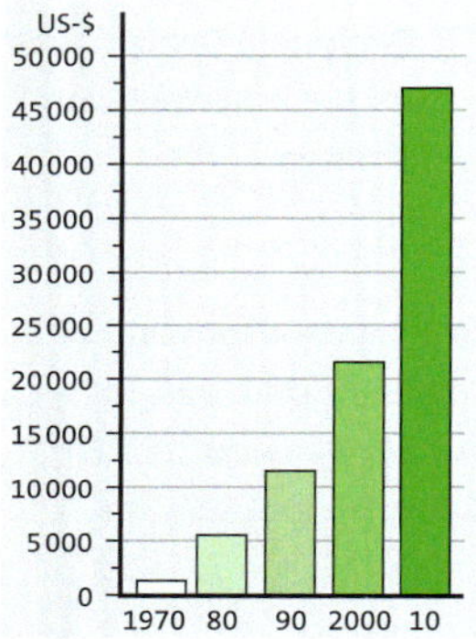

2 Entwicklung des BIP pro Kopf in Irland

Beschäftigung in Irland nach Sektoren

	1983	2010
Landwirtschaft	17 %	6 %
Industrie	31 %	28 %
Dienstleistung	52 %	66 %

3

Gleiche Lebensbedingungen schaffen

Vor seinem Beitritt zur EU wurde Irland manchmal das „Armenhaus“ Europas genannt. Auf der Insel selbst gab es kaum Industrie, sie war von der Landwirtschaft geprägt. In Irland war die Arbeitslosigkeit hoch. Durch Fördermaßnahmen der EU konnte Irland innerhalb von 30 Jahren zu den europäischen Staaten mit dem höchsten BIP pro Kopf aufschließen. Erst die Wirtschaftskrise ab dem Jahr 2008 bremste die rasante Entwicklung. Die Folge waren eine hohe Verschuldung und das Abrutschen in eine Rezession (wirtschaftlicher Abschwung). So erhielt das schwer angeschlagene Irland erneut finanzielle Unterstützung und soll zusammen mit einem strengen Sparkurs so die Krise bewältigen.
Trotz der Krise gilt Irland während der 1990er-Jahre für ein mustergültiges Beispiel wirtschaftlichen Aufschwungs. Wie es dazu gekommen, dass Irland zu den wirtschaftsstärksten Ländern der EU zählte?

Eine Erfolgsgeschichte der EU

Um die Wirtschaftsleistung armer Regionen und Länder zu erhöhen, bietet die Europäische Union verschiedene Fördermaßnahmen an: **Strukturhilfen**. So wurden in Irland mit Fördergeldern der EU ausländische Betriebe mit modernen Arbeitsplätzen ins Land geholt, das Straßensystem ausgebaut und die Energieversorgung erneuert. Durch ein verbessertes Bildungssystem stehen der Hightech-Industrie gut ausgebildete Fachkräfte zur Verfügung.
Diese **Beschäftigungspolitik**, die niedrigen Löhne und die geringen Steuern lockten viele internationale Unternehmen an. So entstanden vor allem im Elektronik- und Computerbereich zahlreiche neue Arbeitsplätze.

Strukturhilfen der EU

Die Europäische Union sieht sich als eine Gemeinschaft, in der die wohlhabenden Staaten den schwächeren Ländern helfen und arme Regionen gezielt gefördert werden. Ziel ist es, wirtschaftliche Unterschiede zu verringern und die Lebensbedingungen aller Menschen in der EU anzugleichen.
Für dieses Ziel stehen unterschiedliche Förderprogramme zur Verfügung, für die allein in den Jahren 2000 bis 2006 rund 235 Milliarden Euro ausgegeben wurden.

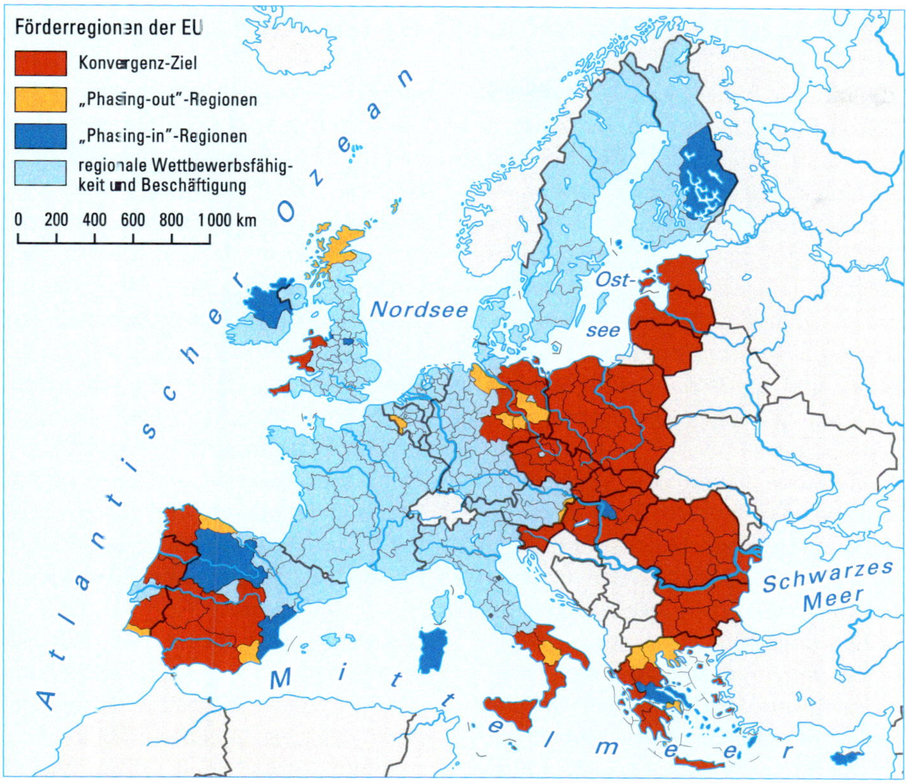

5 **Förderregionen der EU 2007–2013 (Finanzmittel: 307,6 Mrd. Euro)**

Förderziele 2007–2013

Ziel 1 „Konvergenz"
Alle Regionen, deren BIP pro Kopf weniger als 75 % des EU-Durchschnitts beträgt, haben einen Entwicklungsrückstand. Wirtschaftswachstum und Beschäftigung werden gefördert mit dem Ziel der Annäherung (Konvergenz) an die wirtschaftsstarken Regionen.

– Phasing-out-Regionen
Diese Regionen werden weiterhin gefördert, obwohl ihr BIP pro Kopf heute knapp über 75 % des EU-Durchschnitts liegt.

– Phasing-in-Regionen
Regionen mit auslaufender Unterstützung.

Ziel 2 „Regionale Wettbewerbsfähigkeit und Beschäftigung"
Erhöhung der Attraktivität einzelner Regionen sowie der Anzahl zukunftssicherer Arbeitsplätze, z. B. in der High-Tech-Industrie.

Ziel 3 „Vertiefung der Zusammenarbeit von Grenzregionen"

6

Neuordnung der Förderung

In den Jahren 2004 bis 2007 wurde die Europäische Union um zwölf Länder erweitert, deren Wirtschaftskraft geringer war als die der bisherigen Mitglieder. Um die Gemeinschaft nicht finanziell zu überfordern, war eine Neuordnung der Hilfen notwendig. Die Förderung konzentriert sich seither auf die drei Förderziele: „Konvergenz" (Annäherung), „Wettbewerbsfähigkeit" und „Vertiefung der Zusammenarbeit von Grenzregionen".

Alle Förderprogramme werden von den jeweiligen Ländern und der EU gemeinsam finanziert. Erste Erfolge werden sichtbar. Darum konnten die Slowakei, Slowenien, Malta und Zypern sogar die Gemeinschaftswährung Euro einführen.

1 Erläutere mithilfe der Materialien 1 – 3 und dem Text den Erfolg der Strukturhilfe der 1990er-Jahre in Irland.

2 Erläutere die Förderziele der Strukturhilfe der EU (Text 6).

3 Arbeite mit Karte 5:
a) Gib an, welche Regionen in Deutschland nach dem Ziel „Konvergenz" gefördert werden.
b) Liste auf, welche Regionen der EU besonders stark gefördert werden.
c) Vergleiche mit Karte 5 auf Seite 135. Was fällt auf?

Zur Vertiefung

4 Vergleiche Irland mit den 2007 beigetretenen Ländern Bulgarien und Rumänien. Nutze Karte 5.

Es gibt verschiedene Möglichkeiten, große Gebiete wie das der Europäischen Union zu gliedern. Je nachdem, welche Kriterien man zugrunde legt, können das Gebiete mit Bevölkerungswachstum oder Bevölkerungsrückgang, Industrie- oder Landwirtschaftsgebiete, verstädterte oder ländliche Räume sein. Mit der Bezeichnung Aktiv- und Passivraum sollen Gebiete mit unterschiedlichen Lebensbedingungen und unterschiedlicher wirtschaftlicher Dynamik erfasst werden.

Aktiv- und Passivräume in der EU

Aktivräume haben eine Wirtschaftsleistung (BIP/Einwohner), die deutlich über dem Durchschnitt der EU liegt. Sie sind durch eine große Zahl an Arbeitsplätzen in der Industrie und im Dienstleistungssektor gekennzeichnet. Deshalb haben diese Gebiete auch ein hohes Durchschnittseinkommen und eine niedrige Arbeitslosenquote. In der Regel sind es Zuwanderungsgebiete, die über günstige Verkehrsanbindungen verfügen.

Passivräume haben eine Wirtschaftsleistung, die deutlich unter dem EU-Durchschnitt liegt. Meist sind es ländliche oder altindustrialisierte Regionen mit hoher Arbeitslosigkeit. Durch Abwanderung vor allem junger Menschen drohen diesen Gebieten Überalterung und Schließung von Schulen und Unternehmen. Zur geringen Attraktivität solcher Passivräume tragen meist eine Randlage mit schlechter Verkehrsanbindung sowie eine geringe Einwohneranzahl (Bevölkerungsdichte) bei. Letzteres führt dazu, dass Produkte weniger Abnehmer finden und dadurch das Marktpotenzial gering ist.

Auf der Suche nach einem „Raumbild“

Die sogenannte **„Blaue Banane“**, 1989 von der französischen Raumordnungsbehörde DATAR entwickelt, ist das bekannteste Raumbild zur Darstellung der Aktivitätszentren Europas. Der französischen Regierung sollten damit die bestehenden Defizite ihrer Regional- und Raumordnungspolitik verdeutlicht werden. Dieses Bild verbreitete sich jedoch unerwartet schnell und wurde mehrfach verändert, sogar durch eine zweite „Banane“ zum „Champignon“ umgestaltet. Solche Bilder prägen Meinungen, erhärten Vorurteile und können sogar wirtschaftliche und politische Entscheidungen beeinflussen.

In Anlehnung an dieses Raumbild entstand in jüngster Zeit die Vorstellung von einer zweiten „Banane“ („Neue Banane“ oder „New Banana“) mit der Achse Berlin – Triest. Damit soll ein zweiter möglicher wirtschaftlicher Kernraum, der im Zusammenhang mit der EU-Osterweiterung entstehen kann, bezeichnet werden.

Zielkonflikt in der EU-Raumentwicklung

Will die EU ihre Wettbewerbsbedingungen weltweit verbessern, dann müssen die bereits bestehenden Aktivräume weiter ausgebaut werden. Dazu gehört u. a., dass Unternehmen bei der Ansiedlung gefördert werden. Grund dafür sind die in den Aktivräumen bestehenden Agglomerationsvorteile, d. h. Gebiete, in denen eine räumliche Ballung bzw. Verdichtung von Wirtschaft und Bevölkerung zu finden ist, bieten gute Grundvoraussetzungen für die Investoren. Will die EU aber regionale Unterschiede abbauen und auf eine nachhaltige und ausgewogene Entwicklung der Regionen hinarbeiten, dann müssen die Passivräume gefördert werden. Dazu müssten starke Anreize geschaffen werden, um Unternehmen, die dort investieren sollen, den Wegfall von Agglomerationsvorteilen auszugleichen.

1

GIS
Europa
104211-0706

2 **Aktiv- und Passivräume in Europa**

1 Arbeite mit Karte 2:

a) Beschreibe die Lage von Aktiv- und Passivräumen in der EU und benenne jeweils konkrete Beispiele.

b) Stelle stichwortartig wesentliche Merkmale von Aktiv- und Passivräumen in einer Tabelle gegenüber.

2 Diskutiere Lösungsmöglichkeiten für den Zielkonflikt in Text 1.

Zur Vertiefung

3 Nimm Stellung zu der Vorstellung von der Schaffung eines zweiten wirtschaftlichen Kernraumes in der EU unter den Gesichtspunkten

– Migration,
– Umweltbelastung und Verkehr,
– Konkurrenz der Standorte.

TERRA **TRAINING**

Wichtige Begriffe
Aktivraum
Beschäftigungspolitik
Binnenmarkt
„Blaue Banane“
Bruttoinlandsprodukt (BIP)
europäische Integration
Europäische Kommission
Europäisches Parlament
Europäischer Rat
Europäische Union (EU)
Passivraum
Rat der Europäischen Union
Strukturhilfe
Unionsbürgerschaft
Vertrag von Maastricht
Währungsunion

So überprüfst du deine Kompetenzen:

1. Bearbeite den Selbsteinschätzungsbogen (siehe Online-Link).
2. Wiederhole Inhalte, die du noch nicht verstanden hast.
3. Löse die Aufgaben auf dieser Trainingsseite.
4. Kontrolliere deine Lösungen (siehe Online-Link).

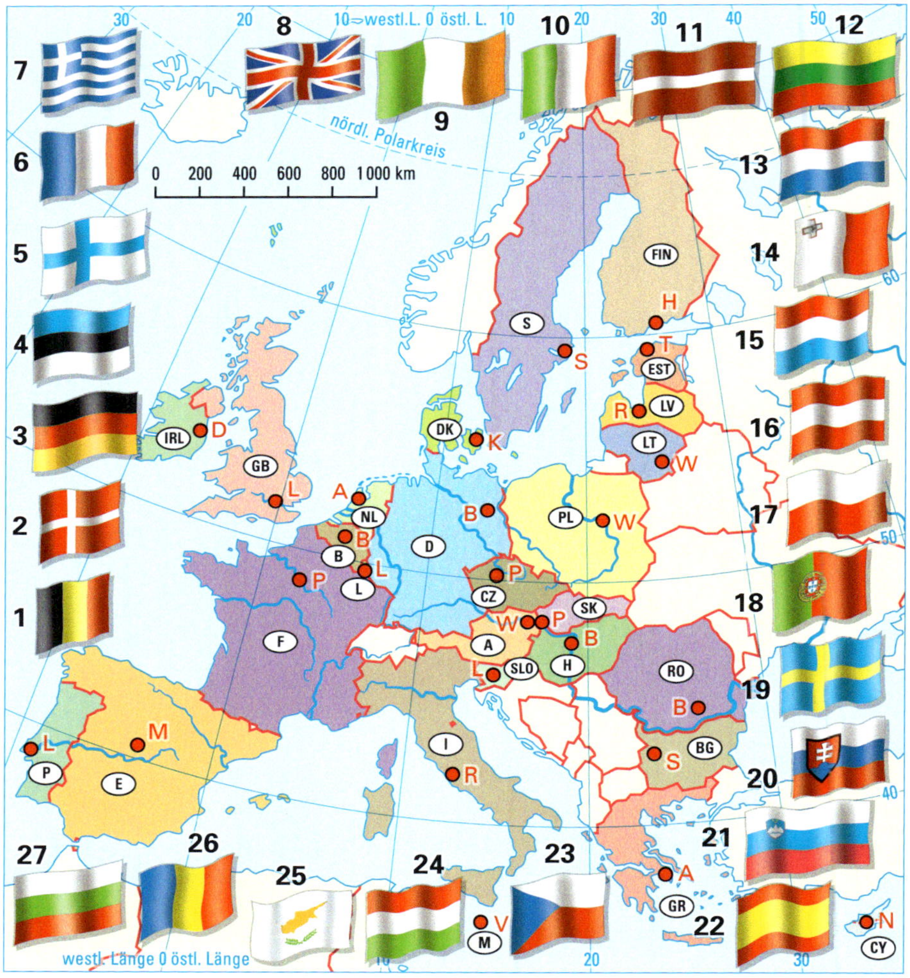

1

Orientieren

1 Mitgliedsländer der EU

Arbeite mit Karte 1.

a) Ordne zu: Autokennzeichen, Staat, Hauptstadt.

b) Kannst du auch die Flaggen zuordnen? Nutze dazu den Online-Link 104211-0709.

Wissen und Verstehen

2 Richtig oder falsch?

Verbessere die falschen Aussagen und schreibe alle Aussagen richtig auf.

a) Die Europäische Union kümmert sich nur um die Wirtschaft.

b) Im Europäischen Rat treffen sich die Regierungschefs der EU-Staaten.

Portfolio
Bogen zur Selbsteinschätzung
104211-0707

Material
Lösungen dieser Seite
104211-0708

Material
Flaggen der Staaten in Europa
104211-0709

c) In der EU gibt es grenzüberschreitende Zusammenarbeit nur zwischen Staaten.
d) Das Europäische Parlament wird alle fünf Jahre von EU-Bürgern gewählt.

3 Wichtige Ereignisse

a) Ordne den Jahreszahlen Ereignisse zu, die mit der Entstehung und Entwicklung der EU zu tun haben.
– 1951 – 1993
– 1958 – 2002
– 1985 – 2009

b) Erkläre das Logo zum 50. Jahrestag der Unterzeichnung der römischen Verträge (Material 3).

4 Bilderrätsel

Löse das Bilderrätsel und erkläre den Begriff.

5 Die vier Freiheiten im Binnenmarkt

Gib an, welche der vier Freiheiten angesprochen wird. Nicht immer ist die Zuordnung eindeutig.

a) Während des Urlaubs kaufst du auf Mallorca günstig ein Handy und nimmst es mit nach Hause.
b) Du nimmst an der niederländischen Küste einen Ferienjob an.
c) Einem deutschen Urlauber gefallen die österreichischen Alpen so gut, dass er dort eine Ferienwohnung kauft und diese von einer österreichischen Bank finanzieren lässt.
d) Ein Hauseigentümer lässt sein Haus von einer polnischen Firma neu verputzen.

Anwenden

6 Statistiken auswerten

Wende die Schritte 1–5 (S. 137) auf Tabelle 2 an.

	Bevölkerung in 1000			Geburten in 1000		
	1999	2004	2009	1999	2004	2009
Bulgarien	8230	7800	7600	72	70	81
Deutschland	82040	82530	82000	771	706	665
Irland	3730	4030	4450	54	62	74
Spanien	39800	42350	45830	380	455	495
Frankreich	60160	62290	64370	777	800	826
Luxemburg	430	460	490	6	6	6
Polen	38670	38190	38140	382	356	418
Schweden	8850	8980	9260	88	101	112

2

TöGEthé®
SINCE 1957

3

4

Beurteilen und Bewerten

7 Eine Karikatur auswerten

a) Betrachte die Karikatur 4 und notiere spontane Gedanken (Brainstorming).
b) Finde eine Überschrift zu deinen Notizen.
c) Welche versteckten Aussagen enthält die Karikatur?

Brücken und Tunnel verbinden

An den Grenzen der EU-Staaten sind Personen- und Zollkontrollen weitgehend entfallen. Dadurch wurde der Grenzverkehr von Personen und Waren erleichtert. Doch neben politischen Verkehrshindernissen gibt es auch natürliche. Sie hemmen den Verkehrsfluss. An wichtigen Stellen der EU rückt man diesen mit Hightech-Bauwerken zu Leibe. Denn ein zügiger Reise- und Güterverkehr ist unabdingbare Voraussetzung für das „grenzenlose Europa", für den Warenaustausch ebenso wie für den Tourismus. „Zeit ist Geld" heißt heute die Devise im Güterverkehr.

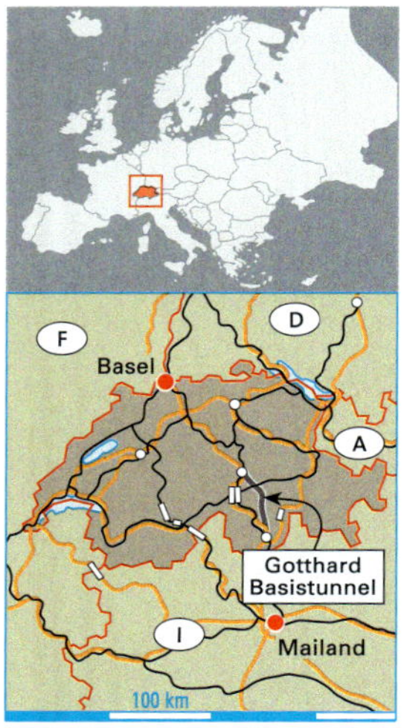

1

Der Gotthardtunnel

Der erste Tunnel durch das St. Gotthard-Massiv wurde von 1871 bis 1881 gebaut und war ein reiner Eisenbahntunnel. Die Röhre ist bis heute noch in Benutzung. Da in den darauffolgenden Jahren der Autoverkehr immer mehr an Bedeutung gewonnen hat und stark zunahm, wurde den Schweizern die Notwendigkeit eines Straßentunnels bewusst. Offizieller Baubeginn für den Gotthard-Straßentunnel war im Jahr 1970. Bis zu seiner Fertigstellung vergingen 10 Jahre, sodass der 17 km lange Tunnel am 5. September 1980 für den Autoverkehr freigegeben wurde. Der Gotthard-Straßentunnel besteht aus einer Röhre. Jede Fahrtrichtung kann nur einspurig befahren werden und im Tunnel herrscht Gegenverkehr. Dies war damals eine Sensation und Erleichterung für den gesamten PKW-und LKW-Verkehr.

Heute stehen wir vor dem Problem, dass der Gotthardtunnel aufgrund der Verkehrssituation der 1960er-Jahre geplant und gebaut wurde, aber dem heutigen Verkehrsaufkommen nicht mehr gerecht werden kann. Eine spürbare Entlastung soll der seit 1993 im Bau befindliche 57 km lange Basistunnel bringen. Dies wird sich auch in Österreich und Frankreich bemerkbar machen, da diese Länder bisher die Hauptlast beim Alpenverkehr tragen. Der eigentlich kürzere Weg durch die Schweiz ist für den Güterverkehr auf der Straße durch Verkehrsbeschränkungen, wie z. B. Steigungen und Kurvenverlauf, und Straßengebühren erschwert. Die Fertigstellung des derzeit längsten Tunnels der Welt ist für das Jahr 2015 geplant. Der neue Gotthard-Basistunnel wird ein reiner Eisenbahntunnel. Er wird praktisch ebenerdig durchfahrbar sein. Dadurch können Güterzüge von bis zu 4000 Tonnen den Tunnel umweltfreundlich durchqueren. Ebenso erhöht sich die Kapazität auf bis zu 200 Züge täglich. Des Weiteren können Hochgeschwindigkeitszüge den neuen Gotthard-Basistunnel durchfahren, was für Geschäftsreisende, aber auch für Urlauber einen angenehmen Zeitgewinn darstellt.

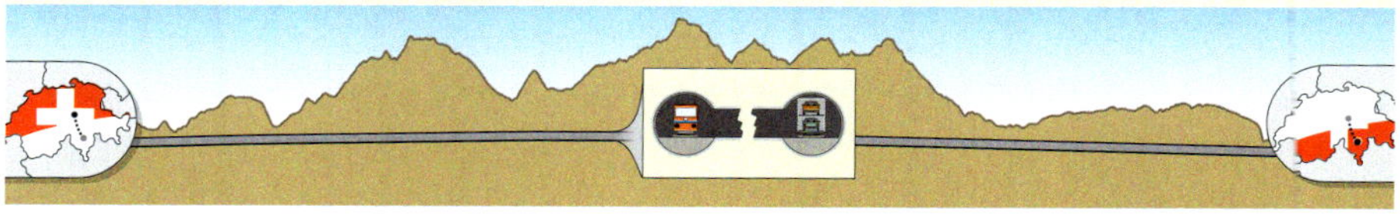

2

Surftipp
Öresundbrücke und Eurotunnel
104211-0710

Surftipp
Gotthard-Basistunnel
104211-0711

Der Eurotunnel
Seit 1994 verbinden zwei 37 km lange Röhren unter dem Ärmelkanal England mit Frankreich. Es ist Europas längster untermeerischer Tunnel. Dank des Tunnels kann man mit dem „Eurostar" die Strecke Paris–London in nur 134 Minuten zurücklegen. Auch zahlreiche Autofahrer können den Tunnel dank des Autozuges nutzen und so die 50 km zwischen Calais und Folkstone in 35 Minuten zurücklegen. Hinzu kommt noch der Güterverkehr.

Der Tunnel wurde gebaut, um den Verkehr schneller zu machen. Aber auch die Bevölkerung der Regionen an den Tunnelbahnhöfen profitiert davon. So entstand direkt neben dem französischen Terminal in Calais ein riesiges Einkaufs-, Freizeit- und Geschäftszentrum mit Gewerbepark, die „Cité de L'Europe". Das Zentrum zieht täglich über 50 000 Besucher an, hauptsächlich britische. Damit hat der Tunnel die nordfranzösische Region Pas-de-Calais wirtschaftlich bedeutend aufgewertet.

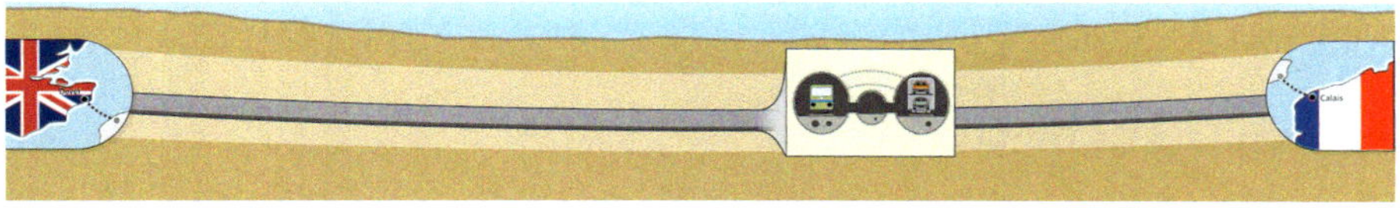
3

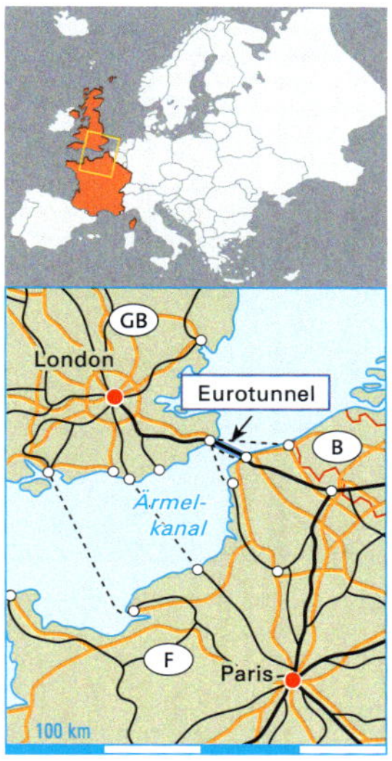

5 Der Eurotunnel

Die Öresundbrücke
Im Sommer 2000 wurde die Auto- und Bahnverbindung über die Meerenge Öresund zwischen Dänemark und Schweden offiziell eröffnet. Fährt man heute von Kopenhagen aus Richtung Malmö, geht es zunächst einmal unter die Wasseroberfläche: Ein etwa vier Kilometer langer Tunnel führt am Kopenhagener Flughafen Kastrup vorbei zu der ebenso langen künstlichen Insel Peberholm. Straße und Schiene laufen hier auf Meereshöhe nebeneinander her. Ungefähr in der Mitte des Sundes steigen die Fahrtwege an, die 7,8 km lange Brücke ist erreicht. Gleise und Straße verlaufen hier nicht mehr parallel: Oben verläuft eine vierspurige Autobahn, eine Etage tiefer rollen Züge auf einer zweispurigen Eisenbahnlinie. Insgesamt passieren täglich im Durchschnitt 72 000 Personen die Brücke, entweder im Auto oder per Bahn – um zu arbeiten, zu studieren, einzukaufen oder Urlaub zu machen.

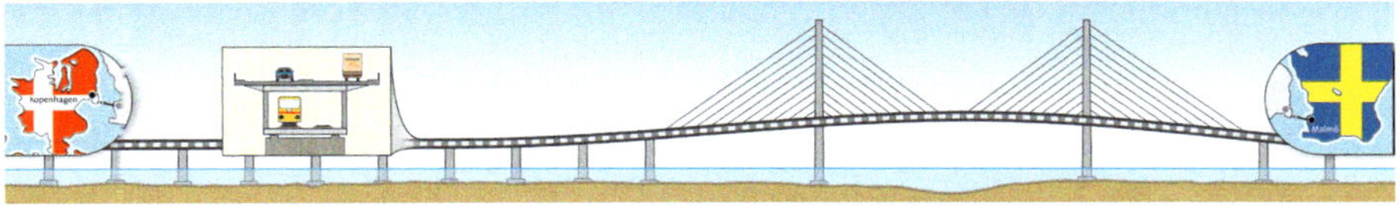
4

6 Die Öresundbrücke

1 Nenne mindestens je zwei Vorteile der Bauwerke
a) für den Fernverkehr und
b) für den Nahraum.

2 Wähle eines der Bauwerke aus.
a) Fertige eine Verkehrsweg-Skizze, die die anschließenden Staaten mit einschließt.
b) Erstelle mithilfe des Internets einen Steckbrief zu dem Bauwerk.

3 Recherchiere Informationen zur geplanten Brücke „Stretto di Messina".

1 **Milchbauern sprühen Milch auf ihre Felder**

3 **Bauern-Demonstration**

Agrarpolitik der EU

2009: Kein Tag ohne Proteste von Milchbauern. Mit immer radikaleren Aktionen machen sie in ganz Europa auf ihre Situation aufmerksam. So sprühen Bauern Millionen Liter Milch aus Güllegefäßen auf ihre Felder. Andere verschütten Milch auf der Straße oder verschenken sie an Passanten.

Gespräch mit Bauer Walkenhorst aus Spenge bei Bielefeld:

Warum vernichten Bauern ihre Milch statt sie zu verkaufen?

Aus Wut! Sie sind tief enttäuscht über die extrem niedrigen Milchpreise. Diese sind so stark gefallen, dass die Erlöse der Milchbauern bei weitem nicht mehr ausreichen, um alle Kosten zu decken. Viele Berufskollegen haben Angst, ihren Betrieb aufgeben zu müssen.

Was führte zum Preisverfall?

Vor Jahren führte die EG die sogenannte Milchquote ein und regelte damit die Milchmengen. Sie schrieb den einzelnen Betrieben vor, wie viel Milch sie produzieren durften. Das garantierte uns Bauern ausreichende und stabile Preise.

Doch die Milchquote wird bis 2015 schrittweise abgeschafft. Weil nun die Milchmengen nicht mehr begrenzt werden, hat sich die Milchproduktion stark erhöht. Aber Angebot und Nachfrage regeln den Preis. Durch das Überangebot sank der Milchpreis in den letzten Monaten dramatisch.

Die Verbraucher freuen sich natürlich über billige Lebensmittel.

Das kann ich verstehen. Doch alle Verbraucher wollen auch hochwertige Lebensmittel haben. Die Produktion eines erstklassigen Lebensmittels wie Milch verursacht aber höhere Kosten. Die müssen über den Milchpreis hereingeholt werden.

Doch der Milchpreis wird von vielen mitbestimmt: von den Molkereien und vor allem von Discountern. Alle nutzen das Überangebot, um den Milchpreis niedrig zu halten.

Wie kann verhindert werden, dass der Milchpreis weiter fällt?

Die Milchquote früherer Jahre mit dem gestützten Milchpreis wird es nicht mehr geben. Was ist also zu tun? Der Preisverfall wäre nicht so hoch, wenn es weniger Milchbetriebe gäbe. Man müsste die Anzahl der Milchbetriebe sozial verträglich verringern, zum Beispiel indem ältere Bauern vorzeitig in den Ruhestand gehen können. Dann würde die Milchmenge auf dem Markt abnehmen und der Preis vielleicht wieder steigen.

2

Agrarpolitik von 1958 bis 1992

Schon bei der Gründung der EWG bildete die Gemeinsame Agrarpolitik (GAP) einen wichtigen Teil der Zusammenarbeit. Um die Bevölkerung ausreichend mit guten und preiswerten Nahrungsmitteln zu versorgen, wurde den Bauern unabhängig von Angebot und Nachfrage die Abnahme der Produkte zu einem festen Preis garantiert. Das sicherte den Bauern zugleich ein festes Einkommen. Eine solche staatliche Unterstützung nennt man Subvention. Hierdurch lohnte sich für die Landwirte jede Steigerung der Produktion. Diese Agrarpolitik führte aber dazu, dass mehr erzeugt wurde, als verkauft werden konnte. Die Überschüsse mussten teuer eingelagert oder zu geringeren Preisen auf dem Weltmarkt verkauft werden.

Agrarpolitik von 1993 bis heute

Die Produktionsüberschüsse belasteten den Haushalt der Gemeinschaft erheblich. Deshalb schafft die EU die Subvention von Erzeugnissen nach und nach ab. Nun erhalten die Landwirte für ihre Produkte einen Preis, der sich am Weltmarktpreis orientiert. Außerdem erhalten die Bauern von der EU seit 2005 Direktzahlungen als Betriebsbeihilfen für eine leistungsfähige Landwirtschaft in Europa. Diese Zahlungen sind auch ein Ausgleich dafür, dass Landwirte nicht nur qualitativ hochwertige Lebensmittel erzeugen, sondern auch die Kulturlandschaft erhalten. Ansonsten sind sie nun selbst für den wirtschaftlichen Erfolg ihres Betriebes als Unternehmer verantwortlich.

Durchschnittsgrößen der landw. Betriebe in der EU

1995	17,4 ha
2003	20,2 ha
2007	22,0 ha

6

Direktzahlungen der EU
Agrarbeihilfen (Subventionen) werden an Landwirte nach Betriebsfläche gezahlt: „Flächenprämie". Hinzu kommen Sonderzahlungen für bestimmte Produkte, z. B. für Zucker.

„XXL" in Mecklenburg-Vorpommern

1997 verkaufte Landwirt Ebert seinen Betrieb in der Jülicher Börde und erwarb in Mecklenburg eine ehemalige Agrargenossenschaft. „Mein heutiger Betrieb ist fast 20-mal so groß wie der alte. Dieses Jahr habe ich 424 Hektar Weizen, 215 Hektar Zuckerrüben, 148 Hektar Kartoffeln und 63 Hektar Zwiebeln angebaut. Kartoffeln und Zwiebeln liefere ich an eine Großfirma zur Chips- und Püree-Herstellung. Mit ihr habe ich langfristige Verträge abgeschlossen. Das Ganze rechnet sich, zumal ich von der EU noch Fördermittel erhalte."

4

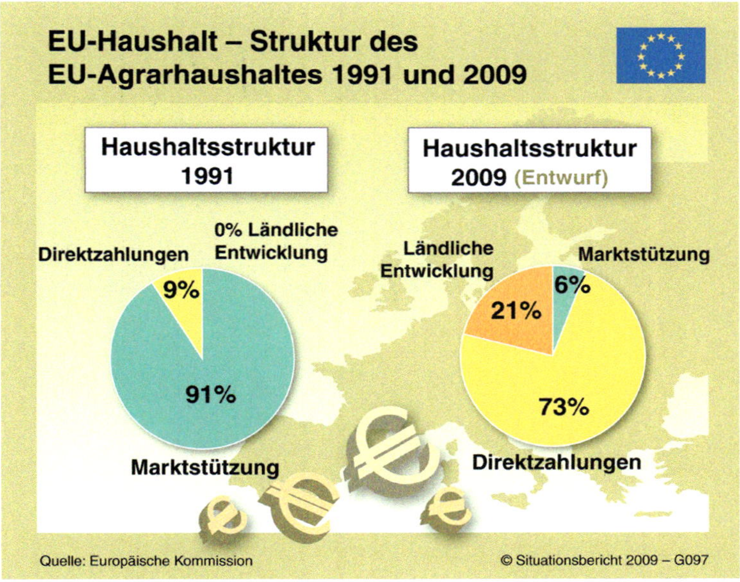

5

1 Werte Bild 1 und Text 2 aus: Erläutere, warum die Bauern Milch auf Felder und Straßen schütten.

2 Nenne positive und negative Auswirkungen der Gemeinsamen Agrarpolitik der Europäischen Gemeinschaft von 1958 bis 1992.

3 Erläutere wichtige Maßnahmen der Agrarreform der EU ab 1993.

4 Aus welchen Gründen hat Landwirt Ebert (Text 4) weniger Existenzprobleme als Landwirt Walkenhorst?

5 Von der Marktstützung zu Direktzahlungen: Wo liegt da der Unterschied?

6 „Beihilfen sind eine bequeme Möglichkeit, ein gutes Einkommen zu erzielen." Nimm kritisch Stellung zu dieser Behauptung.

8

USA und China – zwei Weltmächte

Die USA sind Industrieland Nummer eins, der weltweit größte Agrarexporteur und durch Einwanderer aus aller Welt innerhalb von nur zweieinhalb Jahrhunderten zum mächtigsten Staat der Welt geworden. China hat dagegen eine Jahrtausende alte Kultur, ist der bevölkerungsreichste Staat der Erde und schon dadurch eine Weltmacht. Nun ist China auch auf dem Weg zu einer wirtschaftlichen Großmacht. Wie werden sich die USA und China weiter entwickeln?

1

2

4

5

6

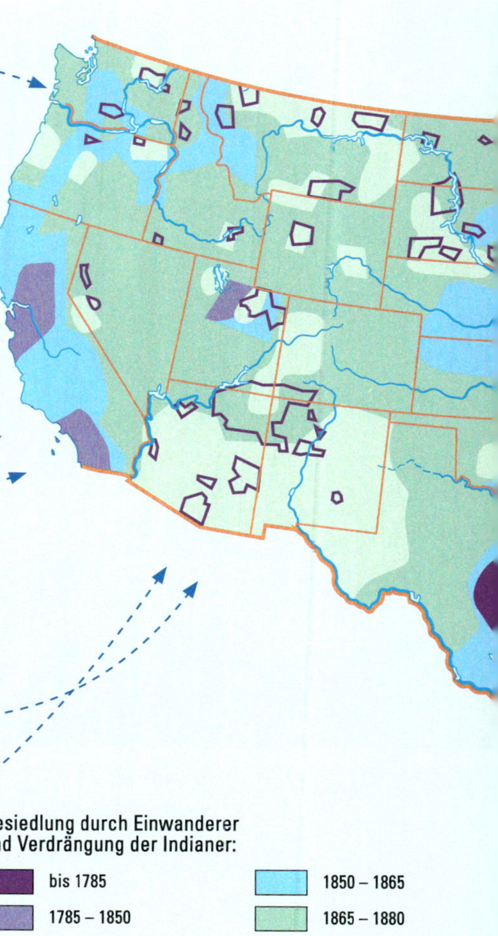

USA: Land der Einwanderer

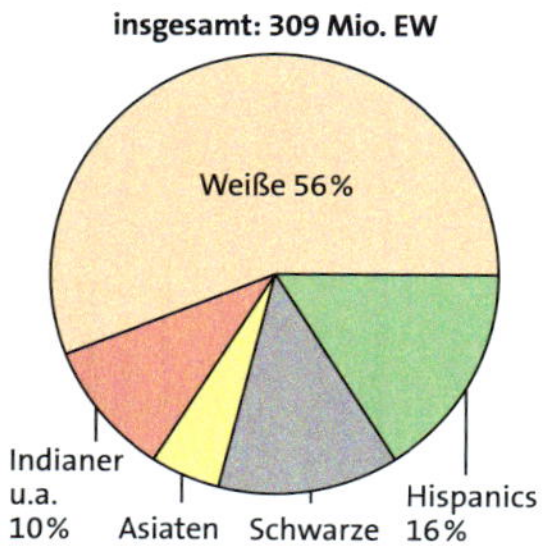

Bevölkerung 2010

Nordamerika war schon immer ein Land der Einwanderer. Den Anfang machten die Indianer. Sie wanderten von Asien her auf den Kontinent und beherrschten ihn, bis die Europäer die „Neue Welt" entdeckten und im Osten erste Kolonien gründeten.
Nach der Gründung der USA, den „United States of America" am 4. Juli 1776, garantierte ihre Verfassung jedem Bürger die Meinungs- und Religionsfreiheit. Dies und wirtschaftliche Not ließen im 19. Jh. Millionen Menschen aus Europa in das „Land der Freiheit" und „der unbegrenzten Möglichkeiten" einwandern. Sie eroberten und besiedelten nach und nach den Kontinent bis zur pazifischen Küste. Die überlebende indianische Urbevölkerung wurde in Reservate verdrängt.
Die Vorfahren der schwarzen Amerikaner wanderten nicht freiwillig zu. Sie wurden als Sklaven aus Afrika hierher verschleppt und erhielten die Freiheitsrechte erst im Jahre 1865. Aber lange Zeit noch wurden die Schwarzen in ihren „Ghettos" benachteiligt.
Ein besseres Leben in den USA versprachen sich die Zuwanderer aus Mittel- und Südamerika, die Hispanics, von

Hörtipp
USA: Land der Einwanderer
104211-0801

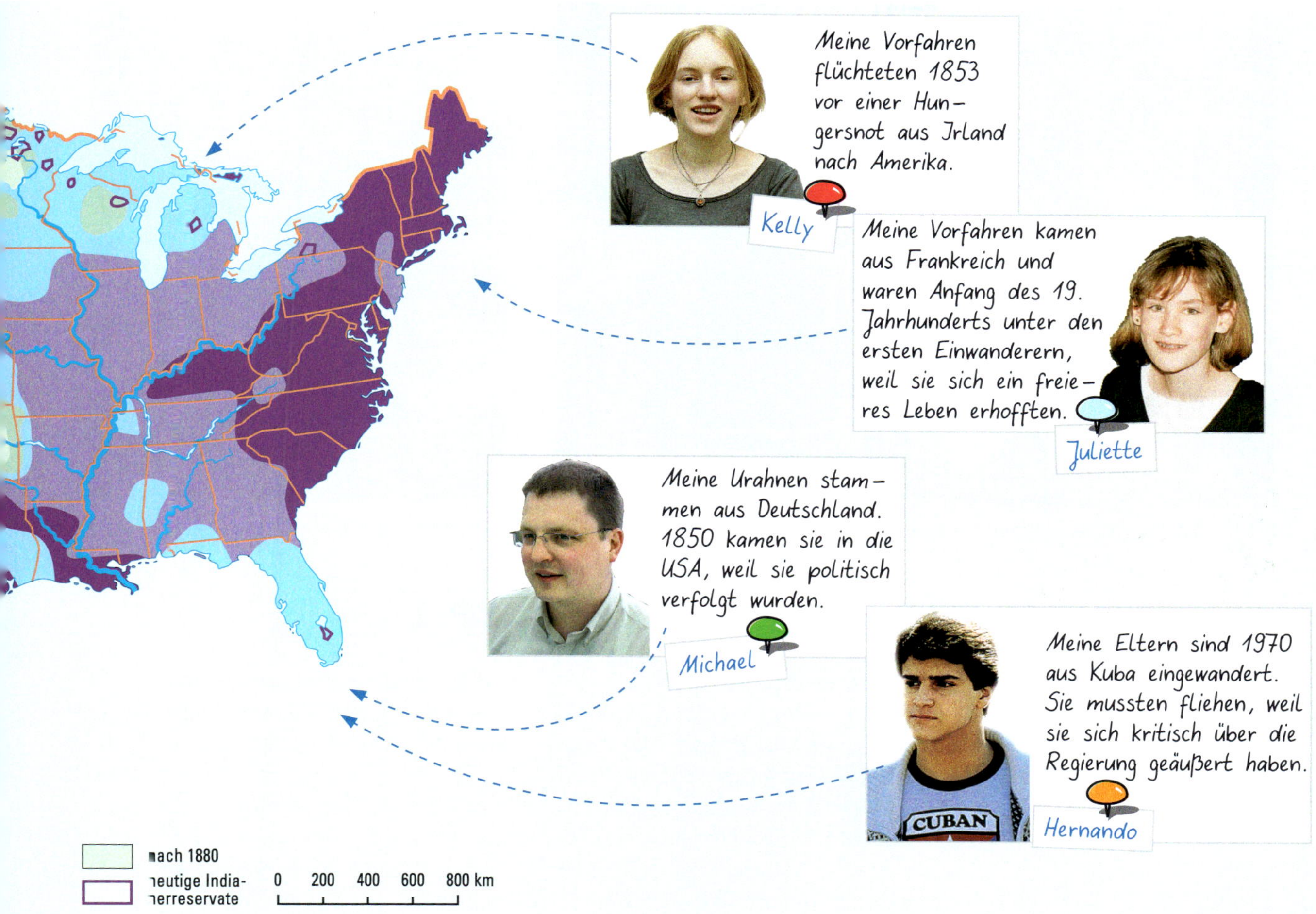

denen viele illegal die mexikanische Grenze überquerten. Im 20. Jh. verstärkte sich auch die Zuwanderung aus Asien. So gibt es keine größere Stadt ohne ihre „Chinatown".
Das **Einwanderungsland** USA bietet von seiner Verfassung her jedem Zuwanderer die Möglichkeit, sich in einer Nation zu integrieren. Aber im sogenannten „melting pot" USA bestehen große soziale und kulturelle Unterschiede in der Bevölkerung. Als Zeichen des Fortschritts auf dem Weg der Integration ist die Wahl von Barack Obama zum ersten nichtweißen Präsidenten der USA im Jahre 2008 zu werten.

1 Liste die Herkunftsländer der Einwanderer, die Zeit und die Gründe der Einwanderung auf.

Herkunftsland	Zeit	Gründe der Einwanderung
...	...	...

2 Arbeite mit der Karte:
a) Beschreibe den Ablauf der Besiedlung der USA.
b) Nenne fünf Bundestaaten, in denen sich heute Indianerreservate befinden.

3 Arbeite mit dem Atlas. Nenne Bundesstaaten, in denen sich schwerpunktmäßig Asiaten und Hispanics angesiedelt haben. Begründe.

4 Erläutere das Kreisdiagramm zur Bevölkerung 2010.

Zur Vertiefung

5 Recherchiere im Internet zu sozialen und kulturellen Unterschieden in der Bevölkerung der USA. Berichte.

1 Produktionsstätten im Silicon Valley

3 Börse in der Wall Street

Führende Welthandelsländer 2009

Einfuhr	in Mrd. US $
1. USA	1604
2. VR China	1006
3. Deutschl.	931
4. Frankr.	551
5. Japan	551
6. Großbrit.	480
7. Niederl.	446
8. Italien	413
9. Hongkong	353
10. Belgien	351
Ausfuhr	**in Mrd. US $**
1. VR China	1202
2. Deutschl.	1121
3. USA	1057
4. Japan	581
5. Niederl.	499
6. Frankr.	475
7. Italien	406
8. Belgien	370
9. Südkorea	364
10. Großbr.	351

2

USA: Wirtschaftsmacht Nr. 1

New York: Die Börsenkrise am „Schwarzen Montag", dem 15.9.2008, lässt die Weltwirtschaft abstürzen. – Washington: Der Kongress beschließt den Militärhaushalt für Afghanistan. – Detroit: General Motors will Opelwerke in Europa schließen. – Silicon Valley: Microsoft entwickelt neue Computer-Software. – Hollywood: Gala der Verleihung der Oscars für beste Filme und Darsteller.
Solche Schlagzeilen lassen die gesamte Welt auf Amerika blicken. Die USA sind in wirtschaftlicher, politischer und militärischer Hinsicht der bedeutendste Staat der Erde.
Zwar leben in den USA nur knapp 5 % der Weltbevölkerung, aber 25 % aller Waren und Dienstleistungen der Erde werden dort produziert. Export und Import der USA machen zusammen das weltweit größte Handelsvolumen aus. Im Welthandel wird mit dem US-Dollar als Leitwährung gerechnet, er ist auch die „harte Währung" in vielen anderen Staaten. Die Börse an der New Yorker Wallstreet bestimmt die Aktienkurse an den Finanzplätzen der Welt. Die meisten Großkonzerne haben ihren Sitz in den USA.

Wirtschaftsregionen im Wandel
Der Aufstieg zur bedeutendsten Industrienation der Erde begann im 19. Jh. im Nordosten. Auf der Basis reicher Kohle- und Erzvorkommen, günstiger Verkehrswege um die Großen Seen und arbeitswilliger Einwanderer als Arbeitskräfte entwickelte sich der Manufacturing Belt. In ihm liegt Pittsburgh, das damalige Zentrum der Stahlindustrie. In der Zeit des Eisenbahnbaus war sie die bedeutendste Industriestadt der USA. Nach 1950 wuchs die Automobilindustrie mit Detroit als neuem Zentrum. In dem Maß, wie Kunststoffe den Werkstoff Eisen und Mineralöl den Energierohstoff Kohle ersetzten, bildeten sich neue bestimmende Industriezweige und -standorte aus. In den Zentren der **Altindustrie** verloren viele ihre Arbeit. Generell ging der Anteil der Industrie-Beschäftigten in den USA von 35 % im Jahre 1950 auf 20 % im Jahre 2008 zurück. Im selben Zeitraum minderte sich auch der Anteil der in der Landwirtschaft Tätigen von 15 % auf knapp 2 %. Dieser Strukturwandel in der Erwerbstätigkeit ließ die

4 Boeing-Werke in Seattle

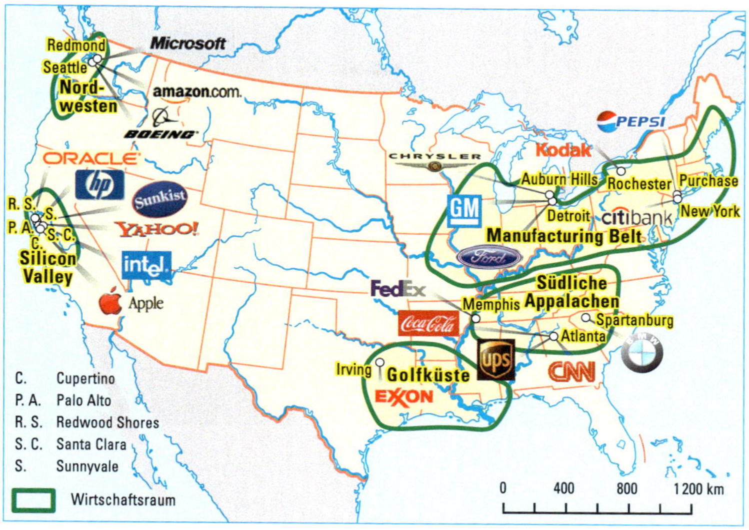

5 Industrieräume der USA

Beschäftigten im Dienstleistungssektor von 50 % auf 78 % anwachsen.
Einen Aufschwung erlebten die Wirtschaftsräume im Süden und Westen. In Arkansas gründeten 1962 die Gebrüder Walton den ersten Wal-Mart-Store, die Keimzelle des umsatzstärksten Unternehmens der USA mit weltweit drei Millionen Beschäftigten.

Wachstumsindustrien

An der Pazifikküste, und damit günstig zu den Märkten in Asien gelegen, entwickelten sich Wirtschaftsregionen mit neuen **Wachstumsindustrien**. Im Nordwesten um Seattle lässt sich der Wasserreichtum des Gebirges zur Energiegewinnung bei der Produktion von Aluminium nutzen, dem Rohstoff für Luft- und Raumfahrtindustrie.
Im sonnenreichen Sunbelt liegt in Kalifornien das Silicon Valley. 1951 begann bei San Francisco mit der Einrichtung eines Forschungs- und Industriegebietes nahe der Stanford-Universität das Aufblühen von Hightech-Industrien. Im Silicon Valley siedelten sich über tausend Elektronikfirmen an. Zur Herstellung der Mikrochips wird Silizium benötigt. Das „Silizium-Tal" ist heute weltweit führend in der Computer- und Informationstechnik, der Internetnutzung und der Softwareentwicklung. Zum Sunbelt gehört auch das Zentrum der US-amerikanischen Filmindustrie Hollywood, einem Stadtteil von Los Angeles.

Seite 108 – 111 Strukturwandel im Ruhrgebiet

Die hohe Wirtschaftsleistung der USA bedingt den hohen Anteil von 20 % am weltweiten Energieverbrauch. Diesen auf jeden der 300 Millionen US-Bürger umgerechnet bedeutet: Ein US-Amerikaner verbraucht so viel Energie wie zwei Deutsche oder sieben Chinesen oder 23 Inder.

6

1 Erstelle eine Rangliste der acht bedeutendsten Handelsländer nach ihrem Handelsvolumen.

2 Karte 5: Erstelle eine Übersicht der fünf Wirtschaftsräume wie folgt:

Wirtschaftsraum	Firma	Produktion
Manufacturing Belt	Ford GM	Pkw ...
Südl. Appalachen	...	...

3 Eisen und Stahl, Kunststoffe, Leichtmetalle und Silizium sind Grundstoffe für verschiedene Industriezweige. Erkläre dies an je einem Beispiel.

4 Man unterscheidet Altindustrien und Wachstumsindustrien. Erkläre.

Zur Vertiefung

5 Begründe, weshalb die USA zu Recht als Wirtschaftsmacht Nr. 1 bezeichnet werden.

1 **Blick auf Manhattan**

USA: Metropolen im Osten

Kaum zu glauben
Glasperlen, Messer und Beile im Wert von 60 Gulden – dies bezahlten die Holländer den Algonkin-Indianern 1626 für „Mannahatta", eine Halbinsel in der Mündung zweier Flüsse, 57 km² groß.

„Boswash" wird „der Kopf, das Herz, das Wirtschaftszentrum der USA" genannt. Es ist das 800 km lange Städteband zwischen Boston und Washington an der Atlantikküste. Ein dichtes Auto- und Eisenbahnnetz verbindet die Metropolen im Osten der USA. 45 Millionen Menschen leben in dieser Ansammlung von Großstädten, das ist fast jeder sechste US-Bürger. Der französische Geograph Jean Gottmann bezeichnete sie 1961 als **Megalopolis**.

2 **Megalopolis Boswash**

Die Keimzelle der USA
Keiner ahnte, dass sich „Mannahatta" einmal zur City einer Weltstadt entwickeln würde. Dort gründeten die Holländer Nieuw Amsterdam als Handelsstützpunkt. Peter Stuyvesant, Gouverneur von Neu-Niederlande, ließ, wo sich heute die Wall-Street befindet, einen Schutzwall bauen. Doch 1664 erobern Engländer die Stadt und benennen sie um – nach dem Duke of York in: New York.
Weiter nördlich gründeten 1630 englische Puritaner Boston als Handelshafen. In Philadelphia waren es 1681 liberale Quäker, die anstelle einer Kirche eine „Meeting Hall" ins Zentrum der Stadt stellten. Um Tabak von seinen Plantagen ausführen zu können, gründete der irische Lord Baltimore 1729 eine nach ihm benannte Stadt.
1776, zur Geburtsstunde der USA, hatte New York 25 000 Einwohner. Zur ersten Hauptstadt wählte man aber 1790 das größere Philadelphia. Die Hauptstadt wurde 1800 nach Washington verlegt. In dem auf dem Reißbrett geplanten Regierungsviertel liegen das Capitol und das Weiße Haus, der Sitz des Präsidenten.

Lernen im Netz
Topografie der USA
104211-0802

3 **Blick auf das Regierungsviertel von Washington**

Metropole und Weltstadt New York

Für New Yorks Aufstieg zur bedeutendsten Stadt der USA war 1825 die Eröffnung des Erie-Kanals entscheidend. Er erschließt das Hinterland bis zu den Großen Seen. Bis dahin war die Einwohnerzahl New Yorks schon auf 125 000 gestiegen, erreichte 1848 bereits 400 000 und überschritt 1870 die Millionengrenze.

Damals herrschte in Europa große Not, religiöse und politische Unterdrückung. So war New York ein ersehntes Ziel von Millionen von Auswanderern. Seit 1886 begrüßt die Freiheitsstatue im Hafen New Yorks die Ankömmlinge.

In den Straßen von Manhattan entstanden fünf- und zehngeschossige Mietskasernen und Fabriken, am Stadtrand bildeten sich Slums. Um 1900 war New York die bedeutendste Industriestadt und wichtigster Finanzplatz der USA.

Das Stadtbild auf Manhattan veränderte sich ab 1900 entscheidend, als mit der Einführung des Stahlskelettbaus und der Erfindung des Fahrstuhls der Bau von Wolkenkratzern möglich wurde. Ab 1931 war das Empire State Building mit 381 m über 40 Jahre lang das höchste Gebäude der Welt.

Bis zum Zweiten Weltkrieg war New York die größte Stadt der Welt. Die Einwohnerzahl Manhattans aber ging seit dem Höchststand 1910 von 2,4 Millionen bis heute auf 1,5 Millionen zurück. Die Bedeutung der City auf Manhattan hat in dieser Zeitspanne dennoch zugenommen: Die Welt blickt zum Beispiel auf das Headquarter der United Nations, die Börse an der Wallstreet, den Broadway, den Times Square, den Madison Square Garden, die Metropolitan Oper und auf die Symbolfigur, die Statue of Liberty.

4 **Statue of Liberty National Monument**

1 Karte 2, Atlas und Text:
a) Benenne die wichtigsten Städte von Boswash von Nord nach Süd.
b) Bestimme die Länge von Boswash. Suche Vergleichsstrecken auf der Europakarte.
c) Die Städte hatten im Laufe der Zeit unterschiedliche Bedeutung. Erkläre.

2 Atlaskarte von New York und Text:
a) Beschreibe Bild 1.
b) Stelle die Bevölkerungsentwicklung von New York seit 1776 grafisch dar.
c) Begründe, weshalb New York die wichtigste Metropole der USA wurde.

Zur Vertiefung

3 Recherchiere: Was verbirgt sich hinter den Namen der Gebäude am Ende des Textes?

4 New York wird als Weltstadt bezeichnet. Nenne Gründe dafür.

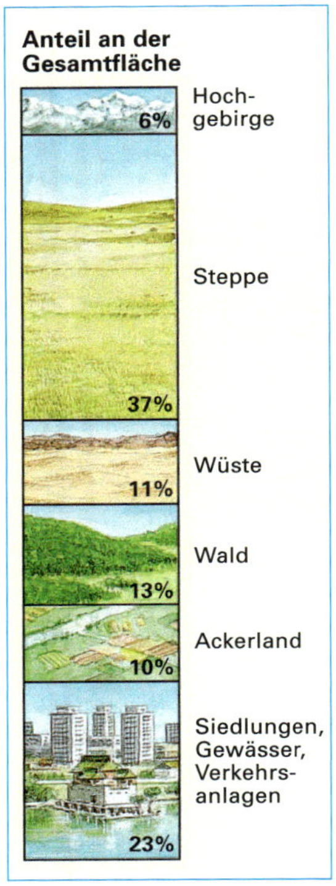

1 Landnutzung

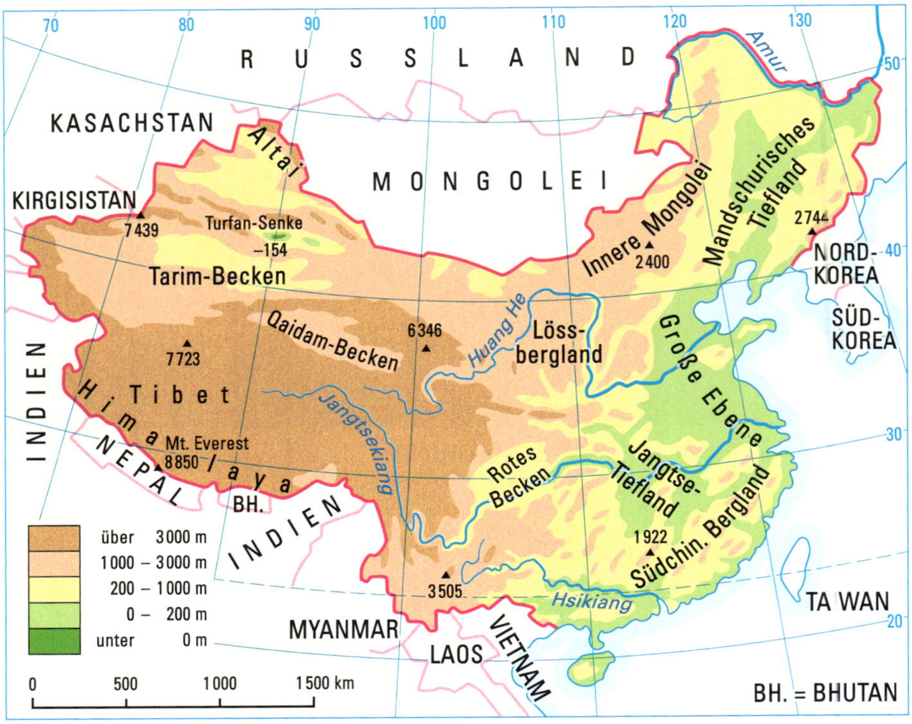

3 Volksrepublik China: Landschaften und Höhengliederung

China: Vom Drachen zum Großen Tiger

Der **Drache** ist in China Symbol für den Kaiser. Er drückt Macht, Stärke und göttlichen Schutz aus.

Als **Tiger** bezeichnet man die Staaten Asiens, deren starkes Wirtschaftswachstum an die kraftvolle Energie eines Tigers erinnert, der zum Sprung ansetzt.

2 Symbole in China

China gilt als eine der ältesten Kulturnationen der Erde mit einer über 4000-jährigen Geschichte. Mehr als zwei Jahrtausende lang wurde das Leben von den Lehren des Konfuzius (551–471 v. Chr.) bestimmt. Die von ihm geforderten Tugenden Ehrfurcht, Liebe und Gehorsam gegenüber den Eltern und dem Staat werden bis heute geachtet.

Lange vor der übrigen Welt gelangen den Chinesen bedeutende Erfindungen. Für sie war ihr Land stets das „Reich der Mitte“: geistiger und politischer Mittelpunkt der Welt und Inbegriff jeglicher Zivilisation. Die Völker jenseits der großen Mauer galten als Barbaren. Infolge langer Abschottung fiel das Land in der Neuzeit technologisch und wirtschaftlich zurück. Im 19. Jahrhundert musste es sogar Küstengebiete an ausländische Mächte abtreten.

Rund 2000 Jahre war China ein Kaiserreich. 1911 brach eine Revolution aus, die zum Sturz des Kaisers führte. Es folgte die Zeit der Republik China (1912–1949) unter den Präsidenten Sun Yatsen und Chiang Kaishek. Beide waren Vertreter der Nationalen Volkspartei (Guomindang) und strebten eine Demokratisierung Chinas an. Die Kommunistische Partei unter Führung von Mao Zedong wollte eine neue Gesellschaftsordnung aufbauen, den **Sozialismus**. Beide Parteien kämpften in China um die Macht. Aus dem Bürgerkrieg (1947–49) ging die Kommunistische Partei als Sieger hervor. Die Guomindang floh nach Taiwan und gründete dort erneut die Republik China.

Mao Zedong rief am 1. Oktober 1949 in Peking die Volksrepublik China aus. Ein tiefgreifender Wandel begann.

Lernen im Netz
Landschaften Chinas
104211-0803

Erste sozialistische Reform
1949–52 Periode des Wiederaufbaus; Bodenreform: Enteignung der Großgrundbesitzer, Bauern erhalten Land; Verstaatlichung der Betriebe
1953–57 Kollektivierung von Boden und Beginn des Aufbaus der Schwerindustrie
1958–60 „Großer Sprung nach vorn“: neue Politik zur schnellen Entwicklung der Wirtschaft; Gründung von Volkskommunen; innerhalb von drei Jahren sollte Großbritannien und in fünf Jahren die USA wirtschaftlich eingeholt werden; Misserfolge führen 1961 zum Ende dieser Politik
1966 Kulturrevolution: die Bewegung zur Schaffung einer neuen Gesellschaft durch den Kampf gegen traditionelle, nichtsozialistische Denk- und Verhaltensweisen; Zerstörung und Schließung vieler Tempel und Klöster zur Nutzung als Lagerhallen oder Fabriken

4

Zweite sozialistische Reform
Maos Nachfolger leiten eine grundlegende Wende ein:
1978–85 unter der Führung von Deng Xiaoping Start der „sozialistischen Modernisierungen“ der Wirtschaft; Programm zur schnellen Entwicklung der Bereiche Landwirtschaft, Industrie, Landesverteidigung sowie Wissenschaft und Technologie. Auflösung der Volkskommunen und Einführung des Prinzips der Eigenverantwortung; Einschränkung der Planwirtschaft und Zulassung privater Betriebe
Ab 1985 Öffnung des Landes für ausländische Firmen und internationalen Handel
Ab 1990 weitere Reformen zur schnellen Entwicklung der Wirtschaft; Beschluss der Kommunistischen Partei zur Errichtung der Sozialistischen Marktwirtschaft (1993); Zulassung von Aktienbörsen
2001 Beitritt Chinas zur Welthandelsorganisation (WTO)

5

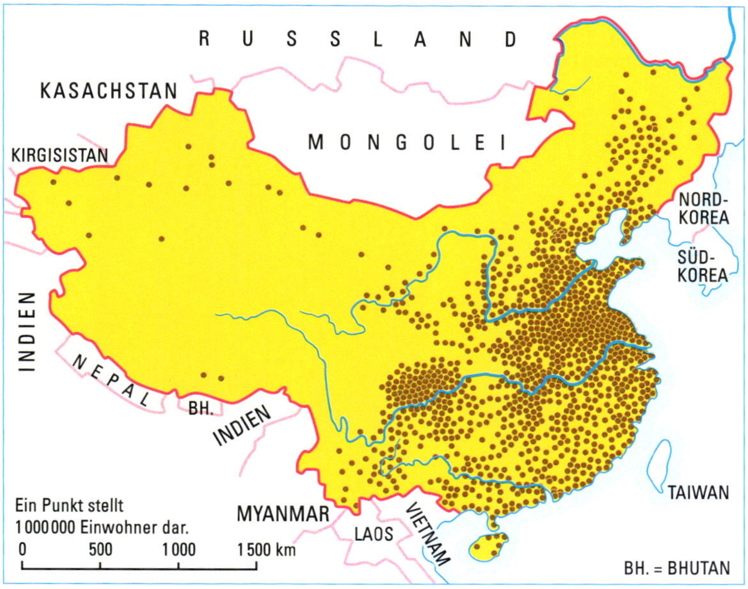

6 **Bevölkerungsverteilung**

	China	Europa
Eisenguss	2. Jh. v. Chr.	13. Jh.
Ackerbau mit Sämaschinen	1. Jh. v. Chr.	um 1700
eiserne Pflugscharen	1. Jh.	um 1700
Papier	2. Jh.	12. Jh.
Schubkarren	um 200	um 1200
Papiergeld	7. Jh.	15. Jh.
Porzellan	um 700	um 1710
Schwarzpulver	10. Jh.	13. Jh.
Buchdruck mit beweglichen Lettern	11. Jh.	15. Jh.

7 **Frühe Erfindungen in China und Europa**

1 Auswertung der Karten 3 und 6:
a) Beschreibe mithilfe der Materialien 1 und 3 sowie geeigneten Atlaskarten die Merkmale des Naturraumes.
b) Erkläre die Bevölkerungsverteilung.
2 China ist ein altes Kulturland. Erkläre.
3 Fasse die Entwicklung Chinas nach 1949 mit eigenen Worten zusammen.
Zur Vertiefung
4 Erkläre die Überschrift. Nutze Material 2 und das Internet.

Entwicklung der Einwohnerzahl Chinas (in Mio.)

1680	100
1760	200
1850	400
1900	425
1950	560
1980	1000
2000	1268
2010[1]	1361
2030[1]	1451
2040[1]	1435
2050[1]	1376

[1] Schätzung

1

2 **Werbeplakat für die „Ein-Kind-Familie“**

China: Bevölkerungsreichster Staat der Erde

Geburtenrate
Anzahl der Lebendgeborenen pro 100 Einwohner eines Landes oder eines Gebietes innerhalb eines Jahres

Sterberate
Anzahl der Gestorbenen pro 100 Einwohner innerhalb eines Landes oder eines Gebietes innerhalb eines Jahres

Bevölkerungswachstum
Zunahme der Bevölkerung eines Gebietes

Schon immer war China ein bevölkerungsreiches Land, die Chinesen gelten als ein Kinder liebendes Volk. Besonders auf dem Land sind Kinder von jeher geschätzt. Für die Gesellschaft sind sie sowohl als Arbeitskräfte als auch zur Altersversorgung wichtig. Durch Kriege, Seuchen und Naturkatastrophen hielt sich das Wachstum der Bevölkerung jedoch stets in Grenzen.

Erst nach der Gründung der Volksrepublik China im Jahr 1949 wuchs die Einwohnerzahl Chinas schneller. Die **Sterberate** sank, während die **Geburtenrate** auf hohem Niveau blieb. Zunächst begrüßte die chinesische Regierung das starke **Bevölkerungswachstum**. „Unter allen Dingen in der Welt sind die Menschen das wertvollste. Es ist eine ausgezeichnete Sache, dass China eine so große Bevölkerung hat.“ formulierte der damalige Präsident Chinas Mao Zedong.

Zwischen 1959 und 1961 führten Missernten zu einer Hungersnot. Es gab viele Todesopfer zu beklagen. In der Folge ging die Geburtenzahl zurück.

Durch die wachsende Bevölkerung wurde die Versorgung der Menschen mit Nahrungsmitteln, Arbeits- und Ausbildungsplätzen immer schwieriger. Um die angestrebte wirtschaftliche Entwicklung nicht zu behindern, gab es nur eine Möglichkeit: Das Bevölkerungswachstum musste gebremst werden! Die chinesische Regierung beschloss im Jahr 1980, die Bevölkerungszahl bis zum Jahr 2000 auf höchstens 1,2 Milliarden zu begrenzen.

Maßnahmen der **Familienplanung** wurden in den einzelnen Provinzen sehr unterschiedlich und zum Teil sehr drastisch umgesetzt. Trotzdem gelang es nicht, die **Ein-Kind-Familie** überall durchzusetzen. Immer wieder mussten Ausnahmeregelungen geschaffen werden: Bauern ohne männlichen Nachwuchs und nationalen Minderheiten wurden zur Fortführung von Familienlinien Zweitgeburten genehmigt. Dies geschah auch, weil es vor allem in ländlichen Gebieten dazu kam, dass neugeborene Mädchen sofort getötet wurden.

3 „Der kleine Kaiser“

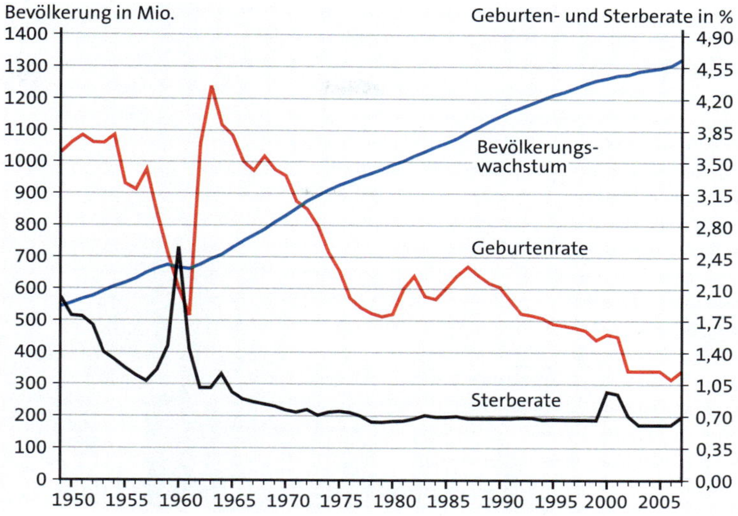

5 Entwicklung der Geburten- und Sterberaten 1949–2007

Erstes Gesetz zur Bevölkerungsplanung (vom 1. September 2002)

- Alle lokalen Regelungen bleiben vorerst bestehen, sollen aber überprüft und durch neue Bestimmungen an das nationale Gesetz angepasst werden.
- Aufforderung zu später Heirat und später Geburt und Befürwortung der Geburt von einem Kind pro Ehepaar; die Geburt eines zweiten Kindes kann beantragt werden. (§ 18)
- Bei der Geburtenplanung steht die Schwangerschaftsverhütung an erster Stelle. (§ 19)
- Es ist verboten, Frauen, die Mädchen gebären oder unfruchtbar sind, zu diskriminieren oder zu misshandeln. (§ 22)
- Ehepaare mit Geburtenplanung erhalten Belohnungen. (§ 23)
- Ehepaare, die freiwillig nur ein Kind bekommen, erhalten eine „Ehrenurkunde für Eltern mit einem Kind“ und eine Belohnung. (§ 27)
- Bürger, die ohne Erlaubnis ein zweites Kind bekommen, müssen Unterhaltsbeiträge zahlen. (§ 41)

nach China aktuell Nr. 1/2005, S. 26

4

Anteil der Über-65-jährigen an der Gesamtbevölkerung Chinas

1950	5 %
2000	7,5 %
Prognose 2050	23 %

6

Im Jahr 2002 verabschiedete China erstmals ein zentrales Bevölkerungsgesetz. Die neuen Regelungen fördern zwar weiterhin die Ein-Kind-Familie, lockern aber die strengen Strafmaßnahmen.

Die Probleme der Bevölkerungspolitik Chinas werden sichtbar: Es gibt eine wachsende Anzahl alter Menschen, die ernährt und betreut werden müssen. Da die Zahl der Kinder und Enkel zurückgegangen ist, können sie die Älteren nicht wie bisher versorgen. Aufgrund des fehlenden Renten- und Sozialsystems verarmen viele der Alten.

1 Werte das Diagramm 5 zur Bevölkerungsentwicklung Chinas aus.

2 Begründe, warum die Bevölkerung Chinas trotz der sinkenden Geburtenrate weiter steigt.

3 Diskutiert die Maßnahmen Chinas zur Verringerung des Bevölkerungswachstums.

Zur Vertiefung

4 Werte Karikatur 3 aus.

5 Erstelle mithilfe der Strukturdaten im Anhang (S. 220/221) eine Liste der zehn bevölkerungsreichsten Staaten der Welt.

1 Shanghai: der neue Stadtteil Pudong

3 In einer Weltmarktfabrik

China: Land im Aufschwung!?

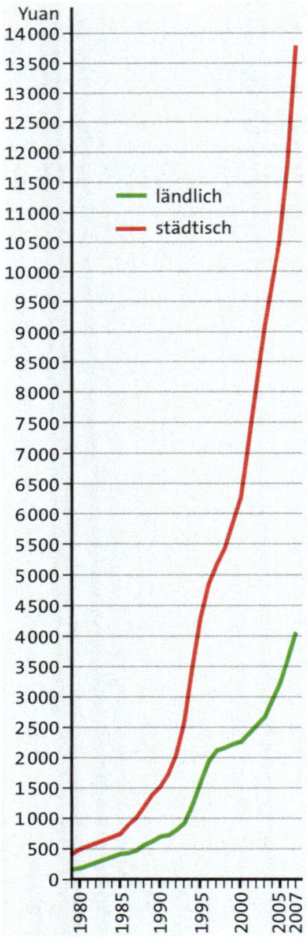

2 **Pro-Kopf-Einkommen der Haushalte** (100 Yuan = ca. 10 EUR)

Gemessen an der Bevölkerungszahl ist China ein „Riese", gemessen an der Wirtschaftskraft war China lange Zeit ein „Zwerg". Doch seit den Wirtschaftsreformen hat der asiatische „Tiger" angesetzt zum großen Sprung nach vorn. „China – Wirtschaftsmacht der Zukunft" oder „China – Fabrik der Welt" oder „China überholt Exportweltmeister Deutschland" – mit solchen Schlagzeilen berichten die Medien. Schließlich hat China der Welt mit der grandiosen Eröffnung der Olympischen Spiele in Beijing 2008 eine perfekt organisierte Show vorgeführt. Doch wer das Land bereist, beobachtet gewaltige Unterschiede und Chinesen selbst sprechen von einem „Land mit vier Welten". China ist ein Land großer räumlicher und sozialer Gegensätze.

Shanghai und die Boomregion Küste

Die Erfolgsmeldungen über die chinesische Wirtschaft beziehen sich vor allem auf die Küstenregion und dort besonders auf die Stadt Shanghai. Seine Science-Fiction-Skyline ist in wenigen Jahren aus dem Boden „geschossen". Es gibt keine zweite Stadt in der Welt, die so rasant gewachsen ist.

Möglich wurde diese Entwicklung durch die ab 1980 wirksamen Reformen der Wirtschaft. Der davor von kommunistischer Planwirtschaft gelenkte Staat öffnete sich der Privatwirtschaft. An der Ostküste wurden vier **Wirtschaftssonderzonen** ausgewiesen. Dorthin lockte man ausländische Unternehmen zur Ansiedlung. Niedrige Löhne, billiger Baugrund, Steuer- und Exportbegünstigungen und ein riesiger Binnenmarkt vor der Tür wirkten auf Investoren wie ein Magnet. Ein atemberaubender Aufschwung, ein „Wirtschaftswunder" mit jährlichen Wachstumsraten bis zu zehn Prozent setzte ein. 1988 öffnete China dafür die gesamte Küstenregion. In der Herstellung von Textilien, Schuhen, Spielwaren, aber auch von Autos und elektronischen Geräten hat „Made in China" hohe Anteile am Weltmarkt.

Landarbeiter auf Wanderschaft

Ganz anders aber sieht es in den anderen Landesteilen Chinas aus. Auf dem Land leben viele Familien von den

Erzeugnissen der Landwirtschaft. Die Reisfelder werden wie in alter Zeit bestellt, man lebt in einfachen Häusern – aber der Fernseher fehlt dort auch nicht. Man ist informiert und jeder dritte Landarbeiter sucht sich ein zusätzliches Einkommen als Wanderarbeiter in den Städten oder an der Küste. Wie zum Beispiel Wu aus einem Dorf bei Wuhan: „Zu Hause stehe ich hinter dem Pflug im Reisfeld, in Beijing baue ich am Rohbau eines Hochhauses. Wer zu Hause bleibt, verarmt und es fehlt Schulgeld für die Kinder". Wie Bauer Wu ist in China ein Heer von 100–150 Millionen **Wanderarbeitern** unterwegs.

Millionenstädte im Binnenland

Zahlreiche Städte im Binnenland, zum Beispiel Chengdu, Chongqing, Wuhan, Xi'an und andere sind als Millionenstädte größer als Berlin. Die Bevölkerung dort ist in Industriewerken oder mit Dienstleistungen beschäftigt. Die meisten kommen mit dem Fahrrad zur Arbeit. Viele müssen unter Bedingungen arbeiten, die in Europa undenkbar geworden sind: Bei geringem Lohn wird ohne Rücksicht auf Gesundheit, Arbeitnehmerrechte und soziale Absicherung gearbeitet. Trotz weiterer Öffnung für die Privatwirtschaft ist in der Volksrepublik China staatlicher Dirigismus nach wie vor wirksam. Um die Wirtschaft weiter wachsen zu lassen, wird auf Menschen, Natur und Umwelt nicht viel Rücksicht genommen.

4 Bruttoinlandsprodukt in China 2006 nach Regionen

Anteil der Erwerbstätigen an den Wirtschaftsbereichen (%)

	1980	1990	2000	2008
Landwirtschaft	69	60	50	38
Industrie	18	21	22	28
Dienstleistungen	13	19	28	34

5

Anteil der Wirtschaftsbereiche am Bruttoinlandsprodukt (%)

	1980	1990	2000	2010
Landwirtschaft	30	27	16	10
Industrie	49	42	51	47
Dienstleistungen	21	31	33	43

6

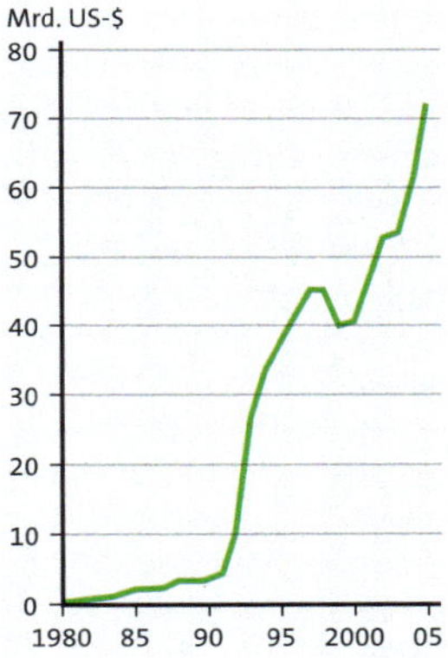

7 Investitionen aus dem Ausland in China (in Mrd. US $)

1 Chinas Aufschwung:
a) Beschreibe die Maßnahmen, die den Aufschwung bewirkten.
b) Welche Auswirkungen hatte er?

2 Die Überschrift trägt auch ein Fragezeichen. Erläutere, weshalb.

3 Tabellen 5 und 6: Beschreibe den Wandel in Chinas Arbeitswelt.

4 Wanderarbeit ist in China weit verbreitet. Nenne die Ursachen.

Zur Vertiefung

5 Atlasarbeit: An den drei großen Flüssen Chinas liegen zahlreiche Millionenstädte. Nenne diese und begründe jeweils ihren Standort.

6 Karte 4 und Text:
In China bestehen große räumliche und soziale Unterschiede. Erkläre.

TERRA **METHODE**

Die Abkürzung GIS steht für Geographisches Informationssystem. Um mit einem GIS zu arbeiten, braucht man einen PC und eine GIS-Software. Dort sind Daten abgespeichert, die in einer Karte dargestellt werden können.

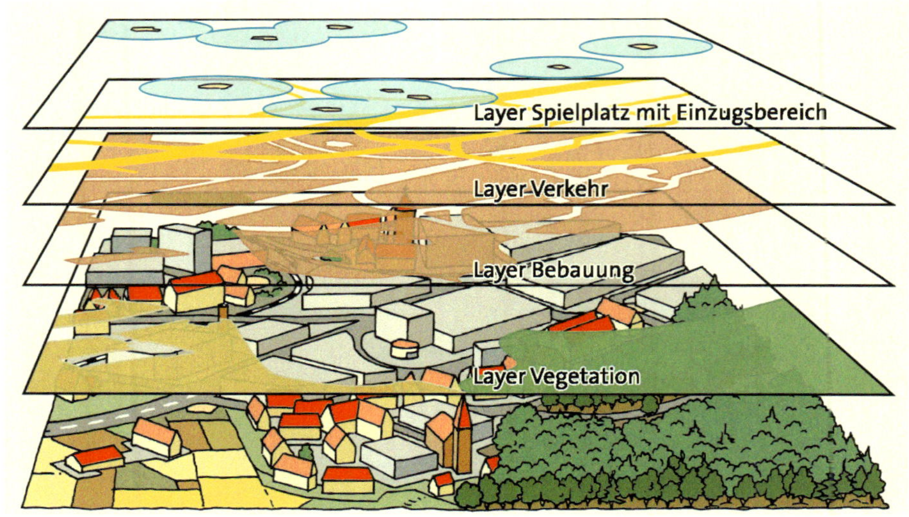

1 **Das Layerprinzip von GIS**

Mit einem GIS arbeiten

In einem **GIS** können thematische Karteninhalte in verschiedenen Ebenen angezeigt werden. Diese Ebenen nennt man auch Layer. Man kann einzelne Informationen in den Kartenebenen nach bestimmten Bedingungen (Suchfunktion) abfragen. Auch zu einzelnen geographischen Objekten kann man Informationen ermitteln (Info-Werkzeug).
Wir wollen ermitteln, welche Unterschiede es im Lebensstandard der Menschen verschiedener Provinzen in China gibt. Öffne dazu den oben angegebenen Klett-GIS-Link im Internet.

Mit einem GIS arbeiten

1. Schritt: Thematische Karten sichtbar machen

In der GIS-Karte kannst du deine Inhalte selbst bestimmen. Setze in den „Ebenen“ beim Ordner „Thematische Karten“ einen Punkt vor das Kartenthema, das du sehen möchtest. Nimm z. B. „Computer/100 Haushalte 2007 (städt. Bev.)“. Legende und Karte zeigen das gewünschte Ergebnis an. Weitere Kartenebenen können mit dem gleichen Schritt sichtbar gemacht werden.

2. Schritt: Zoomen und verschieben

Die sehr kleine Provinz Hongkong ist auf der China-Karte nicht zu erkennen. Deshalb bietet das GIS Werkzeuge an, mit denen Kartenausschnitte vergrößert, verkleinert oder verschoben werden können. Wähle die Werkzeuge aus und wende sie im Kartenfenster an.

- Vergrößern der Karte um eine Stufe
- Karte verschieben
- Verkleinern der Karte um eine Stufe
- Ausgangsansicht der Karte

3. Schritt: Informationen abfragen

Möchtest du z. B. wissen, wie viele Einwohner die Provinz Hongkong hat, dann musst du wie folgt vorgehen: Markiere in der Legende die Ebene „Provinzen“ und klicke dann auf das Info-Werkzeug i. Nun muss nur noch mit der Maus die Provinz Hongkong gesucht und in der Karte angeklickt werden. Es erscheint eine ausführliche Tabelle mit allen Informationen.

GIS
Klett-GIS China
104211-0804

GIS
Kurzanleitung Klett-GIS
104211-0805

2 **Klett-GIS-Karte mit Provinzen in China, in denen die Pkw-Dichte bei mehr als 4 Pkw pro 100 Haushalten liegt**

4. Schritt: Die Suche anwenden

Das anspruchsvollste Werkzeug ist die Suche. Mit ihr können Daten untersucht und verglichen werden.
Im „Fahrradland" China stellt der Besitz eines Pkw einen erhöhten Lebensstandard dar. Um die Provinzen zu zeigen, in denen besonders viele Einwohner einen Pkw besitzen, gehst du folgendermaßen vor:

1. Die Suche durch Anklicken aktivieren.
2. Ebene (Layer) „Provinzen" auswählen.
3. Bedingung eingeben:
- Attribut: „Pkw pro 100 Haushalte 2007 (städt. Bev.)" auswählen
- Operator aussuchen: „größer" (>)
- Wert: Gib einen Wert ein (z. B. 4), solltest du ihn nicht wissen, dann hilft dir der Button weiter.

4. Klicke auf „Suche starten".
Es werden nun in einer Tabelle 14 Provinzen angezeigt. Es sind die, in denen es mehr als 4 Pkw pro 100 Haushalte gibt. Mit „alle anhaken" und „auf der Karte zeigen" unter der Tabelle, werden die Provinzen in der Karte dargestellt (vgl. Karte 2).

- Vergrößern durch Klick in die Karte oder durch Aufziehen eines Rechtecks
- Vergrößern / Verkleinern mit Schieberegler oder Lupen-Buttons
- Karte verschieben
- Ausgangsansicht der Karte zeigen
- Strecken und Flächen messen
- Suche
- Info-Werkzeug
- Legenden-Editor
- Drucken
- Hotlink-Werkzeug

3 **Werkzeugübersicht**

1 Mache die thematische Karte zur Bevölkerungsdichte in China sichtbar. Nenne die Provinzen mit der höchsten Bevölkerungsdichte.

2 Arbeite mit dem Info-Werkzeug: Ermittle für die Provinz Yunnan den Zuwachs der Bevölkerung von 2003 bis 2007.

3 Arbeite mit der Suche:
a) Nenne die Provinz mit der höchsten Geburtenrate. Vergleiche diese mit der Provinz mit der höchsten Bevölkerungsdichte und erkläre.
b) Nenne die Provinzen, die mehr Einwohner als Deutschland haben.
c) Ermittle die Provinzen, die mehr als 180 Mobiltelefone pro 100 Haushalte haben. Was fällt dir auf? Begründe.

Zur Vertiefung

4 Erhebt weitere Daten zu China nach euren jeweiligen Interessen.

TERRA **TRAINING**

Wichtige Begriffe
- Altindustrie
- Bevölkerungswachstum
- Ein-Kind-Familie
- Einwanderungsland
- Familienplanung
- Geburtenrate
- GIS (Geographisches Informationssystem)
- Megalopolis
- Sozialismus
- Sterberate
- Wachstumsindustrie
- Wanderarbeiter
- Wirtschaftssonderzone

So überprüfst du deine Kompetenzen:

1. Bearbeite den Selbsteinschätzungsbogen (siehe Online-Link).
2. Wiederhole Inhalte, die du noch nicht verstanden hast.
3. Löse die Aufgaben auf dieser Trainingsseite.
4. Kontrolliere deine Lösungen (siehe Online-Link).

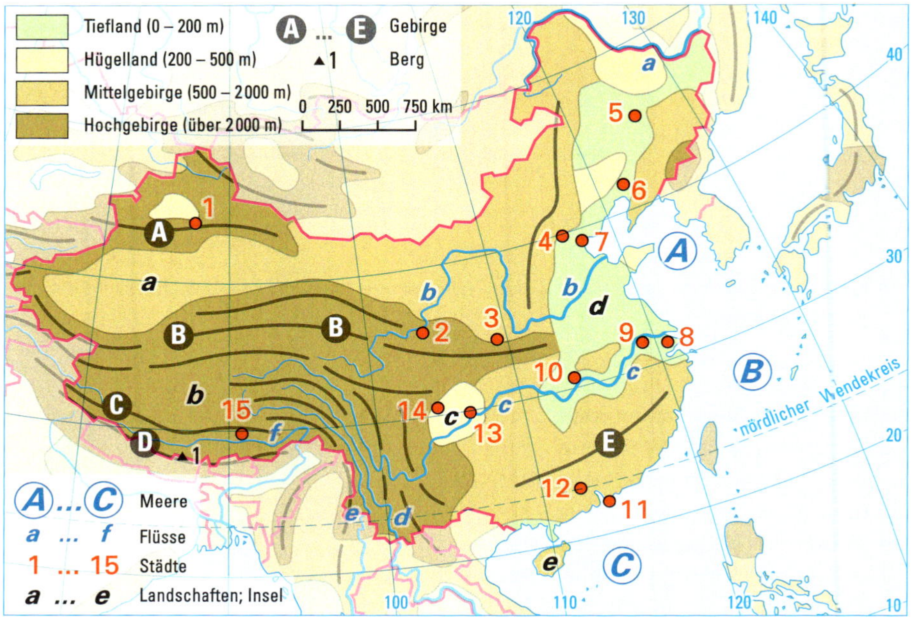

1

Orientieren

1 Prüfe deine topografischen Kenntnisse zu China.
Arbeite mit dem Atlas und der Karte 1. Bestimme die geographischen Objekte.

Wissen und Verstehen

2 Finde die Begriffe.
a) Hightech-Region in Kalifornien
b) Konzentration vieler großer Städte
c) Bezeichnung für die USA aufgrund der Bevölkerungszusammensetzung
d) alte Eigenbezeichnung von China
e) Ziel der besonderen Bevölkerungspolitik in China
f) besondere Gruppe der Arbeiter ohne Daueranstellung in China

3 Bilderrätsel
Löse die Bilderrätsel und erläutere die gesuchten Begriffe.

a)

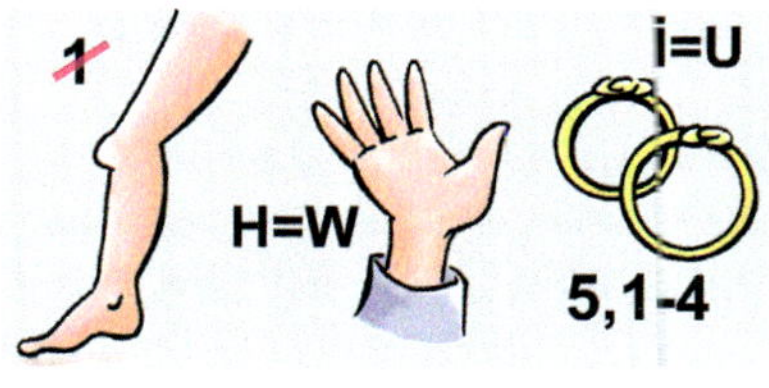

b)

Portfolio
Bogen zur Selbsteinschätzung
104211-0806

Material
Lösungen dieser Seite
104211-0807

Kleines chinesisches Lexikon	
he, ho, jiang	Fluss
hu	See
hai	Meer
shan	Gebirge
ling	Berg
du, fu, cheng	Stadt
zhou	Bezirkshauptstadt
jing	Staatshauptstadt
bei	Norden
dong	Osten
xi	Westen
nan	Süden
shang	oben
huang	gelb
tian	Himmel
an	Frieden
dì	Erde/Erdball

2

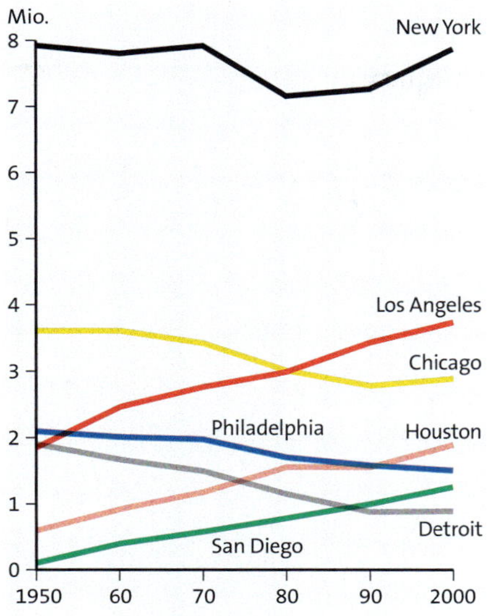

3 **Einwohnerentwicklung ausgewählter Großstädte**

4 Chinesisch für Anfänger
Erkläre mithilfe des kleinen chinesischen Lexikons einige geographische Namen, z.B.: Be jing – Tian Shan – Huang He. Suche im Atlas weitere Namen aus China, die sich erschließen lassen.

5 Richtig oder falsch?
Verbessere die falschen Aussagen und schreibe sie richtig auf.
a) Alle Amerikaner haben Indianer als Vorfahren.
b) Im Manufacturing Belt findet ein Strukturwandel statt.
c) New York wurde von englischen Einwanderern gegründet.
d) China ist flächenmäßig das größte Land der Erde.
e) Seit Einführung der Ein-Kind-Politik in China wächst die Bevölkerung nicht mehr.
f) China ist für Auslandsfirmen u.a. wegen der niedrigen Löhne interessant.

Anwenden

6 Arbeite mit dem Diagramm 3 und mit dem Atlas.
a) Beschreibe das Diagramm.
b) In welchen Regionen der USA liegen die Städte?
c) Begründe die Entwicklung der Städte mithilfe der Informationen auf S. 152/153 und 154/155.

7 Erhebung von Daten mit GIS
Ermittle mithilfe des Klett-GIS den genauen Wert des Bruttonationaleinkommens 2007 in Yuan / EW für Shanghai.

Beurteilen und Bewerten

8 1,5 Milliarden Menschen
Man geht davon aus, dass in China im Jahre 2050 ca. 1,5 Milliarden Menschen leben werden. Beurteile, mit welchen Problemen China vor diesem Hintergrund zu kämpfen haben wird.

9

Globalisierung

Wenn wir als Verbraucher im Geschäft oder per Internet die gleichen Markenartikel kaufen können wie die Menschen in Malaysia oder Brasilien, ...
Wenn wir als Tourist am Flughafen wegen des Anti-Terrorkampfes unseren Fingerabdruck leisten sollen ...
Wenn wir als Arbeitnehmer unseren Arbeitsplatz verlieren, weil unsere Firma nicht mehr mit Billiganbietern aus anderen Ländern konkurrieren kann oder weil sich Unternehmen zusammenschließen, ...
... dann hat all das auch mit der Globalisierung zu tun.
Die Globalisierung bietet viele Chancen, aber sie birgt auch Risiken.
Und: Globalisierung geht uns alle an.

Coca-Cola
Coke

1 **„American Idol“ – Vorbild für „Deutschland sucht den Superstar“**

2

3

Alltag in vernetzter Welt

„Einmal der Superstar sein!“ – das wünschen sich viele junge Menschen auf der ganzen Welt. Denn weltweit sind in Mode und Musik die gleichen Träume und Trends verbreitet. Wie ist es dazu gekommen?

Durch moderne **Kommunikationsmedien** – Radio, Fernsehen, Telefon und Internet – ist die Welt heute „vernetzt“. Daten und Informationen werden weltweit ausgetauscht, Geldströme gelenkt und Waren gekauft, verkauft und verschickt. Das weltweite Netz, das uns mit den Menschen in anderen Ländern verbindet, wird durch die moderne Technik ermöglicht: durch Satelliten, die die Erde umkreisen, und Kabel aus Glasfasern, die auf dem Meeresboden verlegt werden. Das macht den Austausch von Informationen in Sekundenschnelle preiswert und über Kontinente hinweg möglich.

Alles neu, alles gleich – alles besser?

Trotz der vielen technischen Möglichkeiten hört man Erwachsene manchmal sagen: „Früher war es besser.“ Was meinen sie? Tatsächlich war das Leben früher anders. Die Straße, in der man aufwuchs, mit ihren Geschäften, das Dorf, in dem man geboren wurde: All das schien einmalig zu sein, unverwechselbar.

Betrachtet man heute Supermärkte, Bahnhöfe, U-Bahn-Stationen oder auch Kaufhäuser, fällt eines auf: Diese Orte wirken sehr einheitlich. Das gilt besonders für die großen Städte. Der Unterschied etwa zwischen der Zeilgalerie in Frankfurt, dem Forum in Wetzlar und dem Shoppingscenter LOOP 5 in Weiterstadt ist nicht groß. Gebäude und Angebot sind von ähnlicher Art, nur die Größen der Einkaufspassagen unterscheiden sich.

Lernen im Netz
Animation „Karten der Erde"
104211-0901

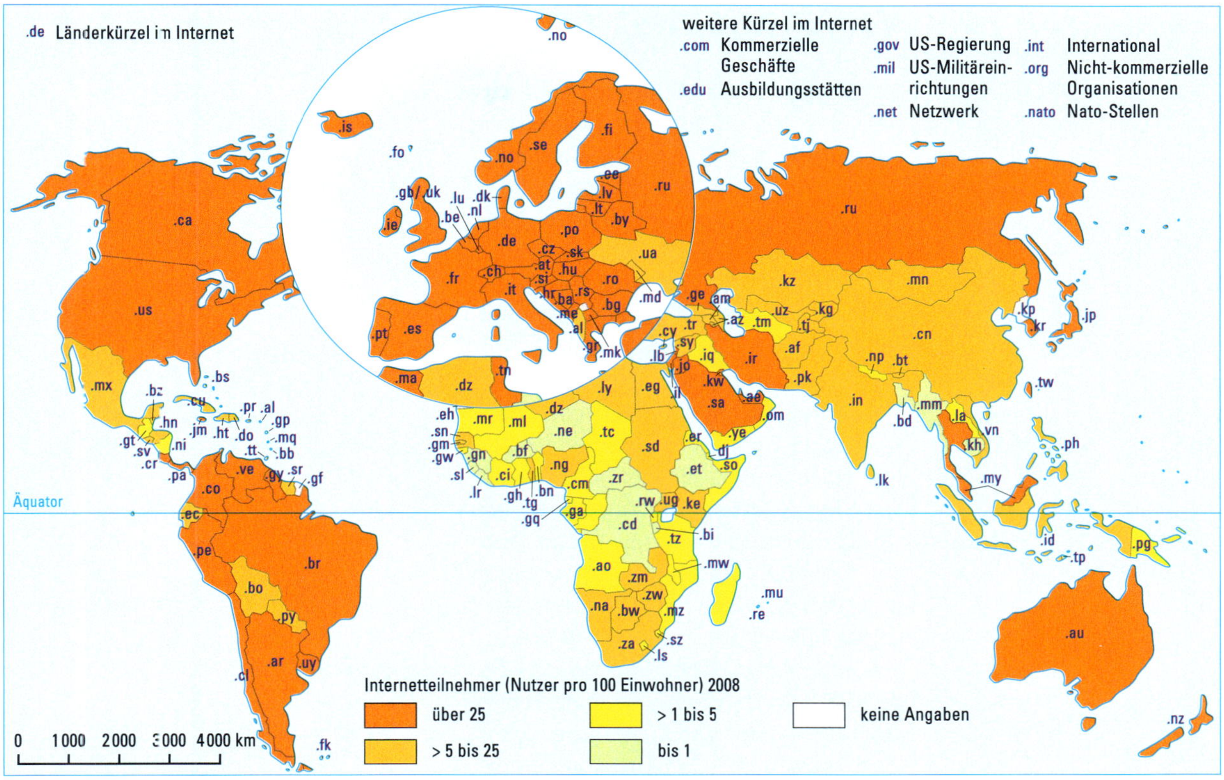

4 Nutzung des Internets

Vereinheitlichung auch beim Essen
Restaurants wie McDonald's und Märkte wie Aldi findet man überall, in Deutschland wie in Frankreich und in vielen anderen Ländern. Und natürlich kann man überall die gleichen Speisen und Produkte bekommen. Die Vereinheitlichung geht so weit, dass sich dadurch auch die Essgewohnheiten angleichen: In Hessen isst und trinkt man ganz ähnlich wie in Polen oder in Spanien, in Italien wird der gleiche Kaugummi gekaut wie in Deutschland.

Und längst hat die englische Sprache unser tägliches Leben erobert. Was eure Eltern noch als „Sommerschluss-Verkauf" kannten, ist nun „Sale". Viele Veränderungen nehmen wir gar nicht mehr wahr, so sehr haben wir uns daran gewöhnt.
Man kann nicht sagen, dass früher alles besser war. Aber das Leben war auf einen engen Raum begrenzt und deshalb eher zu überschauen. Das hat sich grundlegend geändert.

Internet-Nutzer weltweit

	in Millionen
1990	1,3
1994	16
1998	152
2002	655
2006	1100
2008	1500
2010	etwa 2000

5

1 Arbeite mit Karte 4, Tabelle 5 und mit dem Text:
a) Notiere zehn Staaten, in denen mehr als 25 Prozent der Einwohner am Internet teilnehmen.
b) Nenne Beispiele, welche Möglichkeiten die neuen Kommunikationsmedien schaffen.
c) In einigen Regionen gibt es nur wenige Internet-Nutzer. Lokalisiere die Regionen und erkläre.

2 Alle Jugendlichen sehen die gleichen Sendungen, kaufen die gleichen Marken, hören die gleiche Musik. Viele finden das gut. Wie denkst du darüber? Begründe deine Meinung.

Zur Vertiefung

3 Immer billiger! Immer schneller! Immer besser!
Beziehe Stellung zu dieser Aussage und begründe deine Meinung.

4 Diskutiert in der Klasse die Folgen der Steigerung der weltweiten Internetnutzung.

TERRA **ORIENTIERUNG**

Der Welthandel weitet sich in den letzten Jahren stark aus, wobei der technische Fortschritt im Bereich Transport und Logistik eine große Rolle spielt. Vor allem zwischen den drei führenden Wirtschaftsregionen entwickelten sich bedeutsame Handelsströme. In anderen Regionen der Erde scheint die Entwicklung stehenzubleiben. Geht es gerecht zu im Welthandel? Wie wirkt sich die Finanzkrise aus?

Welthandelsströme

Unter **Welthandel** wird die Gesamtheit des internationalen Austauschs von Gütern aller Art und industrieller Produktion, dem Warenhandel, dem Kapitalverkehr und den Dienstleistungen verstanden. Dieser hat auch seinen Sinn, denn Vorkommen und Verbrauch von Gütern sind auf der Erde sehr ungleich verteilt. Der Welthandel trägt zur Bereicherung des Lebens bei. Die einzelnen Staaten und Menschen profitieren davon jedoch sehr unterschiedlich. Noch aber handelt es sich um eine Teil-Globalisierung, die Karte zeigt es: Nordamerika, Westeuropa und die Länder Ostasiens und Südostasiens sind die „Drehscheiben" des Welthandels. Große Teile Lateinamerikas und fast alle Länder Afrikas aber sind zurzeit von der Weltwirtschaft abgekoppelt. Selbst so große Länder wie Russland und andere Staaten der **Gemeinschaft Unabhängiger Staaten (GUS)** haben im Welthandel nur geringe Bedeutung.

Die ärmsten Länder der Welt haben einen Anteil am Welthandel von unter einem Prozent. Ihre Chancen auf Wachstum sind sehr gering. Die Zunahme des Welthandels geht hauptsächlich auf den Handel mit Produkten, von dem vor allem die **Industrieländer** profitieren, zurück. Gerade deswegen wirken sich Schwankungen im Finanzbereich oder Finanzkrisen auf die Handelsströme aus.

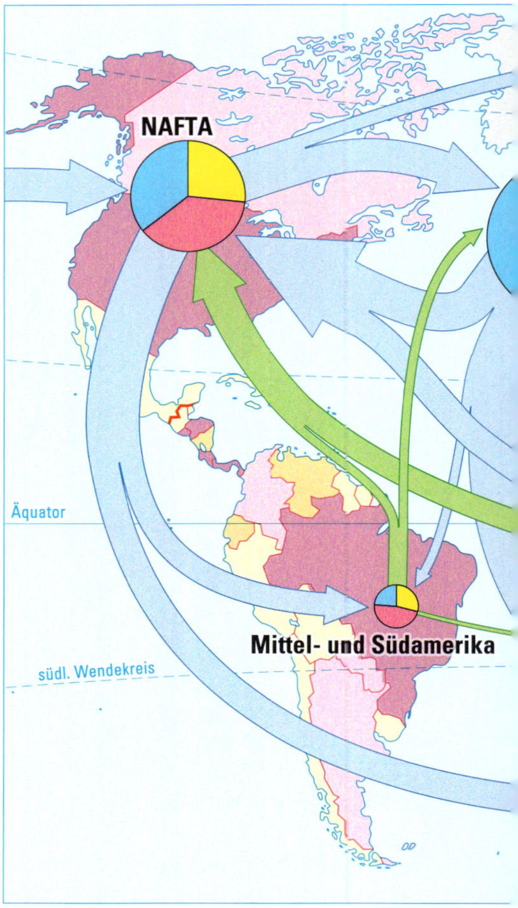

1 **Welthandelsströme 2004**

Die führenden Welthandelsländer 2009

Export	in Mrd. US-$	Weltanteil in %
1 VR China	1 202,0	9,6
2 Deutschland	1 121,0	9,0
3 USA	1 057,0	8,5
4 Japan	581,0	4,7
5 Niederlande	499,0	4,0
Import	**in Mrd. US-$**	**Weltanteil in %**
1 USA	1604,0	12,7
2 VR China	1006,0	8,0
3 Deutschland	931,0	7,4
4 Frankreich	551,0	4,4
5 Japan	551,0	4,4

Quelle: WTO 2010

2

Surftipp
Atlas der Globalisierung
104211-0902

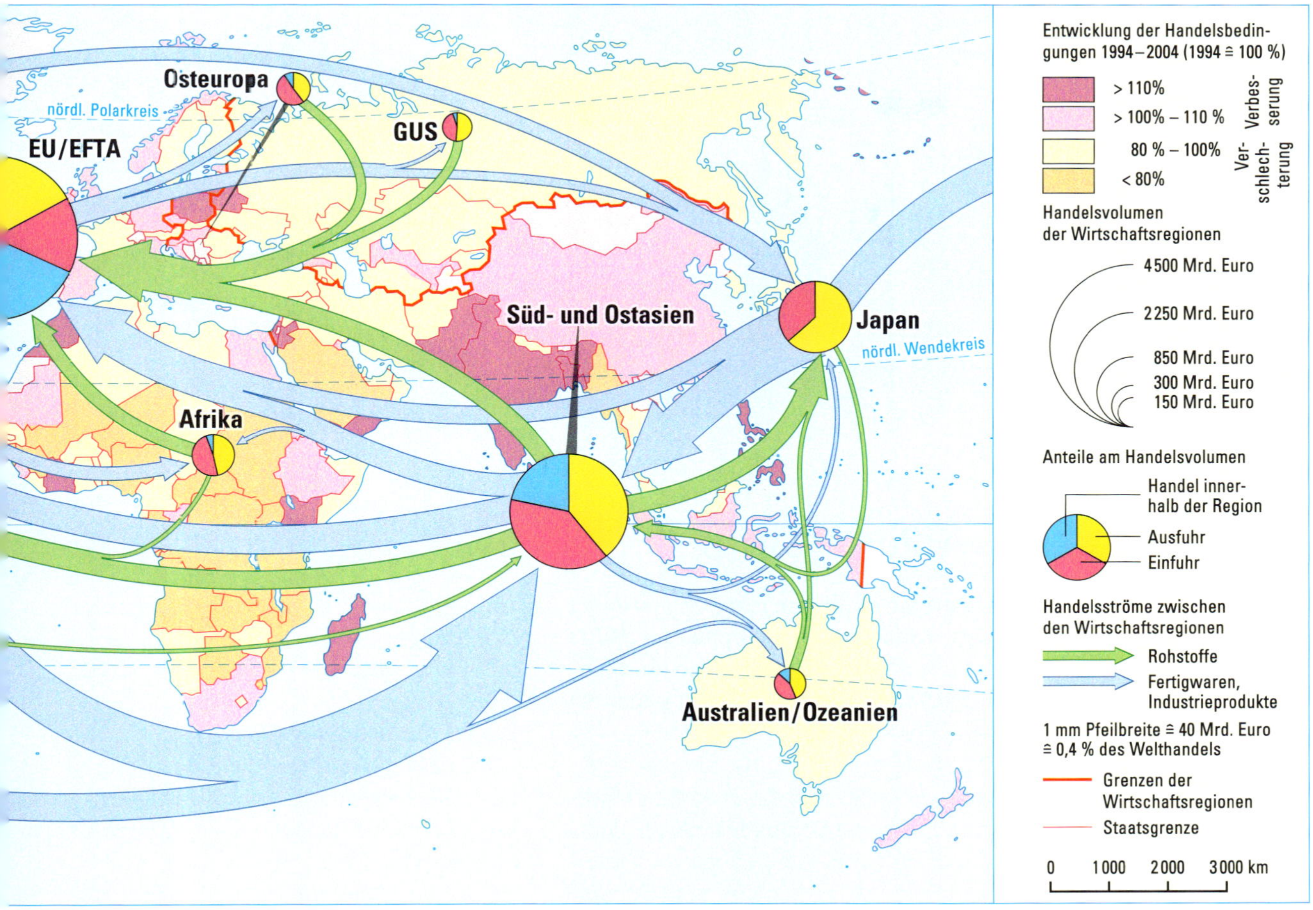

Handelsmächte und Transportströme
Der Wert der Warenexporte aller am Welthandel beteiligten Staaten betrug im Jahr 2009 insgesamt 12 522 Milliarden US-Dollar. Hinzu kommt der Welthandel mit Dienstleistungen, Patenten und Finanzen. Die bedeutenden Wirtschaftsgebiete der Erde, Europa, Nordamerika und Ostasien, hatten dabei einen Anteil von über 80 %. Man spricht in diesem Zusammenhang von der **Triade des Welthandels**.

3

Wichtige Abkürzungen im Bereich des Welthandels:

EU: Europäische Union
EFTA: Europäische Freihandelszone (Norwegen, Island und Schweiz)
NAFTA: Nordamerikanische Freihandelszone (USA, Kanada, Mexiko)
GUS: Gemeinschaft Unabhängiger Staaten (Russland, Weißrussland, Ukraine, Kasachstan, Usbekistan u. a.)

4

1 Arbeite mit der Karte 1:
a) Beschreibe die Handelswege von Rohstoffen und Fertigwaren.
b) Afrika steht im Schatten der globalisierten Märkte. Belege diese Aussage.

2 Erläutere mithilfe der Tabelle 2 die Export- und Importzahlen der führenden Welthandelsländer 2009.

Zur Vertiefung

3 Triade des Welthandels
a) Überlege, was mit der Triade des Welthandels Text 3 gemeint ist. Begründe deine Aussage mithilfe der Karte.
b) Entwirf dazu ein Schaubild.

1 **Mc Donald's is(s)t international**

Globalisierung: Was ist das?

Der Traum von „ungebremster Freiheit"
„Ich definiere Globalisierung als die Freiheit unserer Firmengruppe zu investieren, wo und wann sie will, zu produzieren, was sie will, zu kaufen und verkaufen, wo sie will und alle Einschränkungen durch Arbeitsgesetze und andere gesellschaftliche Regelungen so gering wie möglich zu halten."
(T. Percy Barnevik, Asea Brown Bovery, auf www.wirtschaftszitate.de von Thomas Träger)

2

Das Wort **Globalisierung** ist heute in aller Munde, vor allem in der Wirtschaft, obwohl der Begriff gerade einmal 25 Jahre alt ist. Was aber bedeutet Globalisierung?
Das Wort beschreibt in erster Linie den weltweiten Prozess der erhöhten **Mobilität** von Waren, Dienstleistungen, Wissen und Kapital – aber auch von Personen. Es ist sozusagen die „Entgrenzung des Welthandels". Beschleunigt wurde dieser Prozess durch bahnbrechende Erfindungen und Entwicklungen im Bereich der Telekommunikation, verbunden mit den Neuerungen in der Mikroelektronik. Sie ermöglichten erst die rasante Zunahme der weltweiten Kommunikation. Das Internet erlaubt den Wirtschaftsunternehmen heute eine weltweite Zusammenarbeit in kürzester Zeit: mit Unternehmenszweigen, Zulieferfirmen, Transporteuren und Händlern. Es ist einerlei, ob sich ein Geschäftspartner im Gebäude nebenan oder auf einem anderen Kontinent befindet. Dank globaler Vernetzung können Einkauf, Produktion, Transport und Handel zentral gesteuert und arbeitsteilig vollzogen werden.

Produktionsstandort Welt
Unternehmen suchen sich nicht nur ihre Handelsplätze frei aus, sondern im zunehmenden Maße auch ihre Produktionsstandorte, nach dem Prinzip der Kostenminimierung. Dies führt zum **Outsourcing**, d. h. zur Auslagerung von Produktions- und Dienstleistungsstandorten in **Niedriglohnländer**. Was wird aus den Arbeitsplätzen der **Hochlohnländer**? Besteht eine Gefährdung aufgrund der globalen Vernetzung?
Durch die internationale Arbeitsteilung können viele Staaten an einem Endprodukt beteiligt sein. Forschung und Entwicklung von neuen Produkten finden überwiegend noch in den Industriestaaten statt, ebenso die Vermarktung der Produkte. Auf diese Weise landen über 80 % der **Wertschöpfung** bei diesen.

Lernen im Netz
Animation „Was ist Globalisierung?"
104211-0903

Dem Markt einen Rahmen geben

Es hat mit Globalisierung zu tun, wenn die Firma, in der man arbeitet, plötzlich mit Betrieben aus Gegenden der Welt konkurriert, von denen man bisher kaum gehört hatte.

Es hat mit Globalisierung zu tun, wenn sich junge Leute, die durch die Anden wandern, aus dem Internetcafé in Quito bei ihren Eltern in Oberursel melden und mal eben per E-Mail die ersten digitalen Fotos schicken.

Es hat mit Globalisierung zu tun, wenn wir am PC unseren Urlaub buchen und wenn Studenten sich im Internet Material aus Amerika für ihre Hausarbeit holen.

Es hat mit Globalisierung zu tun, wenn in dem Auto, das wir kaufen, die Teile aus vielen Ländern kommen, wenn also das „Made in Germany" manchmal nur noch für die Idee, für die Endmontage oder für den Namen steht.

Nein, die Globalisierung ist kein Naturereignis. Sie ist vom Menschen gewollt und gemacht. Darum können Menschen sie auch verändern, gestalten und in gute Bahnen lenken. Die Globalisierung gestalten kann nur, wer klare Wertvorstellungen jenseits des Wirtschaftlichen hat. Wir müssen uns darüber klar werden, wie wir Freiheit und Gerechtigkeit für alle Menschen in Zeiten der Globalisierung sichern und fördern können.

Bundespräsident Johannes Rau, Dritte Berliner Rede vom 13.05.2002

3

5 **Johannes Rau**
1999–2004 Bundespräsident der Bundesrepublik Deutschland

Die Globalisierung ist nicht erst ein Phänomen unserer Zeit, sondern deren Entwicklung reicht weit in die Geschichte zurück. Für das Tempo, mit der sie zurzeit voranschreitet, sind verantwortlich:

Antriebskräfte der Globalisierung

Neue Techniken
Durch die rasante Entwicklung der Telekommunikation und der Mikrotechnik wurde es möglich, die Welt mit einem dichten Kommunikationsnetz zu umspannen. Fast jeder Ort der Erde kann so in Sekundenbruchteilen erreicht werden.

Sinkende Transportkosten
Der immer preiswertere Transport von Personen, Waren und Dienstleistungen macht es möglich, Güter an weit entfernten Standorten zu produzieren. Der Container hat dabei einen großen Anteil.

Außenwirtschaftliche Veränderungen
Änderungen in der Zollpolitik erleichtern die Einfuhr und Ausfuhr von Waren und Dienstleistungen weltweit. Die sogenannte Schutzfunktion für heimische Produkte wurde aufgehoben. Die Unternehmen und Produkte müssen sich jetzt der internationalen Konkurrenz stellen.

Veränderungen des weltweiten Geldmarktes
Der Transfer von Kapital ist nahezu keinen Schranken mehr unterworfen. Geld ist zu einer Ware geworden, die überall eingesetzt wird, wo sie durch langfristige Anlage in Sachgütern oder auf Finanzmärkten einen guten Jahresgewinn verspricht.

4 **Antriebskräfte der Globalisierung**

1 Arbeite mit dem Text und dem Schaubild 4. Benenne, welche Erfindungen und Entwicklungen den Globalisierungsprozess begünstigen.

2 Chancen und Risiken – Werte die Materialien 2, 3 und 4 aus:
a) „Die Globalisierung ist kein Naturereignis". Erkläre, was Johannes Rau damit meint.
b) Überlege und begründe, was deiner Meinung nach Vorteile und Nachteile der Globalisierung sind.

Zur Vertiefung

3 Nimm Stellung zur Definition von Globalisierung in Text 2.

4 In Mexiko kann man deutsches Bier kaufen, in Deutschland mexikanisches. Soll das so sein? Diskutiert in der Klasse darüber.

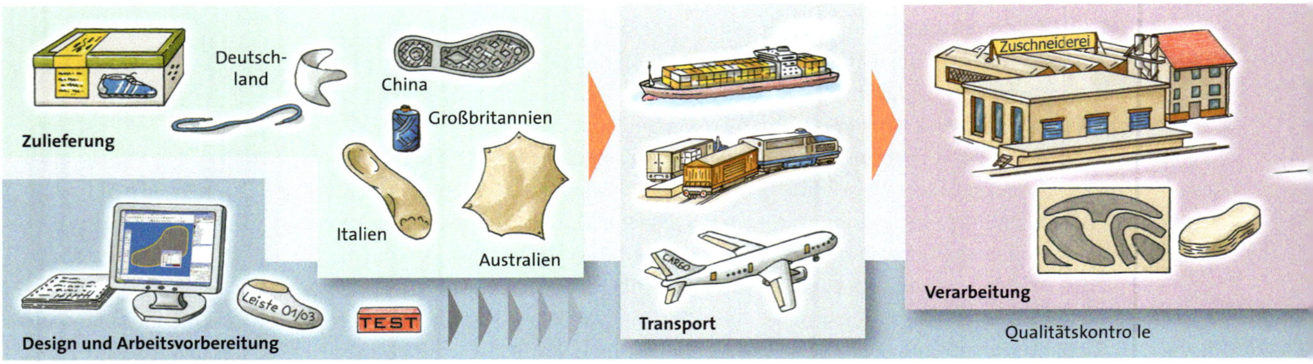

1 Produktion eines adidas Sportschuhs in Scheinfeld (Bayern)

2 Adi Dassler (1900–1978)

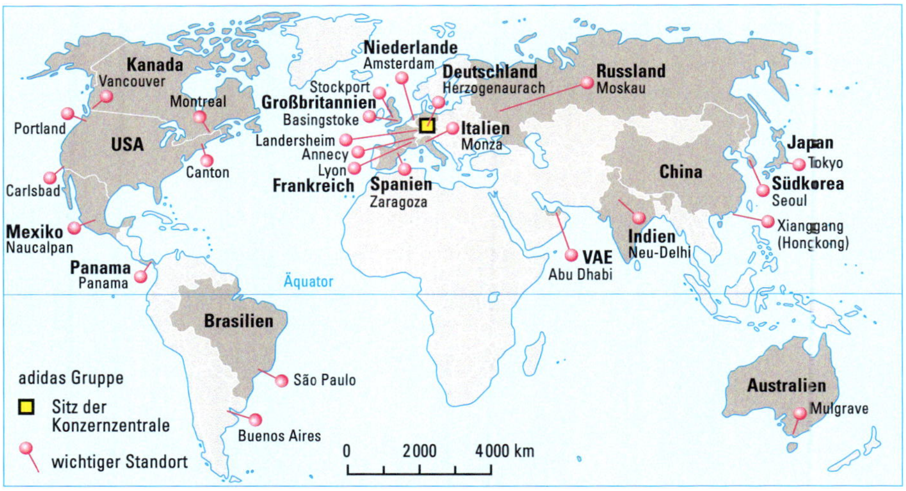

3 Die adidas Gruppe in der Welt

Konzern
Verschiedene Unternehmen, die zwar selbstständig wirtschaften, aber unter einer einheitlichen Leitung stehen

Global Player adidas

1920 entwickelte der 20-jährige Adi Dassler in einer kleinen Werkstatt in Herzogenaurach seinen ersten Schuh: einen aus Leinen gefertigten Trainingsschuh für Läufer. Er kostete zwei Reichsmark und bildete die Grundlage für einen Weltkonzern.

Nach dem Zweiten Weltkrieg fertigte Dassler mit zuerst 47 Mitarbeitern die ersten Sportschuhe. Als Produktname wählte er die ersten Silben seines Vor- und Nachnamens. Außerdem erhielt der Schuh seine drei Streifen: das Markenzeichen, das heute auf der ganzen Welt erkannt wird.

Seit 1963 produziert adidas auch Bälle, 1967 kommen Sporttextilien und 1974 Tennisschläger hinzu. Sportler wie Franz Beckenbauer oder Michael Ballack erhalten Verträge als populäre Werbeträger. 1989 wird aus dem Familienunternehmen eine Aktiengesellschaft, 1995 geht die adidas AG an die Börse. Zwei Jahre später ist adidas die zweitgrößte Sportartikelfirma weltweit. 2006 übernimmt man die US-Marke Reebok, sodass die adidas Gruppe auch beim Geschäft im American Football mitmischen kann.

Die adidas Gruppe ist damit zu einem multinationalen Unternehmen geworden, das in verschiedenen Ländern produziert: die adidas Gruppe ist ein **Global Player**.

Lernen im Netz
Animation „Global Player“
104211-0904

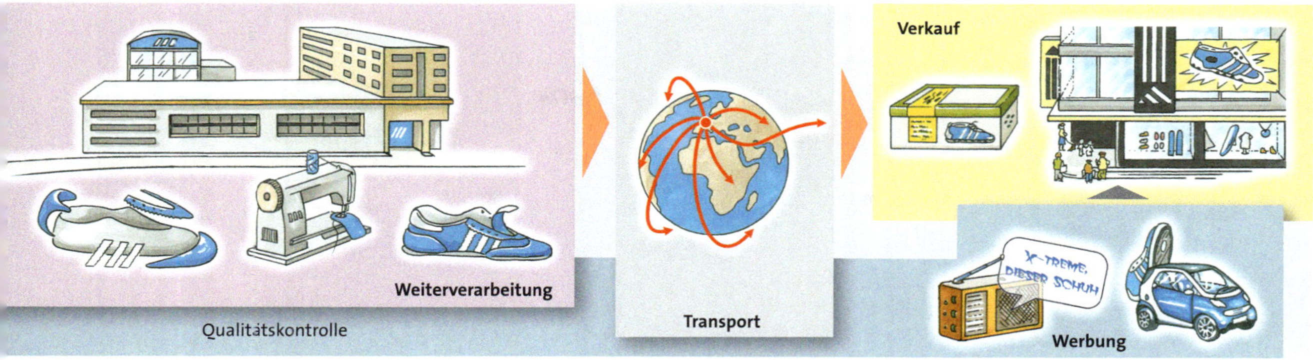

Zahl der Mitarbeiter	
2002	14716
2010	42500

5

Umsatz in Mio. €	
2002	6500
2010	12000

6

4 adidas in Vietnam

Ein Global Player nutzt die Vorteile der **internationalen Arbeitsteilung**, so auch die adidas-Gruppe. Sie ist heute auf fünf Kontinenten vertreten und besteht aus über 170 Tochterunternehmen. Die Leitung der Firma sitzt aber nach wie vor in Herzogenaurach.
Die adidas Gruppe vereinbart Aufträge mit Firmen, die spezielle Produkte entwickeln und herstellen. Früher wurden diese Leistungen von adidas selbst erbracht. Die beauftragten Firmen aber können in Teilbereichen billiger oder schneller arbeiten.
Der Vorgang des Outsourcing, also die Auslagerung von Arbeitsschritten in andere Zulieferfirmen, ist typisch für Global Player. Die adidas Gruppe lässt weltweit in mehr als 1000 Fabriken produzieren, doch nur wenige gehören zum Konzern selbst.

1 Arbeite mit den Tabellen 5 und 6:
a) Zeichne ein geeignetes Diagramm.
b) Beschreibe die Entwicklung.

2 Werte Schema 1 aus:
a) Erläutere, wie ein Sportschuh bei adidas produziert wird.
b) In welcher Weise wird bei adidas internationale Arbeitsteilung praktiziert?

3 „adidas ist ein Global Player“: Stelle Argumente dafür aus den Materialien zusammen.

Zur Vertiefung

4 Analysiert mithilfe des Internets, welche Vorteile Herzogenaurach für den Global Player adidas bietet, sodass er die Konzernzentrale in der Kleinstadt lässt.

1 Kakaopflückerin

3 geöffnete Kakaofrucht

TransFair-Kakao

Marktanteile der größten Schokoproduzenten:	
Kakaoverbrauch (in 1 000 t)	
Kraft Foods	440
Nestlé	360
Mars	350
Hershey's	170
Ferrero	135
Weltmarktanteil (in %)	
Kraft Foods	14,9 %
Nestlé	14,5 %
Mars	7,9 %
Hershey's	4,6 %
Ferrero	4,5 %

2

Kakao, das „schwarze Gold", zählt nach Erdöl und Kaffee zu den meistgehandelten Rohstoffen auf dem Weltmarkt. Etwa 5,5 Millionen Kleinbauern bauen weltweit Kakao an. Kleinbauern, Landarbeiter, Großhändler und Transporteure leben vom Kakao. Die Pflege der Kakaokulturen ist sehr arbeitsintensiv – Unkraut jäten, Böden lockern, Bäume zurückschneiden, gegen Schädlinge, Pilze und Krankheiten spritzen sowie das Pflücken und Öffnen der Früchte erfordert viel Handarbeit.
Der Kakaoertrag hängt von vielen Faktoren ab:
- Wettereinflüsse
- Alter der Bäume, im Alter von 10 bis 20 Jahren erzielen die Bäume die höchsten Ernten
- Bäume müssen gepflegt und geschnitten werden
- Bäume sind krankheitsanfällig

Schokolade entwickelte sich vom Luxusprodukt zu einem alltäglichen konsumierten Genussmittel.
Weltweit wird Kakao auf fünf bis sechs Millionen Bauernhöfen angebaut und sichert den Lebensunterhalt von 40 bis 50 Millionen Menschen.

Niedrige und in Folge von Preisschwankungen unsichere Einkommen, schlechte Arbeitsbedingungen sowie Kinderarbeit sind im Kakaoanbau weit verbreitet. Der Weltmarkt für die Verarbeitung von Kakao und die Herstellung wird von einigen wenigen Unternehmen beherrscht, die damit über großen Einfluss auf dem Markt verfügen. Die schlechte Infrastruktur und der mehrstufige Zwischenhandel lassen die vom Export erhobenen Steuern nur in geringen Teilen in die Erzeugergebiete fließen.

Fairtrade – Genuss mit Verantwortung
Fairtrade bietet den Bauern und Bäuerinnen die Möglichkeit, einen festen Mindestpreis für ihren Kakao zu erwirtschaften, so dass sie ihre Lebensqualität

1 Kakaoproduzenten
Betrachte Diagramm 4:
a) Lokalisiere auf der Weltkarte die Länder. Nutze auch den Kartenanhang.
b) Beschreibe, was dir auffällt und erkläre.

2 Fairtrade
a) Erläutere den Unterschied zwischen dem freien Handel und dem TransFair-Handel.

Material
Infoblatt Kakao
104211-0905

Material
Infoblatt TransFair-Kaffee
104211-0906

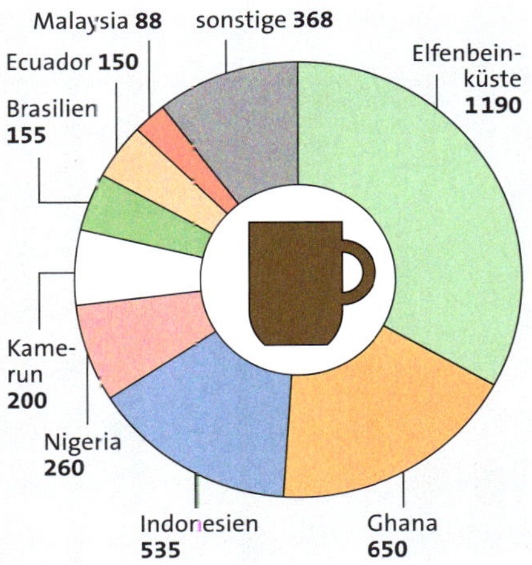

4 **Kakaoproduzenten (in 1000 t)**

5 **Produkte, die fair gehandelt werden**

steigern können und nicht mehr darauf angewiesen sind, dass ihre Kinder zum Familieneinkommen beitragen müssen. Derzeit sind weltweit 57 Kakao-Produzentenorganisationen in Afrika und Lateinamerika in das Fairtrade System integriert. Das System basiert auf Bildung von **Genossenschaften**. Kleinbauernfamilien haben sich in Genossenschaften organisiert, die den Kakao zu fairen Bedingungen verkaufen. Dabei müssen die Genossenschaften politisch unabhängig sein. Die Mitglieder sind an wichtigen Entscheidungen zu beteiligen. Ebenfalls setzt sich die Organisation für die Förderung der Bildung und für die Förderung der Frauen ein.

Anbaubedingungen
Die Anbaugebiete des Kakaos liegen in Westafrika, in Asien und in Südamerika, da die Kakaobäume ein feuchtheißes Klima benötigen.
Der Baum benötigt einen guten Boden, eine monatliche Durchschnittstemperatur von über 20 Grad Celsius und mindestens 1500 mm Jahresniederschlag. Der Kakao gedeiht am besten im Schatten, sodass er unter anderen höheren Bäumen angebaut werden sollte. Der Kakaobaum kann fünf bis fünfzehn Meter hoch werden, von den Bauern wird er meist auf vier Meter gestutzt.

6

FAIRTRADE

TransFair e.V. wird von 36 Organisationen unterstützt, z. B. UNICEF, Welthungerhilfe, Misereor, Brot für die Welt, Weltladen-Dachverband
TransFair e.V.
Remigiusstraße 21
50931 Köln
www.transfair.org

7

b) Kleinbauer einer Genossenschaft zu sein, gibt den Kakaobauern Sicherheit. Erläutere.
c) Begründe, warum der Trans-Fair-Handel ein „gerechter Handel" ist.

3 Arbeitet in Gruppen: Recherchiert über den Kakaoanbau in den Ländern (Grafik 4) und stellt die Ergebnisse anschaulich vor.

Zur Vertiefung

4 Entwicklungshilfe
a) Nimm Stellung zu folgender Aussage und diskutiere: „Wenn ich Kakao oder Schokolade mit dem Fairtrade-Siegel kaufe, leiste ich wirksame Entwicklungshilfe."
b) Diskutiert in der Klasse.

9

TERRA METHODE

Ganz egal welche Tageszeitung du in Deutschland oder sonst in der Welt aufschlägst, sie enthält meist eine Karikatur zu einem aktuellen Thema. Eine Karikatur versteht man jedoch nur dann, wenn man das angesprochene Thema kennt und weiß, mit welchen Mitteln und Absichten der Karikaturist gearbeitet hat.

1

Eine Karikatur auswerten

Eine Karikatur ist nicht immer leicht zu verstehen, denn ein Karikaturist übertreibt, spitzt zu oder verkürzt und verdichtet die Wirklichkeit in seinem Sinne. Mithilfe von maßloser Übertreibung oder beißenden, verletzenden Spott verzerrt und verfremdet er sie, um Widersprüche aufzuzeigen oder Missstände bloßzustellen.
Es gehört zum Wesen der Karikatur, dass sie einseitig und parteiisch ist. Sie ruft in der Regel sowohl Zustimmung als auch Widerspruch hervor.
Grundvoraussetzung für das Verständnis einer Karikatur ist, dass du die bildliche Darstellung richtig erkennst und in ihren Einzelheiten genau beschreibst.

Eine Karikatur auswerten

1. Schritt: Die Karikatur beschreiben

Mit wenigen Sätzen soll die Karikatur beschrieben werden. Achte dabei zuerst auf die Bildunterschrift – falls vorhanden – sowie auf Sprechblasen. Danach beschreibst du die einzelnen Bildteile.

Die Karikatur 1 hat keine Bildunterschrift. Es soll aber wohl eine Szene aus dem Physik-Unterricht gezeigt werden. Der Lehrer – der am Experimentiertisch steht – sagt, dass es jetzt um die Naturgesetze gehen soll. Drei Schüler ergänzen, was ihrer Meinung nach zum Thema passen könnte. Zwei Schüler nennen die Schwerkraft und die Thermodynamik. Der dritte Schüler ...

1 Vervollständige die Auswertung der Karikatur 1 und ergänze die fehlenden Aussagen in den Schritten 1 bis 4 in deinem Heft.

2 Werte Karikatur 2 aus.

Zur Vertiefung

3 Suche in Zeitungen nach Karikaturen und stelle sie vor.

2

2. Schritt: Einzelne Bildteile deuten

Nach dem Beschreiben kommt das Erklären: Wen sollen die Personen darstellen und wofür stehen die Gegenstände? Achte darauf, welche Bildelemente ironisch verzerrt werden und welche realistisch dargestellt sind.

Die Personen stellen – zumindest vordergründig – das dar, was sie zu sein scheinen: nämlich Lehrer und Schüler.
Das Verschlüsselte an der Karikatur ist also etwas anderes: Es ist die Antwort des dritten Schülers auf die Frage des Lehrers. Der dritte Schüler behauptet, dass die Globalisierung ...
Dabei hat schon der frühere Bundespräsident Johannes Rau festgestellt, dass ...

3. Schritt: Die Gesamtaussage der Karikatur deuten

Was will der Karikaturist mit seiner Karikatur vermutlich aussagen? Wen oder was will er kritisieren? Für wen ergreift er dabei Partei?

Der Karikaturist möchte wohl diejenigen kritisieren, die sagen, dass die Globalisierung etwas Naturgegebenes ist. Auf ein Naturgesetz kann man mit demokratisch beschlossenen Maßnahmen nicht gestaltend einwirken.
Die Kritik dürfte an die Politiker und Medienleute gerichtet sein, die die Globalisierung für ein Naturgesetz halten. Sie müssen deshalb staatliche Regeln für den Finanzmarkt oder beim Arbeitsrecht ablehnen.
Der Karikaturist ergreift damit für diejenigen Partei, die wegen der Globalisierung ...

4. Schritt: Stellung beziehen

Kannst du der Aussage der Karikatur zustimmen? Ist die Grundaussage berechtigt oder übertreibt der Karikaturist zu stark? Begründe deine Meinung.

Meiner Meinung nach hat der Karikaturist ..., weil ...

TERRA TRAINING

Wichtige Begriffe

Fairtrade
Genossenschaft
Globalisierung
Global Player
Gemeinschaft Unabhängiger Staaten (GUS)
Hochlohnland
Industrieland
internationale Arbeitsteilung
Kommunikationsmedien
Mobilität
Niedriglohnland
Outsourcing
Triade des Welthandels
Welthandel
Wertschöpfung

So überprüfst du deine Kompetenzen:

1. Bearbeite den Selbsteinschätzungsbogen (siehe Online-Link).
2. Wiederhole Inhalte, die du noch nicht verstanden hast.
3. Löse die Aufgaben auf dieser Trainingsseite.
4. Kontrolliere deine Lösungen (siehe Online-Link).

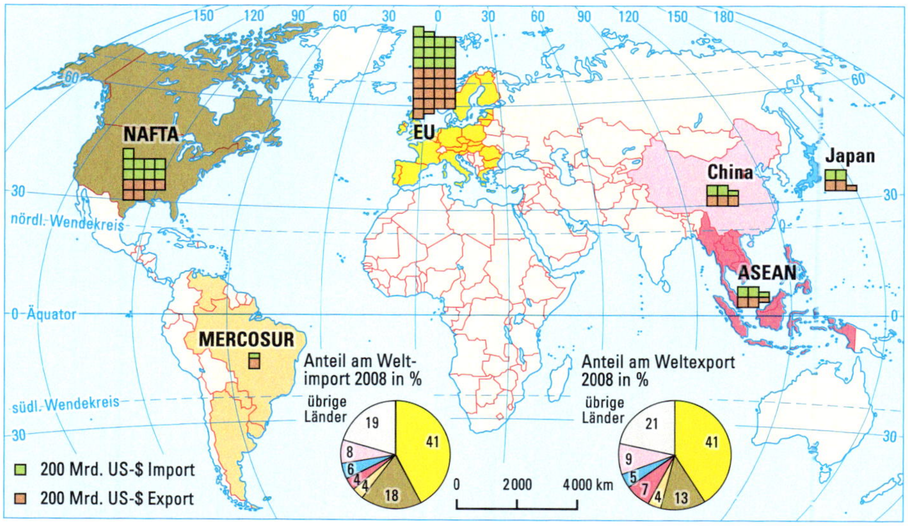

1 Wirtschaftsmächte der Erde und ihre Handelsanteile

Orientieren

1 Welthandelsmächte in Karte 1

a) Erstelle zu den sechs Handelsmächten eine Tabelle wie folgt:

Handelsmacht	Anteil am Weltimport	Anteil am Weltexport

b) Addiere jeweils die Anteile von Import und Export und erstelle die „Rangfolge der Handelsmächte".

c) Nenne die Mitgliedsstaaten von NAFTA, MERCOSUR und ASEAN.

d) Nenne Großregionen, die am Welthandel wenig beteiligt sind.

Wissen und Verstehen

2 Richtig oder falsch?

Verbessere die falschen Aussagen und schreibe danach alle Aussagen auf.

a) Der Handel zwischen Bundesländern wird Welthandel genannt.

b) Fair Trade ist der Versuch, den Erzeugern gerechte Preise zu zahlen.

c) Der Welthandel wird beherrscht von der EU, USA, Japan/China.

d) Globalisierung ist die „Entgrenzung des Welthandels".

e) Alle Firmen, die Produkte im Ausland verkaufen, sind Global Player.

f) Unter Outsourcing wird die Arbeitsteilung in einer Firma verstanden.

Anwenden

3 Der Welt größte Schuhfabrik

a) Orientiere dich über die Lage von Bangladesh. Nenne die Hauptstadt.

b) Recherchiere: wichtige Exportgüter Bangladeshs und das Lohnniveau.

c) Recherchiere, wie groß der Prozentsatz der eingeführten Schuhe in Deutschland ist und woher diese kommen.

d) Erkläre, warum in Deutschland kaum mehr Schuhe produziert werden.

Portfolio
Bogen zur Selbsteinschätzung
104211-0907

Material
Lösungen dieser Seite
104211-0908

2 **Schuhproduktion in Bangladesh**
2008 wurde in Bangladesh die größte Schuhfabrik der Welt gebaut. Darin stellen 30 000 Arbeitskräfte täglich etwa 100 000 Paar Schuhe her.

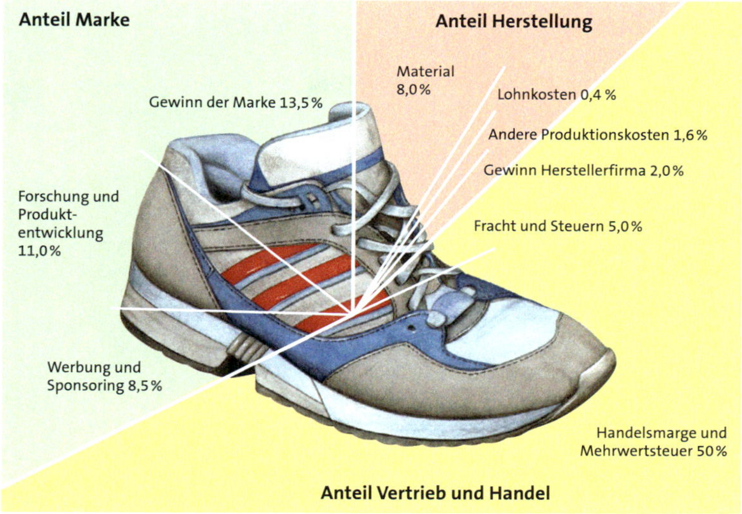

3 **Wertschöpfung mit Sportschuhen**

4

4 Werte Schaubild 3 aus.

a) Erstelle unter der Überschrift „Herstellung eines Markensportschuhs“ eine dreispaltige Tabelle: Anteil Marke / Anteil Herstellung / Anteil Vertrieb.
b) Berechne den Gesamtanteil der „Herstellungskosten“. Vergleiche mit den anderen beiden Kostenbereichen.
c) Welche Wertschöpfungsbereiche liegen in Niedriglohn-, welche in Hochlohnländern?
d) Nimm Stellung zu der Frage, wer hier die „Globalisierungsgewinner“ sind.

Beurteilen und Bewerten

5 „Geiz ist ~~geil~~ grausam.“

„Wer beim Discounter ein T-Shirt für fünf Euro kauft, darf nicht über Arbeitsplatzabbau bei uns jammern.“

a) Nimm Stellung zu der Aussage.
b) Wie verhältst du dich?

6 Karikatur

a) Werte die Karikatur 4 aus.
b) Beziehe Stellung zu der Gesamtaussage und bewerte diese.

1 Spielzeugherstellung für den europäischen Markt in China

„Guolaosi" – Tod durch Überarbeitung

Li hatte ein hartes Leben:
8 Uhr: Arbeitsbeginn
12–13.30 Uhr: Mittags- und Ruhepause
17.30 Uhr: Abendpause
18 Uhr: Beginn der Überstunden
24 Uhr: Ende der Überstunden (in der Vorweihnachtszeit manchmal erst um 3 Uhr)

Li arbeitete als „Läuferin", musste die Stofftiere von einer zur nächsten Arbeitsstation bringen. Läuferinnen erhalten den geringsten Lohn: etwa 10 Cent die Stunde. Li stammte aus dem Westen der Provinz Sichuan, einer der ärmsten Gegenden Chinas. Die Eltern waren froh, als Li mit 15 Jahren in die Sonderwirtschaftszone Shenzhen ging, um dort zu arbeiten. Zimmerkameradinnen berichten: „In der Nacht fing Li an zu husten. Sie ging ins Bad. Stunden später fanden wir Li wimmernd am Boden. Sie blutete aus Mund und Nase. Sie starb, noch bevor der Krankenwagen kam." Li Chunmei wurde 19 Jahre alt.

nach: Jutta Hajek (Übers.)/ Klaus Piepel (Red.): Arbeiten bis zum Umfallen: Von unmenschlichen Bedingungen in chinesischen Spielzeugfabriken. in: Misereor aktuell 4/2002)

3

2

Von Fair Work (k)eine Spur

Zwei Drittel aller weltweit verkauften Spielwaren kommen aus China, hergestellt in insgesamt ca. 10 000 Spielzeugfabriken. Hier wird zu extrem günstigen Preisen und trotzdem in erstaunlicher Qualität produziert, doch oft unter unbeschreiblichen Arbeitsbedingungen. Den Fabrikanten hilflos ausgeliefert, arbeiten die Frauen billiger als Maschinen, für weniger als 50 Cent die Stunde. Etwa 600 000 Wanderarbeiterinnen aus dem Hinterland sind froh, hier Arbeit gefunden zu haben. Sie nächtigen in großen Schlafsälen. Löhne werden beliebig gekürzt, unbezahlte Überstunden nach Bedarf angesetzt. Gewerkschaften sind verboten.

Milliardenumsätze

Internationale Konzerne erwirtschaften in den Niedriglohnländern mit Kinderspielzeug Milliardenumsätze. Die Konzerne haben in der Regel das Monopol und können deshalb die Preise drücken. Eine in Südchina hergestellte Spielzeugkamera kaufen sie für kaum mehr als einen Euro ein. In Deutschland ist diese dann für 13,99 Euro zu haben. Beobachter der Spielzeugbranche stellen jedoch fest, dass die chinesische Spielwarenindustrie bemüht ist, ihren Status als „Billiglohnlieferant" für fremde Konzerne hinter sich zu lassen. Mit Eigenprodukten steigt sie in das lukrative Milliardengeschäft mit ein.

Surftipp
Saubere Kleidung
104211-0909

Standort-Hopping
Die Verlagerung der Produktion in sogenannte Niedriglohnländer betrifft vor allem die Bekleidungs-, Schuh- und Spielwarenindustrie. In Deutschland sind in der Textilindustrie seit 1950 über 600 000 Arbeitsplätze ausgelagert worden, zuerst nach Süd-/Südosteuropa, später nach Süd-/Ostasien. Bei der Auswahl des Produktionsstandortes geht man dort hin, wo die Löhne am niedrigsten sind. Dies hat in einigen Industriezweigen zu einem regelrechten „Standort-Hopping" geführt.

4

6 **Protestaktion für Sozialstandards**

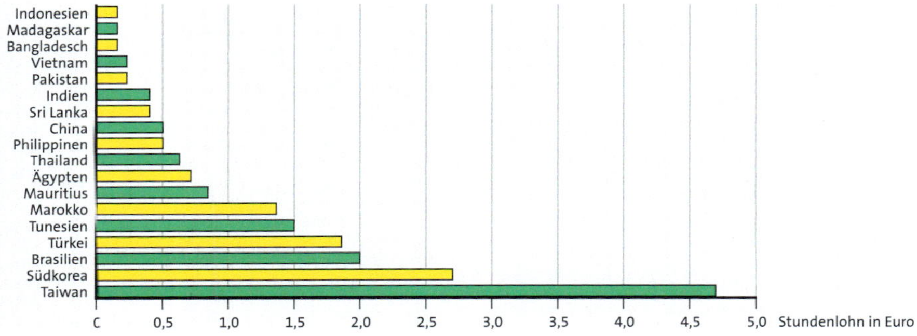

5 **Stundenlöhne im Vergleich**

Aktion „fair spielt"
Seit 1999 fordern das Hilfswerk Misereor und andere kirchliche Gemeinschaften die deutschen Spielwarenhersteller auf, in den Herstellerländern soziale und arbeitsrechtliche Mindeststandards durchzusetzen.

7

Forderung von Mindeststandards
Kritische Verbraucherverbände, die Internationale Arbeitsorganisation (ILO) sowie vor allem Nichtregierungsorganisationen (NRO) prangern die Missstände in den Weltmarktfabriken seit Jahren an und drängen auf die Einhaltung der Menschenrechte. Sie fordern Mindeststandards, z. B. Mindestlöhne, Begrenzung der Wochenarbeitszeit und Gesundheitsschutz.

Der internationale Dachverband ICTI der Spielwarenindustrie fordert folgende Mindeststandards:
- maximal 68 Arbeitsstunden pro Woche,
- 50 Euro Mindestlohn im Monat,
- Bezahlung der Überstunden sowie Überstundenzuschläge,
- Einhaltung der Arbeitspausen,
- Verbesserung der Sicherheit am Arbeitsplatz.

1 Beschreibe die Arbeitsbedingungen in einem Niedriglohnland, z. B. in China.
2 Vergleiche Stundenlöhne in Deutschland mit denen in Niedriglohnländern.
3 Wer profitiert alles an den Weltmarktfabriken in den Sonderwirtschaftszonen?
4 Auch die Käufer von Spielwaren können etwas für die Einhaltung von Mindeststandards tun. Erläutere.
5 Erläutere den Begriff „Standort-Hopping".
6 Diskutiert folgende Behauptung: „Wann immer eine Ware oder eine Dienstleistung besonders billig ist, ist diese teuer erkauft."
7 Text 3: „Woran ist Li gestorben?" Diskutiert kontrovers.

10

Welt im 21. Jahrhundert

Frieden und Zukunft auf der Erde sind weniger durch Naturkatastrophen und Kriege gefährdet, als vielmehr durch ungerechte Verteilung der Güter und Ausbeutung von Menschen, durch die Übernutzung von Ressourcen und die Gefährdung der Umwelt.
Wird es den Menschen in der „Einen Welt" gelingen, die Grenzen des Wachstums zu erkennen und eine nachhaltige Entwicklung einzuleiten?

1

2

3

Ergebnisse des Weltgipfels von Johannesburg

- Die Industrieländer werden aufgefordert, ihre Entwicklungshilfe auf 0,7 % der Wirtschaftsleistung zu erhöhen. Dadurch soll der Anteil der in extremer Armut lebenden Menschen an der Weltbevölkerung bis 2015 halbiert werden.
- Die Zahl der Menschen ohne hinreichenden Zugang zu sauberem Trinkwasser, zu sanitären Anlagen und zur Abwasserentsorgung soll bis 2015 halbiert werden.
- Den Staaten wurde empfohlen, die erneuerbaren Energieträger zu fördern und das Kyoto-Protokoll zu ratifizieren.
- Innerhalb von zehn Jahren soll ein Kurswechsel im Konsum- und Produktionsverhalten eingeleitet werden.
- Der Schwund von Arten und natürlichen Ressourcen soll deutlich verringert werden.

2 „Ich jedenfalls verleih nie wieder etwas!"

„Weltgipfel Rio +20, 2012"

2012 jährt sich der sogenannte **Weltgipfel** von Rio zum 20. Mal. Die Staaten der Welt vereinbarten 1992 in Rio das entwicklungs- und umweltpolitische Aktionsprogramm **Agenda 21**. Ziel der Agenda 21 ist es, die Probleme der Gegenwart und der Zukunft zu besprechen und gemeinsam mögliche Lösungen zu finden und verbindlich zu beschließen. Die Sicherung der Zukunft unseres Planeten Erde ist vorrangig. Dabei sind die größten Probleme zunehmende Ungleichheit zwischen den Ländern dieser Erde, Armut, Hunger, mangelnde Bildung sowie die fortschreitende Schädigung der natürlichen Umwelt. 170 Staaten haben sich 1992 verpflichtet, im Bereich Entwicklung und Umwelt zusammenzuarbeiten und eine **nachhaltige Entwicklung** zu fördern. Doch es reicht nicht, auf Regierungsebene Maßnahmen einzuleiten. Auch die Menschen in den Städten und Gemeinden sind aufgefordert, einen Beitrag zu leisten. Sie können sich aktiv an Projekten vor Ort beteiligen, z. B. an der **lokalen Agenda 21**.
Im Jahre 2002 wurde in Johannesburg nach zehn Jahren eine erste Bilanz gezogen. Pläne und Umsetzungen wurden weiterentwickelt. Die Klimakonferenzen wie zuletzt im mexikanischen Cancun 2011 stellen Zwischenschritte dar, um eine nachhaltige Entwicklung der Menschheit zu ermöglichen.
Der Weltgipfel 2012 in Rio hat drei Kernbereiche auf die Tagesordnung gesetzt, die die Staatenwelt diskutieren, Lösungen finden und verbindlich festlegen sollen. Dabei handelt es sich um folgende drei Bereiche:
- Entwicklung einer „grünen Wirtschaft"
- Kampf gegen die Armut
- Einbindung der nachhaltigen Entwicklung in die Leitbilder der politischen Systeme der **UN-Mitgliedstaaten** und auf internationaler Ebene.

Für die Erkundung

Checkliste Raumheizung

Wie und wann wird gelüftet?

Lüftungsart: ❑ Stoßlüften ❑ Daueröffnung
Häufigkeit: .... x am Tag .... h/Tag (insg.)

Werden die Außentüren nur bei Bedarf geöffnet?
❑ ja ❑ nein

Sind die Fenster während der großen Pausen die ganze Zeit geöffnet?
❑ ja ❑ nein

Sind die Temperaturwerte für die Schulräume entsprechend den Empfehlungen für Raumheizung eingestellt?
❑ ja ❑ nein

Kann die Raumtemperatur zentral je nach Bedarf (z. B. bei Abendveranstaltungen) eingestellt werden?
❑ ja ❑ nein

Stehen die Heizkörper frei oder werden sie durch Gegenstände verdeckt?
❑ frei ❑ verdeckt
Räume mit verdeckten Heizungen: ....

Können die Messfühler die Raumtemperatur ungestört erfassen?
❑ ja ❑ nein

Sind die Ventile an den Heizkörpern funktionsfähig?
❑ ja ❑ nein
Räume: ....

Kann das Heizungssystem die Vorlauftemperatur regeln?
❑ ja ❑ nein

3

Spart Energie!

Schulalltag: Morgens rein, mittags raus, dazwischen: Lernen, Pausen, Lernen. Denkt ihr dabei an die Zukunft? Vielleicht ja. Aber an Energiesparen, weniger CO_2 in der Atmosphäre? Den ganzen Tag Beleuchtung in den Fluren, in der Klasse auch bei schönstem Sonnenschein, Stand-by-Betrieb von Geräten, ständig gekippte Fenster im Winter. Was geht das uns an?
Wenn ihr euch aktiv für die Umwelt einsetzen wollt: Startet ein Programm „Energiesparen“!

Sparen in den Ferien

Ein Kühlschrank, der in der Schule rund um die Uhr arbeitet, verbraucht etwa 410 kWh elektrische Energie im Jahr. Durch ein Abschalten in den Ferienzeiten verbraucht er nur noch 300 kWh pro Jahr.

Ein Elektroboiler für die Heißwasserbereitung verbraucht in der Schulzeit 190 kWh. Ist er in der Ferienzeit nicht abgeschaltet, beträgt sein Energiebedarf 350 kWh im Jahr.

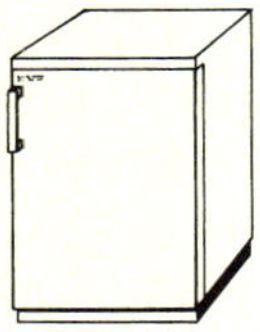

4

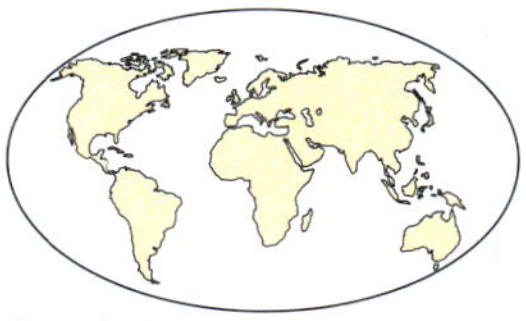

Agenda 21:
Ausgleich zwischen „Nord“ und „Süd“, Weltklimakonferenz, Weltsiedlungskonferenz, Leitbild der nachhaltigen Entwicklung

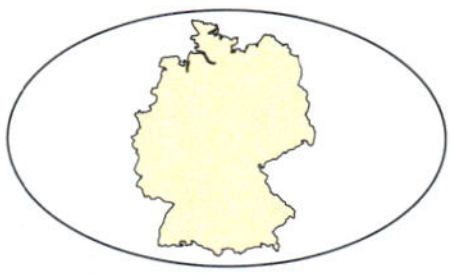

Nationale Agenda 21:
z. B. Entwurf eines umweltpolitischen Schwerpunktprogramms

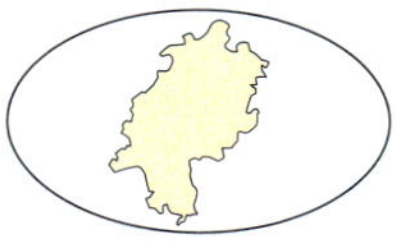

Landes-Agenda 21:
Unterstützung und Förderung nachhaltiger Strategien in Land, Stadt und Gemeinde

Lokale Agenda 21:
Aktionen im Sinne nachhaltiger Entwicklung in Stadt und Gemeinde, Zusammenarbeit der beteiligten Gruppen vor Ort

Persönliche Handlungsebene

5 **Ebenen der Agenda 21**

1 Arbeite mit Karikatur 2:
a) Beschreibe die Karikatur und suche die Kernaussage.
b) Stimmt die Aussage auch noch heute? Nimm Stellung dazu.

2 Arbeite mit dem Text und Grafik 5:
a) Begründe, warum die Agenda 21 ins Leben gerufen wurde.
b) Beschreibe die verschiedenen Ebenen des Agendaprozesses.

3 Erarbeitet eine weitere Checkliste für die Beleuchtung und Gerätenutzung in eurer Schule. Startet eine Plakataktion mit Energietipps.

Zur Vertiefung

4 Recherchiert Agenda 21-Projekte in eurer Gemeinde oder Stadt. Stellt diese in der Schule aus.

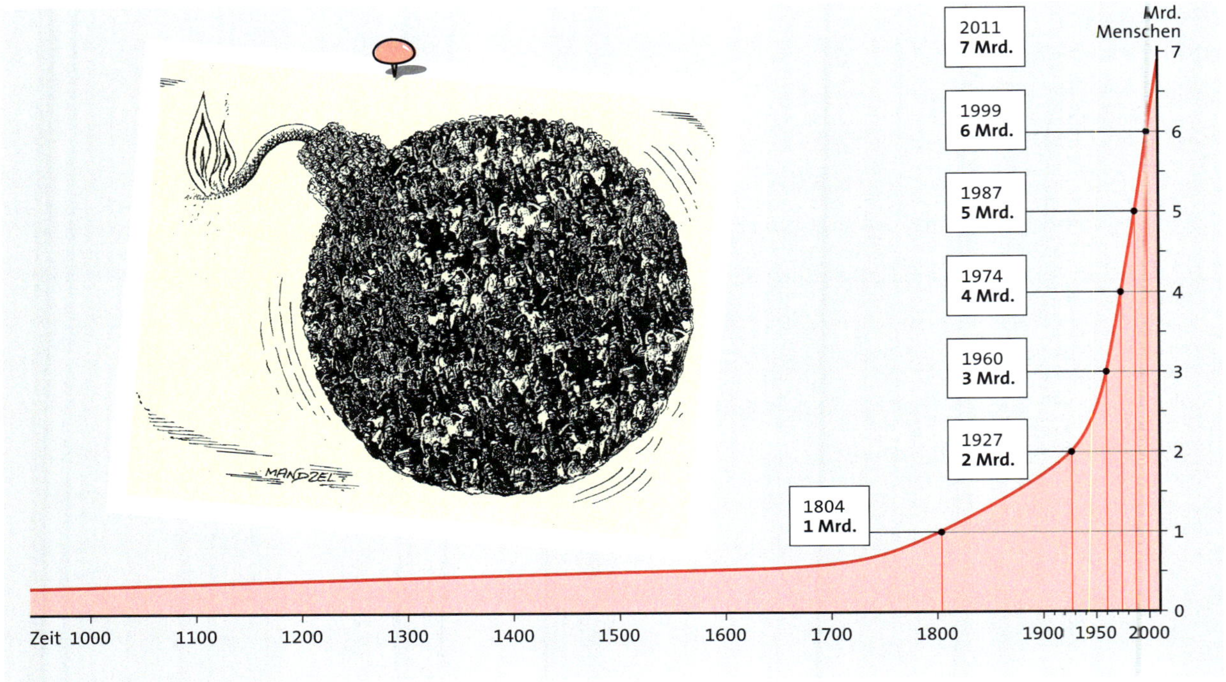

1 Entwicklung der Weltbevölkerung

Sieben Milliarden Menschen!

Seite 158
Bevölkerungswachstum, Geburten- und Sterberate

Wachstumsrate
Das Verhältnis von Geburtenrate und Sterberate

Über Jahrtausende lebten viel weniger Menschen auf der Erde als heute. Es wurden so viele Kinder geboren, dass die Bevölkerung hätte wachsen können. Doch Krankheiten, Hunger und schlechte Ernährung sorgten dafür, dass die Zahl der Sterbefälle fast ebenso hoch war wie die Zahl der Geburten. Das Bevölkerungswachstum war gering.

Dies änderte sich mit der Veränderung der Lebensumstände. Die Hygiene spielt eine bedeutende Rolle ebenso wie die erfolgreiche Bekämpfung von Krankheiten, die Verbesserung der medizinischen Versorgung und die Steigerung der Produktion von Nahrungsmitteln. Nun konnten mehr Menschen ernährt werden, es starben nicht mehr so viele Kinder. Die Bevölkerung wuchs. Zuerst war das vor etwa 250 Jahren in den Ländern Europas und Nordamerikas der Fall.

Die Weltbevölkerung wächst, weil es mehr Geburten als Sterbefälle gibt. Fachleute sagen: Die Geburtenrate, also die Zahl der Geburten auf 1000 Einwohner in einem Jahr, liegt höher als die Sterberate. Zurzeit wächst die Weltbevölkerung jedes Jahr um 1,3 Prozent. Das ist die **Wachstumsrate**.

Im Jahr 2011 wird die Weltbevölkerung auf 7 Milliarden Menschen geschätzt. Der bevölkerungsreichste Kontinent ist Asien mit 4,2 Milliarden Menschen, gefolgt von Afrika mit 1 Milliarde Menschen und Europa einschließlich Russland mit 740 Millionen. 596 Millionen Menschen leben in Lateinamerika und 346 Millionen in Nordamerika. Australien/Ozeanien wird von den restlichen 37 Millionen Menschen besiedelt.

Wissenschaftler erwarten ein Anwachsen der Weltbevölkerung auf 9,2 Milliarden Menschen bis zum Jahre 2050.

Surftipp
Infoblatt Weltbevölkerung
104211-1001

Surftipp
DWS-Datenreport
104211-1002

Surftipp
Bevölkerungsentwicklung in Deutschland
104211-1003

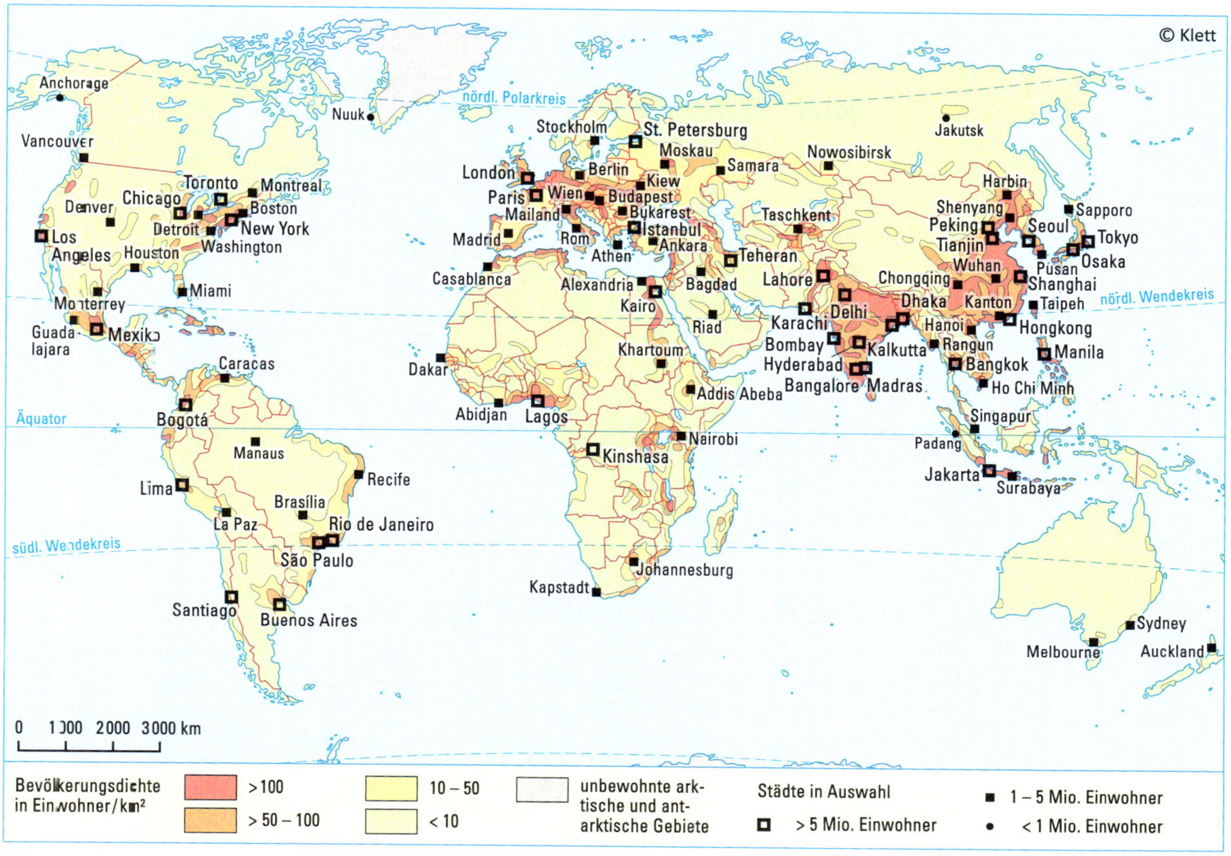

2 Verteilung der Weltbevölkerung

Bevölkerungsreichste Staaten 1959

Staat	Einwohner
China	654 Mio.
Indien	437 Mio.
USA	178 Mio.
Russland	118 Mio.
Indonesien	98 Mio.
Japan	93 Mio.
Deutschland	72 Mio.
Brasilien	70 Mio.
Bangladesch	53 Mio.
Großbritannien	52 Mio.

3

Bevölkerungsreichste Staaten 2011

Staat	Einwohner
China	1 346 Mio.
Indien	1 241 Mio.
USA	312 Mio.
Indonesien	238 Mio.
Brasilien	197 Mio.
Pakistan	177 Mio.
Nigeria	162 Mio.
Bangladesch	151 Mio.
Russland	143 Mio.
Japan	128 Mio.

4

1 Werte die Karikatur aus.

2 Arbeite mit den Tabellen 3 und 4: Begründe das unterschiedliche Bevölkerungswachstum der Staaten.

3 Arbeite mit Karte 2: Beschreibe die globale Verteilung der Bevölkerung.

Zur Vertiefung

4 Recherchiert die Bevölkerungsentwicklung in Deutschland und stellt sie grafisch dar.

TERRA **ORIENTIERUNG**

Während die Menschen der reichen Länder in der Regel ausreichend mit Nahrungsmitteln versorgt sind und in ihren Geschäften ein vielseitiges Nahrungsangebot vorfinden, ist die Situation in armen Ländern nicht so rosig. Zwar können sich dort die Wohlhabenden ebenfalls ausreichend und ausgewogen ernähren, für die ärmere Schicht gilt dies meist nicht. Es herrscht oft Hunger. Betroffen sind weltweit über 900 Millionen Menschen, also etwa jeder siebte Erdenbürger.

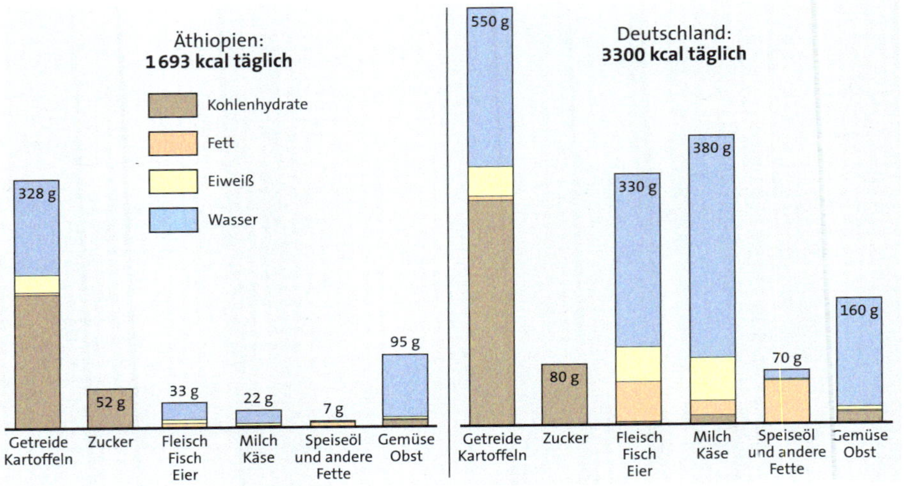

1 **Bestandteile der Nahrung in Äthiopien und in Deutschland**

Ernährungssituation auf der Erde

In den Industriestaaten, den Wohlstandsländern der Erde, herrscht eine deutliche Überversorgung mit Nahrungsmitteln. Ein Teil der überschießenden Nahrungsmenge landet im Überkonsum, d. h. viele Menschen nehmen mehr Nahrung zu sich als sie benötigen. Der andere Teil landet im Abfall oder wird in Armutsländern vermarktet. **Überernährung** kann zu gesundheitlichen Problemen führen, im Extremfall zu Fettleibigkeit.

In Armutsländern treten zwei Probleme auf: erstens **Unterernährung** – sie tritt ein, wenn ein Mensch über längere Zeit zu wenig Nahrungsenergie zu sich nimmt. Zweitens gibt es eine **Fehlernährung**. Sie tritt ein, wenn über längere Zeit wichtige Nahrungsbestandteile fehlen, z. B. Eiweiß, Mineralien, Vitamine. Bei beiden Mängeln ist der Körper geschwächt und krankheitsanfällig. Weltweit wird pro Kopf genügend Nahrung produziert, doch die Armen der Erde können sich diese nicht leisten.

2

Um die Überernährung in den Wohlstandsländern zu bekämpfen, bedarf es der Aufklärung und verantwortungsvollen Lebensführung. Um Unter- und Fehlernährung in den Notstandsländern zu bekämpfen, bedarf es der wirtschaftlichen Entwicklung.

1 Werte Karte 3 aus.

a) Wo sind Gebiete der übermäßigen bzw. guten Ernährung?

b) Wo sind Gebiete unzureichender bzw. knapper Ernährung? Nenne jeweils Kontinent und Staaten.

Lernen im Netz
Ernährungssituation auf der Erde
104211-1004

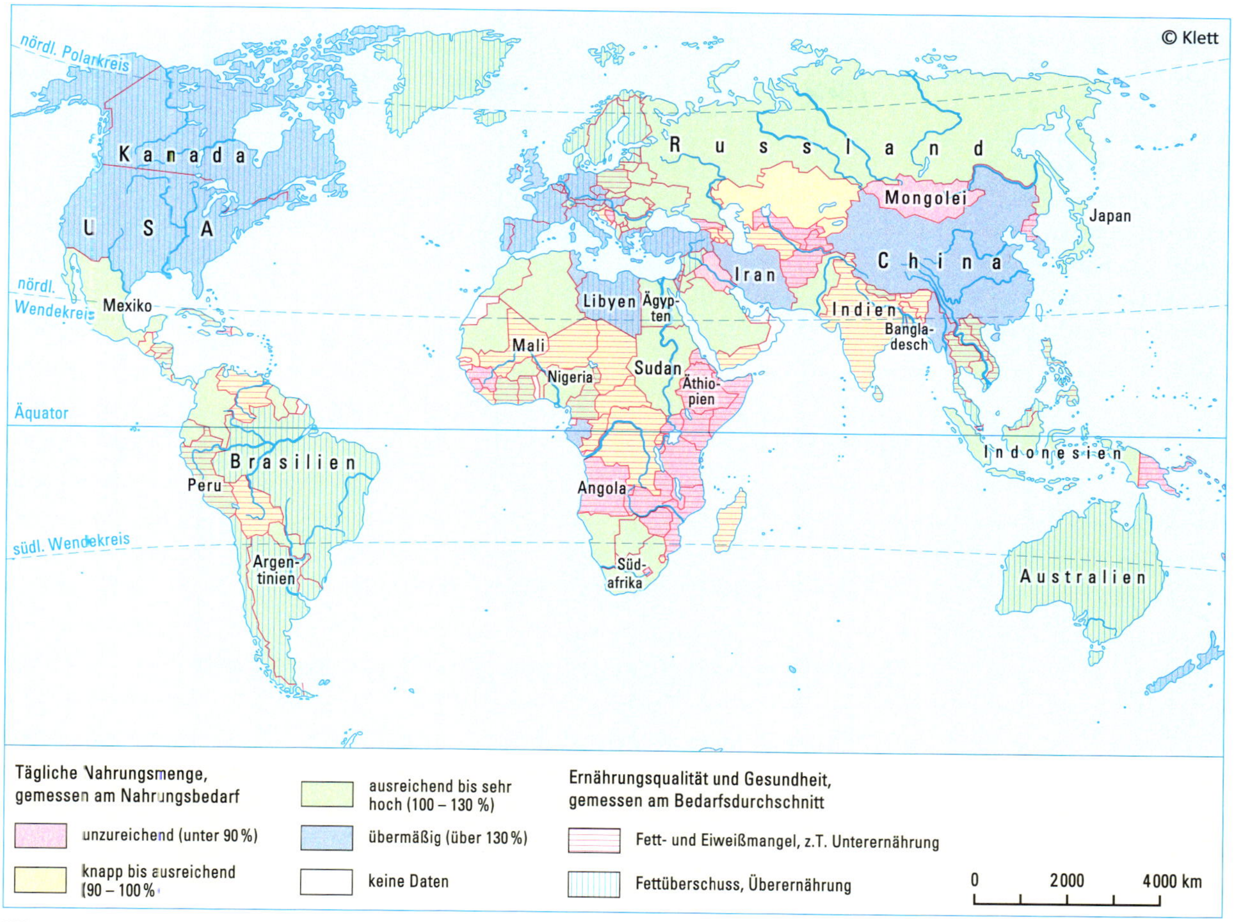

3 **Ernährung in der Welt 2006**

Hartwig de Haen von der FAO

„Leider sind viele Menschen zu arm, um sich Nahrungsmittel kaufen zu können, oder sie haben keinen Zugang zu Boden, Wasser und landwirtschaftlichen Produktionsmitteln, um selbst Nahrung erzeugen zu können. Nicht Hunger ist das Problem, sondern die Armut. Etwa 70 % der Hungernden leben in ländlichen Gebieten. Diese Menschen müssten mehr politische Reformen und mehr Staatsausgaben bekommen: Es müsste mehr investiert werden in Zugangsrechte zu Wasser, Boden, Produktionsmitteln, in Ausbildung und in Arbeitsplätze außerhalb der Landwirtschaft. Das hilft den Armen direkt. Aber viele Regierungen in der Dritten Welt lassen die Armen und Hungernden allein, anstatt für Wirtschaftswachstum, Beschäftigung und soziale Sicherung zu sorgen. Sie bieten diesen Menschen zu wenig Möglichkeiten zur Entwicklung ihrer Potenziale."

Nach: Es gibt genügend Nahrung für alle. In: Welternährung 1/2005

4

Idealzusammensetzung der Nahrung

- etwa 50 % Kohlenhydrate
- etwa 25 % Fette
- etwa 15 % Eiweiß

Obst und Gemüse liefern außer Kohlenhydraten lebenswichtige Vitamine.

- täglich mindestens 1,5 l Wasser

5

2 Beschreibe zwei Mangelerscheinungen. Welche Mangelernährung gilt für Äthiopien?

3 Nenne Ursachen der Armut (Text 4).

4 In welchen Klimazonen konzentrieren sich „Hungerländer"? Begründe.

Zur Vertiefung

5 Erarbeitet eine Ausstellung über die Ernährungssituation.

TERRA **METHODE**

Wenn du etwas über die Bevölkerung eines Landes erfahren willst, kann dir die Bevölkerungspyramide helfen. Sie gibt Auskunft über den Altersaufbau der Bevölkerung eines Landes zu einem bestimmten Zeitpunkt und ist nach Männern und Frauen aufgeteilt.

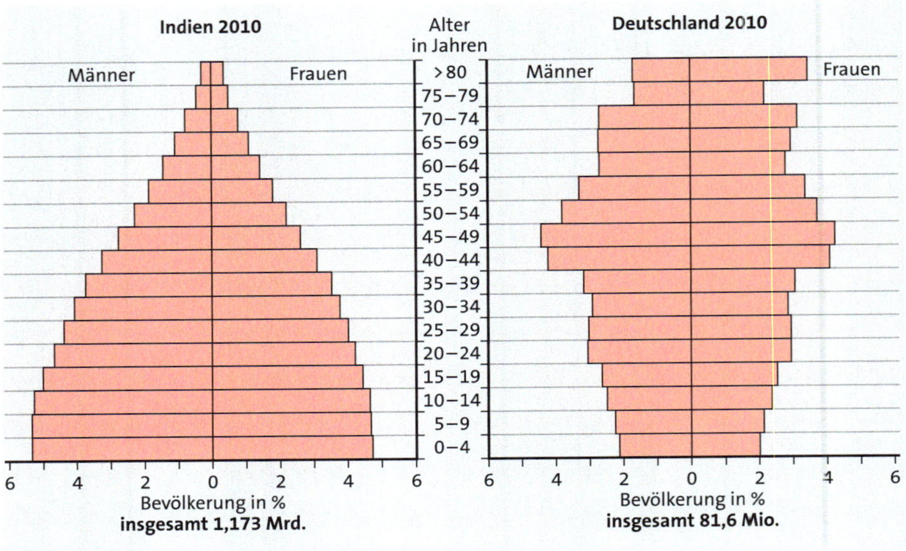

1 **Bevölkerungspyramiden von Indien und Deutschland**

Bevölkerungspyramiden auswerten

Die Zusammensetzung einer Bevölkerung kann man nach verschiedenen Merkmalen angeben: nach Altersaufbau, sozialer Zugehörigkeit und Einkommensgruppen. Alles zusammen ergibt die Bevölkerungsstruktur. Bei der **Bevölkerungspyramide** werden nur Alter und Geschlecht betrachtet. Daher spricht man auch von der Alterspyramide.

Auf der waagerechten Achse können die Anteile der einzelnen Altersgruppen an der Gesamtbevölkerung abgelesen werden. Auf der linken Seite sind die Anteile der männlichen Bevölkerung, auf der rechten Seite die Anteile der weiblichen Bevölkerung dargestellt. Die senkrechte Achse zeigt die Altersstufen, und zwar meist in Fünfjahresgruppen zusammengefasst.

Die Form einer Bevölkerungspyramide ist immer das Ergebnis unterschiedlich abgelaufener Bevölkerungsentwicklungen. Stark vereinfacht lassen sich solche Zusammenhänge in Grundformen von Bevölkerungspyramiden darstellen (Grafiken 2). Diese Grundformen berücksichtigen allerdings keine außergewöhnlichen Ereignisse wie Kriege, Hungersnöte oder Wanderungen.

Bevölkerungspyramiden auswerten

1. Schritt: Sich orientieren

Stelle fest, für welches Land und für welches Jahr die Angaben gemacht wurden. Überprüfe, ob die Einteilung der Achsen in Prozent oder in absoluten Zahlen (waagerechte Achse) und in Fünfergruppen (senkrechte Achse) gemacht wurden.

Beispiel Indien im Jahr 2010:
- *Einteilung der senkrechten Achse in Fünfergruppen bis 80 Jahre und älter;*
- *Einteilung der waagerechten Achse in Ein-Prozent-Schritten links und rechts bis 6%.*

2. Schritt: Ablesen und berechnen

Lies jeweils die Anteile der Frauen und Männer in den einzelnen Altersgruppen

Surftipp
Die Bevölkerungspyramiden aller Staaten
104211-1005

Lernen im Netz
Animation „Bevölkerungspyramide zuordnen“
104211-1006

ab. Addiere beide Anteile und ermittle so den Anteil dieser Altersgruppe an der Gesamtbevölkerung.

Beispiel Indien 2010

Altersgruppe	m	w	gesamt
0 – 5 Jahre	5,4 %	4,7 %	10,1 %
5 – 10 Jahre	5,3 %	4,7 %	10,0 %
10 – 15 Jahre	5,3 %	4,6 %	9,9 %

Berechne die entsprechenden Gesamtanteile für folgende Altersgruppen:
- Kinder und Jugendliche (0 – 15 Jahre)
- erwerbsfähige Personen (15 – 65 J.)
- nicht mehr erwerbstätige Personen (ab 65 J.)

Gesamtanteile der Altersgruppen	
0 – 15 Jahre	30,1 %
15 – 65 Jahre	64,6 %
älter als 65 Jahre	5,3 %

3. Schritt: Beschreiben

Beschreibe die Gliederung der Bevölkerung nach Alter und Geschlecht. Achte dabei auf Besonderheiten und größere Abweichungen einzelner Altersgruppen.

Beispiel Indien 2010:
In Indien sind 2010 knapp 2/3 der Bevölkerung im erwerbsfähigen Alter, nur 5 % sind nicht mehr erwerbstätig, fast ein Drittel sind Kinder. Bei den Kindern zeigt sich ein deutlicher Jungenüberschuss.

4. Schritt: Schlussfolgerungen ziehen

Überlege, wie sich die Bevölkerung des Landes gegenwärtig und zukünftig entwickelt. Dazu eignet sich der Vergleich zwischen den Anteilen der Kinder und der nicht mehr Erwerbstätigen an der Gesamtbevölkerung. Überlege, wie sich die Altersstruktur auf die Gesellschaft auswirkt.

Beispiel Indien 2010:
Der hohe Anteil der Kinder lässt auf ein weiteres Wachstum der ohnehin hohen Gesamtbevölkerung schließen, trotz des geringen Anteils älterer Menschen und der niedrigen Lebenserwartung. Der Anteil der Jungen in den einzelnen Altersgruppen liegt über 50 Prozent. Es sind zusätzliche Informationen nötig, um die gesellschaftlichen Ursachen zu klären.
Ein so starkes Wachstum der Bevölkerung in Indien könnte zu sozialen Problemen wie mangelnde Ernährung, Wohnungsnot und unzureichende medizinische Betreuung führen. Es bedeutet auch wachsende Aufwendungen für Bildung und einen hohen Anteil junger Menschen auf dem Arbeitsmarkt.
Maßnahmen zur Senkung der hohen Geburtenzahlen sollten deshalb erwogen werden.

Pyramidenform: hohe und über längere Zeit konstante Geburten- und Sterberate bedingen langsames Wachstum.

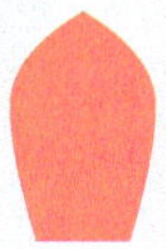

Urnenform: bei hoher Lebenserwartung und kontinuierlich abnehmenden Geburtenzahlen schrumpft die Bevölkerung über lange Zeit.

2 Grundformen von Bevölkerungspyramiden

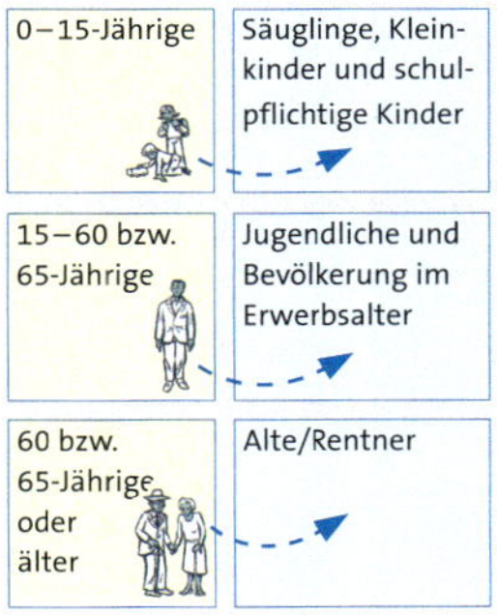

3 Die Bevölkerungsgruppen eines Landes

1 Werte wie im Beispiel Indien die Bevölkerungspyramide von Deutschland aus.

2 Ordne beide Bevölkerungspyramiden einer Grundform der Bevölkerungspyramiden (Grafik 2) zu.

3 Arbeite mit der Tabelle S. 220/221:
a) Berechne die absolute Zahl der Altersgruppen 0 – 15 Jahre bzw. ab 65 Jahre für Indien und Deutschland.
b) Vergleiche die Altersgruppen der Länder untereinander und mit der Gesamtbevölkerung. Was stellst du fest?

Zur Vertiefung

4 Es gibt noch andere Formen von Bevölkerungspyramiden. Sucht diese mithilfe des Internets und des Online-Links heraus und erklärt diese.

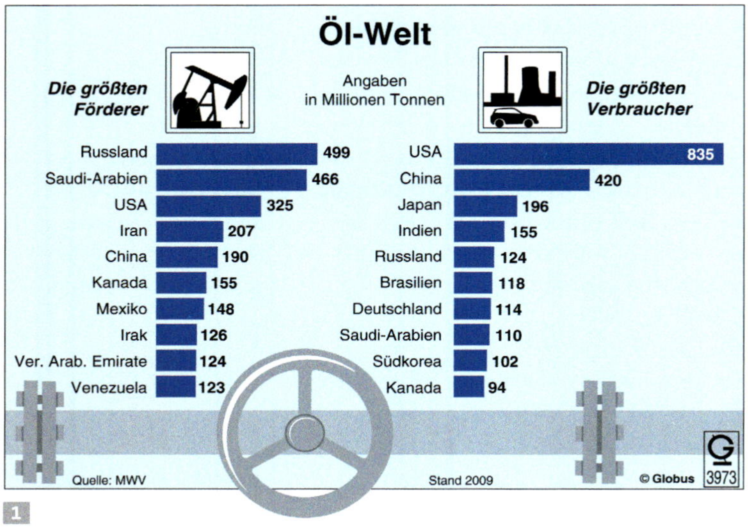

1

4 Abfackeln von Gas am Bohrturm

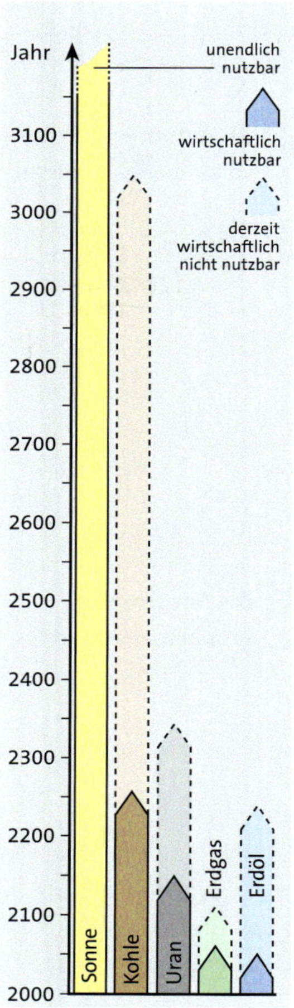

2 Reichdauer fossiler Energiequellen

Begrenzte Ressourcen

Es ist uns kaum bewusst, in welchem Maße unser Leben vom Verbrauch von Rohstoffen wie Erdöl und Erdgas, Holz, Kohle und Metallerzen abhängig ist. Aber nicht nur von diesen **Ressourcen**, auch von anderen Naturgütern wie Boden, Wasser und Luft. Viele dieser Naturgüter sind endlich, d.h. sie stehen nur begrenzt, also nicht auf Dauer zur Verfügung. Zu einer verantwortlichen, nachhaltigen Lebensführung gehört deshalb auch der schonende Umgang mit Ressourcen: 7 Mrd. Menschen mit dem Ressourcenverbrauch eines Äthiopiers hält die Erde lange aus, mit dem Verbrauch eines Amerikaners oder Deutschen nur eine begrenzte Zeit.

Beispiel Erdöl

Der weltweite Bedarf an Ressourcen steigt ständig, hauptsächlich verursacht durch den steigenden Energieverbrauch. Erdöl ist der wichtigste Rohstoff, Energielieferant und Grundlage vieler Chemie-Erzeugnisse. Man sagt, wir lebten im Erdölzeitalter. Benzin, Diesel, Kerosin, Heizöl, Reifen, Farben, Klebstoffe, Textilien, Kunststoffverpackungen – überall wird Erdöl gebraucht. Doch Erdöl ist ein „endlicher Rohstoff"!

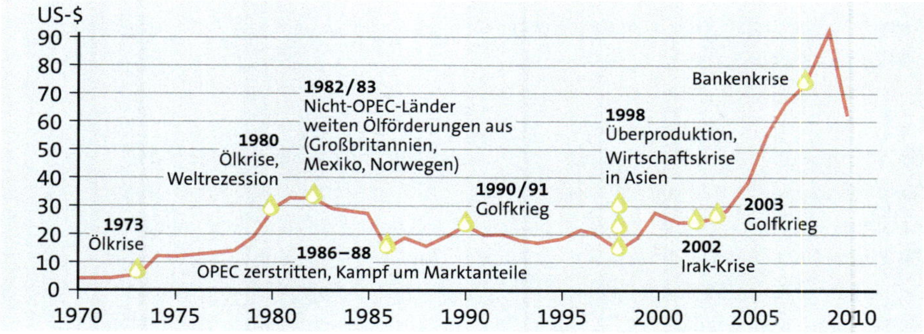

3 Entwicklung des Ölpreises in US-$ pro Barrel (=159 Liter) Rohöl

Lernen im Netz
Animation „Energiehunger“
104211-1007

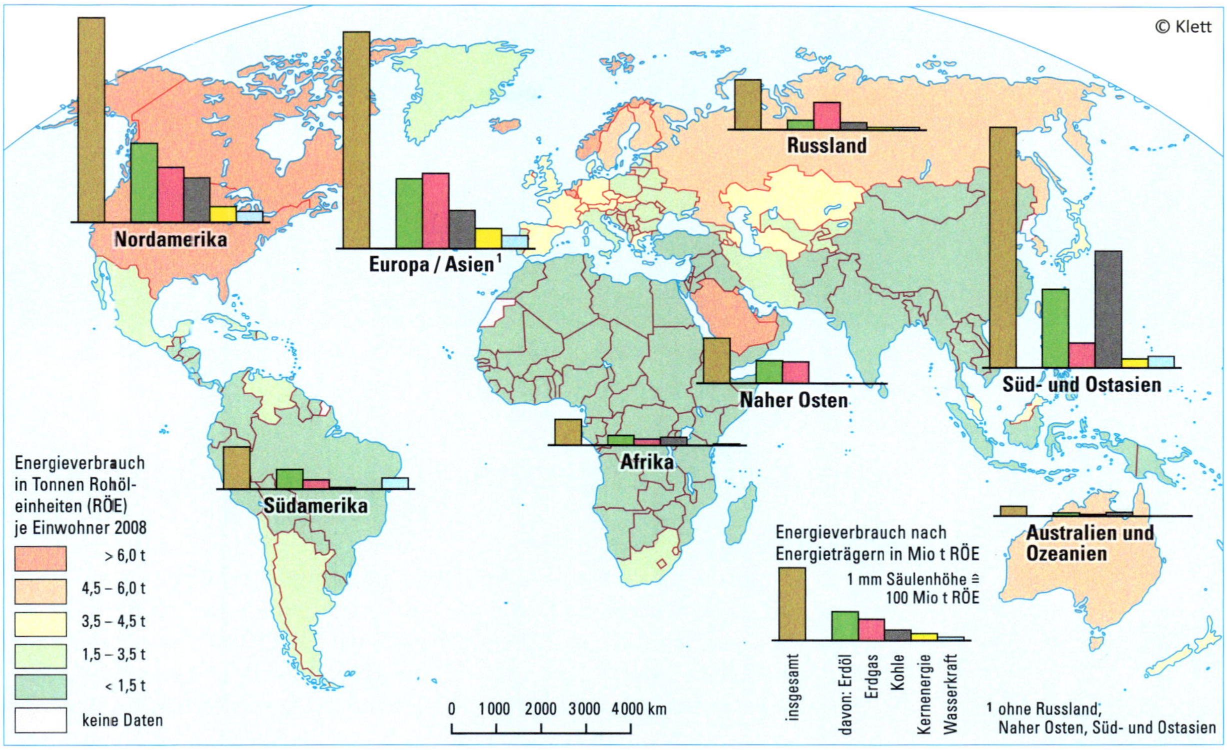

5 **Energieverbrauch auf der Erde**

Fossile und erneuerbare Energie

Beim Energieverbrauch spielen Energiequellen, auch Energieträger genannt, eine fundamentale Rolle. Die darin gespeicherte Primärenergie wird in Sekundärenergie umgewandelt, z. B. in Treibstoffe, Heizenergie, Strom. Eine verantwortliche Energiepolitik strebt an, möglichst viele fossile Energiequellen durch erneuerbare Quellen zu ersetzen.

Ressourcen

Energiequellen	**Rohstoffe**	**Sonstige**
begrenzt:	begrenzt:	natürliche:
Kohle	Eisenerz	Boden
Erdgas	Sand	Tiere
?	?	?
unbegrenzt:	nachwachsend:	geistige Leistung:
Sonne	Holz	Ideen
Wasser	?	?
?		

6

7 **Holz – Energierohstoff der Armen**

1 Arbeite mit dem Text und der Tabelle 6.
a) Erkläre den Begriff „Ressourcen“.
b) Übertrage die Aufstellung 6 in dein Heft und ergänze sie.
c) Umrande endliche und nicht endliche Ressourcen mit verschiedenen Farben.

2 Ressourcenverbrauch:
a) „Ein typischer Tagesablauf in meinem Leben.“ Erstelle ein Protokoll wie folgt:

Zeit	Tätigkeit	Ressourcen

b) An welcher Stelle siehst du Einsparungsmöglichkeiten?

3 Erläutere die Bedeutung des Erdöls
a) in der Wirtschaft,
b) im Privatleben.

Zur Vertiefung

4 Zeige Wege auf, den Erdölverbrauch zu reduzieren.

1 A – Sonnenkollektoren; B – Solarzellen, Photovoltaik; C – Windpark im Meer; D – Thermalbad (Erdwärme) in Island; E – Tanklastzug wird mit Biodiesel gefüllt; F – Wasserkraftwerk

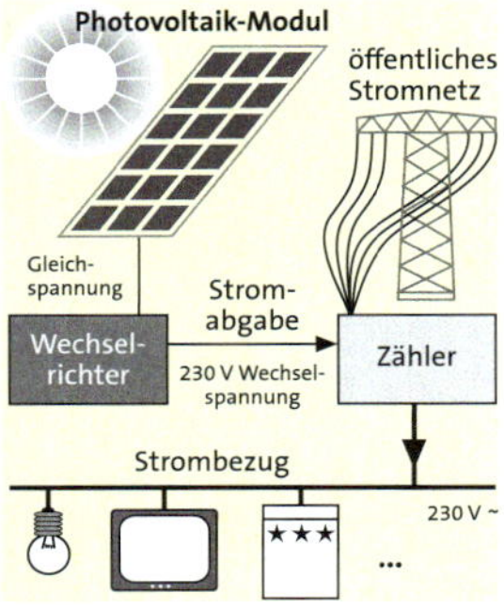

2 Photovoltaik: Stromerzeugung aus Sonnenenergie

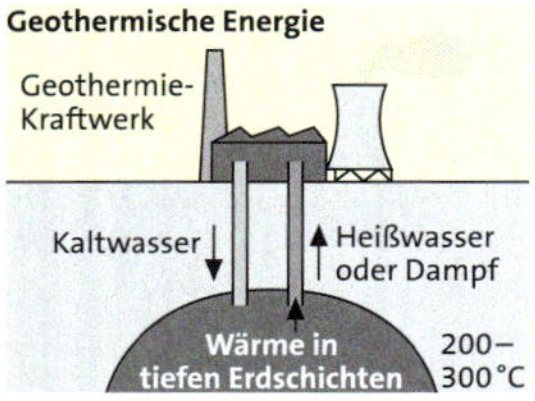

3 Geothermisches Kraftwerk: Nutzung der Erdwärme

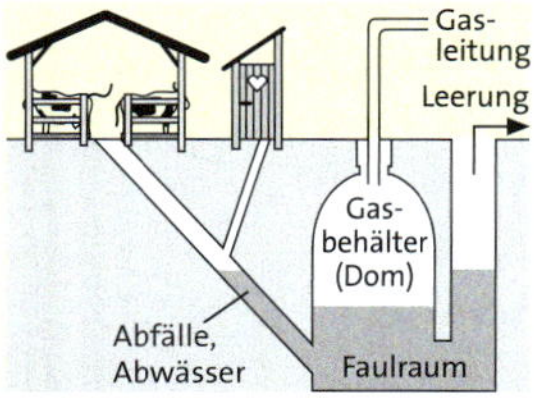

4 Biomasse-Kraftwerk: Nutzung organischer Stoffe

Erneuerbare Energien

Im Gegensatz zu den fossilen Energieträgern, die irgendwann verbraucht sein werden, sind die erneuerbaren Energien praktisch unerschöpflich. Die Sonne ist hier der stärkste „Motor". Die Sonne lässt Wasser verdampfen, Wind entstehen, Pflanzen wachsen und auch die Sonnenstrahlung selbst wird genutzt.

Photovoltaik und Sonnenkollektoren

Die Strahlung der Sonne wird in Solarzellen in elektrische Energie umgewandelt, das ist Photovoltaik. Der erzeugte Strom wird ins Netz eingespeist. Die Produktion von Solarzellen ist allerdings teuer, braucht Energie und Rohstoffe. Der Vorteil: Bei dieser Energiegewinnung entstehen keine Abgase. Die Schattenseite der Solarzelle: Bei bedecktem Himmel liefert sie nur wenig, nachts überhaupt keinen Strom.

Sonnenkollektoren wandeln die Sonneneinstrahlung in Wärme um. Durch ein Rohrsystem wird Wasser geleitet, das von der Sonne erhitzt wird. Es kann dann als Warmwasser oder zur Unterstützung der Heizung verwendet werden.

Windenergie

Vom Wind getriebene riesige Rotoren treiben Generatoren an, die elektrischen Strom erzeugen – ähnlich wie bei einem Fahrraddynamo. Die größten Anlagen sind höher als der Kölner Dom. Ein einziges Windrad dieser Größe kann 4500 Haushalte mit Strom versorgen. Umweltschützer sehen jedoch in Windkraftanlagen auch Nachteile, weil sie die Landschaft verunstalten, die Rotoren Lärm erzeugen und Schatten werfen. Diese Nachteile spielen auf dem Meer keine Rolle, außerdem weht dort der Wind stärker und regelmäßiger. Daher werden große Offshore-Windparks gebaut.

Erdwärme und Geothermie

Viele Haushalte nutzen schon die Wärme der oberen Erdschichten, um ihr Haus zu heizen. Im Boden herrscht eine gleichbleibende Temperatur von 9 °C. Wasser wird durch ein Rohrsystem im Boden geleitet, nimmt die Bodentemperatur an und gibt die Wärme in einer Wärmepumpe wieder ab. Mit dieser Wärme kann sowohl Warmwasser bereitet als auch eine Heizung betrieben werden.

In Geothermie-Kraftwerken wird die Erdwärme aus tiefen Erdschichten genutzt. Wasser wird in große Tiefen geleitet, erhitzt sich dort, steigt als Dampf oder Heißwasser wieder empor und treibt Turbinen an. In Island tritt heißes Wasser auch an der Erdoberfläche aus. Es wird in Kraftwerken zur Stromerzeugung genutzt, im angeschlossenen Wellnessbad tummeln sich die

Surftipp
Quiz zu erneuerbaren Energien
104211-1008

Badegäste. Doch nur in wenigen Regionen der Erde lässt sich diese Energie so leicht wie in Island gewinnen.

Wasserkraft
Flüsse werden aufgestaut. Das Wasser aus dem Stausee wird durch Rohre zu den Turbinen geführt, die Strom erzeugen. Probleme entstehen beim Bau der riesigen Staudämme, bei denen ganze Landstriche unter Wasser gesetzt werden. Zudem fehlt oft an anderer Stelle das Wasser, das dort aufgestaut wird. In Deutschland sind die Möglichkeiten durch Wasserkraft Energie zu gewinnen weitgehend ausgeschöpft.

Energie aus Biomasse
Aus Pflanzen, die nachwachsen, kann Energie erzeugt werden. Eine ganz einfache Form der Nutzung von **Bioenergie** ist z. B. das Heizen mit Holz. Eine weitere Form von Bioenergie ist die Gewinnung von Biodiesel aus Raps, der auf großen Flächen angebaut wird. Der Nachteil: Bei der Produktion von Biodiesel muss viel Energie eingesetzt werden.

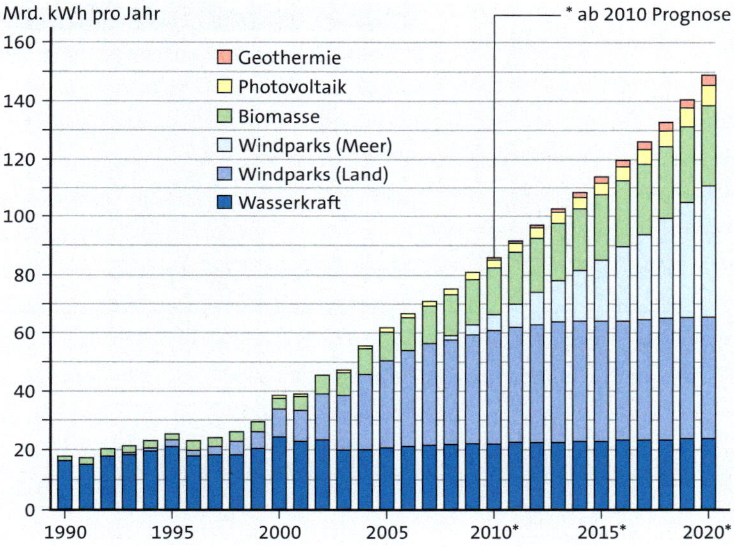

5 **Stromerzeugung aus erneuerbaren Energien in Deutschland**

1 Ordne die Fotos 1 den Texten zu und erläutere die Zeichnungen 2–4.
2 Erstelle eine Tabelle über die Vorteile und Nachteile der erneuerbaren Energien.
3 Arbeite mit dem Diagramm 5:
a) Nenne die erneuerbaren Energien, die den größten Anteil an der Stromerzeugung haben.
b) Beschreibe die Entwicklung der einzelnen Energieanteile.
c) Erkläre, warum bei der Wasserkraft kein Wachstum möglich ist.

Zur Vertiefung
4 Erneuerbare Energien:
a) Wählt eine erneuerbare Energie, informiert euch sorgfältig bei Unternehmen und im Internet.
b) Stellt diese der Klasse vor.

Gletscherschmelze
1850 betrug die Gletscherfläche in der Schweiz 1800 km², heute sind es noch 1200 km². Das Eisvolumen betrachtet, ist die Rechnung noch drastischer: In dieser Zeit ist etwa die Hälfte der Eismasse verschwunden. Der größte Alpengletscher, der Aletschgletscher, schrumpft jährlich um 50 Meter!

1

4 Triftgletscher (Schweiz) 1948, 2002, 2006

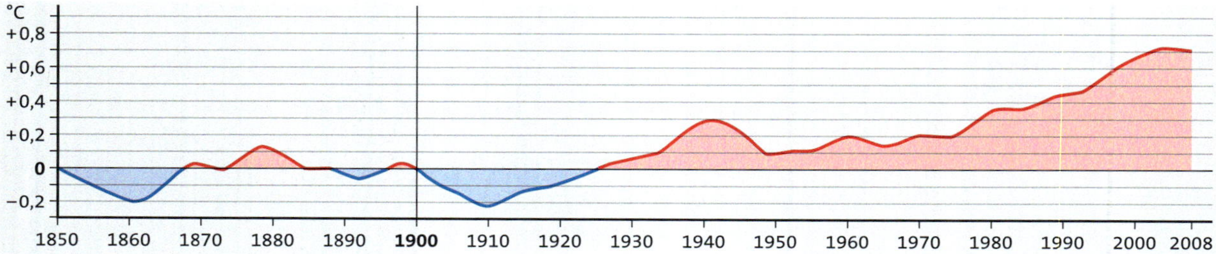

2 Temperaturveränderung von 1850 bis 2008 in °C

Mittelwerte von Deutschland in °C von 2000–2009 (wärmste Dekade seit 1860)	
2009	9,2
2008	9,5
2007	9,9
2006	9,5
2005	9,0
2004	9,0
2003	9,4
2002	9,6
2001	9,0
2000	9,9
Mittel 2000–2009	9,4
Zum Vergleich: Mittel 1861–1990	8,2

3

Klima im Wandel

„Gletscherschwund, Eisverluste in der Antarktis und im Nordpolarmeer, Meeresspiegelanstieg, tropische Inseln drohen zu versinken, Extrem-Wetterlagen nehmen zu, größere Trockenheit hier, höhere Niederschläge dort" – solche Meldungen finden sich fast täglich in den Medien. Es läge am **Klimawandel**, heißt es. Was aber ist die Ursache?
Mit Klimawandel ist in erster Linie der vom Menschen mit verursachte **Temperaturanstieg** gemeint, genauer gesagt: der weltweit feststellbare Anstieg der Jahresdurchschnittstemperaturen. Besonders stark ist dieser Anstieg seit 1990. Zwar ändern sich die Durchschnittstemperaturen seitdem die Erde besteht, doch ließ die starke Erwärmung innerhalb so kurzer Zeit die Wissenschaftler aufhorchen. Inzwischen bestätigen Forschungsergebnisse den Klimawandel: Innerhalb zweier Jahre nahm die Eisbedeckung in der Arktis um 14 % ab, innerhalb von zwanzig Jahren stieg die Oberflächentemperatur der Ozeane um 0,6 °C. Ursache sei der verstärkte **Treibhauseffekt**.

Natürlicher Treibhauseffekt
Treibhausgase wie Kohlendioxid, Stickoxid und Kohlenwasserstoffe sind lebenswichtig und machen die Erde erst bewohnbar. Sie verursachen den natürlichen Treibhauseffekt, denn diese Gase wirken wie das Glasdach eines Treibhauses oder Gewächshauses:
Die kurzwellige Sonnenstrahlung durchdringt die Gasschicht und erwärmt die Erdoberfläche. Es entsteht eine langwellige Wärmestrahlung. Diese kann

Lernen im Netz
Lufthülle der Erde
104211-1009

Lernen im Netz
Animation „Treibhauseffekt“
104211-1010

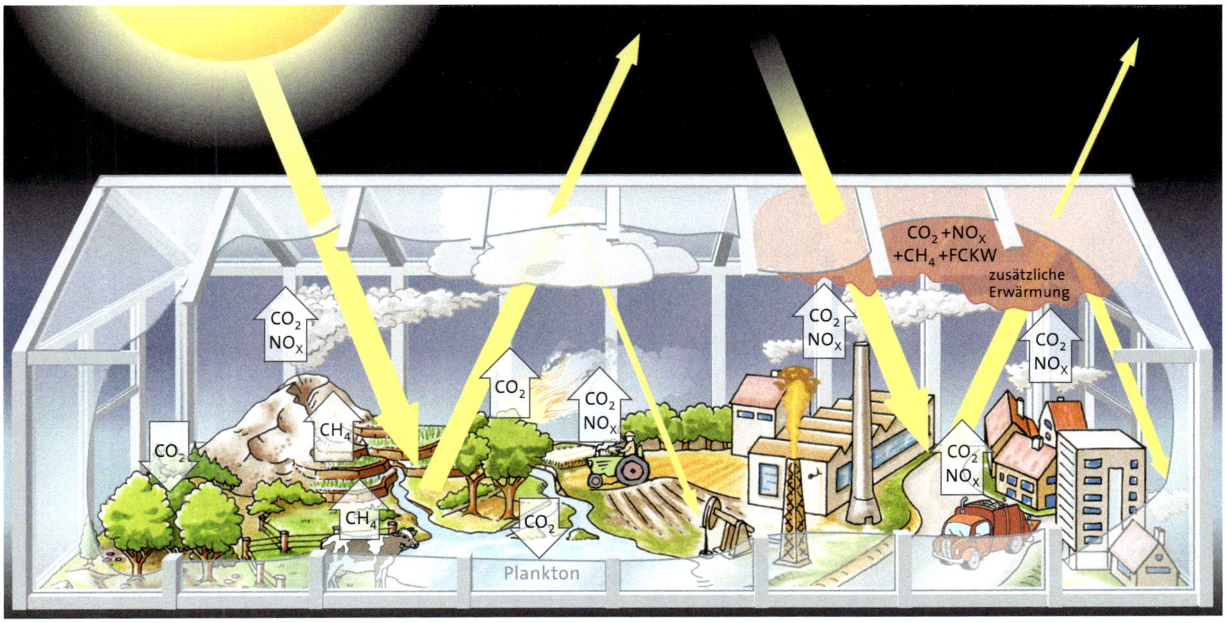

5 Der natürliche und der vom Menschen verursachte Treibhauseffekt im Modell

nur teilweise durch die Treibhausgasschicht entweichen. Wäre diese (schützende) Schicht nicht vorhanden, so läge die globale Durchschnittstemperatur nicht bei +15 °C, sondern bei −18 °C.

Zusätzlicher Treibhauseffekt

Neben dem natürlichen gibt es den vom Menschen verursachten Treibhauseffekt. Ab Beginn der Industrialisierung wurden immer mehr Gase produziert. Diese reicherten sich in der Atmosphäre an, zusätzlich zu den natürlichen. Der Treibhauseffekt wurde verstärkt, mit der Folge, dass von der „Treibhausgashülle“ immer mehr Wärme zurückgehalten wird. Dies führte zur Erderwärmung.

CO_2-Ausstoß im Jahr 2007

	in Mrd. t	Weltanteil
China	6,0	21 %
USA	5,8	20 %
Russland	1,6	6 %
Indien	1,3	5 %
Japan	1,2	4 %
Deutschland	0,8	3 %
Kanada	0,6	2 %
Großbritannien	0,5	2 %
Welt	29,0	100 %

6

Für den zusätzlichen Treibhauseffekt verantwortliche Spurengase (2005)

Kohlendioxid (CO_2)	59 %
Methan (CH_4)	14 %
Stickoxide (NO_x)	8 %
Ozon (O_3)	9 %
FCKW	2 %
Sonstige	8 %

7

1 Beschreibe, was unter Klimawandel verstanden wird und nenne Folgen.

2 Arbeite mit Grafik 5.

a) Erstelle eine Skizze zur Lichteinstrahlung / Wärmeabstrahlung.

b) Erstelle eine Liste wie folgt:

Treibhausgase	Entstehung

c) Überlege dir, wo du indirekt oder direkt den zusätzlichen Treibhauseffekt förderst.

Zur Vertiefung

3 „Klimakiller“ CO_2:
Übertrage die Tabelle 6 in dein Heft und erweitere sie wie folgt:

Staat	Mrd. t	Weltanteil	t pro Kopf/Jahr

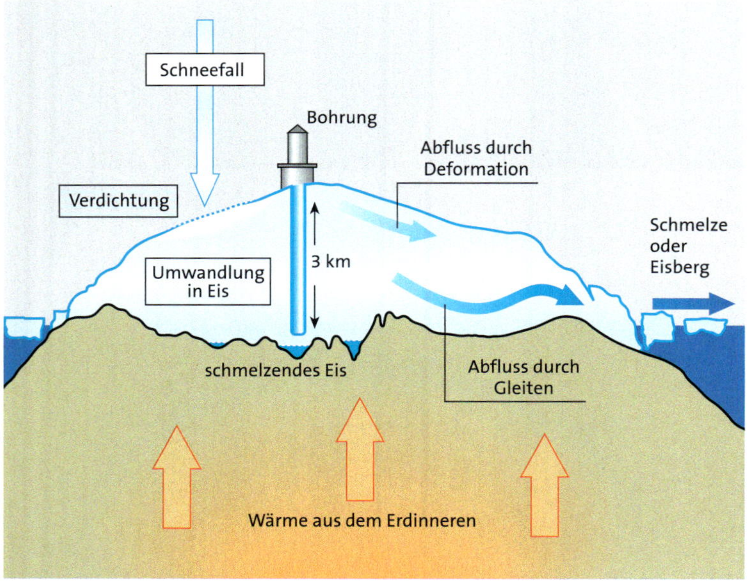

1 Eisbohrung in der Antarktis

4 Forscher entnehmen einen Eisbohrkern

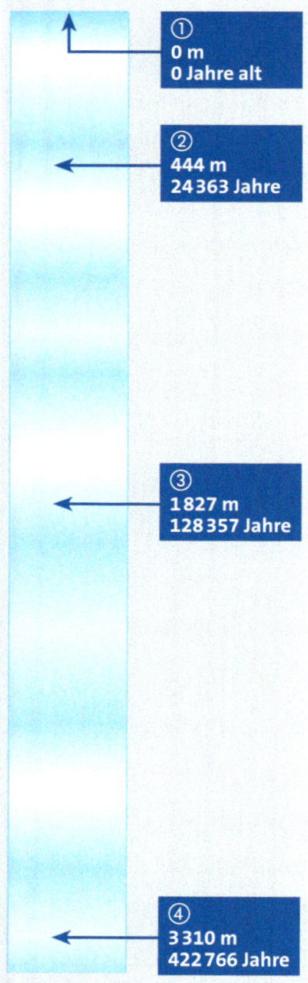

2 Eisbohrkern „Wostok“ aus der Antarktis

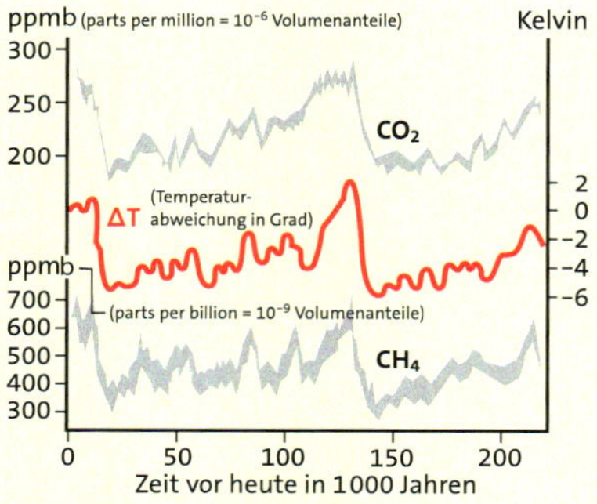

Eisbohrkerne als Klimaarchiv

Inlandeis und Gletscher, z.B. in Grönland und in der Antarktis, entstanden über lange Zeiträume hinweg. Der in vielen Schichten zusammengepresste Schnee „enthält“ Informationen über den Zustand der Atmosphäre zum Zeitpunkt des Schneefalls. Wissenschaftler analysieren die in den Poren des Eises eingeschlossene Luft und gewinnen so Erkenntnisse über die Zusammensetzung der Atmosphäre zum Zeitpunkt des Schneefalls. Zum Beispiel kann über das Verhältnis der Sauerstoffisotope auf die Lufttemperatur geschlossen werden. Die Datierung erfolgt durch Abzählen der Jahresschichten der Bohrkerne.

3

Klimaschutz geht uns alle an!

Die Folgen der globalen Erwärmung sind bekannt, wissenschaftlich belegt und weltweit wahrnehmbar – bei uns dadurch, dass z.B. Zugvögel früher eintreffen oder erst gar nicht wegfliegen. In den tropischen Ländern sind die Symptome schon schwerwiegender, z.B. stärkere Dürren oder Überschwemmungskatastrophen. Umweltfachleute bezeichnen den Klimawandel als die größte Herausforderung des 21. Jahrhunderts. Viele Politiker der Weltgemeinschaft haben diese Aufgabe erkannt. Mit dem UN-Umweltgipfel 1992 in Rio de Janeiro begann eine Reihe von internationalen Konferenzen. Dort wurde von 189 Staaten erstmals eine **Klimakonvention** unterzeichnet, mit dem Ziel, die Konzentration der Treibhausgase weltweit zu senken. Hierzu verpflichteten sich die Vertreter der 189 Staaten zur Zusammenarbeit.

Lernen im Netz
Gefährdete Küstenstädte
104211-1011

Lernen im Netz
Klimaschonendes Verhalten
104211-1012

Das Kyoto-Protokoll

1997 fand in Kyoto die erste Folgekonferenz von Rio statt. Ziel war der Abschluss eines Abkommens, das die Industriestaaten verpflichtet, ihre Treibhaus-Emissionen zu verringern. Es wurde vereinbart, im Zeitraum 2008–2012 die Emissionen weltweit um 5,2 % zu senken (Bezugsjahr 1990). Deutschland verpflichtete sich, seinen CO_2-Ausstoß um 21 % zu verringern, die USA um 7 %. 2005 trat das Protokoll erst nach Unterzeichnung Russlands in Kraft. Damit war die vereinbarte Mindestquote erreicht. Staaten mit hohem CO_2-Ausstoß können sich Verschmutzungsrechte von Staaten mit niedrigem Ausstoß abkaufen. Das ist der sogenannte Emissionshandel.

Auf dem Klimagipfel von Kopenhagen im Jahr 2009 wollten sich die Staaten auf ein bindendes politisches Abkommen einigen. Erstmals beteiligten sich nicht nur die Umweltminister, sondern auch die Staats- und Regierungschefs der Länder, an deren knallharter Interessenspolitik der Klimagipfel letztendlich gescheitert ist. Dadurch wurde nur ein Minimalkonsens erzielt. Die Staatengemeinschaft einigte sich lediglich auf das Ziel, die Erderwärmung auf zwei Grad zu begrenzen, konkrete Maßnahmen wurden nicht getroffen.

Beim Klimagipfel 2010 im mexikanischen Cancun erkannten die Industrieländer die Erkenntnisse des Weltklimarats an, wonach die Treibhausgas-Emissionen bis zum Jahre 2020 um mindestens 25–40 Prozent im Vergleich zu 1990 gesenkt werden müssen. Ebenso wurde die Erderwärmung auf zwei Grad Celcius von allen Staaten anerkannt. Des Weiteren wurde beschlossen, das Kyoto-Protokoll bis zum Jahre 2012 weiterzuführen. Außerdem wurden den Entwicklungsländern 100 Millionen Dollar pro Jahr zugesichert, welche die Industrienationen zahlen. Dieser Klimafonds soll den Entwicklungsländern helfen, den Klimawandel zu stoppen, indem die Wälder geschützt und klimafreundliche Technologien eingesetzt werden.

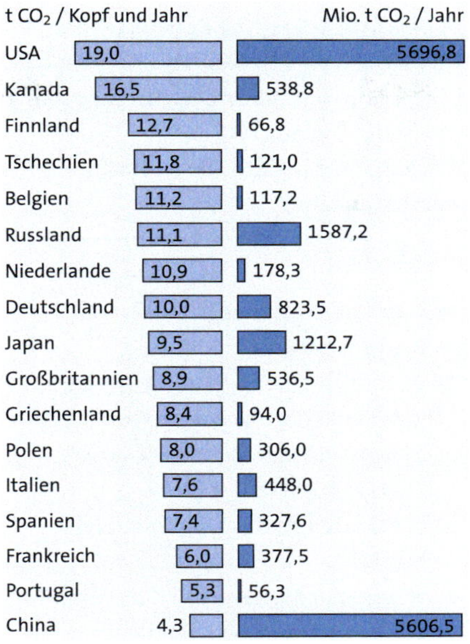

5 Verursacher von CO_2-Emissionen 2006

Veränderung der Emissionen von Treibhausgasen 1990–2007 in % (1990 = 100 %)

	Soll	Ist
A	−13,0	+11,3
B	−7,5	−8,3
CAN	−6,0	+26,2
CH	−8,0	−2,7
D	−21,0	−21,3
E	+15,0	+53,5
F	0	−5,3
GB	−12,5	−17,3
I	−6,5	+7,1
NL	−6,0	−2,1
PL	−6,0	−30,0
RUS	−34,2	−33,9
USA	keine(−7,0)	+16,8

6

1 Klima-Archiv Antarktis:
a) Welche Erkenntnis lässt sich aus dem Diagramm 3 gewinnen?
b) Welcher Bestandteil der Eiskerne ist für die Temperaturbestimmung wichtig?

2 Beschreibe die Bedeutung von Klimakonferenzen und benenne die wichtigsten Ziele des Kyoto-Protokolls.

3 Arbeite mit Text und Tabelle 6. Beschreibe den Stand der Umsetzung des Kyoto-Protokolls.

4 Beschreibe die Grafik 5 und erkläre diese.

Zur Vertiefung

5 Erstelle eine Liste oder ein Plakat mit Möglichkeiten, CO_2 einzusparen.

6 Recherchiere den Börsenpreis für eine Tonne CO_2 im Emissionshandel.

TERRA **TRAINING**

Wichtige Begriffe

Agenda 21
Bevölkerungspyramide
Bioenergie
Fehlernährung
Klimawandel
Klimakonvention
lokale Agenda 21
nachhaltige Entwicklung
Ressource
Temperaturanstieg
Treibhauseffekt
Überernährung
UN-Mitgliedstaat
Unterernährung
Wachstumsrate
Weltgipfel

So überprüfst du deine Kompetenzen:

1. Bearbeite den Selbsteinschätzungsbogen (siehe Online-Link).
2. Wiederhole Inhalte, die du noch nicht verstanden hast.
3. Löse die Aufgaben auf dieser Trainingsseite.
4. Kontrolliere deine Lösungen (siehe Online-Link).

Wissen und Verstehen

1 Begriffe gesucht

a) unzureichende Ernährung, bei der der Kalorienbedarf nicht gedeckt ist
b) 1992 in Rio de Janeiro beschlossen
c) Energie aus Pflanzen
d) ein Kraftwerk, das Sonnenstrahlen bündelt
e) wandelt in Kraftwerken die Drehbewegung in elektrische Energie um
f) die Erwärmung der Erde, das Abnehmen der Eisbedeckung in der Arktis, Anstieg des Meeresspiegels

2 Bilderrätsel

Löse die Bilderrätsel und erkläre die gesuchten Begriffe.

a)

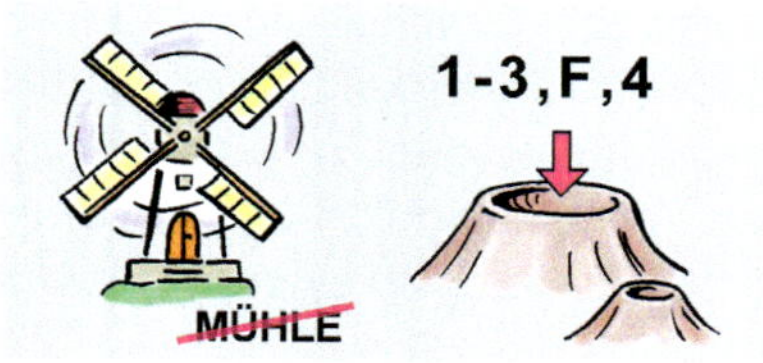

b)

c)

3 Richtig oder falsch?

Verbessere die falschen Antworten und schreibe sie richtig auf.

a) Ein Ziel der Staatengemeinschaft Rio +20 im Jahre 2012 ist es, die Armut auf der Erde zu bekämpfen.
b) Raubbau an der Natur ist eine Form von Nachhaltigkeit.
c) In den Industriestaaten, den Wohlstandsländern der Erde, herrscht eine Überversorgung mit Nahrungsmitteln.
d) Die Wachstumsrate ist das Verhältnis zwischen Sterberate und Geburtenrate.
e) Photovoltaik ist die Stromerzeugung aus Sonnenenergie.
f) Erdöl wird zu den erneuerbaren Energien gezählt.
g) Der natürliche Treibhauseffekt wirkt sich negativ auf den Menschen aus.

Anwenden

4 Arbeite mit der Karte 1 und dem Atlas. Nenne Gebiete in Deutschland, die besonders geeignet sind

a) für Windanlagen,
b) für die Nutzung der Sonnenenergie.

5 In der Zeichnung 2 fehlt ein Teil der Beschriftung.

a) Übertrage das Schema in deine Mappe und ergänze die fehlenden Begriffe für die Energiequellen.
b) Benutze die Zeichnung und „erfinde" Energiegeschichten. Beispiel: Mit dem Brennstoff Uran wird in Wärmekraftwerken Strom erzeugt, der zum Betrieb von Straßenbahnen verwendet wird.

Surftipp
CO_2-Rechner
104211-1013

Portfolio
Bogen zur Selbsteinschätzung
104211-1014

Material
Lösungen dieser Seite
104211-1015

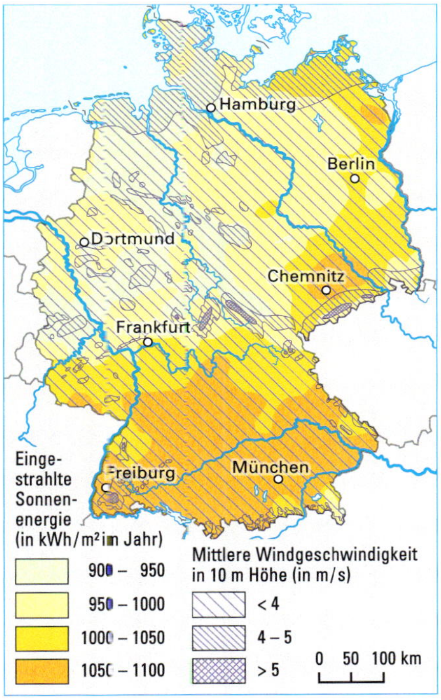

1 Sonnenenergie und Windgeschwindigkeiten in Deutschland

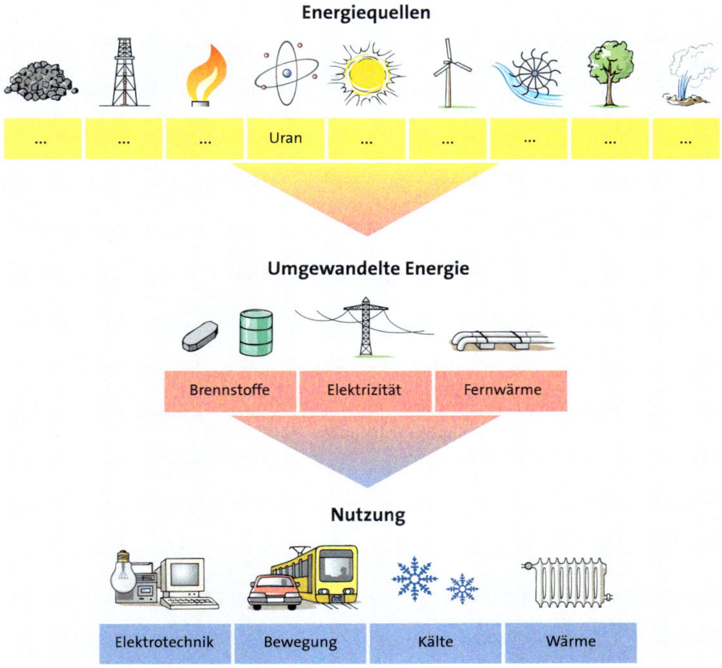

2 Energiequellen und Energieumwandlung

Beurteilen und Bewerten

6 Lokale Agenda 21

In einer Gemeinde werden nachstehende Maßnahmen durchgeführt. Schreibe diejenigen heraus, die sich an dem Leitbild der nachhaltigen Entwicklung orientieren. Begründe bei den anderen Maßnahmen, weshalb sie nicht zum Leitbild der Agenda 21 passen.

a) Im Ortszentrum werden Straßen verkehrsberuhigt und neue Bäume gepflanzt.

b) An einer Sportanlage wird der Autoparkplatz erweitert. Dafür planiert man ein anliegendes Wiesengelände und versieht es mit einer Teerdecke.

c) Das Dach einer Sporthalle erhält Solarkollektoren zur Brauchwassererwärmung.

d) Ein neues Nahverkehrszentrum mit guten Busverbindungen zu den umliegenden Orten und zum nächstgelegenen Bahnhof wird eingerichtet.

e) In einem Naherholungsgebiet an einem großen See in der Umgebung wird ein Teil des Schilfgürtels entfernt, um eine Badestelle zu vergrößern.

7 „Wenn eine Gesellschaft überaltert, hat dies gravierende Auswirkungen auf die Bevölkerung und das wirtschaftliche Leben." Nimm schriftlich Stellung zu dieser Aussage und argumentiere sinnvoll.

Handeln

8 Erstelle mithilfe des Online-Links 104211-1013 deine persönliche CO_2-Bilanz und entwickle Maßnahmen, deine CO_2-Bilanz zu verbessern.

extra

1 Ströme der Armutsflüchtlinge und Wirtschaftsflüchtlinge

Auf der Suche nach Zukunft

Ändert man seinen Wohnsitz dauerhaft, so nennt man das **Migration**. Migrationen können freiwillig geschehen oder erzwungen sein. Flüchtlinge sind Menschen, die unfreiwillig und unter Druck ihre Heimat verlassen.

Seine Heimat verlässt niemand ohne Grund. Die Flüchtlingszahlen steigen. Nicht nur Naturkatastrophen und Kriege sondern auch umweltbedingte Veränderungen wie Bevölkerungswachstum, Rohstoffmangel, Wasserknappheit und Klimawandel zwingen Menschen, ihr Land zu verlassen. Oder die Fremde lockt mit der Aussicht auf ein besseres Leben ohne Angst und Not.
Im Jahr 2009 gab es weltweit etwa 10,5 Millionen Flüchtlinge.

Hinzu kommen noch 14,4 Binnenflüchtlinge, die innerhalb ihres Heimatlandes vertrieben wurden. Mit der Flucht beginnt für die meisten von ihnen das nächste Problem. Wohin sollen sie gehen und wo ist man bereit, sie aufzunehmen? Oft kommen sie in den Nachbarländern in Flüchtlingslagern unter. Viele wollen aber gleich in die Industrieländer der nördlichen Halbkugel, weil sie sich dort eine bessere Zukunft erhoffen.

1 Arbeite mit Text und Karte 1:
a) Zähle die verschiedenen Gründe für Flucht auf.
b) Gliedere diese Ursachen nach den Oberbegriffen: politische Motive, wirtschaftliche Motive, ...
c) Nenne die wichtigsten Zielgebiete und erkläre diese Verteilung.

2 Versuche, dich mithilfe der Texte 2–4 und der Fotos in die Situation eines Flüchtlings zu versetzen. Schreibe einen Brief, in dem du Angehörige über deine Lage informierst.

3 Informiere dich in den Medien über aktuelle Flüchtlingsströme und berichte.

Magdalena Ocotlán, ein kleiner Ort im südmexikanischen Bundesstaat Oaxaca. Die Nachmittagssonne wirft schon lange Schatten auf den schlecht gepflasterten Weg, der zum Dorfzentrum führt. Ein paar Kinder spielen Fangen oder Basketball. Eine Kirche, ein Schulgebäude, ein paar Steinhäuser – viel mehr hat die Tausendseelengemeinde nicht zu bieten. Die meisten Männer sind ausgewandert. Auf die andere Seite des Rio Grande, in die USA. Dort suchen sie Arbeit, träumen von Wohlstand. Wer geblieben ist, lebt von ihren Überweisungen. Oft reicht das Geld nicht einmal für das Allernotwendigste. [...] Auch José Ramérez Flores bleibt und kämpft für eine bessere Zukunft [...]: „Hier sind wir alle Bauern, hier verdienen wir nichts. Immer haben wir gearbeitet. Wir bestellen die Felder, aber das reicht nur, um die Familien am Leben zu halten. Wir verdienen nichts, nicht einen Peso den lieben langen Tag. [...]"

Wolf-Dieter Vogel: Viele wandern aus – Der südmexikanische Ort Magdalena Octolán, unter: http://migrationsblog.swr.de, vom 10.07.2007

2 Flüchtlinge aus Mexiko an der Grenze zur USA

Aus zwei einfachen Brettern ist das kniehohe Kreuz zusammengenagelt. „Das war eine sehr schöne Frau, sehr groß, schwarz, in afrikanischen Kleidern", sagt Vincenzo Lombardo. „Sie war am Ende ihrer Kräfte, als sie ankam, und ist hier gestorben." Lombardo arbeitet auf dem Friedhof von Lampedusa, der kleinen, kargen italienischen Insel südlich von Sizilien. Der Mann mit Glatze und Brille hat nicht nur für die Afrikanerin ein Kreuz aufgestellt, sondern auch für alle anderen Flüchtlinge, die nach der Ankunft auf der Insel starben.
Zwölf waren es bisher, die meisten überleben die Strapazen der Überfahrt. Über tausend Menschen sind es zurzeit pro Woche. Für sie ist Lampedusa der erste Flecken Europäische Union, den sie erreichen können, und damit nicht weniger als die Hoffnung auf ein neues, besseres Leben.

AFP-Meldung vom Juli 2008

3 Ein Flüchtlingsboot erreicht die Insel Lampedusa

Civilian protection in Darfur remains a serious concern. More than 2.6 million [internally displaced people] are in Darfur and over 250,000 Darfuris are living in refugee camps in Chad. Insecurity continues and many displaced people are still unable to return home. [...] However, the UN peacekeeping mission, UNAMID, lacks adequate resources and humanitarian workers are unable to access the most vulnerable due to insecurity and government impediments. Refugees International is particularly concerned about sexual violence against women in Darfur and the difficulties faced by civil society organizations who try to assist survivors.

www.refugeesinternational.org/where-we-work/africa/sudan (Zugriff: 03/2011)

Vokabeln
concern – Angelegenheit
internally displaced people – Binnenvertriebene
someone lacks in something – jemandem fehlt es an etwas
impediment – Hindernis

4 Flüchtlingsfamilie in Norddarfur

11

Arbeitsanhang

Register

A

B

C

D

E

F

Südamerika

© Klett
60° westl. Länge v. Greenwich
MEXIKO
Mérida
Halbinsel Yucatán
BELIZE
GUATEMALA
4217
HONDURAS
EL SALVADOR
NICARAGUA
Managua
3820
COSTA RICA
Panama
PANAMA
KUBA
Große Antillen
Cayman-In. (brit.)
JAMAIKA
HAITI
Port-au-Prince
Santo Domingo
DOMINIK. REP.
Puerto Rico (USA)
Jungfern-In. (USA) (brit.)
Anguilla (brit.)
Saint-Martin (franz.)
Sint Maarten (ndl.)
ST. K.
Monts. (brit.)
ANTIGUA U. BARBUDA
Guadeloupe (franz.)
DOMINICA
Martinique (franz.)
SAINT LUCIA
BARBADOS
SAINT VINCENT U. DIE GRENADINEN
GREN.
TRINIDAD U. TOBAGO
Kleine Antillen
Aruba (ndl.)
Curaçao (ndl.)
Bonaire (ndl.)
Karibisches Meer
Barranquilla
Maracaibo
Caracas
Valencia
5780
5007
Llanos de Orinoco
Orinoco
Ciudad Guayana
Georgetown
Paramaribo
Cayenne
Franz.-Guayana
VENEZUELA
GUYANA
SURINAME
2810
Bergland von Guayana
3014
Medellín
5493
Bogotá
Cali
5750
KOLUMBIEN
Cocosinsel (cost.)
Malpelo-Insel (kol.)
Galápagosinseln (ecuad.)
Quito
ECUADOR
6672
Guayaquil
Äquator
Rio Negro
Amazonas-tiefland
Manaus
26
Amazonas
Iquitos
Östl. Andenvorland
Marañón
Ucayali
Madeira
Xingu
Belém
Fortaleza
Natal
Recife
BRASILIEN
Porto Velho
Tocantins
Campos Caatingas
Huascarán 6768
PERU
Lima
Anden (Kordilleren)
Titicacasee
6613
6421
La Paz
Arequipa
6520
Santa Cruz
BOLIVIEN
Sucre
Mamoré
Altiplano
893
Pantanal
Brasilianisches Bergland
Brasília
Goiânia
São Francisco
1801
Salvador
Belo Horizonte
2890
2787
Campo Grande
Paraguay
Chaco
Gran Chaco
Pilcomayo
PARAGUAY
Asunción
Paraná
São Paulo
Rio de Janeiro
Trinidade (bras.)
südlicher Wendekreis
Curitiba
Antofagasta
Atacama
San Miguel de Tucumán
6880
CHILE
ARGENTINIEN
La-Plata-Tiefland
Uruguay
Porto Alegre
San Félix (chil.)
San Ambrosio
Juan-Fernández-Inseln (chil.)
Aconcagua 6959
Córdoba
Rosario
Santiago de Chile
Mendoza
URUGUAY
Montevideo
Buenos Aires
Río de la Plata
Pampa
4708
3776
Río Negro
Bahía Blanca
Valdivia
Patagonien
4058
PAZIFISCHER OZEAN
ATLANTISCHER OZEAN
Falkland-In. (brit.)
Magellan-Str.
Punta Arenas
Feuerland
Kap Hoorn
Drakestraße
Südgeorgien (brit.)
Südsandwichinseln (brit.)
Südshetland-inseln
Moody Point
Südorkney-Inseln
Palmer-archipel
Grahamland
Antarktische Halbinsel
ABKÜRZUNGEN:
GREN. GRENADA
Monts. Montserrat
ST. K. SAINT KITTS U. NEVIS
Landhöhen
über 5000 m
2000 – 5000 m
1000 – 2000 m
500 – 1000 m
200 – 500 m
0 – 200 m
unter 0 m
Gletscher
6959 Höhe über dem Meeresspiegel (in m)
1:40 000 000
0 500 1000 km

11

Wichtige Begriffe

A

Agenda 21: Ein Plan, der beschreibt, mit welchen Maßnahmen sich im 21. Jahrhundert weltweit eine → Nachhaltige Entwicklung verwirklichen lässt. Er wurde im Jahr 1992 auf der Umweltkonferenz in Rio de Janeiro (Brasilien) beschlossen.
Agribusiness: Organisationsform in der modernen Landwirtschaft, bei der ein landwirtschaftlicher Großbetrieb und meist auch Verarbeitungs- und Vermarktungsbetriebe zu einem Unternehmen zusammengefasst sind.
AIDS: Immunschwächekrankheit, die vor allem über Sexualkontakte übertragen wird und für die es bisher noch keine Heilung gibt.
Aktivraum: Wirtschaftlich blühender Raum mit guter Infrastruktur, vielen Arbeitsplätzen und durch das Überwiegen der → Pull-Faktoren positivem Wanderungssaldo. Die wirtschaftliche Leistung und der Lebensstandard der Bevölkerung liegen deutlich über dem Durchschnitt des Gesamtraumes.
Altindustrie: Industrie, die mit der Industrialisierung im 19. Jahrhundert entstanden ist. Zu den Altindustrien gehören vor allem die Textilindustrie, Steinkohlenverarbeitung und Eisenerzeugung.

B

Barometer: Instrument zur Bestimmung des Luftdrucks (griechisch: "baros" = Schwere und "metron" = Maß).
Bevölkerungspolitik: Politik eines Staates, mit der das Bevölkerungswachstum beeinflusst werden soll (z. B. Maßnahmen zur Geburtenkontrolle).
Bevölkerungspyramide: Darstellung der Zusammensetzung der Bevölkerung eines Gebietes (Staat, Region, Gemeinde oder Stadt) nach Alter und Geschlecht.
Bevölkerungswachstum: Bezeichnet die Zunahme der Bevölkerung eines Gebietes.
Binnenmarkt: Alle Absatzmöglichkeiten innerhalb des eigenen Landes oder innerhalb einer Staatengemeinschaft. Gegensatz: → Welthandel
Bioenergie: Energiegewinnung aus nachwachsenden Pflanzen
Blaue Banane: 1989 von der französischen Raumordnungsbehörde DATAR entwickeltes Bild zur Darstellung der → Aktivräume in Europa.
Bruttoinlandsprodukt (BIP): Geldwert aller im Land produzierten und verkauften Güter und Dienstleistungen während eines Zeitraumes, meistens eines Jahres.

D

Dauerfrostboden: Bezeichnung für einen in tieferen Horizonten ganzjährig gefrorenen Boden.
Dauerkultur: Landwirtschaftliche Kulturart mit mehr- bis langjähriger Nutzungsdauer, vor allem Strauch- und Baumkulturen (u. a. Wein und Tee).
Dürre: Trockenperiode von mehreren Wochen bis zu einigen Jahren, in der die sonst üblichen Niederschläge ausbleiben.

E

Ein-Kind-Familie: Leitbild der → Bevölkerungspolitik in China aufgrund des starken → Bevölkerungswachstums: Jedes verheiratete Paar sollte nur ein Kind haben.
Einwanderungsland: Staat, der für die Einwanderung von Ausländern offen steht. Die Einwanderung wird von vielen Staaten durch gesetzliche Bestimmungen geregelt bzw. eingeschränkt.
Entwicklungsland: Mit diesem Begriff werden Staaten bezeichnet, die einen erheblichen Rückstand gegenüber den westlichen → Industrieländern aufweisen.
Erdbeben: Erschütterungen an der Erdoberfläche, die durch ruckartige Bewegungen von Gesteinsschichten im Erdinneren hervorgerufen werden.
Erdkruste: Bestandteil des Schalenbaus der Erde. Sie stellt die äußere erstarrte Schicht dar, die bis in eine Tiefe von 60 km unter den Kontinenten und 15 km unter den Tiefseebecken reicht. Unter der Erdkruste folgen der → Erdmantel und der Erdkern.
Erdmantel: Unter der → Erdkruste liegende Schicht. Sie reicht bis in eine Tiefe von 2 900 km. Im oberen Erdmantel befindet sich die für die Bewegung der → Erdplatten bedeutsame zähflüssige Fließzone. Die Temperaturen liegen im Erdmantel zwischen 1 400 und 2 500 °C.
Erdplatte: Bezeichnung für Teilstücke der festen Gesteinshülle der Erde, die sich auf dem zähflüssigen Teil des oberen → Erdmantels bewegen.
Erdrotation: Die von West nach Ost verlaufende Drehung der Erde um ihre eigene Achse. Eine Umdrehung dauert 24 Stunden und bewirkt den Wechsel von Tag und Nacht.
Europäische Integration: Das allmähliche Zusammenwachsen der Staaten Europas mit dem Ziel eines friedlichen Zusammenlebens ohne störende Grenzen.
Europäische Kommission: Institution der → Europäischen Union. Sie vertritt und wahrt die Interessen der gesamten EU, erarbeitet Vorschläge für neue europäische Rechtsvorschriften und führt das Tagesgeschäft der EU, indem sie deren politische Maßnahmen umsetzt und Gelder verwaltet.

Europäisches Parlament: Institution der → Europäischen Union. Die Mitglieder sind die Vertreter der europäischen Bürgerinnen und Bürger. Gemeinsam mit dem → Rat der Europäischen Union bildet das Parlament die gesetzgebende Gewalt der EU.
Europäischer Rat: Die Tagungen des Europäischen Rates sind im Grunde Gipfeltreffen der Staats- und Regierungschefs der EU-Mitgliedstaaten, bei denen über allgemeine politische Zielvorstellungen und wichtige Initiativen entschieden wird.
Europäische Union (EU): Zusammenschluss von 27 europäischen Staaten zur wirtschaftlichen und politischen Zusammenarbeit.
Exportfrucht: Für den Markt erzeugtes landwirtschaftliches Produkt (z. B. Kakao), das nicht der Selbstversorgung dient, sondern des Geldeinkommens wegen angebaut wird.

F

Fair Trade: Synonym für Bestrebungen eines gerechten und nicht ausschließlich gewinnorientierten Austausches in der Welt. Durch garantierte Mindestpreise sowie die Gründung von → Genossenschaften soll der Ausbeutung entgegengewirkt werden.
Familienfarm: Bezeichnung für einen Landwirtschaftsbetrieb in den USA.
Familienplanung: Damit soll geregelt werden, wie viele Kinder geboren werden und zu welchem Zeitpunkt. Solche Maßnahmen können von jeder Familie durchgeführt werden oder Bestandteile staatlicher → Bevölkerungspolitik sein.
Fehlernährung: Die Versorgung des Körpers mit Nahrungsmitteln ist gestört (z. B. Mangelernährung). Häufig in den → Entwicklungsländern zu finden.

G

Gated Community: Umzäunte, gesicherte Wohnanlage für privilegierte Bevölkerungsschichten, die sich vor kriminellen Übergriffen schützen wollen.
Geburtenrate: Bezeichnet die Zahl der Geburten auf 1000 Einwohner in einem Jahr. Die Angabe erfolgt in Promille (‰). Eine Geburtenziffer von 40 ‰ bedeutet also 40 Geburten pro 1000 Einwohner in einem Jahr.
Gemäßigte Zone: Sie befindet sich zwischen der → Kalten Zone und den → Subtropen. Kennzeichen der Gemäßigten Zone sind die deutlich ausgeprägten → Jahreszeiten.
Genossenschaft: Zusammenschluss von Landwirten zu einem gemeinschaftlichen Geschäftsbetrieb, z. B. zum gemeinschaftlichen Kauf von Saatgut oder Maschinen bzw. zur gemeinschaftlichen Vermarktung der Erzeugnisse.
GIS (Geographisches Informationssystem): Damit können geographische Daten verwaltet, analysiert und in Karten dargestellt werden. So lassen sich Zusammenhänge oft besser erkennen.
Global City: Eine Weltstadt mit besonders starker Bedeutung in der Weltwirtschaft; Kriterien, die eine Global City kennzeichnen sind z. B.: hohe Einwohnerzahl, internationales Finanzzentrum, Sitz großer internationaler Institutionen und Unternehmen, wichtiger Verkehrsknotenpunkt.
Globalisierung: Bezeichnung für die weltweite Vernetzung von Bereichen wie Kommunikation, Wirtschaft, Politik, Kultur, Umwelt. Das Ziel ist die weltweite Ausbreitung von Produktion und Absatz von Waren und Dienstleistungen über alle Staatsgrenzen hinweg. Besonders der zunehmende technische Fortschritt der → Kommunikationsmedien ist eine Ursache für die Globalisierung.
Global Player: Multinationales Unternehmen, das auf fast allen Märkten der Welt vertreten ist. Das Unternehmen optimiert Zulieferung, Produktion und Absatz im globalen Maßstab.
Großfarm: Landwirtschaftliche Betriebsform, bei der im Gegensatz zur → Familienfarm die Produktion stark mechanisiert ist und Angestellte die Arbeiten ausführen.
Gemeinschaft Unabhängiger Staaten (GUS): Staatenbund, der nach dem Zerfall der Sowjetunion von 12 der neuen selbstständigen Nachfolgestaaten gebildet wurde.

H

Hochdruckgebiet: Gebiet, das einen vergleichsweise höheren → Luftdruck aufweist als seine Umgebung. In einem Hoch sinken Luftmassen ab, was zu Wolkenauflösung, starker Sonneneinstrahlung am Tag und Wärmeausstrahlung während der Nacht führt.
Hochlohnland: Gegenteil eines → Niedriglohnlandes
Hochtechnologie (Hightech): Industriezweig, der mit einem hohen Forschungsaufwand hochtechnische Produkte der modernen Lebenswelt erzeugt (z. B. Herstellung von Computern und Mikrochips, Lasertechnik sowie Bio- und Umwelttechnologie.)
Hochwasser: Bei Flüssen der Hochstand der Wasserführung, der zu Überschwemmungen führen kann.

I

Industrieland: Die wirtschaftlich hoch entwickelten Länder werden als Industrieländer bezeichnet, weil

die Industrie die Grundlage der Entwicklung war. Nur sehr wenige Menschen arbeiten in der Landwirtschaft. Industrieländer haben ein hohes Pro-Kopf-Einkommen, ein hohes Bildungsniveau und ein geringes Bevölkerungswachstum.

Informeller Sektor: Alle wirtschaftlichen Tätigkeiten, die nicht geregelt und statistisch erfassbar sind, werden zum informellen Sektor gezählt. Dazu gehören der Straßenhandel (z. B. mit Blumen), Herstellung und Verkauf eigener Produkte auf kleinen Märkten und Dienstleistungen wie Schuhputzen.

internationale Arbeitsteilung: Zerlegung von komplexen Arbeitsprozessen in Teilprozesse. Diese werden an den weltweit jeweils günstigsten Standorten ausgeführt.

Isobare: Linie auf Wetter- und Klimakarten, die Punkte gleichen → Luftdrucks verbindet.

J

Jahreszeit: Deutlich unterscheidbarer klimatischer Abschnitt des Jahres, der im jährlichen Rhythmus wiederkehrt. Jahreszeiten entstehen durch die Schiefe der Ekliptik, den Einstrahlungswinkel und die Tageslänge.

K

Kalte Zone: → Klimazone, in der das Jahresmittel der Temperatur um oder unter 0 °C liegt.

Klima: Der durchschnittliche jährliche Wetterablauf an einem Ort oder in einem Gebiet, beobachtet über viele Jahre.

Klimadiagramm: Zeichnerische Darstellung des Jahresgangs von → Lufttemperatur und → Niederschlag, gemessen an einer Station.

Klimafaktor: Eigenschaft des Raumes, der das Klima beeinflusst, z. B.: geographische Breite, Kontinentalität, Höhe über NN, Relief.

Klimakonvention: Das Rahmenübereinkommen der Vereinten Nationen über Klimaänderungen ist ein internationales Umweltabkommen mit dem Ziel, eine von Menschen verursachte Störung des Klimasystems zu verhindern und die globale Erwärmung zu verlangsamen sowie ihre Folgen zu mildern.

Klimawandel: Bezeichnet die weltweite Veränderung wichtiger Klimaelemente, z. B. die Erhöhung der Temperatur über einen sehr langen Zeitraum. Der Mensch hat sehr wahrscheinlich einen hohen Anteil am Klimawandel.

Klimazone: Gebiet annähernd gleichartiger klimatischer Bedingungen, das sich wie ein Gürtel um die Erde erstreckt. Man spricht deshalb auch von Klimagürteln.

Kommunikationsmedien: Kommunikationsmittel, die durch technische Vervielfältigung und Verbreitung mittels Schrift, Bild oder Ton Inhalte vermitteln. Neben den klassischen Printmedien (Zeitungen, Plakate), Hörfunk und Fernsehen wächst seit einigen Jahren die Bedeutung der digitalen Medien (Internet, Social Media, etc.).

Krater: Bei einem Vulkanausbruch tritt aus dem Schlot des Vulkans → Lava oder Asche aus. Die Mündung des Schlots wird als Krater bezeichnet; er hat meist die Form eines Trichters.

L

Lagerstätte: Stelle in der Erdkruste, an der sich Rohstoffe angereichert haben. Lagerstätten entstehen z. B. durch Ablagerungen in Meeren oder durch Eindringen von Flüssigkeiten in Gesteinsklüfte.

Landflucht: Umfangreiche Wanderungsbewegung der Menschen aus den ländlichen Gebieten in die Städte, weil sie sich dort ein höheres Einkommen und ein besseres Leben erhoffen.

Lava: Tritt → Magma bei Vulkanausbrüchen an die Erdoberfläche, bezeichnet man dies als Lava.

Lokale Agenda 21: Im Rahmen der → Agenda 21 verpflichten sich weltweit Städte und Gemeinden, die Leitlinien einer → Nachhaltigen Entwicklung auf lokaler Ebene konkret umzusetzen.

Luftdruck: Der Druck, den die Luft infolge der Schwerkraft auf eine Fläche ausübt.

Lufttemperatur: Temperatur der Luft, die überwiegend in Grad Celsius angegeben wird.

M

Magma: Glutflüssige Gesteinsschmelze im Inneren der Erde, etwa 1000 °C heiß.

Marginalsiedlung: Elendssiedlung, meist in den Großstädten der → Entwicklungsländer. Dabei kann man zwischen den randstädtischen Marginalsiedlungen sowie den innerstädtischen Elendssiedlungen (Slums) unterscheiden.

Megalopolis: Riesige Stadtlandschaft (griech.: mega = groß, polis = Stadt) mit hoher Bevölkerungsdichte, die sich aus mehreren → Metropolen und weiteren Groß- und Kleinstädten zusammensetzt.

Megastadt: Großstadt bzw. → Metropole mit einer Bevölkerung von mehr als 10 Mio. Einwohnern und einer hohen Bevölkerungsdichte (über 2000 Ew./km²).

Metropole: Großstadt, die politischer, wirtschaftlicher und gesellschaftlicher Mittelpunkt eines Staates ist und alle anderen Großstädte an Größe und Bedeutung weit überragt.
Mobilität: lat.: "Beweglichkeit"; Bewegung von Personen mit dem Ergebnis einer Standortveränderung. Dazu zählen alle räumlichen Wanderungsbewegungen und Positionsveränderungen innerhalb von sozialen Schichten einer Gesellschaft.
Monokultur: großflächiger Anbau eines bestimmten landwirtschaftlichen Produktes über einen längeren Zeitraum hinweg auf derselben Nutzfläche.

N

Nachhaltige Entwicklung: Entwicklung, die darauf achtet, dass bei der Nutzung von Naturgütern, wie z. B. Wasser, Wald und Bodenschätze, diese in ihrem Bestand nicht gefährdet werden und damit langfristig für weitere Generationen erhalten bleiben.
Nationalpark: Ein großräumiges Schutzgebiet, das wegen seiner Schönheit, Eigenart bzw. Einmaligkeit als besonders schützenswert gilt. Es bestehen strenge Schutzbestimmungen.
Naturkatastrophe: Kommen bei einem Naturereignis Menschen oder Dinge zu Schaden, spricht man von einer Naturkatastrophe.
Niederschlag: Alle Formen von Wasser, die aus der Atmosphäre auf die Erde gelangen. Er entsteht, wenn sich Luft unter den Taupunkt abkühlt und dadurch Kondensation einsetzt.
Niedriglohnland: Meist ein → Entwicklungsland mit niedrigem Lohnniveau, in das arbeitsintensive Industriebranchen aus → Industrieländern verlegt werden.

O

OPEC (Organization of Petroleum Exporting Countries): Zusammenschluss Erdöl exportierender Länder, 1960 mit dem Ziel gegründet, gemeinsame Interessen der Öl-Förderländer zu vertreten.
Outsourcing: Die Übertragung von (Teil-)aufgaben an außenstehende Firmen oder Dienstleister.

P

Passivraum: Ein durch wirtschaftlichen Stillstand, Abwanderung und Überalterung der Bevölkerung gekennzeichneter Wirtschaftsraum ohne Eigendynamik, in dem daher die → Push-Faktoren überwiegen.
Pipeline: Rohrleitung zum Transport von Flüssigkeiten (z. B. Wasser, Erdöl) oder Gasen (z. B. Erdgas).
Plattentektonik: Konzept zur Erklärung der Veränderung der Erde durch erdinnere Vorgänge. Grundlage ist die Annahme, dass sich die Lithosphäre in große und kleine Platten gliedert, die auf der Fließzone mit unterschiedlicher Geschwindigkeit treiben.
Polarkreis: Die Polarkreise begrenzen bei 66,5° südlicher und nördlicher Breite die Polarzone. Jenseits der Polarkreise herrschen Polartag und Polarnacht.
Pull- und Push-Faktoren: Modellvorstellung zur Erklärung von Wanderungen zwischen Gebieten mit unterschiedlicher Anziehungskraft, vor allem der Land-Stadt-Wanderungen in → Entwicklungsländern. Dabei stellen die Pull-Faktoren die anziehenden Merkmale des Zielgebietes dar. Push-Faktoren sind die Einflüsse und Bedingungen, die Menschen zum Verlassen eines Gebietes bewegen.

R

Rat der Europäischen Union: Hier treten die Minister aller EU-Mitgliedstaaten zusammen, um Rechtsvorschriften zu verabschieden und politische Strategien zu koordinieren.
Regenmesser: Der → Niederschlag wird über 24 Stunden in einem Gefäß gesammelt, dessen Öffnungsfläche genau bekannt ist. Anschließend wird das Volumen des gesammelten Niederschlags bestimmt. Der Quotient aus dem Volumen und der Öffnungsfläche des Gefäßes dient als Maßzahl für den Niederschlag.
Ressourcen: Alle auf der Erde vorhandenen Voraussetzungen für das Leben und Wirtschaften des Menschen. Dazu gehören Rohstoffe (z. B. Erze, Erdöl, Holz), andere Naturgüter (z. B. Wasser, Boden, Tiere), aber auch geistige Güter (z. B. Wissen, Ideen).
Richterskala: Der amerikanische Seismologe Charles Francis Richter entwickelte 1935 in Kalifornien die Richter-Skala als Maß für die Erdbebenstärke.

S

Safari: Ursprünglich ein Wort für „Reise". Später wurde daraus die Bezeichnung für eine Großwildjagd.
Seismograf: Gerät zur Aufzeichnung von Erdbebenwellen auf einem sogenannten Seismogramm.
Selbstversorgerwirtschaft: Durch niedriges Entwicklungsniveau der Produktionstechnik und geringe Arbeitsteilung gekennzeichnete agrarische Wirtschaftsweise, bei der alle zum Leben benötigten Güter im eigenen landwirtschaftlichen Betrieb erzeugt werden.
Slum: → Marginalsiedlung

Sozialismus: Der Sozialismus ist eine im 19. Jahrhundert entstandene politische Ideologie. Sozialisten betonen besonders die Grundwerte Gleichheit, Gerechtigkeit und Solidarität.
Standortfaktor: Grund, der dazu führt, dass sich ein Betrieb an einem bestimmten Gebiet ansiedelt. Wichtige Standortfaktoren sind z. B. niedrige Lohnkosten, vorhandene Rohstoffe, gut ausgebildete Arbeitskräfte sowie ein guter Verkehrsanschluss.
Sterberate: Bezeichnet die Anzahl der Sterbefälle in einem Jahr auf 1000 Personen in einem bestimmten Gebiet. Die Angabe erfolgt in Promille (‰). Eine Sterbeziffer von 8 ‰ heißt, dass es 8 Gestorbene pro 1000 Einwohner in einem Jahr gibt.
Strukturhilfe: In der → EU werden aus den gemeinsamen finanziellen Mitteln aller Mitgliedsstaaten solche Regionen gefördert, die wirtschaftlich nicht so gut gestellt sind. Gefördert werden z. B. Verkehrsprojekte oder Beschäftigungs- und Ausbildungsprojekte.
Strukturwandel: Eine starke Veränderung, die sowohl die Arbeitswelt als auch das Aussehen eines Gebietes oder einer Stadt betrifft.
Subtropen: Klimazone zwischen der → Tropischen Zone und der → Gemäßigten Zone. In den Subtropen gibt es deutliche Temperaturunterschiede im Jahresverlauf. Die durchschnittliche Jahrestemperatur beträgt etwa 18 °C.

T

Technologiezentrum: Hier soll jungen Unternehmen vor allem aus dem Bereich → Hochtechnologie der Start erleichtert werden. Dazu befinden sich die Technologiezentren häufig in der Nähe von Universitäten.
Temperaturanstieg: → Klimawandel
Terrassenanbau: Art der ackerbaulichen Nutzung, bei der man Hänge durch Erdwälle oder Mauern treppenartig umgestaltet, um eine Bodenabtragung zu verhindern und Bewässerung durchführen zu können.
Tiefdruckgebiet: Gebiet niedrigen Luftdrucks. In einem Tiefdruckgebiet steigen die Luftmassen auf, es kommt zu einer Wolkenbildung und häufig zu Niederschlägen.
Treibhauseffekt: Man unterscheidet zwischen dem natürlichen und anthropogenen (= vom Menschen verursachten) Treibhauseffekt. Der natürliche Treibhauseffekt sorgt dafür, dass es bei uns auf der Erde durchschnittlich 15 °C warm ist. Sonnenstrahlen treffen auf die Erde und werden hier in Wärmestrahlung umgewandelt. Durch Abgase von Fabriken und Autos sowie verstärkte Rinderhaltung wird der Anteil an Treibhausgasen in der Atmosphäre erhöht und damit mehr Wärmestrahlung abgegeben. Dies führt zu einer erhöhten Temperatur auf der Erde.
Triade des Welthandels: Bezeichnung für die drei größten Wirtschaftsmächte im → Welthandel: EU, USA, Japan.
Tropen: Die Tropen sind die wärmste → Klimazone beiderseits des Äquators. Die durchschnittliche Jahrestemperatur liegt bei etwa 25 °C. Wegen der über das ganze Jahr gleichbleibend hohen Temperaturen gibt es in den Tropen keine → Jahreszeiten.
Tsunami: Bis zu 60 Meter hohe, sehr schnelle Flutwellen, die meist durch Seebeben ausgelöst werden.

U

Überernährung: eine Ernährung, bei der mehr als die erforderlichen Nährstoffe zugeführt werden.
Umlaufbahn: Feste Bahn, auf der sich z. B. Planeten bei ihrer Umkreisung der Sonne bewegen.
Unionsbürgerschaft: Im → Vertrag von Maastricht wurde festgelegt, dass jeder Bürger eines Mitgliedsstaates der → EU zugleich Unionsbürger ist. Diese sogenannte Unionsbürgerschaft soll die nationale Staatsbürgerschaft ergänzen, aber nicht ersetzen.
UN-Mitgliedsstaat: Staat, der sich der UN (Vereinte Nationen; engl.: United Nations) angeschlossen hat. Die Vereinten Nationen sind ein Zusammenschluss von 193 Staaten. Die wichtigsten Aufgaben der Organisation sind die Sicherung des Weltfriedens, die Einhaltung des Völkerrechts, der Schutz der Menschenrechte und die Förderung der internationalen Zusammenarbeit.
Unterernährung: eine unzureichende Ernährung, bei der der Kalorienbedarf nicht gedeckt wird. Bei dauernder Unterernährung wird die körperliche und geistige Entwicklung behindert, oft kommt es zu bleibenden Gesundheitsschäden.

V

Vegetationszone: Verbreitungsgebiet bestimmter Pflanzengesellschaften auf der Erdoberfläche. Da sich die natürliche Vegetation dem Klima anpasst, entsprechen sich → Klimazonen und Vegetationszonen.
Verdichtungsraum: Gebiet, das größer als 100 km² ist und in dem über 150 000 Einwohner bei einer Bevölkerungsdichte von mehr als 1000 Einwohnern/km² leben. Dieses weist viele Industrie- und Gewerbebetriebe, Siedlungs- und Verkehrsanlagen auf engem Raum auf.

Verstädterung: 1. Wachstum der Städte eines Staates hinsichtlich ihrer Einwohnerzahl und / oder Fläche; 2. Vermehrung der städtischen Siedlungen eines Landes oder 3. Wachsen des Anteils der Bevölkerung eines Staates, der in Städten lebt

Vertrag von Maastricht: Vereinbarung der Staats- und Regierungschefs der Europäischen Gemeinschaft (EG) von 1992, diese in eine Wirtschafts- und Währungsunion umzuwandeln und zu einer politischen Union auszubauen (→ EU).

Vielvölkerstaat: Staat, in dem unterschiedliche Bevölkerungsgruppen zusammen leben.

Vulkan: Schild- oder kegelförmiger Berg, der durch den Austritt von → Magma und Asche entstanden ist.

W

Wachstumsindustrie: Ein Industriezweig, der sich gut entwickelt und stetig größer wird.

Wachstumsrate: Wenn die → Geburtenrate höher ist als die → Sterberate, wächst die Bevölkerung. Mit der Wachstumsrate lässt sich bestimmen, um wie viel Prozent die Bevölkerung wächst.

Währungsunion: Ein Zusammenschluss mehrerer Staaten, welche eine gemeinsame Währung (z. B. den Euro) haben und eine gemeinsame Währungspolitik betreiben.

Wanderarbeiter: Mensch, der auf der Suche nach Arbeit aus dem landwirtschaftlich geprägten Hinterland in die Städte des Landes kommt.

Weltgipfel: Internationale Konferenzen, die von UN-Organisationen veranstaltet werden. Sie dienen dazu, aktuelle Themen zu diskutieren und Abkommen auszuhandeln.

Welthandel: Der gesamte Außenhandel, also der Import und Export aller Staaten der Erde. Aufgrund der → internationalen Arbeitsteilung und des Rohstoff- und Nahrungsmittelbedarfs der einzelnen Staaten kommt es zu einem internationalen Austausch von Gütern.

Weltzeit: Ein Zeit-System, das aufgrund internationaler Vereinbarungen eine weltweit gleiche Zeitangabe herstellt, im Gegensatz zur → Zonenzeit, die nur innerhalb einer regional begrenzten Zeitzone gültig ist.

Wendekreise: Die Breitenkreise, an denen die Sonne jeweils einmal jährlich ihren Höchststand erreicht, also im → Zenit steht. Bei 23,5 ° Nord befindet sich der nördliche Wendekreis, bei 23,5 ° Süd der südliche Wendekreis.

Wertschöpfung: Ein Wert für die in den einzelnen Wirtschaftsbereichen erbrachten wirtschaftlichen Leistungen.

Westwindzone: Globale atmosphärische Windströmung, die etwa im Bereich von 35 – 60° nördlicher und südlicher Breite auftritt. Die Westwindzone ist gekennzeichnet von vorherrschenden Westwinden.

Wetter: Das Zusammenwirken von Temperatur, Luftdruck, Bewölkung, Windgeschwindigkeit und Niederschlag zu einem bestimmten Zeitpunkt an einem bestimmten Ort.

Wetterhütte: Ein standardisiertes Häuschen zur Sammlung von Wetterdaten wie Feuchte, → Lufttemperatur und → Luftdruck.

Wirbelsturm: Tropische Wirbelstürme sind Drehwinde mit einem starken Druckgefälle. Im Zentrum des Wirbels, im „Auge“, herrscht fast Windstille. Tropische Wirbelstürme entstehen über der warmen Meeresoberfläche und haben je nach Verbreitungsgebiet unterschiedliche Bezeichnungen (z. B. Hurrikan).

Wirtschaftssonderzone: Gebiet innerhalb eines Staates, in dem besondere Gesetze für das Wirtschafts- und Steuerrecht gelten.

Z

Zeitzonen: 24 international festgelegte Meridianstreifen von jeweils 15° Breite, deren Zeitunterschied jeweils eine Stunde beträgt. Aus praktischen Gründen erfolgt die Abgrenzung häufig nicht exakt entlang der Meridiane, sondern entlang der Ländergrenzen.

Zenit: (arab.: Scheitelpunkt) Der Punkt am Himmel, der sich senkrecht über dem Beobachter auf der Erdoberfläche befindet. Wenn die Sonne im Zenit steht, dann treffen ihre Strahlen im rechten Winkel auf die Erdoberfläche auf. Die Sonne kann nur zwischen den beiden → Wendekreisen im Zenit stehen.

Zonenzeit: Die Zeit, die in den jeweiligen → Zeitzonen gilt. Die Zonenzeit des 15. Meridians östlicher Länge ist die Mitteleuropäische Zeit (MEZ).

Klimastationen

Mitteleuropa		J	F	M	A	M	J	J	A	S	O	N	D	Jahr
Aachen, 204 m	°C	2	3	5	8	13	15	17	16	14	10	5	3	9
	mm	68	58	61	61	60	75	91	78	70	85	65	78	840
Berlin, 57 m	°C	−1	0	3	8	13	16	18	17	14	8	4	1	8
	mm	49	33	37	42	49	59	80	57	48	43	42	42	581
Breslau (Wroclaw), 120 m	°C	−2	−1	3	8	13	16	18	17	14	9	4	0	8
Polen	mm	38	29	38	43	60	62	87	68	46	44	39	38	592
Clausthal-Zellerfeld,	°C	−2	−2	1	5	10	13	14	14	11	6	2	−1	6
585 m	mm	138	107	102	93	86	98	138	129	104	114	106	134	1 349
Essen, 154 m	°C	2	3	5	9	13	16	17	17	14	11	6	3	10
	mm	81	56	75	68	74	96	89	77	73	70	81	90	930
Frankfurt am Main, 103 m	°C	1	2	5	9	14	17	19	18	14	9	5	2	10
	mm	45	35	38	47	60	66	75	71	52	47	43	49	629
Garmisch-Partenkirchen	°C	−3	−1	3	7	11	14	15	15	12	7	2	−2	7
715 m	mm	76	55	78	99	123	176	185	162	123	76	63	80	1 296
Hamburg, 16 m	°C	0	1	4	8	12	15	17	16	14	9	4	2	9
	mm	59	57	49	52	54	66	85	87	61	65	53	61	740
Kahler Asten, 841 m	°C	−3	−3	0	4	9	12	13	13	10	6	1	−2	5
	mm	148	128	94	112	90	111	131	135	108	128	132	137	1 454
Köln-Wahn, 56 m	°C	2	3	6	9	14	16	18	18	14	10	6	4	10
	mm	60	47	63	51	73	88	86	65	69	62	63	71	797
Magdeburg, 58 m	°C	0	1	4	8	14	17	18	17	14	9	4	1	9
	mm	29	31	38	31	45	51	67	48	43	42	33	34	492
München, 529 m	°C	−2	−1	3	7	12	15	17	16	13	7	3	−1	7
	mm	51	38	50	77	93	117	128	102	89	57	47	55	904
Münster, 65 m	°C	1	2	5	8	13	16	17	16	14	9	5	2	6
	mm	66	49	57	52	56	69	84	79	64	68	60	73	777
Zugspitze, 2 962 m	°C	−11	−11	−10	−7	−3	0	2	2	0	−4	−7	−10	−5
	mm	115	112	136	195	234	317	344	310	242	135	111	139	2 390
Südeuropa														
Athen, 105 m	°C	9	10	11	15	19	23	27	26	23	19	14	11	17
Griechenland (Küste)	mm	54	46	33	23	20	14	8	14	18	36	79	64	406
Lissabon, 96 m	°C	10	11	13	14	17	19	21	22	20	17	14	11	16
Portugal (Westküste)	mm	86	83	86	78	45	14	4	6	33	61	92	110	698
Madrid, 667 m	°C	5	6	9	11	16	20	23	24	19	13	8	5	13
Zentralspanien	mm	25	46	37	35	40	34	7	5	35	46	57	43	410
Málaga, 34 m	°C	13	13	15	16	19	23	25	26	24	20	16	13	19
Spanien (Süden)	mm	59	49	62	46	25	6	1	3	28	62	63	66	470
Marseille, 75 m	°C	6	7	9	13	16	20	22	22	19	15	10	7	14
Frankreich (Rhône-Delta)	mm	45	33	41	49	43	29	16	27	52	89	71	53	548
Rom, 46 m	°C	7	8	11	14	18	23	26	26	22	18	13	9	16
Italien	mm	74	87	79	62	57	38	6	23	66	123	121	92	828
Valencia, 59 m	°C	10	12	13	15	18	21	25	26	22	19	14	10	17
Spanien (Ostküste)	mm	34	31	39	39	43	21	12	9	76	84	50	48	486
Nordeuropa, Westeuropa														
Bergen, 21 m	°C	1	1	2	6	9	13	14	14	11	7	4	2	7
Norwegen (Westküste)	mm	224	181	155	112	118	106	142	195	237	233	220	221	2 144
Helsinki, 12 m	°C	−6	−6	−3	2	8	13	17	15	10	6	1	−4	4
Finnland (Südküste)	mm	53	51	43	40	47	49	62	82	73	66	69	61	696
London, 36 m	°C	3	4	6	9	12	16	17	17	14	10	6	4	10
Großbritannien	mm	50	37	38	40	48	52	62	58	55	70	56	48	614
Luleå, 6 m	°C	−10	−10	−6	0	7	12	16	14	9	3	−3	−6	−2
Schweden (Norrbotten)	mm	37	25	23	28	30	47	50	68	69	48	48	44	517

		J	F	M	A	M	J	J	A	S	O	N	D	Jahr
Narvik, 32 m	°C	−4	−4	−3	1	6	10	14	13	9	4	0	−2	4
Norwegen (Nordküste)	mm	55	49	60	44	43	62	59	84	97	86	58	58	758
Paris, 50 m	°C	2	4	6	10	13	17	18	18	15	10	6	3	10
Frankreich	mm	35	36	39	41	49	56	50	48	49	58	47	44	552
Reykjavik, 5 m	°C	−1	−1	−1	2	6	9	11	10	8	4	1	−1	4
Island (Südwestküste)	mm	98	84	69	62	48	49	48	51	90	87	95	89	871
Shannon, 2 m	°C	5	6	7	9	12	14	16	16	14	11	8	6	10
Irland (Westküste)	mm	94	67	56	53	61	57	77	79	86	86	96	117	929
Stockholm, 44 m	°C	−3	−3	−1	3	9	14	17	15	12	6	2	−2	6
Schweden (Ostseeküste)	mm	36	33	33	38	38	43	61	74	48	46	48	48	546
Osteuropa														
Archangelsk, 4 m	°C	−13	−12	−8	−1	6	12	16	13	8	1	−5	−10	−1
Russland (Weißes Meer)	mm	33	28	28	28	39	59	63	57	66	55	44	39	539
Kiew, 180 m	°C	−6	−5	−1	7	14	18	20	18	14	8	1	−4	7
Ukraine (mittlerer Dnjepr)	mm	30	29	42	44	50	73	81	56	44	47	40	36	572
Moskau, 144 m	°C	−10	−8	−4	4	13	16	19	17	11	4	−2	−7	4
Russland	mm	28	23	31	38	48	51	71	74	56	36	41	38	535
St. Petersburg, 10 m	°C	−9	−8	−5	2	9	15	18	16	11	5	−2	−7	4
Russland (Ostseeküste)	mm	27	25	22	30	41	54	59	82	60	46	35	32	513
Warschau, 121 m	°C	−3	−3	1	7	13	17	19	18	13	8	2	−3	7
Polen (mittlere Weichsel)	mm	35	23	20	40	39	57	57	74	56	38	36	35	510
Asien														
Delhi, 216 m	°C	15	18	23	29	33	35	31	30	30	26	20	16	26
Indien (Ganges-Ebene)	mm	33	12	23	7	8	32	209	204	114	71	3	3	719
Jakarta, 8 m	°C	25	25	26	26	26	26	26	26	26	26	26	26	26
Indonesien (Java)	mm	270	241	175	131	139	105	72	65	146	169	183	185	1881
Hongkong, 33 m	°C	16	15	17	21	25	27	28	28	27	24	21	17	22
China (Südküste)	mm	33	46	69	135	305	401	356	371	246	130	43	28	2163
Irkutsk, 459 m	°C	−21	−18	−9	1	8	14	18	15	8	1	−11	−18	−1
Russland (Baikalsee)	mm	13	10	8	15	33	56	79	71	43	18	15	15	376
Jakutsk, 100 m	°C	−43	−37	−23	−9	5	15	19	15	6	−9	−30	−40	−11
Russland (Ostsibirien)	mm	6	5	3	6	13	27	34	42	23	12	10	7	188
Jerusalem, 745 m	°C	8	9	13	16	21	23	24	24	23	21	17	11	18
Israel	mm	104	135	28	25	3	0	0	0	0	5	30	74	404
Kalkutta, 10 m	°C	20	23	27	31	31	30	29	29	29	28	24	20	27
Indien (Ganges-Delta)	mm	11	12	22	35	82	250	322	288	304	132	16	3	1447
Peking, 38 m	°C	−4	−2	6	13	21	24	27	25	21	13	4	−2	12
China	mm	3	5	5	15	38	36	211	155	64	18	8	3	561
Shanghai, 7 m	°C	3	4	8	13	19	23	27	27	23	17	12	6	15
China (Jangtse-Mündung)	mm	48	58	84	94	94	180	147	142	130	71	51	36	1135
Tokyo, 6 m	°C	4	4	7	13	17	20	24	26	22	16	11	6	14
Japan	mm	56	66	112	132	152	163	140	163	226	191	104	56	1561
Werchojansk, 99 m	°C	−50	−45	−30	−13	2	12	15	11	2	−14	−37	−47	−16
Russland (Ostsibirien)	mm	4	3	3	4	7	22	27	26	13	8	7	4	128
Wladiwostok, 138 m	°C	−15	−11	−4	4	9	13	18	20	16	9	−1	−11	4
Russland	mm	10	13	20	44	69	88	101	145	126	57	31	17	721
Antarktis														
Mac Murdo, 45 m	°C	−3	−9	−18	−23	−23	−25	−27	−29	−23	−20	−10	−4	−18
US-Station (Küste)	mm	11	4	6	6	13	5	5	11	12	8	6	7	94
Südpol, 2800 m	°C	−29	−40	−54	−59	−57	−57	−59	−59	−59	−51	−39	−28	−49
US-Station	mm	keine Angaben												

Klimastationen

Australien		J	F	M	A	M	J	J	A	S	O	N	D	Jahr
Darwin, 31 m	°C	29	28	29	29	28	26	25	26	28	29	30	29	28
Nordküste	mm	389	343	244	104	15	3	3	3	13	51	119	249	1 536
Perth, 59 m	°C	23	23	22	19	16	14	13	13	14	16	19	22	18
Südwestküste	mm	8	10	20	43	130	181	170	143	86	56	20	15	881
Sydney, 44 m	°C	22	22	21	18	15	13	12	13	15	18	19	21	17
Südostküste	mm	90	114	122	140	127	121	118	73	71	70	71	70	1 187
Nördliches Afrika														
Addis Abeba, 2450 m	°C	14	16	17	17	17	16	14	14	15	14	14	13	15
Äthiopien	mm	13	38	66	86	86	135	279	300	191	20	15	5	1 234
Algier, 59 m	°C	12	13	15	16	20	23	26	27	25	21	17	14	19
Algerien (Nordküste)	mm	110	83	74	41	46	17	2	4	42	80	128	135	762
Al Kufrah, 381 m	°C	12	15	19	23	28	30	30	31	28	25	19	14	23
Libyen	mm	0	1	0	0	0	0	0	1	0	0	0	0	2
Bilma, 355 m	°C	17	19	24	29	32	33	33	33	31	27	23	18	27
Niger (Sahara)	mm	0	0	0	0	1	1	3	10	5	2	0	0	22
Enugu, 233 m	°C	26	28	29	28	27	26	26	26	26	26	27	26	27
Nigeria	mm	19	15	81	209	195	166	182	190	182	246	53	23	1 561
In Salah, 273 m	°C	13	15	20	24	30	34	37	36	33	27	20	14	25
Algerien (Sahara)	mm	3	2	0	0	0	0	0	0	1	0	4	3	13
Kairo, 33 m	°C	12	13	16	20	24	27	27	27	25	22	18	14	20
Ägypten (Nil-Delta)	mm	5	5	5	3	3	0	0	0	0	3	3	5	32
Lagos, 2 m	°C	27	29	29	28	28	27	26	26	26	27	28	28	27
Nigeria (Südküste)	mm	28	41	106	145	268	443	273	63	128	193	75	30	1 793
Niamey, 223 m	°C	25	27	31	34	33	31	28	27	28	30	28	25	29
Niger (Sahel)	mm	0	0	3	6	38	71	139	201	94	14	1	0	567
Ouagadougou, 316 m	°C	25	28	31	33	31	29	27	26	27	29	28	26	28
Burkina Faso	mm	0	3	8	19	84	118	193	265	153	37	2	0	882
Tripolis, 22 m	°C	12	13	15	18	20	23	26	26	26	23	19	14	20
Libyen (Mittelmeerküste)	mm	81	46	28	10	5	3	0	0	10	41	66	94	384
Zinder, 506 m	°C	22	25	29	33	34	32	28	27	29	31	27	24	28
Niger (Sahel)	mm	0	0	0	3	27	55	153	232	71	7	0	0	548
Südliches Afrika														
Daressalam, 14 m	°C	27	28	27	27	26	24	24	24	24	24	26	27	26
Tansania (Küstentiefland)	mm	71	81	142	300	188	28	28	28	36	58	69	79	1 108
Durban, 15 m	°C	24	24	24	22	20	18	17	18	19	21	22	23	21
Südafrika (Ostküste)	mm	117	135	152	91	66	46	43	46	71	130	119	132	1 148
Harare, 1492 m	°C	21	21	20	19	16	14	14	15	19	22	22	21	19
Simbabwe	mm	184	194	120	26	14	4	1	2	8	29	92	148	822
Johannesburg, 1 753 m	°C	20	20	19	16	13	10	10	13	16	18	19	20	16
Südafrika	mm	137	112	99	40	23	6	11	10	23	64	117	127	769
Kapstadt, 12 m	°C	22	22	21	18	16	14	13	13	14	17	19	21	18
Südafrika	mm	13	15	23	48	94	112	91	84	58	41	28	20	632
Kinshasa, 320 m	°C	26	26	27	27	26	24	23	23	25	26	26	26	25
D. R. Kongo	mm	135	146	196	196	157	8	3	3	30	119	221	142	1 356
Kisangani, 460 m	°C	26	26	26	26	26	25	25	25	25	25	25	25	25
D. R. Kongo	mm	95	115	152	181	167	115	100	186	174	228	177	114	1 804
Lubumbashi, 1 274 m	°C	22	22	22	21	19	16	16	18	21	24	23	22	21
D. R. Kongo	mm	247	239	260	51	4	0	0	0	2	26	172	257	1 204
Nairobi, 1 820 m	°C	18	19	19	19	18	17	16	16	17	18	18	18	18
Kenia	mm	37	62	120	210	160	40	18	24	30	58	110	85	954
Walfischbai, 7 m	°C	19	19	19	18	17	16	14	14	14	15	17	18	17
Namibia	mm	0	0	3	3	0	0	0	0	0	0	0	0	6

Nordamerika		J	F	M	A	M	J	J	A	S	O	N	D	Jahr
Barrow, 13 m	°C	−27	−28	−26	−19	−6	2	4	4	−1	−9	−18	−24	−12
USA (Alaska)	mm	8	5	5	8	8	8	28	20	13	20	10	10	143
Churchill, 11 m	°C	−29	−27	−19	−8	−1	7	12	11	5	−3	−14	−24	−8
Kanada (Hudsonbay)	mm	15	27	28	16	24	51	45	62	67	32	30	21	428
Denver, 1625 m	°C	−1	1	4	9	14	19	23	22	17	11	4	−1	10
USA (Colorado)	mm	13	14	32	43	61	46	49	38	32	25	26	16	395
Edmonton, 658 m	°C	−14	−11	−5	4	11	14	16	15	10	5	−4	−10	3
Kanada (Alberta)	mm	21	18	19	23	43	80	82	60	34	18	18	19	435
Eismitte, 3012 m	°C	−42	−47	−39	−31	−20	−15	−11	−18	−22	−36	−43	−39	−30
Grönland	mm	keine Angaben												
Fairbanks, 152 m	°C	−25	−18	−12	−2	8	15	16	13	6	−3	−16	−22	−3
USA (Alaska)	mm	19	12	21	7	14	36	47	42	40	19	17	17	291
Inuvik, 15 m	°C	−29	−28	−23	−13	−1	9	14	10	3	−7	−20	−27	−9
Kanada	mm	14	11	10	12	9	19	32	33	27	27	19	13	226
Los Angeles, 103 m	°C	12	13	14	15	17	19	21	21	20	18	16	13	17
USA (Kalifornien)	mm	78	84	70	26	11	2	0	1	4	17	30	66	389
Miami, 2 m	°C	20	20	22	23	25	27	28	28	27	26	23	21	24
USA (Florida)	mm	64	48	58	86	180	188	135	163	226	229	84	43	1504
New York, 96 m	°C	−1	−1	3	9	16	20	23	23	19	13	7	2	11
USA (Ostküste)	mm	91	105	90	83	81	86	106	108	87	88	76	90	1091
New Orleans, 16 m	°C	12	14	17	20	24	27	27	27	26	21	16	13	20
USA (Mississippi-Delta)	mm	108	116	118	135	115	151	159	144	130	82	81	120	1459
St. Louis, 173 m	°C	−1	1	6	13	19	24	26	25	21	14	7	1	13
USA (mittl. Mississippi)	mm	94	86	93	95	92	98	77	76	74	69	94	84	1032
Upernavik, 35 m	°C	−17	−20	−18	−12	−2	3	6	6	1	−3	−7	−13	−6
Grönland	mm	9	11	9	11	11	9	21	24	30	23	17	11	186
Yuma, 42 m	°C	12	15	18	21	25	29	33	32	29	23	17	13	22
USA (unterer Colorado)	mm	11	11	9	2	1	1	5	13	9	7	7	13	89

Mittelamerika, Südamerika		J	F	M	A	M	J	J	A	S	O	N	D	Jahr
Antofagasta, 94 m	°C	21	21	20	17	16	14	14	15	15	16	18	20	17
Chile (Atacama-Wüste)	mm	0	0	0	1	0	0	0	0	0	0	0	0	1
Buenos Aires, 25 m	°C	23	23	20	16	13	10	9	11	13	16	19	22	16
Argentinien	mm	78	71	98	122	71	52	54	56	74	85	101	102	964
El Misti, 5850 m	°C	−6	−6	−7	−8	−10	−10	−10	−10	−10	−7	−6	−6	−8
Peru	mm	keine Messungen												
Havanna, 19 m	°C	2	22	23	24	26	27	28	28	27	26	24	23	25
Kuba (Nordküste)	mm	76	38	43	43	130	142	109	109	127	178	81	61	1137
Kingston, 7 m	°C	26	26	26	27	28	28	29	29	28	28	27	27	27
Jamaika	mm	23	16	21	18	75	74	30	82	119	149	78	40	725
La Paz, 3570 m	°C	11	11	11	10	9	7	7	8	9	11	12	11	9
Bolivien (Altiplano)	mm	114	107	66	33	13	8	10	13	28	41	48	91	572
Lima, 158 m	°C	23	24	23	21	19	17	16	16	16	17	19	21	19
Peru (Küstensaum)	mm	0	0	1	1	2	6	9	10	10	5	3	1	48
Manáus, 44 m	°C	26	26	26	26	26	26	27	27	28	28	27	27	27
Brasilien (Amazonas)	mm	262	249	274	277	201	112	69	38	61	119	155	226	2043
Mexiko-Stadt, 2282 m	°C	13	15	17	18	19	18	17	17	17	16	15	14	16
Mexiko	mm	6	10	12	18	52	117	110	95	130	36	17	8	611
Quito, 2850 m	°C	13	13	13	13	13	13	13	13	13	13	13	13	13
Ecuador	mm	107	109	132	188	127	38	23	38	76	94	97	97	1126
San José, 1135 m	°C	19	19	20	20	21	20	20	20	20	20	20	19	20
Costa Rica	mm	6	4	12	28	254	280	211	268	361	338	124	42	1928

11

Klima- und Vegetationszonen der Erde

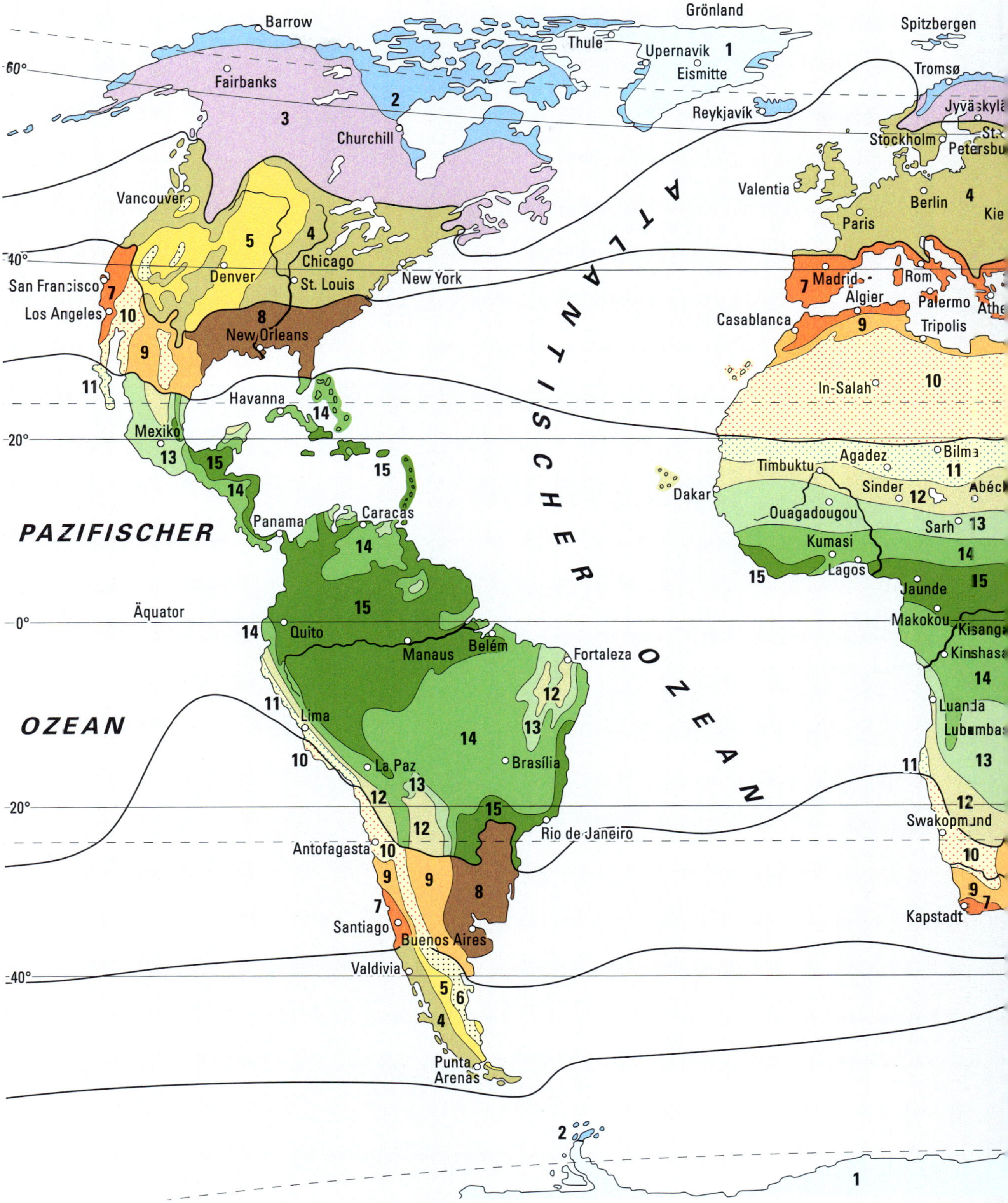

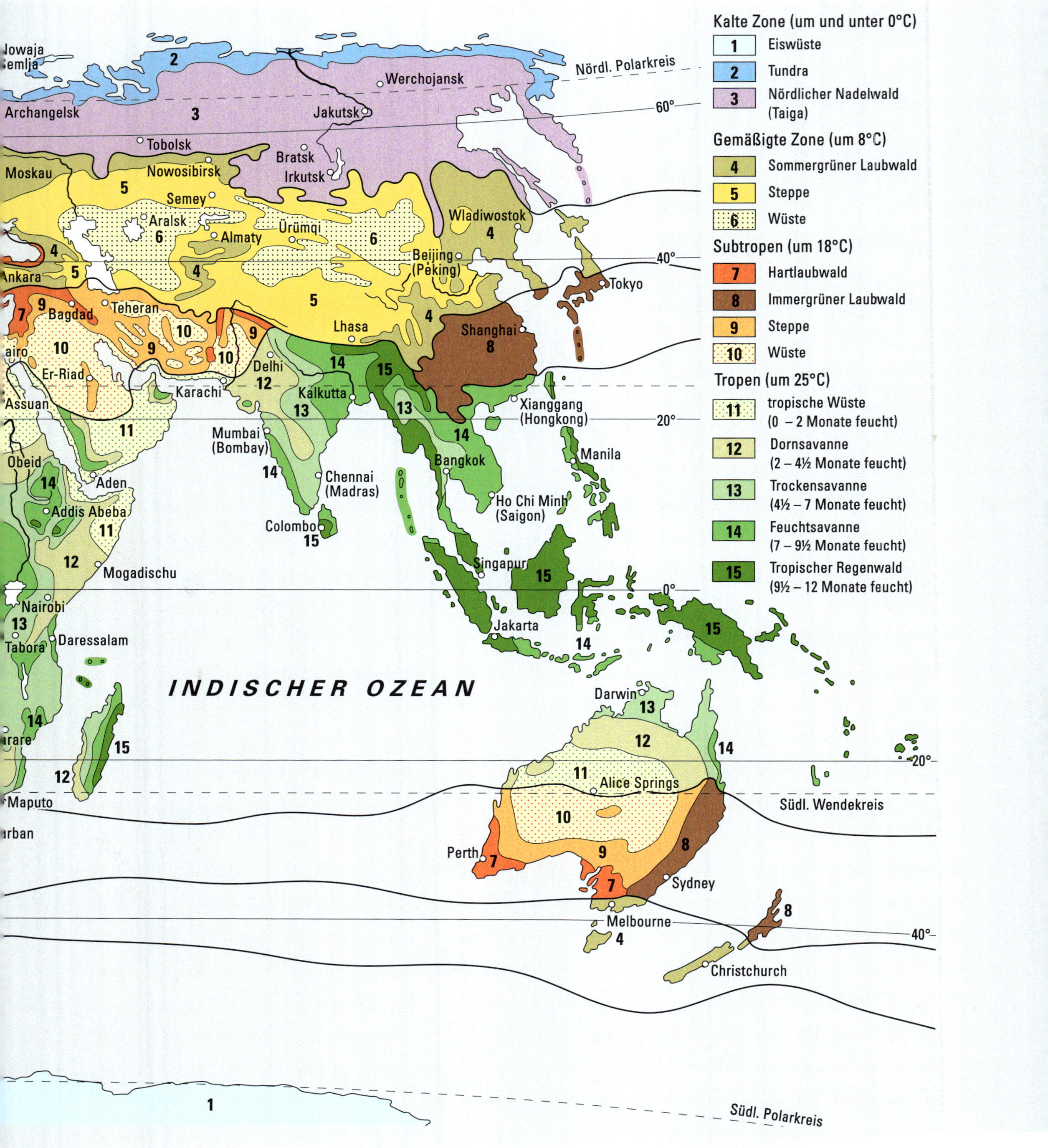

Kalte Zone (um und unter 0°C)
1 Eiswüste
2 Tundra
3 Nördlicher Nadelwald (Taiga)
Gemäßigte Zone (um 8°C)
4 Sommergrüner Laubwald
5 Steppe
6 Wüste
Subtropen (um 18°C)
7 Hartlaubwald
8 Immergrüner Laubwald
9 Steppe
10 Wüste
Tropen (um 25°C)
11 tropische Wüste (0 – 2 Monate feucht)
12 Dornsavanne (2 – 4½ Monate feucht)
13 Trockensavanne (4½ – 7 Monate feucht)
14 Feuchtsavanne (7 – 9½ Monate feucht)
15 Tropischer Regenwald (9½ – 12 Monate feucht)
Nördl. Polarkreis
60°
40°
20°
0°
20°
40°
Südl. Wendekreis
Südl. Polarkreis
INDISCHER OZEAN
Archangelsk
Werchojansk
Jakutsk
Tobolsk
Bratsk
Irkutsk
Moskau
Nowosibirsk
Semey
Aralsk
Almaty
Ürümqi
Wladiwostok
Ankara
Beijing (Peking)
Tokyo
Bagdad
Teheran
Lhasa
Shanghai
Er-Riad
Delhi
Karachi
Kalkutta
Assuan
Xianggang (Hongkong)
Mumbai (Bombay)
Manila
Bangkok
Obeid
Aden
Chennai (Madras)
Ho Chi Minh (Saigon)
Addis Abeba
Colombo
Singapur
Mogadischu
Nairobi
Jakarta
Tabora
Daressalam
Darwin
Alice Springs
Maputo
Perth
Sydney
Melbourne
Christchurch

11 Strukturdaten

Land	Fläche in 1000 km²	Einwohner 2011 in Millionen	Jährliches Bevölkerungswachstum 2011 in %	Geburtenrate 2011 in %	Sterberate 2011 in %	Lebenserwartung 2011 in Jahren	Anteil der Bevölkerung unter 15 Jahren 2010 in %	Anteil der Bevölkerung über 65 Jahren 2010 in %	Städtische Bevölkerung 2010 in %	Wirtschaftsleistung je Einwohner 2010 in US-$[2]	Erwerbstätige in der Industrie[3] 2008 in % der Erwerbstätigen insgesamt	Erwerbstätige in Dienstleistungen[3] 2008 in % der Erwerbstätigen insgesamt	Anteil der Industrie[3] am BIP 2009 in %	Anteil der Dienstleistungen[3] am BIP 2009 in %	Arbeitslose 2009 in %	Energieverbrauch je Einwohner 2009 in kg Öleinheiten[1]	Analphabeten 2011 in %	Nahrungsversorgung 2008 in Kilokalorien je Einwohner und Tag	Einwohner je Arzt 2010	Internet-Nutzer 2010 je 1000 Einwohner
Europa																				
Albanien	29	3,2	0,6	1,2	0,6	77	23	10	48	8817	23	29	19	61	14	538	1	2890	888	417
Belgien	31	10,8	-0,1	1,0	1,1	80	17	17	97	37448	23	75	22	78	8	6150	0	3690	345	765
Bosnien-Herzegowina	51	3,8	0,0	0,9	0,9	79	15	14	49	8750	33	47	26	64	29	1580	2	3080	677	641
Bulgarien	111	7,4	-0,5	0,9	1,4	74	14	18	72	13780	33	60	30	64	7	2290	2	2760	271	444
Dänemark	43	5,6	0,0	1,0	1,0	79	18	17	87	39558	20	78	23	77	6	2920	0	3410	298	878
Deutschland	357	82,2	-0,3	0,8	1,1	80	14	20	74	37591	28	70	27	73	8	3540	0	3540	281	813
Estland	45	1,3	-0,4	1,0	1,4	73	15	17	70	20033	30	65	29	68	14	3543	0	3140	298	713
Finnland	338	5,4	0,0	1,0	1,0	79	17	17	64	36660	23	72	28	69	8	4680	0	3220	373	847
Frankreich	544	63,1	0,3	1,2	0,9	81	18	17	78	33820	22	75	19	79	9	3860	0	3640	295	822
Griechenland	132	11,4	-0,2	0,9	1,1	80	15	19	61	28154	20	68	18	79	10	2900	3	3710	169	419
Großbritannien	243	62,4	0,3	1,2	0,9	80	17	17	90	35860	19	79	21	78	8	3220	0	3450	377	849
Irland	70	4,5	1,0	1,6	0,6	80	21	12	62	39727	20	76	31	68	12	3120	0	3590	329	713
Italien	301	60,8	-0,1	0,9	1,0	82	14	20	68	31555	29	68	25	73	8	2710	1	3650	246	536
Kroatien	57	4,4	-0,2	1,0	1,2	76	15	17	58	19516	31	64	26	69	17	1965	1	2990	373	615
Lettland	65	2,2	-0,4	1,0	1,4	73	14	18	68	16312	24	67	20	77	18	1871	0	2990	332	677
Litauen	65	3,3	-0,2	0,9	1,1	75	15	16	67	18184	24	66	32	64	14	2460	0	3430	267	665
Luxemburg	3	0,5	0,4	1,2	0,8	80	18	14	82	89769	12	81	13	86	5	7934	0	3680	378	874
Montenegro	14	0,6	0,2	1,1	0,9	75	19	13	60	12676	30	68	20	70	20	1384	4	2700	513	547
Niederlande	42	16,7	0,1	1,0	0,9	80	18	15	83	42475	16	72	24	74	3	5640	0	3000	259	900
Norwegen	324	4,9	0,2	1,1	0,9	80	19	15	78	56894	20	78	40	59	3	8810	0	3450	258	886
Österreich	84	8,4	-0,1	0,9	1,0	80	15	18	68	39698	25	70	29	69	5	3830	0	3800	215	710
Polen	313	38,3	0,0	1,0	1,0	76	15	14	61	19747	30	57	31	66	8	2420	1	3410	465	626
Portugal	92	10,7	-0,1	1,0	1,1	79	15	18	61	25573	28	61	23	75	10	2100	5	3580	267	513
Rumänien	238	21,4	-0,2	1,0	1,2	74	15	15	55	14287	29	41	26	67	7	1610	2	3490	516	410
Russland	17098	142,8	-0,5	1,1	1,6	66	15	13	73	19840	29	62	33	63	8	4480	1	3320	233	420
Schweden	450	9,4	0,0	1,0	1,0	81	17	18	85	38947	20	78	25	73	9	4640	0	3110	291	865
Schweiz	41	7,7	0,1	1,0	0,9	81	15	17	74	46215	21	71	27	72	4	3800	0	3450	259	831
Serbien	88	9,9	-0,5	0,9	1,4	74	18	14	52	11488	21	56	23	65	17	1974	2	2700	492	305
Slowakei	49	5,5	0,0	1,0	1,0	75	15	12	57	23897	37	60	35	63	12	3100	1	2900	338	794
Slowenien	20	2,0	-0,2	0,9	1,1	77	14	17	48	27556	33	58	34	64	6	3417	0	3220	418	691
Spanien	506	46,4	0,2	1,1	0,9	81	15	17	77	32070	23	73	26	71	18	2890	2	3260	285	667
Tschechische Republik	79	10,5	-0,2	0,9	1,1	77	14	15	74	25299	38	59	37	61	7	3780	0	3280	284	669
Ukraine	604	45,2	-0,6	1,0	1,6	69	14	16	68	6658	23	61	29	62	9	2450	0	3290	314	231
Ungarn	93	10,0	-0,3	1,0	1,3	75	15	17	68	20307	31	65	29	66	10	2240	1	3470	321	654
Weißrussland	208	9,6	-0,4	1,0	1,4	71	15	14	74	14178	35	51	45	46	1	2815	0	3150	204	319
Amerika																				
Argentinien	2780	40,8	1,1	1,8	0,7	77	25	11	92	15893	24	75	32	61	9	1820	2	3030	333	365
Bolivien	1099	10,1	1,8	2,5	0,7	68	36	5	67	4816	17	43	38	50	6	638	9	2100	978	197
Brasilien	8515	196,7	1,2	1,8	0,6	73	26	7	87	11127	22	60	25	69	8	1170	10	3120	598	416
Chile	756	17,3	0,8	1,5	0,5	77	24,7	8,2	88	7065	23,6	63,0	47,0	49,0	7,7	1660	4	2910	770	180

[1] 1 kg Öleinheit = Energie von 1 kg Erdöl (etwa 10000 Kalorien). Mit dieser Maßeinheit kann man verschiedene Energiearten untereinander vergleichen. [2] Gemeint ist das Bruttoinlandsprodukt (BIP) = Maß für die wirtschaftliche Leistung eines Landes; misst den Wert der im Inland hergestellten Waren und Dienstleistungen, soweit diese nicht vorher für die Produktion anderer Waren und Dienstleistungen verwendet werden. [3] Der Anteil der Landwirtschaft ergibt sich, indem man die Anteile der Industrie und Dienstleistungen addiert und von 100 subtrahiert. – k. A. keine Angaben.

Ecuador	284	14,7	1,5	2,0	0,5	76	30	6	67	8105	21	70	36	58	8	796	9	2300	802	241
Guatemala	109	14,8	2,2	2,7	0,5	71	42	4	50	4740	23	44	24	63	3	701	26	2150	1111	96
Haiti	28	10,1	1,6	2,4	0,8	62	36	4	50	1102	12	50	16	59	41	263	38	1850	4000	80
Honduras	112	7,8	2,0	2,5	0,5	71	37	4	49	3890	21	40	27	61	5	592	16	2610	2111	114
Kanada	9985	34,4	0,2	1,0	0,8	81	16	14	81	38915	22	77	32	67	8	9460	0	3530	552	801
Kolumbien	1139	46,9	1,2	1,7	0,5	75	29	6	75	9392	20	63	34	58	12	640	7	2690	798	344
Kuba	110	11,3	0,3	1,0	0,7	78	17	12	76	9900	19	61	21	74	2	1022	0	3420	156	148
Mexiko	1964	114,8	1,4	1,9	0,5	77	29	6	78	14566	26	60	35	61	5	1520	7	3260	378	304
Peru	1285	29,4	1,3	1,9	0,6	73	30	6	72	9470	24	76	35	55	8	550	10	2410	1078	338
USA	9629	313,1	0,6	1,4	0,8	78	20	13	82	47184	20	79	21	78	9	7110	0	3750	395	778
Venezuela	912	29,4	1,5	2,0	0,5	74	30	6	94	11956	23	69	58	38	8	2590	5	2650	613	330
Afrika																				
Ägypten	1002	82,6	2,0	2,5	0,5	73	32	5	43	6281	22	46	37	49	9	920	34	3160	366	261
Algerien	2382	36,0	1,2	1,7	0,5	75	27	5	67	8322	23	63	62	30	10	1138	25	3090	881	120
Äthiopien	1104	84,7	3,2	4,3	1,1	56	42	3	18	1033	22	69	11	39	k.A.	402	64	1950	46899	8
Burkina Faso	274	17,0	3,1	4,4	1,3	54	45	2	20	1247	3	8	23	43	k.A.	k.A.	71	2690	18458	13
Ghana	239	25,0	1,9	2,8	0,9	61	39	4	52	1625	15	29	19	51	4	388	33	2900	12297	83
Kenia	580	41,6	2,5	3,4	0,9	60	43	3	22	1635	k.A.	k.A.	16	62	40	474	13	2030	9232	206
Kongo, Dem. Rep.	2345	67,8	2,7	3,8	1,1	55	46	3	35	345	k.A.	k.A.	24	33	k.A.	357	33	2510	169077	7
Libyen	1760	6,4	2,1	2,4	0,3	78	30	4	78	16837	23	59	67	31	13	3258	11	3150	535	141
Mali	1240	15,8	3,2	4,6	1,4	53	47	2	33	1057	17	42	22	40	30	k.A.	74	2590	21674	24
Marokko	447	32,3	1,4	1,9	0,5	76	28	6	57	4668	20	36	32	51	10	477	44	3260	1562	480
Niger	1267	16,1	3,7	5,1	1,4	53	49	2	17	723	6	4	16	47	k.A.	k.A.	71	2390	55903	8
Nigeria	924	162,5	2,0	3,6	1,6	48	43	3	50	2363	10	20	42	26	5	701	28	2710	2934	283
Ruanda	26	10,9	2,6	3,6	1,0	58	43	3	19	1155	3	7	14	52	k.A.	k.A.	29	2090	49321	78
Sambia	753	13,5	3,1	4,4	1,3	52	46	3	36	1550	6	9	35	44	14	617	29	1880	20801	67
Südafrika	1221	50,5	0,2	1,9	1,7	49	30	5	62	10486	28	68	31	66	24	2570	12	3000	1450	120
Tansania	945	46,2	2,1	3,3	1,2	53	45	3	26	1423	5	20	24	47	k.A.	451	27	2020	154000	100
Tunesien	164	10,6	1,1	1,7	0,6	75	24	7	67	8524	32	50	35	55	13	881	22	3330	846	365
Asien																				
Bangladesch	144	150,5	1,7	2,3	0,6	70	31	5	28	1643	14	37	29	53	5	140	44	2270	3475	38
China, VR	9597	1347,6	0,5	1,2	0,7	75	20	8	45	7536	45	49	46	43	4	1640	4	2990	707	339
Indien	3287	1241,5	1,4	2,1	0,7	67	31	5	30	3586	14	34	27	55	9	410	26	2360	1879	71
Indonesien	1905	242,3	1,2	1,8	0,6	71	27	6	54	4293	19	41	49	35	8	560	8	2550	3687	91
Irak	438	32,7	2,4	2,9	0,5	71	43	3	66	3535	19	60	61	30	15	1035	22	2180	1491	51
Iran	1648	74,8	1,3	1,9	0,6	70	23	5	70	11467	32	47	45	45	13	2810	9	3050	1209	134
Israel	22	7,6	1,4	1,9	0,5	81	27	10	92	28546	22	76	33	65	8	2878	3	3530	299	654
Japan	378	126,5	-0,3	0,7	1,0	82	13	23	67	33994	28	67	28	71	5	3640	0	2800	478	807
Kasachstan	2725	16,2	0,8	1,7	0,9	69	25	7	59	12050	18	54	43	52	6	4134	0	3510	282	359
Korea, Republik	100	48,4	0,3	0,9	0,6	79	16	11	82	29004	24	68	37	61	4	4870	0	3040	509	841
Malaysia	330	28,9	1,6	2,1	0,5	74	30	5	72	14591	29	57	41	48	3	2391	8	2890	1151	541
Pakistan	796	176,7	1,8	2,5	0,7	66	35	4	37	2674	20	35	24	54	15	390	42	2280	1266	175
Philippinen	300	95,7	2,0	2,5	0,5	72	35	4	66	3940	15	50	30	55	8	260	7	2580	1020	261
Saudi-Arabien	2150	28,1	1,6	1,9	0,3	74	30	3	84	22545	18	77	51	46	11	7540	14	3120	1133	375
Singapur	0,7	5,2	0,4	0,9	0,5	82	17	9	100	57505	30	70	28	72	2	3704	5	3160	624	693
Syrien	185	20,8	2,0	2,4	0,4	75	37	4	55	5248	16	67	27	56	9	1123	16	3040	677	221
Taiwan	36	23,2	0,2	0,9	0,7	78	16	11	81	35700	36	59	31	68	5	4621	3	3120	476	710
Thailand	513	69,5	0,6	1,3	0,7	74	21	9	34	8490	20	38	43	45	1	1400	6	2540	3674	202
Türkei	784	73,6	1,2	1,8	0,6	73	26	6	70	15340	26	50	26	65	12	1240	9	3500	666	421
Vietnam	332	88,8	1,1	1,7	0,6	72	24	6	29	3181	17	25	40	39	3	745	7	2780	829	278
Australien																				
Australien	7692	22,6	0,5	1,2	0,7	82	19	13	89	39407	22	75	29	68	6	5450	0	3220	360	723
Neuseeland	270	4,4	0,7	1,4	0,7	81	21	13	87	29915	22	71	25	69	6	4080	0	2810	453	798

Quellen: Statistisches Jahrbuch 2011 für die Bundesrepublik Deutschland; The World Factbook, World Health Organization, Food and Agriculture Organisation of the UN, The World Bank, United Nations Development Programme, International Telecommununication Union.

Methoden im Überblick

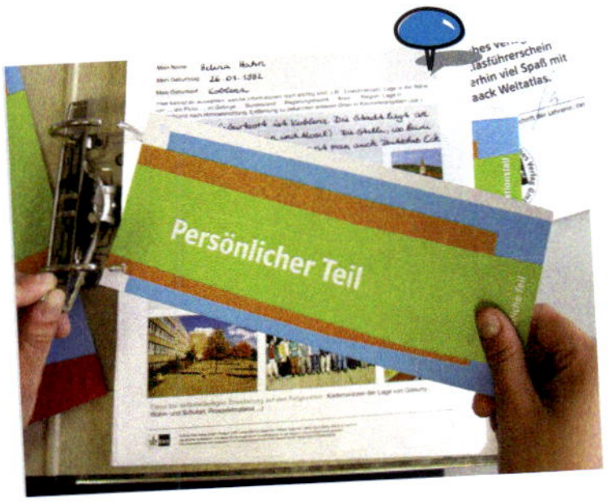

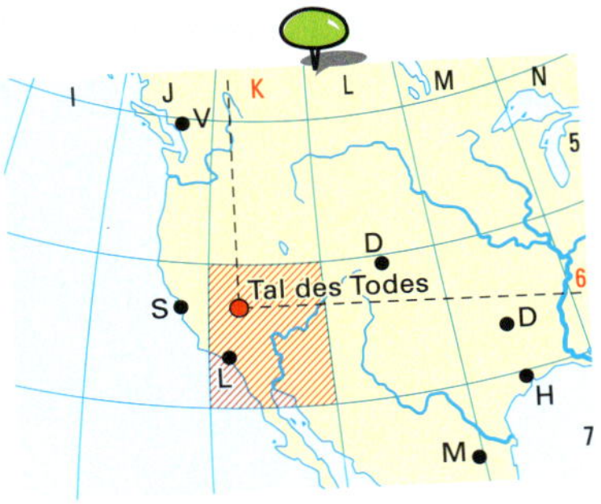

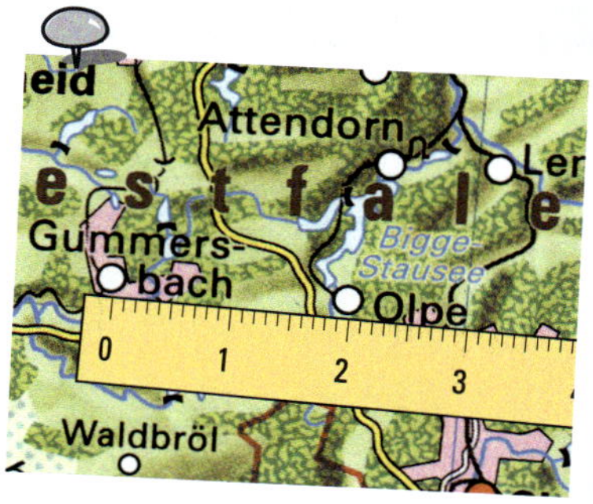

Ein Portfolio anlegen und führen

Ein Portfolio anlegen

1. Schritt: Ordner gestalten
Beschrifte das Deckblatt eines Ordners mit deinem Namen und der Überschrift „Portfolio". Gestalte dann den gesamten Außendeckel.

2. Schritt: Trennblätter einfügen
Füge Trennblätter für die großen Teile des Portfolios ein: persönlicher Teil, Dokumentationsteil, Leistungsnachweise.

Ein Portfolio führen

1. Schritt: Materialien auswählen

a) für den persönlichen Teil: Wähle Inhalte, die mit dem Erdkundeunterricht in Beziehung stehen und die dich persönlich betreffen;
b) für den Dokumentationsteil: Hefte Materialien ab, die dir beim Lernen als wichtig erschienen, z. B. geographische Methoden;
c) für den Teil Leistungsnachweise: Dazu gehören Tests, Referate oder Leistungsnachweise oder Selbsteinschätzungsbögen.

2. Schritt: Materialien gestalten
Gestalte deine Materialien vollständig, sauber und ordentlich. Nummeriere die Seiten. Hefte auf keinen Fall einfach ausgedruckte Internetseiten ab. Jede Seite sollte deine individuellen Ideen zeigen.

Mit dem Atlas arbeiten

Geographische Namen auffinden

1. Schritt: Suche zuerst den Namen im Register.
Die erste Zahl gibt die Kartenseite im Atlas an, die du aufschlagen musst. Die folgenden Zahlen geben ein Feld im Orientierungsgitter an, in dem das Objekt zu finden ist.

2. Schritt: Suche dann das angegebene Feld im Orientierungsgitter auf.

3. Schritt: Entnimm aus der Legende die Angaben über das Objekt.

Bestimmte Karten auffinden

Du suchst eine physische Karte zu Europa? Das geht entweder mit der Kartenübersicht im Umschlagdeckel oder dem Inhaltsverzeichnis.

1. Schritt: Suche die gewünschte Karte in der Kartenübersicht: Wähle dazu aus den verschiedenfarbigen Rahmen mit Seitenangaben deinen Karteninhaltswunsch aus, z. B. grün umrandetes Gebiet für physische Karten.
Entscheidest du dich für das Inhaltsverzeichnis, suche unter den Überschriften zunächst die große Überschrift „Europa" und in diesem Teil deine gewünschte Karte.

2. Schritt: Schlage die angegebenen Seiten auf und prüfe, welche Karte die gewünschten Informationen enthält.

Entfernungen bestimmen

1. Schritt: Miss mit einem Lineal auf der Karte die Entfernung zwischen zwei Punkten.

2. Schritt: Halte dann dein Lineal an die Maßstabsleiste und lies den Wert ab. Das ist die Luftlinie, die kürzeste gedachte Strecke zwischen zwei Punkten. Die tatsächliche Wegstrecke, z. B. auf der Straße, ist länger.
Nicht immer geht die Messung glatt auf. In solchen Fällen kannst du schätzen.

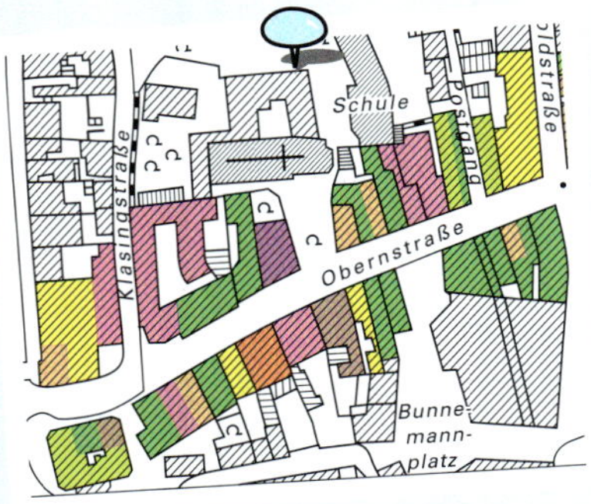

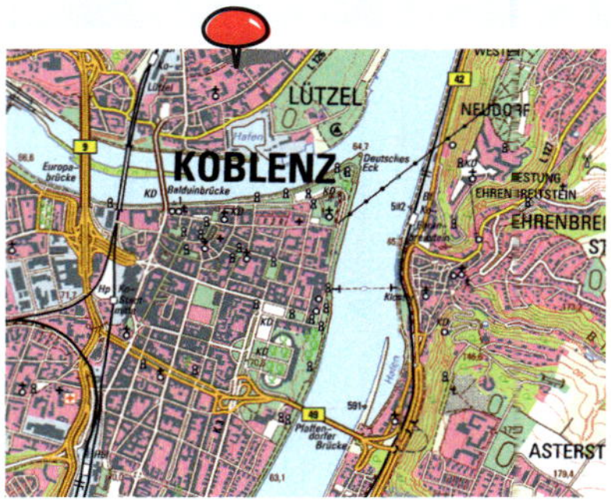

Eine Kartierung durchführen

1. Schritt: Legt die Straße fest, die kartiert werden soll.
2. Schritt: Geht die Straße entlang und tragt für jedes Haus die Hausnummer auf einer Kartenkopie ein. Dazu schreibt ihr, wie das Erdgeschoss genutzt wird.
3. Schritt: Wertet eure Ergebnisse aus, indem ihr einzelne Nutzungen zu Gruppen zusammenfasst (z. B. Mode- und Schuhgeschäft zu „Geschäft für Bekleidung").
Legt für jede dieser Gruppen eine bestimmte Farbe fest. Das wird die Legende für eure thematische Karte.
4. Schritt: Übertragt eure Ergebnisse sauber in eine neue Kopie der Karte: Ergänzt die Hausnummern und malt alle Gebäudenutzungen der Straße in der richtigen Farbe an. Vergesst die Legende nicht.

Gruppenpuzzle

1. Schritt: Stammgruppen bilden
Eine Stammgruppe besteht aus bis zu 7 Schülern und sitzt an einem gemeinsamen Gruppentisch. Jede Stammgruppe hat ein Thema zu bearbeiten, wobei alle Mitglieder am Ende gleichermaßen gut informiert sein müssen. Bestimmt ein Mitglied eurer Stammgruppe, das in einer Expertengruppe ein Unterthema bearbeiten soll.
2. Schritt: Arbeit in Expertengruppen
In der Expertengruppe bearbeitet ihr ein Thema. Jede Expertengruppe soll eine Doppelseite so bearbeiten, dass viele Informationen einfach und anschaulich an andere weitergegeben werden können. Präsentiert eure Ergebnisse in geeigneter Form, z. B. als Plakat. Hängt diese für die Museumsphase an die Klassenwände. Geht nach der Expertenarbeit in eure Stammgruppe zurück.
3. Schritt: Experten informieren die Stammgruppen (Museumsphase)
Jede Stammgruppe begibt sich zu einer Station, vor der ein Experte die anderen Stammgruppenmitglieder informiert (Vortrag). Danach werden Fragen gestellt und beantwortet. Ungeklärte Fragen schreibt ihr auf und tragt sie später im Plenum vor. Nach etwa fünf Minuten wechseln alle Stammgruppen vor die nächste Station. Hier erklärt nun ein anderer Experte …

Luftbild und Karte vergleichen

1. Schritt: Bestimmen
- Bildart und Kartenart bestimmen
- Stimmen Bild- und Kartenausschnitt überein?

2. Schritt: Verorten
- mithilfe des Atlas die Lage von Luftbild und Karte verorten

3. Schritt: Beschreiben
- auffallende Einzelobjekte auffinden
- überwiegende Raumnutzung beschreiben
- Bild in unterschiedliche Bereiche gliedern und Raumstruktur erkennen

4. Schritt: Deuten
- Beziehungen einzelner Bildelemente zueinander herstellen
- Veränderungen beobachten
- weitere Informationsquellen nutzen

5. Schritt: Darstellen
- Ergebnisse in Text und Skizze festhalten

Methoden im Überblick

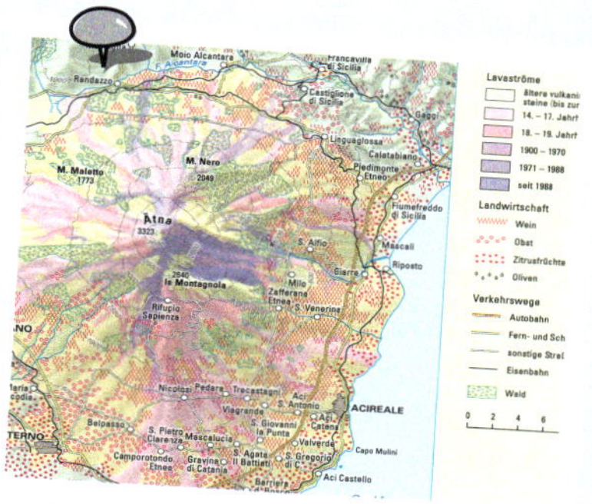

Informationen sammeln

1. Schritt: Fragen stellen
Gemeinsam muss geklärt werden, was man alles wissen will.

2. Schritt: Informationen suchen
Nun gilt es, Informationen zu den Fragen zu sammeln.

3. Schritt: Informationen auswerten
Die Informationen müssen nun ausgewertet werden. So kann man Antworten auf die Fragen erhalten.

Eine Wandzeitung gestalten

1. Schritt: Thema festlegen
Wie soll das Thema unserer Wandzeitung heißen? Welche Überschrift passt gut zu diesem Thema?

2. Schritt: Material auswählen
Das vorliegende Material, also Texte, Zeichnungen, Diagramme usw. sichten und auswählen, was davon auf die Wandzeitung soll.

3. Schritt: Materialien aufbereiten
Die Arbeit an den verschiedenen Materialien verteilen.
Jeder schreibt oder zeichnet auf ein Blatt; mit Bleistift vorzeichnen, für Texte Linien zeichnen.
Schließlich die Anordnung der Materialien festlegen und auf der Unterlage vorzeichnen.

4. Schritt: Wandzeitung erstellen und vorstellen
Die Materialien eventuell ausschneiden und alles nach dem Plan auf die Unterlage kleben.
Die Wandzeitung anheften und anschauen. Muss noch etwas unterstrichen oder farblich hervorgehoben werden? Rechtschreibfehler verbessern!
Wenn ihr die Wandzeitung vorstellt: Können alle die Wandzeitung erkennen? Können euch alle gut verstehen?

Eine thematische Karte auswerten

1. Schritt: Thema, Raum und Fragestellung klären
Orientiere dich: Welches Thema ist dargestellt, um welches Gebiet geht es? Der Titel der Karte kann dir dabei helfen. Kläre die Fragestellung, unter der die Karte ausgewertet werden soll.

2. Schritt: Sich in der Kartenlegende informieren
Schau dir die Legende genau an: Alle in der Karte benutzten Zeichen und Farben werden in der Legende erläutert.

3. Schritt: Karteninhalt beschreiben
Beschreibe den Karteninhalt: Was befindet sich wo? Gibt es Besonderheiten, z. B. fehlende Merkmale in bestimmten Gebieten? Dabei kann man sich an der Legende orientieren und die dort vermerkten Sachverhalte nacheinander beschreiben. Achte dabei auf die Fragestellung.

4. Schritt: Karteninhalt erklären
Versuche die Zusammenhänge in der Karte zu erklären. Es kann sein, dass du weitere Hilfsmittel benötigst, doch oft enthält die Karte selbst schon die Antworten.

Eine Befragung durchführen

1. Schritt: Ziele der Befragung
Zunächst müsst ihr die Ziele der Befragung festlegen.

2. Schritt: Fragebogen erstellen
Jetzt überlegt ihr euch geeignete Fragen. Achtet auf Folgendes: Passen die Fragen zu den festgelegten Zielen? Welche Fragetypen eignen sich? In welcher Reihenfolge sollen die Fragen gestellt werden?

3. Schritt: Befragung durchführen
Sprecht die Termine der Befragung ab und bittet bei der Firma oder dem Betrieb um Erlaubnis, die Befragung durchführen zu dürfen. Übt vorher, wie ihr die Gesprächspartner höflich ansprechen könnt. Bedankt euch für jedes Gespräch.

4. Schritt: Auswertung
Wertet die Fragebögen genau aus. Stellt eure Ergebnisse, wenn möglich, grafisch dar, zum Beispiel als Säulendiagramme.
Tauscht eure Erfahrungen aus der Befragung aus. Was lief gut, wo gab es Probleme?

5. Schritt: Präsentation
Stellt die Ergebnisse eurer Befragung in der Klasse vor.

Im Internet recherchieren

1. Schritt: Suchbegriffe finden
Überlege dir zuerst Begriffe, die dir bei der Suche helfen können.

2. Schritt: Suchmaschine aufrufen und Begriffe eingeben
Es gibt viele Suchmaschinen. Im Normalfall reicht eine Suchmaschine wie www.google.de.
In das Feld für Suchbegriffe gibst du die ausgewählten Wörter ein und klickst auf den Suchbutton.

3. Schritt: Ergebnisse prüfen
Du wählst eine vielversprechende Adresse aus und klickst sie mit der Maus an. Automatisch öffnet sich die angegebene Internetseite (Webseite). Du kannst nun durch Lesen der Seite feststellen, ob sie für die Bearbeitung hilfreich ist. Interessante Informationen solltest du nicht ausdrucken, sondern in einem neuen Dokument auf dem Computer speichern.

4. Schritt: Ergebnisse bewerten
Vergleiche die gefundenen Angaben immer mit einer zweiten Quelle. Es empfiehlt sich, Angaben auf offiziellen Seiten (z.B. von Behörden, großen Organisationen usw.) mehr Vertrauen zu schenken als privaten Homepages. Um Inhalte später überprüfen oder verwenden zu können, gib immer die Adresse der Seite und das Datum der Veröffentlichung an.

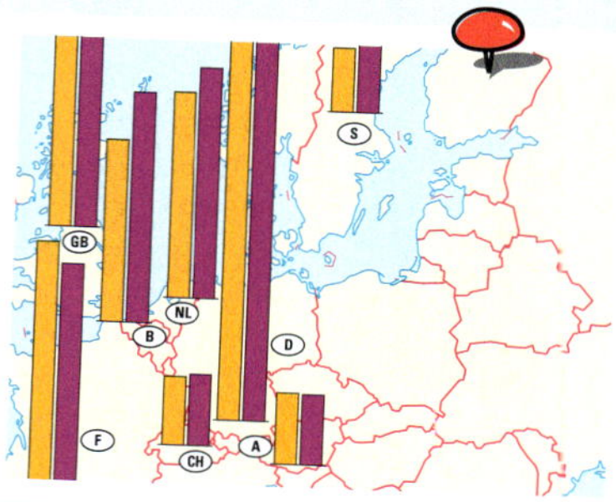

Ein Kartogramm erstellen

1. Schritt: Kartengrundlage erstellen
– Kartenskizze anfertigen, z. B. nach Atlaskarte

2. Schritt: Darstellung festlegen
– Zahlen als Kreisdiagramme, Säulendiagramme ... darstellen
– Maßstab bestimmen

3. Schritt: Kartogramm gestalten
– Diagramme in Kartenskizze übertragen

4. Schritt: Kartogramm beschriften
– Überschrift, Legende ergänzen

5. Schritt: Erläuterungstext anfertigen

Methoden im Überblick

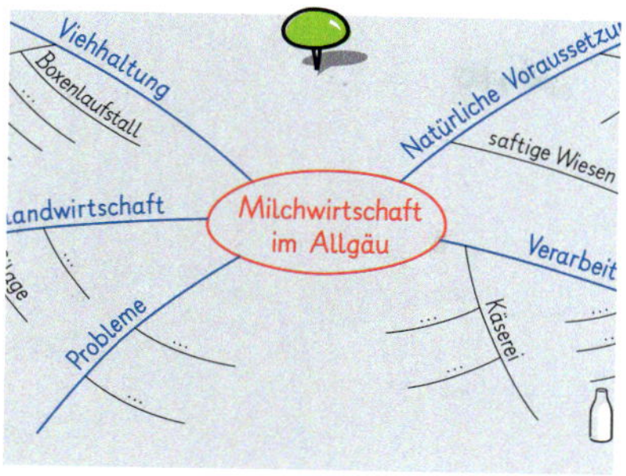

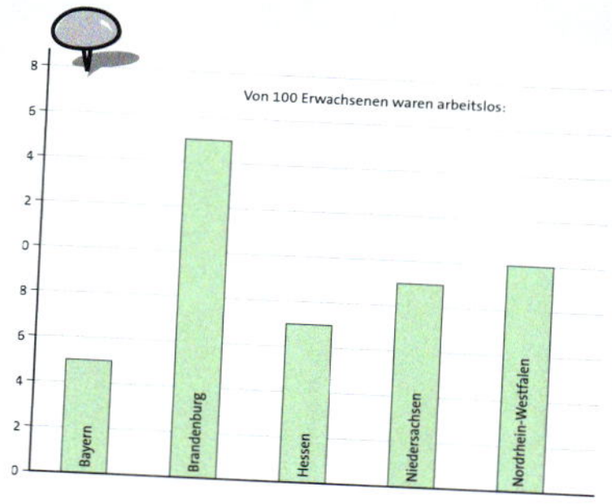

Einen Text auswerten

1. Schritt: „Überfliegen" des Textes
Lies den unbekannten Text zügig durch. Verschaffe dir einen groben Überblick über seinen Inhalt und Aufbau. Versuche, den Text nur mit deinem Vorwissen zu verstehen.

2. Schritt: Fragen an den Text stellen
Stelle dann Fragen an den Text. Hilfreich sind die sechs „W-Fragen": wer, wie, was, wann, wo, warum? Finde heraus, auf welche der Text Antwort gibt.

3. Schritt: Genaues Lesen
Lies den Text noch einmal genau durch. Markiere für deine Fragen Schlüsselwörter oder Schlüsselaussagen. Kläre unbekannte Wörter, die du nicht aus dem Zusammenhang erschließen kannst. Lexikon, Wörterbuch, Internet, der Atlas oder der Anhang dieses Buches helfen dir dabei.

4. Schritt: Wichtiges zusammenfassen
Fasse den Inhalt jedes Sinnabschnitts kurz mit eigenen Worten zusammen.

5. Schritt: Ergebnisse wiederholen und darstellen
Wiederhole deine Ergebnisse mithilfe deiner Aufzeichnungen. Stelle eine Zusammenfassung in Form eines kurzen Textes, einer Tabelle oder Skizze dar.

Eine Mindmap erstellen

1. Schritt: Begriffe sammeln
Sammle alle für dich wichtigen Begriffe zum Thema und schreibe sie jeweils auf ein Karteikärtchen.

2. Schritt: Sortieren und Oberbegriffen zuordnen
Sortiere diese Begriffe nach Inhalten. Lege die Karten untereinander, die zu einem Thema gehören. Notiere dann einen Oberbegriff zu jeder Spalte.

3. Schritt: Mindmap erstellen
Nun beginnst du mit der Gestaltung der Mindmap. Schreibe den zentralen Begriff in einen Kreis in die Mitte des Blatts oder Plakats. Zeichne von dort Hauptäste nach außen und klebe dann den jeweils passenden Oberbegriff an einen Hauptast. Anschließend zeichnest du Nebenäste und klebst daran die vorsortierten Unterbegriffe.

4. Schritt: Begriffe ergänzen
Nun stellst du fest, dass zur Vervollständigung der Mindmap noch viele Unterbegriffe, vielleicht sogar neue Oberbegriffe, ergänzt werden können. Schreibe sie auf Karteikärtchen und klebe sie an die richtigen Äste.

5. Schritt: Bilder und Symbole
Verwende Bilder und Symbole, um Begriffe darzustellen. Denn: Ein Bild sagt mehr als 1000 Worte! So wird deine Mindmap noch übersichtlicher.

Ein Diagramm auswerten

1. Schritt: Orientierung
Verschaffe dir zunächst einen Überblick über das vorliegende Diagramm.

2. Schritt: Das Diagramm beschreiben
Hebe dabei Besonderheiten hervor.

3. Schritt: Das Diagramm erklären
- Bei einem Vergleich: Warum sind manche Werte höher als andere?
- Bei einer Entwicklung: Warum steigen einige Werte, warum fallen andere?

4. Schritt: Das Diagramm bewerten
- Fehlt etwas im Diagramm?
- Ist das Diagramm so gestaltet, dass man es gut lesen kann?

Bilder beschreiben

1. Schritt: Orientierung
Verschaffe dir zunächst einen Überblick über das vorliegende Bild.

2. Schritt: Beschreibung
Zu Beginn prüfst du, ob sich das Bild gliedern lässt (z. B. in Vordergrund, Mittelgrund, Hintergrund). Bei der Beschreibung gehst du unterschiedlich für Landschaften, einzelne Bildgegenstände oder Personen vor. Erst sagst du mehr Allgemeines, dann beschreibst du die Einzelheiten.

3. Schritt: Erklärung
Versuche deine Beobachtungen zu erklären und weitere Fragen zu stellen, die sich ergeben.

Ein Referat halten

1. Schritt: Thema klären und Ideen sammeln
- Mache dich mit dem Thema vertraut und schreibe auf, was dir dazu einfällt. Eine Mindmap kann helfen, deine Gedanken zu ordnen.

2. Schritt: Recherchieren
- Suche nach Informationen zum Thema (Internet, Bücher, Zeitschriften). Notiere alle Quellen.
- Ergänze deine Mindmap und kläre wichtige Begriffe.

3. Schritt: Das Referat erstellen
- Fasse die Informationen kurz schriftlich zusammen.
- Stelle anschauliches Material (Fotos, Tabellen, Grafiken) zusammen, das den Zuhörern deine Aussagen verdeutlicht.
- Denke an eine klare Gliederung deines Referates.

4. Schritt: Das Referat vortragen
- Halte deinen Vortrag möglichst frei und wende dich dabei den Zuhörern zu.

5. Schritt: Das Referat auswerten
- Bitte die Zuhörer um Stellungnahmen zu deinem Referat.
- Versuche die Kritik beim nächsten Referat zu berücksichtigen.

Lernen an Stationen

1. Schritt: Arbeitsregeln festlegen
Trefft verpflichtende Vereinbarungen über eure Arbeitsweise. Schreibt eure Regeln auf ein Poster und hängt es gut sichtbar im Klassenraum auf.

2. Schritt: Laufzettel anfertigen
Erstellt einen persönlichen Laufzettel zur späteren Kontrolle, welche Stationen schon bearbeitet worden sind.

3. Schritt: Stationen vorbereiten
Baut das Klassenzimmer nach den Anweisungen der Lehrerin/des Lehrers um. Stellt die Arbeitstische so, dass jede Station doppelt vorhanden ist. Markiert die Nummer der jeweiligen Station.

4. Schritt: An den Stationen arbeiten
Wählt eine Station aus. Lest zunächst alle Aufgaben durch. Entscheidet euch an jeder Station für Einzel-, Partner- oder Gruppenarbeit, sucht aus dem Materialangebot das passende aus und löst alle Aufgaben. Überprüft die Ergebnisse der allgemeinen Aufgaben nach jeder Station.

5. Schritt: Ergebnisse präsentieren und kritisch betrachten
Betrachtet in einer kritischen Rückschau eure eigene Arbeit. Mögliche Fragen: Was ist mir schwer gefallen? Was war besonders interessant? Was könnte ich an meinem Arbeitsstil verbessern?

Sachverzeichnis

Alle **fett** gedruckten Begriffe sind als wichtige Begriffe hier im Anhang erklärt.

Bilder

Cover Corbis (Arctic Images), Düsseldorf; **2.1** picturemaxx.net (RF), München; **2.2** Corbis (Frank Krahmer), Düsseldorf; **3.4** Picture-Alliance, Frankfurt; **3.5** Picture-Alliance (OKAPIA KG/Ingo Gerlach), Frankfurt; **3.6** Fotolia LLC (schmidtchen), New York; **4.8** ecopix Fotoagentur (Kevin Lee), Berlin; **4.9** Ullstein Bild GmbH (Still Pictures/Jim Holmes), Berlin; **5.10** Die Bildstelle (Rex Features), Hamburg; **5.11** Klett-Archiv (Reiner Enkelmann, Filderstadt), Stuttgart; **6.1** Bildagentur Huber (Römmelt), Garmisch-Partenkirchen; **6.2** picturemaxx.net (RF), München; **6.3** Klett-Archiv (Egbert Brodengeier, Lichtenberg), Stuttgart; **6.4** Imago (imagebroker), Berlin; **6.5** Klett-Archiv (Dombrowski, Dresden), Stuttgart; **11.3** Tourist Information Ferienwelt, Winterberg; **11.4 links** Bildagentur Schapowalow (Robert Harding), Hamburg; **11.4 rechts** Corbis (Frans Lanting), Düsseldorf; **12.1** Siegfried Kuttig, Lüneburg; **12.2** Klett-Archiv (Marion Rausch, Linsenhofen), Stuttgart; **12.5** Klett-Archiv (Eberhard Pyritz, Schloß Holte-Stukenbrock), Stuttgart; **14.1** MEV Verlag GmbH, Augsburg; **14.2** Klett-Archiv (Lothar Rother, Schwäbisch Gmünd), Stuttgart; **15.3** Klett-Archiv (Marion Rausch, Linsenhofen), Stuttgart; **15.4** Klett-Archiv (Helmut Geiger, Sonthofen), Stuttgart; **16.1** Klett-Archiv (Eberhard Pyritz, Schloß Holte-Stukenbrock), Stuttgart; **17.2 links** Corel Corporation Deutschland, Unterschleissheim; **17.2 Mitte** Klett-Archiv (Lothar Rother, Schwäbisch Gmünd), Stuttgart; **17.2 rechts** RIA Nowosti, Berlin; **19.2** www.fourmilab.ch/earthview; **20.1** Stadtverwaltung Gerlingen; **20.3** shutterstock (enote), New York, NY; **22.1** Corbis (Frank Krahmer), Düsseldorf; **22.2** iStockphoto (Nicholas Roemmelt), Calgary, Alberta; **23.3** Fotolia LLC (Dmitri Brodski), New York; **23.4** Bildagentur Geduldig, Maulbronn; **23.5** Bildagentur Huber (Tom Mackie), Garmisch-Partenkirchen; **26.1+27.2** Deutscher Wetterdienst, Offenbach; **27.3** Joachim Reuder, Bergen; **27.4** ESA (AOES Medialab), Darmstadt; **28.1** Picture-Alliance (Stefan Sauer), Frankfurt; **28.2** Biosphoto (Gunther Michel), Berlin; **29.8** Klett-Archiv (Guido Rotermann, Haselünne), Stuttgart; **38.3** Nancy Wachowich, Aberdeen; **38.4** laif (Bryan and Cherry Alexander), Köln; **39.8** Corbis (Rowell), Düsseldorf; **40.4** Jürgens Photo, Berlin; **42.3** Mauritius Images (Westlight), Mittenwald; **42.4** vario images GmbH & Co.KG (Glowimages), Bonn; **43.6** Klett-Archiv (Klohn, Vechta), Stuttgart; **44.2** Okapia (Steinmetz), Frankfurt; **44.3** laif (Grabka), Köln; **46.2+47.4** Klett-Archiv (Egbert Brodengeier, Lichtenberg), Stuttgart; **48.2** shutterstock (Goran Bogicevic), New York, NY; **48.3** Alamy Images (Helene Rogers), Abingdon, Oxon; **49.4** mediacolor's P & F Müller (Peters), Zürich; **50.3** Getty Images (Georges Gobet/AFP), München; **51.4** Corbis (Vannini), Düsseldorf; **53.3+4** Klett-Archiv (Lothar Rother, Schwäbisch Gmünd), Stuttgart; **55.1+2** NASA, Washington, D.C.; **56.2** Ivars Silis, Qaqortoq; **56.3** Klett-Archiv (Jürgen Bünstorf, Altenberge), Stuttgart; **57.4** Klett-Archiv (Folkwin Geiger, Merzhausen), Stuttgart; **57.5** Corbis (Kähler), Düsseldorf; **58.1** Picture-Alliance, Frankfurt; **58.2** Picture-Alliance (Kyodo), Frankfurt; **59.3** shutterstock (Brian Nolan), New York, NY; **59.4** Klett-Archiv (Waldenburger, Gotha), Stuttgart; **59.5** Picture-Alliance (Mayama Kimimasa), Frankfurt; **59.6** Picture-Alliance (Boris Rössler), Frankfurt; **60.2** VISUM Foto GmbH (Panos Pictures), Hamburg; **61.5** FOCUS (Baron Sakiya), Hamburg; **62.1** NASA, Washington, D.C.; **63.2** Klett-Archiv (Patricia Neumann, Altenburg), Stuttgart; **64.1** Action Press GmbH, Hamburg; **64.4** Picture-Alliance (dpa), Frankfurt; **66.1** Action Press GmbH (REX FEATURES LTD.), Hamburg; **66.2** Still Pictures (Shehzad Noorani), Berlin; **68.2** Picture-Alliance (dpa/MP/Leemage), Frankfurt; **70.1** Corbis (Laforet/Pool/Reuters), Düsseldorf; **70.2** Corbis (Faidley), Düsseldorf; **70.3** Klett-Archiv, Stuttgart; **70.4** Das Fotoarchiv (Herman J. Kokojan), Essen; **71.6** Corbis (NOAA), Düsseldorf; **72.1** akg-images, Berlin; **72.3** Beate Balfer, Köln; **73.6** Astrofoto, Sörth; **76.2** Mauritius Images (Alamy), Mittenwald; **78.1** Klett-Archiv (Heinz Nolzen, Stegen), Stuttgart; **78.2+3** Klett-Archiv (Marion Rausch, Linsenhofen), Stuttgart; **78.4** Klett-Archiv (Reiner Enkelmann, Filderstadt), Stuttgart; **79.6** Klett-Archiv (Lothar Rother, Schwäbisch Gmünd), Stuttgart; **80.2** Thinkstock (Comstock), München; **81.4 Mitte+oben** Klett-Archiv (Jens Joachim, Leipzig), Stuttgart; **81.4 unten** Michael Geiger, Landau; **83.3** Mauritius Images (Reichart), Mittenwald; **84.1** Klett-Archiv (Paul Palmen, Alsdorf), Stuttgart; **84.2** Picture-Alliance (OKAPIA KG/Ingo Gerlach), Frankfurt; **84.3** Das Fotoarchiv (Thege), Essen; **85.4** VISUM Foto GmbH (Keller), Hamburg; **85.5** VISUM Foto GmbH (Panos Pictures), Hamburg; **86.2** Biosphoto (Raluy Sylvie), Berlin; **86.3** Agenda (Jörg Böthling), Hamburg; **86.4** STOCK4B GmbH RM (Altemüller), München; **86.5** f1 online digitale Bildagentur, Frankfurt; **87.6** Vector-Images.com, Moskau; **90.1** Picture Press (Gryniewicz), Hamburg; **90.2** StockFood GmbH, München; **90.3** Helga Lade Fotoagentur (BAV), Frankfurt; **90.4** Ullstein Bild GmbH (Still Pictures/Sean Sprague), Berlin; **93.5** FOCUS (Klingholz), Hamburg; **93.6** VISUM Foto GmbH (Panos Pictures), Hamburg; **94.1** Corbis (Garratt/Milepost 92 1/2), Düsseldorf; **94.2** Corbis (Cooper), Düsseldorf; **94.3** shutterstock (Dennis Donohue), New York, NY; **96.1** Corbis (Stone), Düsseldorf; **96.2** Klett-Archiv, Stuttgart; **101.2 Mitte** shutterstock (Graphic design), New York, NY; **101.2 oben** Geoatlas, Hendaye; **101.2 unten** Klett-Archiv, Stuttgart; **102.1** Corbis (Kaehler), Düsseldorf; **104.1** Fotolia LLC (schmidtchen), New York; **104.2** Imago (Jens Köhler), Berlin; **105.3** Imago, Berlin; **105.4** BASF (Pressefoto), Ludwigshafen; **107.2** Das Luftbild-Archiv, Wenningsen; **108.1** ThyssenKrupp Konzernarchiv, Duisburg; **109.2** CentrO Gmbh, Oberhausen; **110.4** Kommunalverband Ruhrgebiet, Essen; **111.7** Mauritius Images (Jochen Tack), Mittenwald; **111.8** Wirtschaftsförderung (Mago Luftbild), Dortmund; **111. Logo** RUHR.2010, Essen; **112.3** Agence Guignard & Partenaires, Paris; **113.4** laif (REA/Nicolas Tavernier), Köln; **114.1** Avenue Images GmbH (Digital Vision), Hamburg; **115.4** Klett-Archiv (Lothar Rother, Schwäbisch Gmünd), Stuttgart; **116.6** Ullstein Bild GmbH (impact), Berlin; **116.8** Alamy Images (Chris Pancewicz), Abingdon, Oxon; **117.9** Avenue Images GmbH (Index Stock), Hamburg; **120.1** Google Earth; **121.2** NASA, Washington, D.C.; **124.5** Corbis (London Aerial Photo Library), Düsseldorf; **125.8** Ullstein Bild GmbH (Vario-Press), Berlin; **126.2** Klett-Archiv, Stuttgart; **127.3** Picture-Alliance, Frankfurt; **127.4** EZB, Frankfurt; **127.5** Klett-Archiv, Stuttgart; **127.6** Bundesdruckerei Gmbh, Berlin; **129.4** Bergmoser + Höller Verlag, Aachen; **130.1** Bundeszentrale für politische Bildung, 2010, www.bpb.de, Lizenz: Creative Commons by-nc-nd/3.0/de; **131.2.1** Picture-Alliance (Wiktor Dabkowski), Frankfurt; **131.2.2** Corbis (Thierry Tronnel), Düsseldorf; **131.2.3+4** Andia.fr (Monasse), Pacé; **132.2** Klett-Archiv (Marion Rausch, Linsenhofen), Stuttgart; **133.3** Bundeszentrale für politische Bildung, 2009, www.bpb.de, Lizenz: Creative Commons by-nc-nd/3.0/de; **134.1** Klett-Archiv (Patricia Neumann, Altenburg), Stuttgart; **134.2** Klett-Archiv (Kay Fochtmann, Leipzig), Stuttgart; **134.3** Klett-Archiv (Marion Rausch, Linsenhofen), Stuttgart; **134.4** Avenue Images GmbH (Medio Images), Hamburg; **138.1** Intel GmbH, Feldkirchen; **143.3** European Communities; **143.4** Walter Hanel, Bergisch Gladbach; **146.1** vario images GmbH & Co.KG (imagebroker), Bonn; **146.3** Picture-Alliance (Holger Hollemann), Frankfurt; **147.5** Situationsbericht des Deutschen Bauernverbandes 2009 © Deutscher Bauernverband e.V., Berlin; **148.1** Corbis (Zimmerman), Düsseldorf; **148.2** Imaginechina (Zhou Junxiang), Shanghai; **149.3** Corbis (Corwin), Düsseldorf; **149.4** Georg Gerster, Zumikon; **149.5** ecopix Fotoagentur (Kevin Lee), Berlin; **149.6** Klett-Archiv (Egbert Brodengeier, Lichtenberg), Stuttgart; **150.Joe; 150.Louisa** Klett-Archiv (Lothar Rother, Schwäbisch Gmünd), Stuttgart; **150.José** laif (Frieder Blickle), Köln; **150.Joshua** Ulf Müller-Möwes, Königswinter; **150.Than Ha** Ulf Müller-Möwes (Rainer Binder), Königswinter; **151.Hernando** Bilderberg (Azel), Hamburg; **151.Juliette** Klett-Archiv, Stuttgart; **151. Kelly** Manfred Pachten, Lauterbach; **151. Michael** Klett-Archiv (Michael Hebestreit, Erfurt), Stuttgart; **152.1** FOCUS (Browne), Hamburg; **152.3** Mauritius Images (Power-

stock), Mittenwald; **153.4** FOCUS (Psihoyos/ Matrix), Hamburg; **154.1** Klett-Archiv (Reiner Enkelmann, Filderstadt), Stuttgart; **155.3** Getty Images (Panoramic Images), München; **155.4** MEV Verlag GmbH, Augsburg; **156.2** akg-images (Yvan Travert), Berlin; **158.2** FOCUS (Kluyver), Hamburg; **160.1** Imaginechina (Zhou Junxiang), Shanghai; **160.3** laif (Wolf), Köln; **166.1** Ullstein Bild GmbH (Still Pictures/Jim Holmes), Berlin; **166.2** Argus (Woltmann), Hamburg; **168.1** Picture-Alliance (Tony DiMaio), Frankfurt; **168.2** Corbis (James Andanson/ Sygma), Düsseldorf; **168.3** laif, Köln; **172.1 links** Transit Archiv Fotoagentur (Tom Schulze), Leipzig; **172.1 Mitte** laif (Thierry Dudoit/REA), Köln; **172.1 rechts** laif (Martin Ruetschi/Keystone Schweiz), Köln; **173.5** Ullstein Bild GmbH (SPICA), Berlin; **174.2** adidas AG, Herzogenaurach; **175.4** Picture-Alliance (Peter Kneffel), Frankfurt; **176.1** Mauritius Images (Florian Kopp), Mittenwald; **176.3** Fotolia LLC (Melany Dieterle), New York; **177.5** TransFair e.V., Köln; **178.1** Thomas Plaßmann, Essen; **179.2** Karl-Heinz Schoenfeld, Potsdam; **181.2** Corbis (Rahman Rafiqur/Reuters), Düsseldorf; **181.4** Johannes Borer, Allschwil; **182.1** laif (Martin Sasse), Köln; **182.2** Fotolia LLC (kuppa), New York; **183.6** Picture-Alliance (Alina Novopashina), Frankfurt; **184.1** Picture-Alliance (Peter Kneffel), Frankfurt; **185.2** Die Bildstelle (Rex Features), Hamburg; **185.3** Photothek.net Gbr (Ute Grabowsky), Radevormwald; **186.1** UN Division for Sustrainable Development, New York; **186.2** Horst Haitzinger, München; **188.1** Waldemar Mandzel, Bochum; **190.2** Ullstein Bild GmbH (Ron Giling), Berlin; **194.1** Picture-Alliance (dpa-infografik), Frankfurt; **194.4** Picture-Alliance (epa/Ali Haider), Frankfurt; **195.7** Klett-Archiv (Schmidt-Wulffen, Hannover), Stuttgart; **196.1A** Fotolia LLC (Otmar Smit), New York; **196.1B** Mauritius Images (Kabes), Mittenwald; **196.1C** Fotolia LLC (by-studio), New York; **197.1D** akg-images (Jürgen Sorges), Berlin; **197.1E** Picture-Alliance (ZB), Frankfurt; **197.1F** Fotolia LLC (Paul Stock), New York; **198.4 links** Sammlung Gesellschaft für ökologische Forschung, München; **198.4 Mitte** Sammlung Gesellschaft für ökologische Forschung (Greenpeace/ Gerhard Rohrmoser), München; **198.4 rechts** Sammlung Gesellschaft für ökologische Forschung (Greenpeace/ Francoise Funk-Salami), München; **200.4** Alfred-Wegener-Institut (Hans Oerter), Bremerhaven; **205.2** Picture-Alliance (EFE/ Perez), Frankfurt; **205.3** Picture-Alliance (dpa), Frankfurt; **205.4** Getty Images (Nelson), München; **206/207** Klett-Archiv (Reiner Enkelmann, Filderstadt), Stuttgart; **222.oben links+ rechts** Klett-Archiv, Stuttgart; **224.oben links** Klett-Archiv (Thomas Labusch, Münster), Stuttgart; **224.oben Mitte** Klett-Archiv (Michael Wehmöller, Ascheberg), Stuttgart; **225.oben links** Klett-Archiv (Regina Woste, Dachau), Stuttgart; **226.oben links** Klett-Archiv (Michael Geiger, Landau), Stuttgart; **227.oben Mitte** Klett-Archiv (Eberhard Pyritz, Schloß Holte-Stukenbrock), Stuttgart; **227.oben rechts** Klett-Archiv (Anne Schminke, Olpe), Stuttgart; **232+233** Klett-Archiv (Kay Fochtmann, Leipzig), Stuttgart

Grafiken

30.1, 30.2, 31.4, 35.3 nach www.klimadiagramme.de; **110.6** Regionalverband Ruhr (RVR) Analysen und Statistik. Sozialversicherungspflichtig Beschäftigte Arbeitnehmer im Ruhrgebiet, unter www.metropoleruhr.de (Zugriff: 21.11.11); **137.3; 137.5, 138.2** Eurostat; **150.2** U.S. Cencus Bureau (Karen R. Humes, Nicholas A. Jones, Roberto R. Ramirez): Overview of Race and Hispanic Origin: 2010. 2010 Census Briefs. (Zugriff: 06.10.11); **177.4** ICOO (International Cocoa Organization), in: Friedel Hütz-Adams: Menschenrechte im Anbau von Kakao. Eine Bestandsaufnahme der Initiativen der Kakao- und Schokoladenindustrie, S. 14, unter: www.humanrights-business.org/files/ menschenrechte_im_anbau_von_kakao_ huetz-adams.pdf (Zugriff: 22.11.11); **188.1, 189.3, 189.4** Deutsche Stiftung Weltbevölkerung: DSW Datenreport 2011; **192.1** www.census.gov; **194.3** Annual Statistical Bulletin 2009 der OPEC/www.tecson.de/ Globus-Grafik; **197.5** nach Bundesministerium für Umwelt, Naturschutz und Reaktorsicherheit, Berlin: aus „Zeitreihen zur Entwicklung der erneuerbaren Energien in Deutschland“, Tab. 11–30 (1990–2009), unter: http://www.bmu.de/files/pdfs/allgemein/application/pdf/ ee_zeitreihe_bf.pdf; **200.3_Diagramm** nach J.Jouzel et al.: Extending the Vostok Ice-Core Record of Palaeoclimate to the Penultimate Glacial Period. Nature, Vol. 364 (29. July 1993) pp. 407-412; **201.5** nach United Nations Framework Convention on Climate Change 2008, unter http://unfccc.int/files/ ghg_data/ghg_data_unfccc/image/pjpeg/ total_including_2009.jpg

Karten

40.1 nach Haack Weltatlas, Gotha, 1. Auflage 2007, S. 136.1; **46.1** nach Haack Weltatlas, Gotha, 1. Auflage 2007, S. 149.5; **135.5, 136.2, 139.5** nach Europäische Gemeinschaften, 1995–2010/ Eurostat; **169.4** nach CIA – The World Factbook 2009; **170.1** nach eurostat und Haack Weltatlas, Gotha 2007, S. 232.2; **174.3** nach adidas-Gruppe: Geschäftsbericht 2007 auf www.adidas-group.com/de/ investor_downloads/pdf/annual_reports/ 2007/GB_2007_De.pdf, S.194/195 Aug. 2008; **223.oben rechts** © GeoBasis-DE/ LVermGeoRP2011-08-29

Tabellen

40.2 L. Weber, G. Zsak, C. Reichl, M. Schatz (Bundesministerium für Wirtschaft, Familie und Jugend/International Organizing Committee fort he World Mining Congresses): World-Mining-Data/Welt-Bergbau-Daten. Heft 26. Rohstoffproduktion. Wien 2011, S. 245f.; **40.3** L. Weber, G. Zsak, C. Reichl, M. Schatz (Bundesministerium für Wirtschaft, Familie und Jugend/ International Organizing Committee fort he World Mining Congresses): World-Mining-Data/Welt-Bergbau-Daten. Heft 26. Rohstoffproduktion. Wien 2011, S. 243f.; **41.5** BDEW (Bundesverband der Energie- und Wasserwirtschaft): Erdgas in Deutschland 2009 – erste Ergebnisse. unter: www.bdew.de/internet.nsf/id/DE_Energiemarkt (Zugriff: 21.11.11); **47.6** FAO Stat und International Data Base; **49.5** berechnet nach Bundesanstalt für Geowissenschaften und Rohstoffe: Reserven, Ressourcen und Verfügbarkeit von Energierohstoffen 2010. Kurzstudie, S. 42; **49.6** Bundesanstalt für Geowissenschaften und Rohstoffe: Reserven, Ressourcen und Verfügbarkeit von Energierohstoffen 2010. Kurzstudie, S. 41; **51.7** FAO Stat, unter http://faostat.fao.org/site/339/default.aspx (Zugriff: 21.11.11); **97.4** UNAIDS: unter www.unaids.org/en/ regionscountries/countries/ (Zugriff: 21.11.11); **97.5** UNAIDS/ Regions, countries: www.unaids.org/en/regionscoun-tries/countries/ unitedrepublicoftanzania/(Zugriff: 21.11.11); **137.4, 143.2** Eurostat; **138.3** Eurostat/ Auswärtiges Amt; **152.2** UN Commodity Trade Statistics Database|United Nations Statistics Division; **161.5, 161.6** CIA World Factbook; **176.2** Friedel Hütz-Adams: Menschenrechte im Anbau von Kakao. Eine Bestandsaufnahme der Initiativen der Kakao- und Schokoladenindustrie, S.16, unter: www.humanrights-business.org/files/ menschenrechte_im_anbau_von_kakao_ huetz-adams.pdf (Zugriff: 22.11.11);

Haack-Kartenteil

Die folgenden Karten bieten dir eine schnelle Orientierung. Sie zeigen einen Überblick über die Räume, die im Unterricht behandelt werden.
Mit dem Register kannst du geographische Objekte suchen, ganz so, wie du es von der Arbeit mit dem Atlas gewohnt bist.
Für alle physischen Karten gilt die Kartenlegende auf dieser Seite.
Interessierst du dich für Einzelheiten oder Karten mit bestimmten thematischen Inhalten, so schlage in deinem Haack Weltatlas nach.

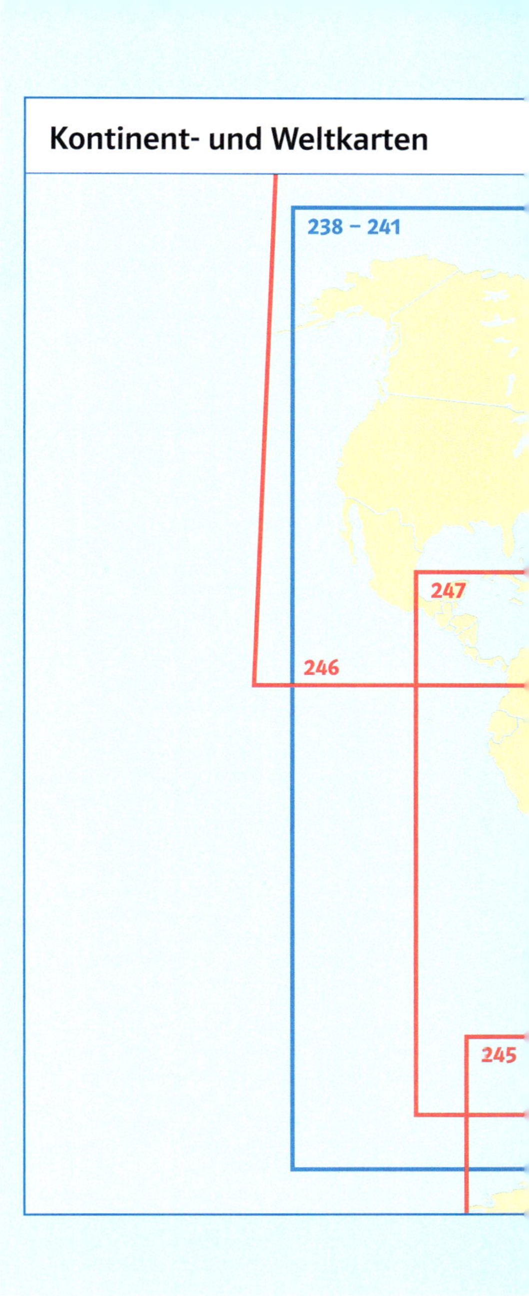

Kartenlegende

Orte

- über 5 000 000 Einwohner
- 1 000 000 – 5 000 000
- 500 000 – 1 000 000
- 100 000 – 500 000
- unter 100 000

Grenzen

- Staatsgrenze
- Grenze eines Bundeslandes oder Verwaltungsgebietes
- umstrittene Grenze, Waffenstillstandslinie
- TOGO – Staat
- Lomé – Hauptstadt eines Staates
- Färöer – abhängiges Gebiet mit Selbstverwaltung
- Bayern – Bundesland oder Verwaltungsgebiet
- München – Hauptstadt eines Bundeslandes oder Verwaltungsgebietes

Flüsse, Seen

- Fluss
- zeitweise Wasser führender Fluss
- zeitweise gefüllter See
- See
- Schifffahrtskanal
- Stausee mit Staudamm

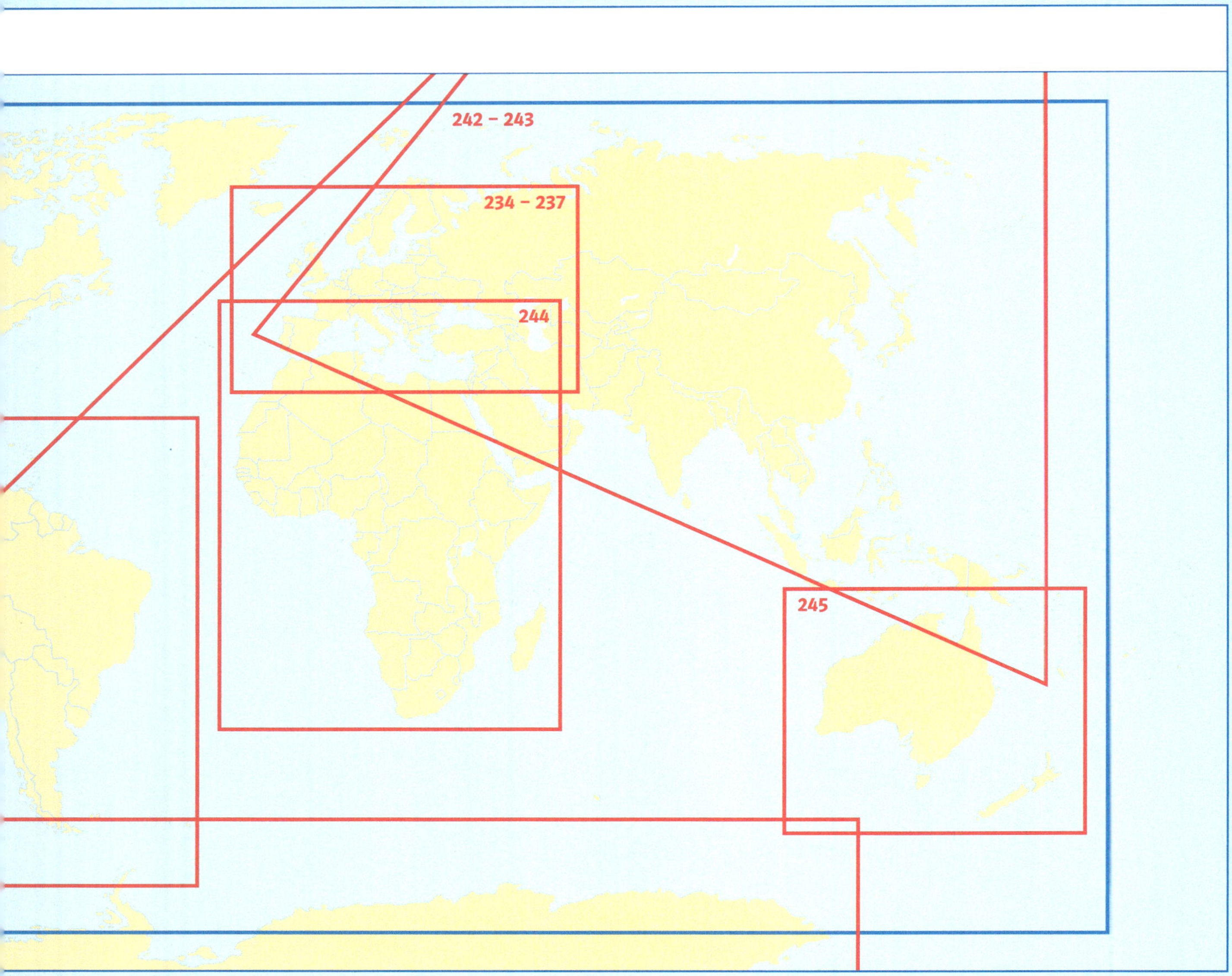
242 – 243
234 – 237
244
245

Landhöhen
über 700 m
500 – 700 m
300 – 500 m
200 – 300 m
100 – 200 m
unter 100 m
950 Höhe über dem Meeresspiegel (in m)
1:1 100 000
0 10 20 30 km
© Klett
Paderborn
Salzkotten
Eggegebirge
Bad Driburg
Brakel
Weserbergland
Northeim
Niedersachsen
Göttingen
Bad Karlshafen
Warburger Börde
Warburg
Hofgeismar
Reinhardswald
Gahrenberg
Hoher Hagen
Hannoversch Münden
Die Haar
Möhne
Marsberg
Diemel
Lippe
Iserlohn
Arnsberg
Ruhr
Meschede
Brilon
Upland
Willingen
Bad Arolsen
Waldeck
Korbach
Habichtswald
Kassel
Kaufunger Wald
Witzenhausen
Eichsfeld
Leine
Heilbad Heiligenstadt
Altena
Homert
Nordrhein-Westfalen
Sauerland
Langenberg
Kahler Asten
Winterberg
Lüdenscheid
Lenne
Ebbegebirge
Lennestadt
Biggetalsperre
Hardler
Rothaargebirge
Bad Berleburg
Eder
Frankenberg
Edersee
Waldeck
Fritzlar
Baunatal
Söhre
Meißner
Eschwege
Mühlhausen
Werra
Hainich
Hessisches Bergland
Bad Wildungen
Kellerwald
Wüstegarten
Borken
Homberg (Efze)
Melsungen
Stölzinger Gebirge
Ringgau
Herleshausen
Eisenach
Fulda
Rotenburg a. d. Fulda
Bebra
Richelsdorfer Gebirge
Thüringen
Ederkopf
Sackpfeife
Burgwald
Biedenkopf
Siegen
Kalteiche
Schwalmstadt
Knüll
Seulingswald
Heringen
Bad Hersfeld
Soisberg
Bad Salzungen
Sieg
Die Struth
Haiger
Dillenburg
Lahn
Stadtallendorf
Schwalm
Marburg
Lahnberge
Gladenbacher Bergland
Dünsberg
Alsfeld
Hoher Westerwald
Fuchskaute
Herborn
Westerwald
Knoten
Dill
Schlitz
Hünfeld
Kuppenrhön
Gebaberg
Meininger
Lauterbach
Gießen
Wetzlar
Lich
Wetter
Vogelsberg
Taufstein
Fulda
Wasserkuppe
Hohe Rhön
Weilburg
Mortabaur
Limburger Becken
Limburg an der Lahn
Butzbach
Bad Nauheim
Nidda
Gersfeld
Dammersfeldkuppe
Landrücken
Kreuzberg
Grabfeld
Friedberg
Wetterau
Schlüchtern
Goldener Grund
Altenstadt
Bad Soden-Salmünster
Bad Brückenau
Bad Neustadt
Südrhön
Bad Homburg vor der Höhe
Großer Feldberg
Taunus
Idstein
Büdingen
Gelnhausen
Kinzig
Sinn
Bad Kissingen
Bad Schwalbach
Oberursel
Horst
Orber Reisig
Fränkische Saale
Taunusstein
Hofheim am Taunus
Frankfurt
Maintal
Hanau
Wiesbaden
Offenbach
Lorch
Rheingau
Main
Dreieich
Rodgau
Aschaffenburg
Gemünden
Schweinfurt
Rüdesheim
Mainz
Langen
Rüsselsheim
Eselshöhe
Spessart
Karlstadt
Bayern
Bingen
Groß-Gerau
Dieburg
Groß-Umstadt
Geiersberg
Mainfranken
Bad Kreuznach
Hessisches Ried
Darmstadt
Pfungstadt
Würzburg
Nahe
Rheinland-Pfalz
Oberrheinisches Tiefland
Rhein
Melibocus
Neunkircher Höhe
Bensheim
Heppenheim
Odenwald
Michelstadt
Erbach
Wertheim
Miltenberg
Kitzingen
Donnersberg
Worms
Lampertheim
Viernheim
Weinheim
Tauber
Tauberbischofsheim
Hoher Landsberg
Pfälzerwald
Haardt
Ludwigshafen
Mannheim
Buchen
Bauland
Bad Mergentheim
Taubergrund
Kaiserslautern
Hirschhorn
Eberbach
Katzenbuckel
Neckar
Baden-Württemberg
Heidelberg
Rothenburg ob der Tauber
Hohe Leite
9° östl. L. v. Greenwich

Deutschland

Landhöhen
über 5000 m
2000 – 5000 m
1000 – 2000 m
500 – 1000 m
200 – 500 m
100 – 200 m
0 – 100 m
unter 0 m
Gletscher
4807 Höhe über dem Meeresspiegel (in m)
ABKÜRZUNGEN:
BOS. U. BOSNIEN UND
HERZ. HERZEGOWINA
KOS. KOSOVO
LIE. LIECHTENSTEIN
LUX. LUXEMBURG
MAZED. MAZEDONIEN
SLOW. SLOWENIEN
SLOWAK. SLOWAKISCHE
REP. REPUBLIK
S.M. SAN MARINO
1:20000000
0 100 200 500 km
Europäisches Nordmeer
nördlicher Polarkreis
ISLAND
Reykjavík
Hvannadalshnúkur 2119
Färöer (dän.)
NORWEGEN
Shetlandinseln
Galdhøpigger 2469
Orkney-Inseln
Hebriden
Oslo
1343
Glasgow
Nordsee
Göteborg
Belfast
IRLAND
GROSS-BRITANNIEN
DÄNEMARK
Dublin
Manchester
Kopenhagen
ATLANTISCHER OZEAN
Birmingham
NIEDER-LANDE
Hamburg
Bristol
London
Amsterdam
Rotterdam
Elbe
Berlin
Kanal-inseln (brit.)
Der Kanal
Brüssel
Köln
BELGIEN
DEUTSCHLAND
Paris
LUX.
Luxemburg
Frankfurt
Prag
Loire
Seine
Rhein
Donau
München
Golf von Biscaya
FRANKREICH
Bern
SCHWEIZ
LIE.
ÖSTERREICH
Kap Finisterre
Azoren (port.)
Lyon
Zentral-massiv
4810 Mont Blanc
Alpen
Bordeaux
Bilbao
Mailand
Ljubljana
Porto
Duero
Pyrenäen
Rhône
Turin
Po
Adria
PORTUGAL
3404
ANDORRA
Marseille
Genua
MONACO
Apennin
Ebro
Madrid
Lissabon
Tejo
S.M.
SPANIEN
Barcelona
Korsika
VATIKAN-STADT
Rom
Valencia
Balearen
Sevilla
Alicante
Mallorca
Sardinien
Neapel
ITALIEN
3478
Straße von Gibraltar
Gibraltar (brit.)
Ceuta (span.)
Melilla (span.)
Oran
Algier
Mittelmeer
Madeira (port.)
Rabat
Casablanca
Fès
Palermo
Sizilien
3340 Ätna
Tunis
Marrakech
MAROKKO
Maghreb
2328
Valletta
MALTA
4165
TUNESIEN
Agadir
Kanarische Inseln (span.)
3718
Atlasgebirge
Kleine Syrte
Tripolis
El Aaiún
nördlicher Wendekreis
ALGERIEN
SAHARA (marokkanische Verwaltung)
Sahara
MAURETANIEN
40° 60° 30° 20° 10° 0° 10°
A B C D E F
2 3 4 5 6

Barentssee
Nordkap
Murmansk
Halbinsel Kola
Lappland
Weißes Meer
Archangelsk
Workuta
Narodnaja 1894
Uralgebirge
Sibirien
Surgut
Tobolsk
Omsk
Serow
Tjumen
Jekaterinburg
Tscheljabinsk
Astana
Perm
FINNLAND
SCHWEDEN
Bottnischer Meerbusen
Onegasee
Ladogasee
Helsinki
Åland (finn.)
St. Petersburg
RUSSLAND
Rudny
Ufa
1640
Magnitogorsk
Kasan
Kama
Tallinn
ESTLAND
Stockholm
Peipussee
Jaroslawl
Nischni Nowgorod
LETTLAND
Riga
Gotland
Moskau
Samara
Ostsee
LITAUEN
Königsberg (russisch)
Wilna
Düna
Tula
Saratow
Ural
Aral
Syr-Darja
KASACHSTAN
Minsk
WEISSRUSSLAND
Gomel
Woronesch
Posen
Warschau
POLEN
Weichsel
Oder
Kiew
Charkiw
Wolgograd
Don
Wolga
Kaspische Senke
Aralsee
USBEKISTAN
Moynoq
Amu-Darja
Dasoguz
TSCHECH. REP.
Krakau
2655
Dnipropetrowsk
Donezk
UKRAINE
Astrachan
-28
Kaspisches Meer
SLOWAK. REP.
Pressburg
Karpaten
Rostow
Chişinău
Budapest
UNGARN
MOLDAU
Dnipro
Odessa
Krasnodar
TURKMENISTAN
Zagreb
KROATIEN
RUMÄNIEN
2543
1545
Halbinsel Krim
Kaukasus
Elbrus 5642
Aşchgabat
Belgrad
Bukarest
Sotschi
GEORGIEN
Tiflis
Baku
BOS. U. HERZ.
Sarajewo
SERBIEN
Donau
Schwarzes Meer
ARMENIEN
ASERBAIDSCHAN
MONTENEGRO
Priština
BULGARIEN
Balkan
Sofia
Eriwan
Ararat 5165
4821
KOS.
Podgorica
Skopje
MAZED.
İstanbul
Bosporus
Pontisches Gebirge
Täbris
Elburs
5604
Tirana
ALBANIEN
2911
Bursa
Ankara
Anatolien
TÜRKEI
Vansee
Urumiehsee
Teheran
GRIECHENLAND
İzmir
Diyarbakır
Qom
3585
Adana
IRAN
Athen
Taurus
Kirkuk
Peloponnes
Antalya
Aleppo
Tigris
Isfahan
SYRIEN
Bagdad
Zagrosgebirge
4548
Kreta
ZYPERN
Nikosia
Hims
Euphrat
Mesopotamien
LIBANON
Beirut
Damaskus
IRAK
Shiraz
Mittelmeer
ISRAEL
Tel Aviv-Jaffa
Jerusalem
Amman
-422
Al Basrah
KUWAIT
Kuwait
Persischer Golf (Arabischer Golf)
Alexandria
JORDANIEN
Manama
BAHRAIN
Große Syrte
Nil
Kairo
Halbinsel Sinai
2637
SAUDI-ARABIEN
KATAR
Doha
LIBYEN
-133
ÄGYPTEN
V.A.E.
© Klett

Nordpolarmeer
Beaufortsee
Kanadischer Archipel
Victoria-Insel
Ellesmereland
2926
Grönland
3231
3700
3360
Baffin Bay
Baffininsel
Davisstraße
Nuuk (Godthåb)
Dänemarkstraße
Island
2119
Reykjavík
Europäisches Nordmeer
Jan Mayen
Spitzbergen
1712
Nordkap
Färöer
Shetland-inseln
2469
Oslo
Stockholm
Britische Inseln
Glasgow
Nordsee
Kopenhagen
Ostsee
Amsterdam
Hamburg
Berlin
London
Brüssel
Paris
Prag
Wien
Mont Blanc 4810
Alpen
Budapest
Mailand
3404
Madrid
Rom
Lissabon
3478
3340
Sizilien
Algier
Oran
Tunis
Tripolis
2328
Casablanca
Atlasgebirge
4165
Madeira
Kanarische Inseln
Azoren
Brookskette
2816
Alaskakette
6193
Mt. McKinley
Anchorage
Yukon
Mackenzie
nördl. Polarkreis
Kodiak
Alexander-archipel
Golf v. Alaska
Küstengebirge
4042
Edmonton
Vancouver-I.
Vancouver
Seattle
4392
Rocky Mountains
Great Plains
NORDAMERIKA
Winnipeg
Hudson Bay
Hudson-Str.
Ungava-Halbinsel
Labradorsee
Neufundland
St. John's
Große Seen
Montreal
Toronto
Detroit
Chicago
Boston
Halifax
New York
Philadelphia
Washington
Missouri
Ohio
Mississippi
Appalachen
Cincinnati
St. Louis
2037
Atlanta
Großes Becken
Denver
4399
4418
Küstenkette
Sierra Nevada
San Francisco
Los Angeles
-85
3658
Dallas
3078
Houston
New Orleans
Bermuda-Inseln
Sargassosee
Hochland v. Mexiko
Monterrey
nördl. Wendekreis
Golf von Mexiko
Miami
Havanna
Große Antillen
Hispaniola
Jamaika
Guadalajara
Mexiko
4265
5700
4217
Guatemala
Managua
Karibisches Meer
Kleine Antillen
ATLANTISCHER OZEAN
Kapverdische Inseln
Dakar
Sahara
Ahaggar
2918
Tibesti
3415
Niger
Niamey
AFRIKA
Tschad
1781
N'Djamena
Conakry
Monrovia
Oberguinea
Abidjan
Accra
Lagos
4070
Hochland von Adamaoua
Jaunde
Kongobecken
Niederguinea
Kinshasa
Luanda
2610
Namib
Kapstadt
Kap der Guten Hoffnung
Panama
3820
Caracas
5007
5493
Medellín
Orinoco
2810
Georgetown
Bergland von Guayana
Bogota
5750
3014
Äquator
Quito
6272
Galápagos-inseln
Iquitos
Rio Negro
Manaus
Amazonas
Belém
Amazonastiefland
Tocantins
Fortaleza
Anden
SÜDAMERIKA
Recife
São Francisco
Salvador
6768
Lima
Madeira
Brasilianisches Bergland
893
Brasília
PAZIFISCHER OZEAN
6613
6421
La Paz
Arequipa
6520
Santa Cruz
Kordilleren
Atacama
Gran Chaco
Paraná
2890
Belo Horizonte
São Paulo
Rio de Janeiro
Curitiba
Asunción
südl. Wendekreis
Oster-I.
6880
Uruguay
Porto Alegre
Córdoba
Aconcagua 6959
Santiago de Chile
Buenos Aires
Montevideo
Pampa
4708
3776
Patagonien
4058
Ascension
St. Helena
Tristan da Cunha
Falklandinseln
Feuerland
Punta Arenas
Kap Hoorn
Südgeorgien
Südsandwich-inseln
Drakestraße
Südshetland-inseln
Südorkney-Inseln
Palmer-archipel
Antarktische Halbinsel
Alexander-insel
4190
Weddellmeer
ANT
4300
südl. Polarkreis
Landhöhen
über 5000 m
2000 – 5000 m
1000 – 2000 m
500 – 1000 m
200 – 500 m
0 – 200 m
unter 0 m
Gletscher
8846 Höhe über dem Meeresspiegel (in m)

Maßstab 1 : 75 000 000
Nordpolarmeer
Ostsibirische See
Laptewsee
Karasee
Barentssee
Arktisches Kap
Sewernaja Semlja
Kap Tscheljuskin
Neusibirische Inseln
Franz-Josef-Land
Nowaja Semlja
Wrangel-insel
Anadyrgebirge
Bering-Str.
nördl. Polarkreis
St.-Lorenz-I.
Murmansk
Halbinsel Kola
Norilsk
Werchojansker Gebirge
Jakutsk
Magadan
Beringmeer
Kamtschatka
Aleuten
Sibirien
Westsibirisches Tiefland
Uralgebirge
Ob
Jenissei
Lena
Kolyma
Ochotskisches Meer
St. Petersburg
Perm
N. Nowgorod
Moskau
Samara
Omsk
Nowosibirsk
Tscheljabinsk
Irtysch
Irkutsk
Baikal-see
Sajan
Stanowoi-Geb.
Jablonowy-Geb.
Amur
Chabarowsk
Sachalin
Kurilen
Sichote-Alin
Minsk
Charkiw
Wolga
Ural
Orsk
Kasachensteppe
Altai
Ulan-Bator
Großer Hinggan
Mandschurei
Harbin
Hokkaido
Sapporo
Japan. Meer (Ostmeer)
Wladiwostok
Odessa
Kaspische Senke
Balchasch-see
Aralsee
ASIEN
Gobi
Shenyang
Peking
Pjöngjang
Seoul
Honshu
Fudschijama
Tokyo
Osaka
Schwarzes Meer
Kaukasus
Elbrus
Tiflis
Kasp. Meer
Tiefland v. Turan
Almaty
Taschkent
Tian Shan
Ürümqi
Gelbes Meer
Tsingtau
Korea
İstanbul
Ankara
Ararat
Baku
Tarimbecken
Nan Shan
Lanzhou
Huang He
Große Ebene
Jinan
Xi´an
Pamir
Karakorum
Kunlun Shan
Hindukusch
Kabul
Tibet
Qin Ling
Nanjing
Shanghai
Zypern
Euphrat
Tigris
Elburs
Teheran
Damaskus
Bagdad
Zagrosgebirge
Transhimalaya
Himalaya
Mt. Everest
Jangtsekiang
Wuhan
Ostchines. Meer
Bonin-inseln
Kairo
Kuwait
Persischer G.
Indus
Punjab
Delhi
Hindustan
Ganges
Dhaka
Südchinesisches Bergland
Yunnan-plateau
Taipeh
Vulkaninseln
nördl. Wendekreis
Riad
Arabien
G. v. Oman
Karachi
Kalkutta
Kanton
Hanoi
Hongkong
Taiwan
PAZIFISCHER
Rotes Meer
Nil
Mekka
Bombay
Dekkan
Hainan
Marianen
Arabisches Meer
Golf v. Bengalen
Rangun
Südchines. Meer
Philippinen
Luzon
Manila
Mindoro
Khartoum
Aden
Golf von Aden
Westghats
Osighats
Madras
Andamanen
Bangkok
Mekong
Ho Chi Minh
Cebu
Palawan
Karolinen
Hochland von Äthiopien
Addis Abeba
Somali-halbinsel
Lakshadweep-In.
Ceylon
Colombo
Nikobaren
Halbinsel Malakka
Mindanao
Sulu-Inseln
Chuuk-In.
Pohnpei
OZEAN
Malediven
Kuala Lumpur
Mogadischu
Singapur
Pontianak
Borneo
Sulawesi
Äquator
Victoria-see
Nairobi
Kilimandscharo
Sumatra
Molukken
Bismarck-Archipel
Neuguinea
Seychellen
Tanganjika-see
Daressalam
Jakarta
Surabaya
Makassar
Java
Diego Garcia
Arafurasee
Port Moresby
Komoren
INDISCHER
Timorsee
Carpentariagolf
Arnhem-land
Kap-York-H.-I.
Korallensee
Lusaka
Malawi-see
Sambesi
Straße v. Mosambik
Antananarivo
Kimberley-plateau
Harare
Réunion
Große Sandwüste
Madagaskar
Macdonnellkette
Neukaledonien
Great Dividing Range
Maputo
AUSTRALIEN
südl. Wendekreis
Drakensberge
Durban
Große Victoriawüste
Brisbane
Perth
Nullarborebene
Port Elizabeth
OZEAN
Große Australische Bucht
Adelaide
Darling
Murray
Sydney
Amsterdam-insel
St.-Paul-Insel
Melbourne
Nordinsel
Auckland
Tasmansee
Crozetinseln
Tasmanien
Hobart
Neuseeland
Wellington
Prinz-Eduard-Inseln
Kerguelen
Christchurch
Südinsel
Kap Batterbee
ANTARKTIS
Mt. Menzies
Balleny-Inseln
südl. Polarkreis
© Klett

Nordpolarmeer
Spitzbergen (norw.)
Alaska (USA)
nördl. Polarkreis
Kalaallit Nunaat (dän.)
ISLAND
Reykjavík
Färöer (dän.)
NORWEGEN
SCHWEDEN
Oslo
K A N A D A
Ottawa
St-Pierre u. Miquelon (franz.)
VEREINIGTE STAATEN (USA)
Washington
Bermuda (brit.)
Azoren (port.)
Madeira (port.)
Kanarische Inseln (span.)
GROSS-BRITANNIEN
IRLAND
Dublin
London
Kopenhagen
DÄN.
NL.
Amst.
Berlin
DEUTSCH-LAND
POL
B.
Br.
L.
Lux.
Paris
FRANKREICH
Be.
S.
LI.
Ljub.
Z.
KR.
SM.
AND.
MON.
VAT.
Rom
ITALIEN
Madrid
SPANIEN
PORTUGAL
Lissabon
Algier
Tunis
Valletta
MALTA
TUNESIEN
Tripolis
Rabat
MAROKKO
ALGERIEN
LIBYE
El Aaiún
SAHARA (marokkan. Verwaltung)
ATLANTISCHER
nördl. Wendekreis
MEXIKO
Mexiko
Havanna
Nassau
BAHAMAS
KUBA
DOMINIK. REP.
Puerto Rico (USA)
HAITI
Kingston
JAMAIKA
Port-au-Prince
Sto. Domingo
BELIZE
Belmopan
GUATEMALA
Guatemala
HONDURAS
Tegucigalpa
San Salvador
EL SALVADOR
NICARAGUA
Managua
COSTA RICA
San José
Panama
PANAMA
ANTIGUA u. BARBUDA
ST. K.
Guadeloupe (franz.)
DOMINICA
Martinique (franz.)
ST. LUCIA
BARBADOS
ST. VINCENT u. d. GRENADINEN
GRENADA
TRINIDAD u. TOBAGO
Port-of-Spain
Caracas
VENEZUELA
Georgetown
GUYANA
Paramaribo
SURINAME
Franz.-Guayana
Bogotá
KOLUMBIEN
Quito
ECUADOR
Äquator
Galápagos-inseln (ecuad.)
B R A S I L I E N
P E R U
Lima
Brasília
BOLIVIEN
Sucre
PARAGUAY
Asunción
C H I L E
A R G E N T I N I E N
URUGUAY
Montevideo
Buenos Aires
Santiago de Chile
PAZIFISCHER
OZEAN
südl. Wendekreis
Pitcairn (brit.)
KAP VERDE
Praia
Dakar
SENEGAL
GAMBIA
Banjul
Bissau
GUINEA-BISSAU
GUINEA
Conakry
Freetown
SIERRA LEONE
Monrovia
LIBERIA
MAURETANIEN
Nouakchott
MALI
Bamako
BURKINA FASO
Ouagadougou
NIGER
Niamey
TSCH
N'Djame
NIGERIA
Abuja
BENIN
TOGO
GHANA
Porto Novo
Lomé
Accra
Yamous-soukro
CÔTE D'IVOIRE (ELFENBEIN KÜSTE)
KAMERUN
Malabo
Jaunde
ÄQUAT. GUINEA
SÃO TOMÉ u. PRÍNCIPE
São Tomé
Libreville
GABUN
KONGO
Brazzaville
Kinshasa
Bangui
ZENTR. AFRI
Luanda
ANGOL
St. Helena (brit.)
NAMIBI
Windhuk
OZEAN
südl. Polarkreis
AL. ALBANIEN
AND. ANDORRA
AR. ARMENIEN
E. Eriwan
AS. ASERBAIDSCHAN
B. BELGIEN
Br. Brüssel
BO. BOSNIEN UND HERZEGOWINA
Sa. Sarajewo
BUL. BULGARIEN
DÄN. DÄNEMARK
EST. ESTLAND
GEO. GEORGIEN
GR. GRIECHENLAN
ISR. ISRAEL
JORD. JORDANIEN
K. KOSOVO
KR. KROATIEN
Z. Zagreb
L. LUXEMBURG
Lux. Luxemburg
LET. LETTLAND
LI. LIECHTENSTEI

Maßstab 1 : 75 000 000
Nordpolarmeer
nördl. Polarkreis
RUSSLAND
KASACHSTAN
Astana
MONGOLEI
Ulan-Bator
USBEKISTAN
Taschkent
Bischkek
KIRGISISTAN
TURKMENISTAN
Aschgabat
Duschanbe
TADSCHIKISTAN
GEO.
Tiflis
AR.
AS.
E.
Baku
Ankara
TÜRKEI
ZYPERN
Nik.
SYRIEN
Bei.
Dam.
LIB.
ISR.
JORD.
Je.
Amman
Bagdad
IRAK
Teheran
IRAN
Kabul
AFGHANISTAN
Islamabad
PAKISTAN
New Delhi
NEPAL
Kathmandu
Thimphu
BHUTAN
Dhaka
BANGLADESCH
MYANMAR (BIRMA)
Naypyidaw
INDIEN
CHINA
Peking
NORDKOREA
Pjöngjang
Seoul
SÜDKOREA
Tokyo
JAPAN
Taipeh
Taiwan
PAZIFISCHER OZEAN
nördl. Wendekreis
Kairo
ÄGYPTEN
KUWAIT
Kuwait
SAUDI-ARABIEN
BAHRAIN
Manama
KATAR
Doha
Riad
Abu Dhabi
V.A.E.
Maskat
OMAN
Khartoum
SUDAN
ERITREA
Asmara
Sanaa
JEMEN
DSCHIBUTI
Dschibuti
SÜDSUDAN
Juba
Addis Abeba
ÄTHIOPIEN
SOMALIA
Mogadischu
UGANDA
Kampala
KENIA
Nairobi
Kigali
Bujumbura
BURUNDI
Dodoma
TANSANIA
Victoria
SEYCHELLEN
KOMOREN
Moroni
MALAWI
Lilongwe
MOSAMBIK
Harare
SIMBABWE
Pretoria
Maputo
SWASILAND
Maseru
LESOTHO
Antananarivo
MADAGASKAR
MAURITIUS
Port Louis
INDISCHER OZEAN
MALEDIVEN
Male
Colombo
SRI LANKA
Andamanen (ind.)
Hanoi
LAOS
Vientiane
VIETNAM
THAI-LAND
Bangkok
KAMBODSCHA
Phnom Penh
Manila
PHILIPPINEN
Kuala Lumpur
MALAYSIA
SINGAPUR
BRUNEI
Bandar Seri Begawan
INDONESIEN
Jakarta
Dili
TIMOR-LESTE
Nördliche Marianen (USA)
Guam (USA)
MARSHALL-INSELN
Melekeok
PALAU
Palikir
MIKRONESIEN
Äquator
PAPUA-NEUGUINEA
Port Moresby
SALOMONEN
Honiara
VANUATU
Neu-kaledonien (franz.)
südl. Wendekreis
AUSTRALIEN
Canberra
NEUSEELAND
Wellington
südl. Polarkreis
Moskau
Minsk
Chişinău
MOL.
Bukarest
LIB. LIBANON
Bei. Beirut
LIT. LITAUEN
MA. MAZEDONIEN
MO. MONTENEGRO
MOL. MOLDAU
MON. MONACO
NL. NIEDERLANDE
Amst. Amsterdam
Ö. ÖSTERREICH
W. Wien
RUM. RUMÄNIEN
S. SCHWEIZ
Be. Bern
SER. SERBIEN
Bel. Belgrad
SK. R. SLOWAKISCHE REPUBLIK
Pb. Pressburg
SL. SLOWENIEN
Ljub. Ljubljana
SM. SAN MARINO
ST. K. ST. KITTS UND NEVIS
TS. R. TSCHECHISCHE REPUBLIK
Pg. Prag
U. UNGARN
Bud. Budapest
V.A.E. VEREINIGTE ARABISCHE EMIRATE
VAT. VATIKAN
Dam. Damaskus
Je. Jerusalem
Nik. Nikosia
© Klett

Nordpolarmeer
Nordsee
Ostsee
Barentssee
Karasee
Laptewsee
Schwarzes Meer
Mittelmeer
Kaspisches Meer
Aralsee
Balchaschsee
Rotes Meer
Persischer Golf
Golf von Oman
Golf von Aden
Arabisches Meer
Golf von Bengalen
INDISCHER OZEAN
Birmingham
Manchester
GR.-BRITANNIEN
London
NORWEGEN
Oslo
2469
SCHWEDEN
Nordkap
SPANIEN
Madrid
Paris
B.
NL.
Amsterdam
DÄN.
Kopenhagen
Brüssel
L.
Hamburg
Stockholm
FINNLAND
Helsinki
Murmansk
Nowaja Semlja
1590
Sewernaja Semlja
Neusibirische Inseln
Kap Tscheljuskin
Halbinsel Taimyr
3404
Barcelona
FRANKREICH
Lyon
AND.
DEUTSCHLAND
Berlin
Montblanc
4807
S.
Marseille
Turin
Prag
EST.
LET.
LIT.
St. Petersburg
Archangelsk
Mailand
München
TS. R.
POLEN
Warschau
ÖST.
Wien
Korsika
SL.
SK. R.
Minsk
323
Sardinien
Rom
KR.
Budapest
ITALIEN
UNG.
WEISSRUSSL.
Neapel
BO.
UKRAINE
Belgrad
Kiew
Moskau
Nischni Nowgorod
Perm
Osteuropäisches Flachland
Kasan
3340
MO.
SER.
RUM.
KO.
MOL.
Bukarest
AL.
MA.
Sofia
Charkiw
Sizilien
BUL.
Odessa
Dnipropetrowsk
GRIECHENLAND
Athen
Istanbul
Donezk
Rostow
Wolgograd
Samara
Ufa
1640
Uralgebirge
Jekaterinburg
Tscheljabinsk
Nördl. Dwina
Wolga
Don
Dnjepr
Ural
Bursa
Izmir
Ankara
Kreta
TÜRKEI
3585
Kaukasus
5642
Kaspische Senke
Astrachan
-28
Orsk
Kasachensteppe
1894
Workuta
RUSSLAND
Sibirien
Westsibirisches Tiefland
Omsk
Nowosibirsk
Norilsk
1701
Jenissei
Untere Tunguska
Angara
Irtysch
Ob
Lena
Astana
Irkutsk
Baikalsee
Sajan
3491
Altai
4506
2840
LIBYEN
ZYPERN
GEORGIEN
Tiflis
ARM.
Eriwan
5165
AS.
Baku
Täbris
KASACHSTAN
Syr-Darja
Kysylkum
USBEKISTAN
Karakum
TURKMENISTAN
Amu-Darja
Alexandria
-133
LIBANON
Aleppo
SYRIEN
Beirut
Damaskus
Tel Aviv-Jaffa
Gise
Kairo
ISRAEL
Jerusalem
Amman
JORDANIEN
Bagdad
IRAK
Tigris
Euphrat
Elburs
Aschgabat
5604
Teheran
4548
Zagrosgebirge
3117
Meschhed
Isfahan
IRAN
Wüste Lut
Shiraz
Bischkek
Almaty
Taschkent
Duschanbe
KIRGISISTAN
TADSCHIKISTAN
7495
Pamir
Dsungarei
Tian Shan
Ürümqi
-154
7439
Wüste Taklimakan
Tarimbecken
MONGOLEI
3905
Ulan-Bator
Jablonowygebirge
Gobi
ÄGYPTEN
2637
Assuan
Nil
SAUDI-ARABIEN
KUWAIT
Kuwait
Jiddah
Mekka
Riad
BAHRAIN
KATAR
Arabien
Abu Dhabi
V.A.E.
Große Arabische Wüste
Maskat
3019
Ras al Hadd
OMAN
Hindukusch
Kabul
AFGHANISTAN
7690
8611
Karakorum
Islamabad
Lahore
Indus
Pandschab
Multan
PAKISTAN
Karachi
Altun Shan
7723
Nan Shan
6346
Lanzhou
Kunlun Shan
Tibet
CHINA
Transhimalaya
Himalaya
Chengdu
Rotes Becken
Chongqing
SUDAN
ERITREA
Asmara
4620
Sanaa
3760
JEMEN
Aden
DSCHIBUTI
Addis Abeba
4307
ÄTHIOPIEN
2406
Somali-Halbinsel
Kap Guardafui
Sokotra
KENIA
SOMALIA
Mogadischu
Äquator
Mombasa
Delhi
New Delhi
Wüste Tharr
7816
NEPAL
Mt. Everest
8846
7756
Lucknow
Kathmandu
Thimphu
BHUTAN
Jaipur
Hindustan
Ganges
3824
Ahmadabad
Indore
Bhopal
1353
Haora
Dhaka
BANGLADESCH
MYANMAR (BIRMA)
Naypyidaw
Irawadi
LAOS
Vientiane
Kunming
Surat
Bombay
INDIEN
Nagpur
Kalkutta
Pune
Dekkan
Hyderabad
1680
Westghats
Ostghats
Rangun
THAILAND
Bangkok
Madras
Bangalore
Andamanen
Lakshadweep-Inseln
2698
Kap Comorin
Ceylon
2524
Colombo
SRI LANKA
Nikobaren
Halbinsel Malakka
MALEDIVEN
Male
Kuala Lumpur
Medan
Sumatra
3805
Amiranten
Victoria
Kap Delgado
Aldabra-Inseln
Moroni
SEYCHELLEN
KOMOREN
Tschagosinseln
45°
60°
15°
75°
30°
90°
105°
120°
135°
150°
0°
A
B
C
D
E
F
G
H
I
J
K
1
2
3
4
5
6
7
90° östl. Länge v. Greenwich

© Klett
Landhöhen
über 5000 m
2000 – 5000 m
1000 – 2000 m
500 – 1000 m
200 – 500 m
0 – 200 m
unter 0 m
Gletscher
8846 Höhe über dem Meeresspiegel (in m)
ABKÜRZUNGEN:
AL. ALBANIEN
AND. ANDORRA
ARM. ARMENIEN
AS. ASERBAIDSCHAN
B. BELGIEN
BO. BOSNIEN UND HERZEGOWINA
BUL. BULGARIEN
DÄN. DÄNEMARK
EST. ESTLAND
KO. KOSOVO
KR. KROATIEN
L. LUXEMBURG
LET. LETTLAND
LIT. LITAUEN
MA. MAZEDONIEN
MO. MONTENEGRO
MOL. MOLDAU
NL. NIEDERLANDE
ÖST. ÖSTERREICH
RUM. RUMÄNIEN
S. SCHWEIZ
SER. SERBIEN
SK.R. SLOWAKISCHE REPUBLIK
SL. SLOWENIEN
TS.R. TSCHECHISCHE REPUBLIK
V.A.E. VEREINIGTE ARABISCHE EMIRATE
Beringmeer
Anadyrgebirge
Korjakengebirge
2562
Kolymagebirge
Kolyma
Ostsibirische See
nördlicher Polarkreis
Pobeda 3147
Magadan
Ojansker Gebirge
Jakutsk
Kamtschatka
4750 Kljutschewskaja Sopka
Kommandeur-Inseln
Aleuten (USA)
Ochotskisches Meer
Kurilen
Sachalin
Stanowoigebirge
2412
Amur
Chabarowsk
Sichote-Alin
Sapporo
2290
Hokkaido
Großer Hinggan
Mandschurei
Qiqihar
Harbin
Wladiwostok
Changchun
Fushun
2744
Shenyang
Anshan
NORDKOREA
Pjöngjang
Dalian
SÜDKOREA
Seoul
Pusan
Peking
Tianjin
Tsingtau
Gelbes Meer
Jinan
Japanisches Meer (Ostmeer)
Honshu
2230
Tokyo
3776
Yokohama
Kyoto
JAPAN
Osaka
Kita Kyushu
PAZIFISCHER OZEAN
Midway-Inseln
nördlicher Wendekreis
Hawaii-Inseln (USA)
Wake-Insel
Marcusinsel
Bonin-inseln
Vulkan-inseln
MARSHALL-INSELN (USA assoz.)
Dalap-Uliga-Darrit
Gilbert-In.
Tarawa
KIRIBATI
Äquator
Zhengzhou
Xi'an
Nanjing
Shanghai
Wuhan
Hangzhou
Jangtsekiang
Ostchines. Meer
Nanchang
Changsha
2710
Guiyang
Taipeh
3952
Taiwan
Ryukyu-Inseln
Kaohsiung
Südchinesisches Bergland
Kanton
Hongkong
Nördliche Marianen (USA)
Guam (USA)
Hagåtña
Palikir
Ponape
Yaren
NAURU
Karolinen
Trukinseln
MIKRONESIEN (USA assoz.)
Yap-inseln
Haiphong
Hainan
Hanoi
VIETNAM
Luzon
2928
Quezon City
Manila
PHILIPPINEN
Südchines. Meer
Mindoro
Palawan
Cebu
2954
Mindanao
Davao
Melekeok
PALAU (USA assoz.)
KAMBODSCHA
Phnom Penh
3280
Ho Chi Minh
Ca Mau
Bandar Seri Begawan
BRUNEI
4101
Sulu-inseln
Halmahera
Molukken
Seram
Neuirland
Bougainville
Bismarck-archipel
Neubritannien
SALOMONEN
Honiara
PAPUA-NEUGUINEA
Neuguinea
5029
4072
Port Moresby
Neue Hebriden
VANUATU
Port Vila
Korallensee
Nouméa
Neukaledonien (franz.)
MALAYSIA
2988
Kalimantan
SINGAPUR
Pontianak
Große Sunda-Inseln
Sulawesi
3455
Makassar
INDONESIEN
Aru-inseln
Arafurasee
Kap York-Halbinsel
Gr. Barriereriff
Palembang
Java
Jakarta
3428
Surabaya
Kleine Sunda-Inseln
Dili
TIMOR-LESTE
Timorsee
AUSTRALIEN
1611
1:40 000 000
0 500 1000 km

FRANK-
REICH
Paris
Lyon
Mont Blanc
4810
Marseille
München
DEU.
SCHWEIZ
ÖST.
Wien
SK. R.
Budapest
UNG.
Mailand
KR.
Belgrad
RUMÄNIEN
MOL.
UKRAINE
Donezk
Rostow
RUSSLAND
Astrachan
Aralsee
KASACHS-
TAN
USBEKIS-
TAN
Odessa
Bukarest
BO.
SER.
MO.
KO.
MA.
AL.
Sofia
BUL.
Schwarzes Meer
Kaukasus
5642
GEORGIEN
Tiflis
ARM.
ASERB.
Baku
TURKMENIS-
TAN
Kaspisches Meer
Madrid
SPANIEN
Lissabon
PORTUGAL
Barcelona
Korsika
Sardinien
Rom
Neapel
ITALIEN
Balearen
3478
Gibraltar (brit.)
Ceuta (span.)
Melilla (span.)
Oran
Algier
Tunis
Rabat
Casablanca
MAROKKO
Marrakech
4165
Atlasgebirge
Madeira (port.)
Kanarische In. (span.)
2328
TUNESIEN
MALTA
3340
Sizilien
Mittelmeer
GRIECHEN-
LAND
Athen
Kreta
İstanbul
Bursa
İzmir
Ankara
TÜRKEI
3585
5165
Tebris
Elburs
Teheran
5604
IRAN
ZYPERN
Aleppo
LIB.
SYRIEN
Beirut
Tel Aviv-
Jaffa
Damaskus
Jerusalem
Amman
ISRAEL
JORDANIEN
Bagdad
IRAK
4548
Isfahan
Zagrosgebirge
Euphrat
Tigris
Kuwait
KUWAIT
Persischer Golf
(Arab. G.)
BAHRAIN
KATAR
Riad
V.A.E.
Tripolis
Banghazi
Alexandria
Gise
Kairo
-133
2637
El Aaiún
SAHARA
(marokkanische Verwaltung)
ALGERIEN
LIBYEN
ÄGYPTEN
Libysche Wüste
Sahara
nördlicher Wendekreis
Ahaggar
2918
Tamanrasset
Assuan
Rotes Meer
SAUDI-
Arabien
ARABIEN
Jiddah
Mekka
MAURETANIEN
Nouakchott
MALI
3265
Tibesti
3415
1934
2310
Aïr
NIGER
Agadez
TSCHAD
Nil
Khartoum
ERITREA
Asmara
JEMEN
Sanaa
3760
Aden
Golf von Aden
Dakar
Senegal
SENEGAL
GAMBIA
Banjul
GUINEA-BISSAU
Conakry
GUINEA
Freetown
SIERRA
LEONE
Monrovia
LIBERIA
Bamako
BURKINA
FASO
Ouaga-
dougou
Niamey
Tschad
N'Djamena
3024
SUDAN
Blauer Nil
Weißer Nil
4620
Hochland von Äthiopien
DSCHI-
BUTI
Dschibuti
Addis
Abeba
2406
Somali-
Halbinsel
ÄTHIOPIEN
4307
Kano
NIGERIA
Abuja
1781
1752
CÔTE
D'IVOIRE
GHANA
TOGO
BENIN
Niger
Ibadan
Lagos
Oberguinea
Yamous-
soukro
Abidjan
Accra
Lomé
Cotonou
Porto
Novo
Golf von
Guinea
Bioko
Hochland von Adamaoua
4070
Douala
Jaunde
KAMERUN
Chari
ZENTRALAFRIKA
Bangui
Sudd
SÜDSUDAN
Juba
SÃO TOMÉ
U. PRÍNCIPE
São Tomé
Pagalu
ÄQUAT.-
GUINEA
Libreville
GABUN
KONGO
Ubangui
Kongo
Kongobecken
Kisangani
Äquator
0°
UGANDA
Turkana-
see
KENIA
SOMALIA
Mogadischu
Kampala
5109
5199
Mt. Kenia
Nairobi
Viktoria-
see
Kigali
RUANDA
BURUNDI
Bujumbura
Brazzaville
Kinshasa
Kasai
D. R. KONGO
(ZAIRE)
Niederguinea
5895
Kilimandscharo
Mombasa
Tanganjika-
see
Dodoma
TANSANIA
Daressalam
Mbuji-Mayi
Ascension
(brit.)
ATLANTISCHER
OZEAN
Luanda
2895
SEYCHELLEN
Kolwezi
Lubumbashi
MALAWI
KOMOREN
Moroni
2610
ANGOLA
Malawi-
see
Lilongwe
Lusaka
SAMBIA
Sambesi
3000
MOSAMBIK
Straße von Mosambik
2876
St. Helena
(brit.)
Kap Frio
Okavango
Harare
SIMBABWE
Antananarivo
MADAGASKAR
Namib
NAMIBIA
BOTSUANA
Kalahari
Windhuk
südlicher Wendekreis
Gaborone
Pretoria
Maputo
Mbabane
SWASI-
LAND
Johannesburg
Drakensberge
Maseru
Oranje
SÜD-
AFRIKA
3482
LESOTHO
Durban
INDISCHER
OZEAN
Kapstadt
Kap der
Guten Hoffnung
Port Elizabeth
15°
30°
45°
A
B
C
D
E
F
1
2
3
4
5
6
7
30° östl. Länge v. Greenwich
Landhöhen
über 5000 m
2000 – 5000 m
1000 – 2000 m
500 – 1000 m
200 – 500 m
0 – 200 m
unter 0 m
5895 Höhe über dem Meeresspiegel (in m)
ABKÜRZUNGEN:
AL. ALBANIEN
ARM. ARMENIEN
BO. BOSNIEN UND HERZEGOWINA
BUL. BULGARIEN
DEU. DEUTSCHLAND
KO. KOSOVO
KR. KROATIEN
MA. MAZEDONIEN
MO. MONTENEGRO
MOL. MOLDAU
ÖST. ÖSTERREICH
SER. SERBIEN
SK.R. SLOWAKISCHE REPUBLIK
V.A.E. VEREINIGTE ARABISCHE EMIRATE
1 : 40 000 000
0
500
1000
km
© Klett

© Klett
Kleine Sunda-In.
INDONESIEN
Sumba
Timor
Dili
TIMOR-LESTE
Arafurasee
Timorsee
Darwin
Arnhem-land
Carpen-taria-golf
Kap York
Kap-York-Halbinsel
Port Moresby
PAPUA-NEUGUINEA
4072
SALOMONEN
Honiara
Santa-Cruz-Inseln
Neue Hebriden
TUVALU
Ellice-Inseln
Korallen-see
Großes Barriereriff
VANUATU
Port Vila
Rotuma
Vanua Levu
Viti Levu
Suva
FIDSCHI
Neukaledonien (franz.)
Nouméa
südlicher Wendekreis
Kimberley-plateau
Port Hedland
Große Sandwüste
1611
Townsville
Great Dividing Range
Macdonnellkette
1510
Alice Springs
1226
Hamersleykette
AUSTRALIEN
1515
Großes Artesisches Becken
-12
Große Victoriawüste
Brisbane
PAZIFISCHER OZEAN
Norfolkinsel
Lord-Howe-Insel
Darling
Nullarborebene
Adelaide
Murray
Gr. Dividing Range
Sydney
Canberra
2230
Mt. Kosciuszko
Perth
Große Australische Bucht
Melbourne
Kermadec-inseln
Bass-Straße
Tasmansee
Nordinsel
Auckland
1617
Tasmanien
Hobart
INDISCHER OZEAN
NEUSEELAND
2797
Wellington
Südinsel
Christchurch
3764
Dunedin
Stewart-insel
Chatham-inseln
Australien
Landhöhen
über 2000 m
1000 – 2000 m
500 – 1000 m
200 – 500 m
0 – 200 m
unter 0 m
1515 Höhe über dem Meeresspiegel (in m)
1:40 000 000
0 500 1000 km
120° 135° 150° östl. Länge v. Gr. 165° 180°
15° 30° 45°
A B C D E F
1 2 3 4

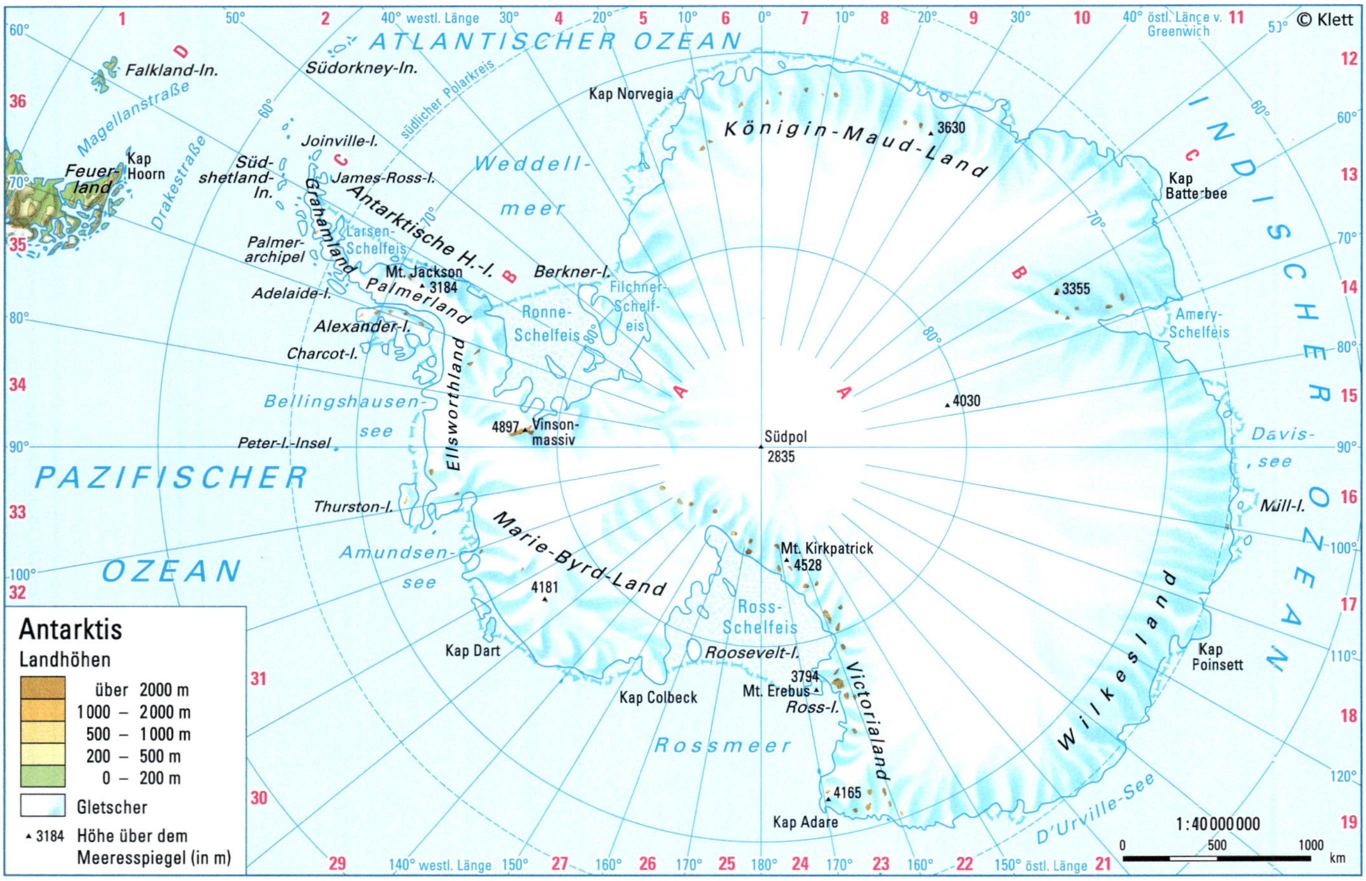

© Klett
ATLANTISCHER OZEAN
40° westl. Länge
40° östl. Länge v. Greenwich
Falkland-In.
Südorkney-In.
südlicher Polarkreis
Magellanstraße
Kap Hoorn
Feuer-land
Drakestraße
Süd-shetland-In.
Joinville-I.
James-Ross-I.
Kap Norvegia
Königin-Maud-Land
3630
Weddell-meer
Antarktische H.-I.
Grahamland
Larsen-Schelfeis
Palmer-archipel
Mt. Jackson
3184
Palmerland
Adelaide-I.
Berkner-I.
Filchner-Schelf-eis
Ronne-Schelfeis
Alexander-I.
Charcot-I.
Kap Batterbee
INDISCHER OZEAN
3355
Amery-Schelfeis
Ellsworthland
Bellingshausen-see
4897
Vinson-massiv
Peter-I.-Insel
4030
Südpol
2835
Davis-see
PAZIFISCHER OZEAN
Thurston-I.
Mill-I.
Marie-Byrd-Land
Amundsen-see
4181
Mt. Kirkpatrick
4528
Ross-Schelfeis
Wilkesland
Kap Dart
Roosevelt-I.
Kap Poinsett
3794
Mt. Erebus
Ross-I.
Victorialand
Kap Colbeck
Rossmeer
4165
Kap Adare
D'Urville-See
Antarktis
Landhöhen
über 2000 m
1000 – 2000 m
500 – 1000 m
200 – 500 m
0 – 200 m
Gletscher
3184 Höhe über dem Meeresspiegel (in m)
1:40 000 000
0 500 1000 km
140° westl. Länge
150° östl. Länge

© Klett
Ostsibirische See
RUSSLAND
Anadyr-gebirge
Wrangel-insel
Nordpolarmeer
Bering-meer
Bering-Straße
Kap Pr. of Wales
Kap Barrow
Nome
Brookskette
Beaufortsee
Yukon
Alaska
Alaskakette
(USA)
Halbinsel Alaska
6193
Mt. McKinley
2816
Anchorage
Kodiak
Golf von Alaska
6050
Juneau
Alexander-archipel
Königin-Charlotte-Inseln
Mackenziegebirge
Mackenzie
Küstengebirge
ROCKY MOUNTAINS
Großer Bärensee
Yellowknife
Großer Sklavensee
Peace River
Amundsengolf
Banks-insel
M'Clure-Straße
Victoria-insel
Parry-Inseln
Sverdrup-inseln
Königin-Elisabeth-Inseln
Ellesmereland
2926
Kanadischer Archipel
Barrengrounds
Melville-Halbinsel
Baffininsel
2591
Baffin Bay
Kalaallit Nunaat
(dän.)
2164
3231
3700
Grönland
nördlicher Polarkreis
Davisstraße
2850
Nuuk
(Godthåb)
Uummannarsuaq
Jan Mayen
Europäisches Nordmeer
Färöer
(dän.)
ISLAND
2119
Reykjavík
Dänemarkstraße
Labradorsee
Hudson-Straße
Ungava-Halbinsel
Hudson Bay
Churchill
Labrador
Neufundland
St. John's
Kap Race
St.-Lorenz-Golf
St-Pierre u. Miquelon
(franz.)
Halifax
KANADA
Edmonton
Calgary
Vancouver
Vancouver-insel
4042
Seattle
4392
Portland
Kaskadenkette
Prärien (Great Plains)
Missouri
Winnipeg
Oberer See
Montreal
Ottawa
Toronto
Minneapolis
Boston
Kap Cod
New York
Philadelphia
Baltimore
Washington
Appalachen
Milwaukee
Chicago
Detroit
Cleveland
Pittsburgh
Ohio
Kap Mendocino
Küstenkette
Sierra Nevada
Großes Becken
Salt Lake City
4202
San Francisco
Oakland
San José
4418
-85
4399
Denver
Colorado
VEREINIGTE STAATEN (USA)
Kansas City
St. Louis
Cincinnati
Nashville
2037
Atlanta
Charleston
Bermuda
(brit.)
Los Angeles
San Diego
Tijuana
3078
Phoenix
3658
Juárez
Dallas
Arkansas
Memphis
Mississippi
ATLANTISCHER OZEAN
Houston
New Orleans
San Antonio
Halbinsel Florida
Kap Canaveral
Miami
Nassau
BAHAMAS
Turks- u. Caicos-In.
(brit.)
Guadalupe
nördlicher Wendekreis
Niederkalifornien
Westl. Sierra Madre
Hochland von Mexiko
Östl. Sierra Madre
Rio Grande
Monterrey
Golf von Mexiko
Havanna
KUBA
HAITI
Port-au-Prince
Santo Domingo
DOMINIKAN. REP.
Puerto Rico
(USA)
Jungfern-In.
(brit.)
(USA)
Straße von Yucatán
Große Antillen
PAZIFISCHER OZEAN
Revilla-Gigedo-Inseln
León
Guadalajara
4265
Mexiko
5452
5700
Puebla
MEXIKO
Mérida
Halbinsel Yucatán
Cayman-In.
(brit.)
JAMAIKA
Karibisches Meer
BELIZE
HONDURAS
Guatemala
Tegucigalpa
GUATEMALA
EL SALVADOR
San Salvador
NICARAGUA
Managua
San José
3820
COSTA RICA
Panama
PANAMA
Clipperton-insel
Cocosinsel
Malpelo-Insel
Kap Gallinas
Caracas
Valencia
Maracaibo
VENEZUELA
Barranquilla
5780
5007
Llanos de Orinoco
Orinoco
Medellín
5493
Bogotá
KOLUMBIEN
Cali
Landhöhen
über 5000 m
2000 – 5000 m
1000 – 2000 m
500 – 1000 m
200 – 500 m
0 – 200 m
unter 0 m
Gletscher
4418 Höhe über dem Meeresspiegel (in m)
1:40 000 000
0 500 1000 km
90° westl. Länge v. Greenwich